U0958206

高职高专“十二五”规划教材

转炉炼钢操作与控制

主　编　李　荣　史学红
副主编　姚　娜　郭　江

北　京
冶 金 工 业 出 版 社
2021

内容提要

本书以培养转炉炼钢工长为目标，兼顾介绍炼钢工、吹氧工、摇炉工和副摇炉工的相关技能知识，在概述转炉炼钢生产认知的基础上，系统地阐述了转炉炼钢整个生产过程和岗位工作任务，内容包括转炉设备操作与维护、原料准备操作、顶吹和复吹转炉炼钢生产以及炉衬操作与维护。

本书可作为高职高专院校冶金技术专业的教学用书，也可作为钢铁冶金企业相关技术人员职业资格和岗位技能培训教材，还可供从事炼钢生产行业的工程技术人员参考。

图书在版编目(CIP)数据

转炉炼钢操作与控制/李荣，史学红主编．—北京：冶金工业出版社，2012.6(2021.7 重印)
高职高专"十二五"规划教材
ISBN 978-7-5024-5886-7

Ⅰ.①转…　Ⅱ.①李…　②史…　Ⅲ.①转炉炼钢—高等职业教育—教材　Ⅳ.①TF71

中国版本图书馆 CIP 数据核字(2012)第 084038 号

出 版 人　苏长永
地　　址　北京市东城区嵩祝院北巷 39 号　邮编　100009　电话　(010)64027926
网　　址　www.cnmip.com.cn　电子信箱　yjcbs@cnmip.com.cn
责任编辑　高　娜　美术编辑　彭子赫　版式设计　葛新霞
责任校对　石　静　责任印制　李玉山
ISBN 978-7-5024-5886-7
冶金工业出版社出版发行；各地新华书店经销；北京建宏印刷有限公司印刷
2012 年 6 月第 1 版，2021 年 7 月第 4 次印刷
787mm×1092mm　1/16；18.75 印张；447 千字；284 页
39.00 元

冶金工业出版社　投稿电话　(010)64027932　投稿信箱　tougao@cnmip.com.cn
冶金工业出版社营销中心　电话　(010)64044283　传真　(010)64027893
冶金工业出版社天猫旗舰店　yjgycbs.tmall.com
（本书如有印装质量问题，本社营销中心负责退换）

前　言

“转炉炼钢操作与控制”是高职高专院校冶金技术专业的核心专业课程之一。本课程从高等职业教育的性质、特点、任务出发，以职业能力培养为重点，以国家制定的转炉炼钢工《职业技能鉴定标准》的职业能力特征、工作要求以及鉴定考评项目为依据，以工作内容和工作过程为导向进行课程建设；课程内容引进企业实际案例，重现实际生产项目，充分体现了职业岗位和职业能力培养的要求；课程实施理论与实践交互式教学，通过校内外实训基地，将钢铁生产企业的真实工作项目引入教学环节中，把课堂逐渐推向企业的工作现场，使课程实现向社会服务的转化，充分体现了课程的职业性、实践性和开放性。因此，为适应高职教育改革、满足转炉炼钢项目化教学的要求，我们编写了本书。

在编写过程中，我们依据课程标准的要求，结合转炉炼钢生产实际和各岗位群的技能要求精选内容，本书共分6个学习情境、14个单元，每个单元内容均包括学习目标、工作任务、实践操作、知识学习、知识拓展以及思考与练习。与以往教材相比，本书打破了传统的理论与实践教学分割的体系，将理论知识贯穿于实操技能的学习过程中，实现“理实一体化”；体现出基于岗位工作任务、以工作内容和工作过程为导向进行课程开发的理念，可以满足项目化教学的需要。通过本书的知识学习与能力训练，学生可以掌握转炉炼钢的理论知识，并具备转炉工长岗位组织生产的能力，为全面提高学生的素质打好基础。

本书由济源职业技术学院李荣、山西工程职业技术学院史学红担任主编，济源职业技术学院姚娜、郭江担任副主编。具体编写分工为：史学红编写单元1、10、12，吉林电子信息职业技术学院吕国成编写单元2，郭江编写单元3～5，姚娜编写单元6，济源职业技术学院宋玉安编写单元7，济源职业技术学院兴超编写单元8、9，李荣编写单元11，济源职业技术学院周鸿燕编写单元13，北京科技大学邢相栋编写单元14。济源职业技术学院汤长青教授对全书进行了审阅。

在编写过程中，得到了山西工程职业技术学院、济源钢铁集团公司、济南钢铁集团公司有关人员的大力支持和帮助，谨在此表示衷心感谢。同时，本书的编写参考了国内外公开发表的文献资料，编者向有关作者和出版社一并表示诚挚的谢意。

由于编者水平所限，书中不妥之处，敬请广大读者批评指正。

编　者

2012年1月

目 录

学习情境1 转炉炼钢生产认知

学习情境2 转炉设备操作与维护

学习情境4　顶吹转炉炼钢生产

学习情境 5 炉衬维护操作

学习情境6　复吹转炉炼钢生产

学习情境6 复吹转炉炼钢生产

学习情境1

转炉炼钢生产认知

单元1 转炉炼钢生产认知

1.1 学习目标

（1）了解转炉生产的特点、发展过程；

（2）能够根据转炉炼钢工艺流程图，准确地按顺序陈述生产工艺的各环节和转炉炼钢车间的设备系统构成。

1.2 工作任务

认识转炉炼钢生产过程及设备构成。转炉炼钢车间生产主要由以下环节组成：

（1）将造渣剂、合金通过上料设备运至高位料仓。

（2）氧气通过管道送到转炉氧枪，其他辅料通过天车运至操作平台。

（3）将高炉铁水通过铁水罐车或鱼雷罐车运入转炉车间，铁水罐车中的铁水需兑入混铁炉，将混铁炉（车）中的铁水出到铁水包，运至炉前兑入转炉。

（4）将运入转炉车间的废钢按废钢配料单装槽，运至炉前装入转炉。

（5）摇正炉体，降枪吹炼，适时加入造渣剂造渣，并进行烟气净化和煤气回收。到达终点时提枪停吹，测温取样。成分、温度合格后摇炉出钢，同时完成合金化任务。

（6）出钢结束，视炉衬侵蚀情况维护炉衬，然后摇炉倒渣，再将炉子摇到装料位置，准备下一炉装料。

1.3 实践操作

转炉炼钢是由转炉炼钢工（班组长）协调组织的班组生产过程。转炉炼钢工根据车间生产值班调度下达的生产任务计划工单，组织本班组人员在规定的时间内，以经济的方式，安全地利用转炉及附属设备将铁水冶炼成符合钢种要求的钢水，并对转炉设备进行维护。

转炉炼钢工首先要根据任务工单上所要求的钢种成分、出钢温度和车间提供的铁水成分、铁水温度，编制原料配比方案和工艺操作方案。然后与原料工段协调完成铁水、废钢及其他辅料的供应。再组织本班组人员按照操作标准，安全地完成铁水及废钢的加入、吹氧冶炼、取样测温、出钢合金化、溅渣护炉、出渣等一整套完整的冶炼操作。在进行冶炼操作这个关键环节时，应与吹氧工配合，在熟练使用转炉炼钢系统设备的基础上，运用计算机操作系统控制转炉的散状料供应系统设备、供气系统设备、除尘系统设备，及时、准确地调整氧枪高度、炉渣成分、冶炼温度、钢液成分，完成出钢合金化和煤气回收任务，保证炼出合格的钢水。此外，还要按计划做好炉衬的维护，并填写完整的冶炼记录。

1.4 知识学习

氧气转炉炼钢自20世纪50年代初问世以来，在世界各国得到了广泛的应用，技术不断地进步，设备不断地改进，工艺不断地完善，在短短的几十年里从顶吹发展到复合吹炼。氧气转炉炼钢的飞速发展，使炼钢生产进入了一个崭新的阶段，钢的产量不断增加，钢的成本不断下降。从目前来看，氧气转炉炼钢法仍是国内外主要的炼钢方法。

1.4.1 氧气转炉炼钢法的发展

1856年，英国人贝塞麦发明了底吹酸性空气转炉炼钢法。将空气吹入铁水，使铁水中的硅、锰、碳高速氧化，依靠这些元素氧化放出的热量将液体金属加热到能顺利进行浇注所需的温度，从此开创了大规模炼钢的新时代。由于采用酸性炉衬和酸性渣操作，吹炼过程中不能去除磷、硫，同时为了保证有足够的热量来源，要求铁水有较高的硅含量。

1879年，英国人托马斯又发明了碱性底吹空气转炉炼钢法，改用碱性耐火材料作炉衬，在吹炼过程中加入石灰造碱性渣，并通过将液体金属中的碳氧化到含量低于0.06%的“后吹”操作，集中化渣脱磷。在托马斯法中，磷取代硅成为主要的发热元素，因而此法适合于处理高磷铁水，并可得到优质磷肥。西欧各国一直使用此法直到20世纪60年代。

早在1856年贝塞麦就提出了利用纯氧炼钢的设想，由于当时工业制氧技术水平较低、成本太高，氧气炼钢未能实现。直到1924～1925年间，德国才在空气转炉上开始进行富氧鼓风炼钢的试验。试验证明，随着鼓入空气中 O_2 含量的增加，钢的质量有明显的改善。但是，当鼓入空气中富氧浓度超过40%时，炉底的风眼砖损坏严重，因此又开展了采用 CO_2+O_2 或 $CO_2+O_2+H_2O$（汽）等混合气体的吹炼试验，但效果都不够理想，没能投入工业生产。

20世纪40年代初，制氧技术得到了迅速发展，给氧气炼钢提供了物质条件。1948年，德国人杜雷尔在瑞士采用水冷氧枪垂直插入炉内吹炼铁水获得成功。1952年在林茨（Linz）城，1953年在多纳维茨（Donawltz）城先后建成了30t氧气顶吹转炉车间并投入生产，称为LD法。由于氧气顶吹转炉反应速度快、生产率及热效率很高、可使用20%～30%的废钢以及便于自动化控制，又克服了空气吹炼时钢质量差、品种少的缺点，因此成为冶金史上发展最迅速的新技术。

氧气顶吹转炉炼钢法出现以后在世界各国得到了迅速发展，不仅新建转炉、停建平炉，而且纷纷拆除平炉改建氧气转炉，如日本到1997年底已全部拆除平炉。进入20世纪70年代，转炉炼钢技术日趋完善，公称吨位为400t的大型氧气顶吹转炉先后在苏联、联邦德国等国家投入生产，单炉生产能力达400～500万吨/年，大型转炉的平均吹炼时间为11～12min，月平均冶炼周期已缩短到26～28min。氧气转炉不仅能冶炼全部平炉钢种，还可以冶炼部分电炉钢种。随着炉衬耐火材料的不断改进和溅渣护炉技术的应用，炉衬寿命也不断提高，我国武钢氧气转炉炉衬寿命已高达25000次以上。

回顾氧气转炉炼钢技术的发展，可划分为三个时期：

(1) 转炉大型化时期（1950～1970年）。这一时期以转炉大型化技术为核心，逐步完善了转炉炼钢工艺与设备，先后开发出大型化转炉设计制造技术、OG法除尘与煤气回收技术、计算机静态与副枪动态控制技术、镁炭砖综合砌炉与喷补挂渣等护炉工艺技术。

(2) 转炉复合吹炼时期（1970～1990年）。这一时期，由于连铸技术的迅速发展，出现了全连铸的炼钢车间，对转炉炼钢的稳定性和终点控制的准确性提出了更高的要求。为了改善转炉吹炼后期钢－渣反应远离平衡的问题，实现平稳吹炼的目标，综合顶吹、底吹转炉的优点，研究开发出各种顶底复合吹炼工艺技术，并在世界上迅速推广。

(3) 转炉综合优化时期（1990年以后）。这一时期，社会上对洁净钢的生产需求日益增加，迫切需要建立起一种全新的、能大规模廉价生产洁净钢的生产体系。围绕洁净钢生产，研究开发出铁水“三脱”预处理、高效转炉生产、全自动吹炼控制与溅渣护炉等重大新工艺技术，降低了生产成本，大幅度提高了生产效率。

现代转炉炼钢采用的重大技术有：转炉大型化技术，转炉复合吹炼技术，煤气回收与负能炼钢技术，全自动转炉吹炼控制技术，溅渣护炉与转炉长寿技术。

1.4.2　我国氧气转炉的发展概况

1951年，碱性空气侧吹转炉炼钢法首先在我国唐山钢厂试验成功，并于1952年投入工业生产。1954年，开始了小型氧气顶吹转炉炼钢的试验研究工作。1962年，将首钢试验厂空气侧吹转炉改建成3t氧气顶吹转炉，开始了工业性试验。在试验取得成功的基础上，我国第一个氧气顶吹转炉炼钢车间（2×30t）在首钢建成，于1964年12月26日投入生产。而后，又在唐山、上海、杭州等地改建了一批3.5～5t的小型氧气顶吹转炉。1966年，上钢一厂将原有的一个空气侧吹转炉炼钢车间改建成3座30t的氧气顶吹转炉炼钢车间，并首次采用了先进的烟气净化回收系统，于当年8月投入生产，还建设了弧形连铸机与之相配套，扩大了氧气顶吹转炉炼钢的品种。这些都为我国日后氧气顶吹转炉炼钢技术的发展提供了宝贵经验。此后，我国原有的一些空气侧吹转炉车间逐渐改建成中小型氧气顶吹转炉炼钢车间，并新建了一批大中型氧气顶吹转炉车间。我国小型氧气顶吹转炉有天津钢厂20t转炉、济南钢厂13t转炉、邯郸钢厂15t转炉、太原钢铁公司引进的50t转炉、包头钢铁公司50t转炉、武钢50t转炉、马鞍山钢厂50t转炉等，中型氧气顶吹转炉有鞍钢150t和180t转炉、攀枝花钢铁公司120t转炉、本溪钢铁公司120t转炉等。20世纪80年代，宝钢从日本引进建成具有70年代末技术水平的300t大型转炉3座，首钢购入二手设备建成210t转炉车间；90年代，宝钢又建成250t转炉车间，武钢引进250t转炉，唐钢建成150t转炉车间，首钢又建成210t转炉炼钢车间；此外许多平炉车间改建成氧气顶吹转炉车间。到2009年我国氧气顶吹转炉共有616座，其中100t以下的转炉有431座，100～200t的转炉有151座，200t以上的转炉有34座，最大公称吨位为300t。顶吹转炉钢占年总钢产量的84.85%。

1.4.3　氧气转炉炼钢法的特点

与平炉、电炉炼钢法相比，氧气转炉炼钢法具有生产率高、钢中气体含量低、钢的质量好等特点。

氧气转炉炼钢法炉内反应速度快，冶炼时间短，具有很高的生产率。随着转炉容量的增大，生产率进一步提高。图1-1比较了不同炉容下各种炼钢炉的小时产钢量，说明顶吹氧气转炉炼钢法的小时产钢量为平炉炼钢法的6~8倍，是效率极高的炼钢方法。

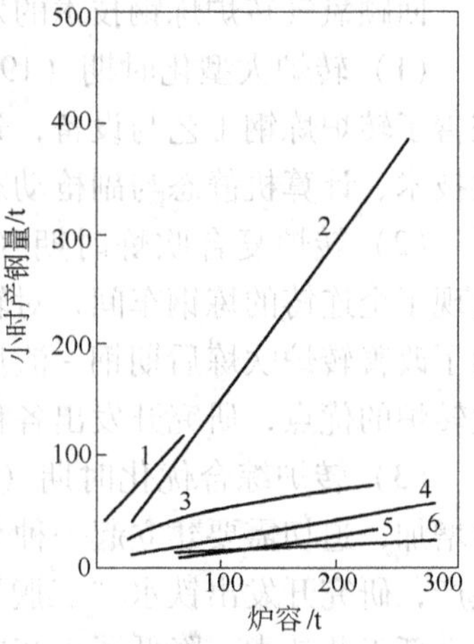

图1-1 各种精炼炉的炼钢效率

1—碱性转炉；2—纯氧顶吹转炉；
3—氧气侧吹转炉；4—碱性平炉
（氧气使用量（标态）为10~40m^3/t）；
5—电炉；6—酸性平炉

氧气转炉炼钢法可以生产的钢种范围广，不仅可冶炼微碳（$w[C]<0.015\%$）、低碳、中碳直到磷含量达1.3%~1.5%的高碳钢，还可冶炼微量的工业纯铁、低合金到中合金钢，并可冶炼镍、铬含量高达30%的超低碳不锈钢。

氧气转炉钢具有与平炉钢相同或更高的质量。氧气转炉炼钢法具有下列优点：

（1）钢中气体含量少，见表1-1。

（2）由于炼钢主要原材料为铁水，废钢用量所占比例不大，因此Ni、Cr、Mo、Cu、Sn等残余元素含量低。由于钢中气体和夹杂少，氧气转炉钢具有良好的抗时效性能、冷加工变形性能和焊接性能，钢材内部缺陷少。其不足之处是强度偏低，淬火性能稍次于平炉钢和电炉钢。此外，氧气转炉钢的力学性能及其他方面性能也是良好的。

表1-1 各种炼钢法的气体含量

项目 / 炼钢法	$w[H]/\times10^{-6}$	$w[N]/\times10^{-6}$	$p_{H_2}+p_{H_2O}$/kPa	p_{CO}/kPa	p_{N_2}/kPa	$w[O]$/%
碱性平炉	3~7③	30~60	≈0.2（吹蒸汽）		≈0.65	0.04~0.07
酸性平炉	3~6	25~60	≈0.15（吹空气）		≈0.7	0.03~0.05
碱性电炉（氧化期）	3~7③	30~80	≈0.2（吹蒸汽）		≈0.8	0.04~0.07
碱性电炉（还原期）	3~6① 6~10② 3~10③	60~150	≈0.04	≈0.6	$p_{N_2}\approx50p_{CO_2}$ （平衡时）	0.004~0.01
氧气顶吹转炉	1~3	10~20	≈0	≈100		0.04~0.06

①吹氩法；
②普通法；
③矿石法。

（3）原材料消耗少，热效率高，成本低。氧气转炉金属料消耗量一般为1100~1140kg/t，比平炉稍高些。耐火材料消耗量仅为平炉的15%~30%，一般为2~5kg/t。由于氧气转炉炼钢是利用炉料本身的化学热和物理热，热效率高，不需外加热源，因此，在燃料和动力消耗方面比平炉、电炉均低。氧气转炉的高效率和低消耗，使钢的成本较低。

（4）原料适应性强。氧气转炉对原料的适应性强，不仅能吹炼平炉生铁，而且能吹炼中磷（$w[P]=0.5\%\sim1.5\%$）和高磷（$w[P]>1.5\%$）生铁，还可吹炼含钒、钛等特殊成分的生铁。

（5）基建投资少，建设速度快。氧气转炉设备简单、重量轻，所占的厂房面积和所需重型设备的数量比平炉车间少，因此投资比相同产量的平炉车间低30%～40%，而且生产规模越大，基建投资就越省。氧气转炉车间的建设速度比平炉车间快得多。

（6）氧气转炉炼钢生产比较均衡，有利于与连铸配合，还有利于开展综合利用（如煤气回收）及实现生产过程的自动化。

但氧气转炉炼钢法在钢的品种上还不如电炉，特别是炼制高合金钢还有一定的困难；在原料适应性方面，吹炼高磷生铁时存在一定问题，吹炼高碳钢种时终点控制较难，这些都有待进一步研究解决。

近年来，由于氧气转炉炼钢与炉外精炼技术相结合，所炼钢种进一步扩大，目前能生产的钢种近300个。日本和美国氧气转炉生产的合金钢或特殊钢占转炉钢产量的10%以上。目前，采用转炉－精炼－连铸工艺生产优特钢成为一种发展趋势，与电炉炼钢相比，具有原料纯净（铁水冶炼，钢中杂质元素和残留元素含量低且稳定）、终点温度和成分的命中率高、生产周期短等优势，既提高了产品质量，又降低了生产成本。

1.5　知识拓展

展望21世纪，转炉炼钢生产技术将出现以下发展趋势：

（1）合理优化工艺流程，形成紧凑式连续化的专业生产线。目标是：以产品为核心，将铁水预处理、炼钢、精炼、连铸和轧钢有机地结合起来，形成紧凑式连续化生产的专业生产线。这样，从铁水到成品钢材的生产周期将缩短到2.5～3h。

（2）转炉高速吹炼工艺技术。目标是：建立一座转炉吹炼制，使一座转炉的产量达到传统两座转炉的生产能力，冶炼周期为20～25min，年产炉数不少于15000炉，转炉炉龄不低于15000炉。

（3）建立大规模、廉价生产洁净钢的生产体系。目标是：大规模生产洁净度高的钢材，某些钢种（如IF钢、石油管线钢等）应达到钢中杂质总量 $w[S]+w[P]+w[TO]+w[N_2]+w[H_2]\leqslant 100\times 10^{-6}$；成分控制精度为C±0.01%，Si、Mn±0.02%；Ti、V、Nb <±0.01%；夹杂物直径 $d_S\leqslant 10\mu m$，无脆性夹杂物。

（4）节能与环境保护。目标是：转炉炼钢工序实现“负能”炼钢，减少炼钢渣量50%，全部粉尘回收利用。

1.6　思考与练习

简述为什么转炉炼钢方法是使用最多的方法。

学习情境2

转炉设备操作与维护

单元2 转炉系统设备操作与维护

2.1 学习目标

（1）能够熟练描述转炉系统设备的结构；

（2）掌握该设备的使用和维护要点，并能使用计算机操作画面对其进行熟练操作。

2.2 工作任务

（1）转炉装料时，炉前工在炉前摇炉室控制转炉到装料位置，配合天车装料。装料完成后，切断联锁装置，由主控室控制摇正炉体吹炼。

（2）冶炼结束后，主控室切断联锁，改由炉前摇炉室控制转炉到取样位置。取样测温结束后，如化验成分合格、温度合格，摇起炉体，改由炉后摇炉室控制摇炉出钢。

（3）出钢结束后，再次切断联锁，改由炉前摇炉室控制倒渣，然后将炉子摇到装料位置，准备下一炉装料。

2.3 实践操作

2.3.1 使用计算机操作画面进行转炉倾动系统、冷却系统自动控制操作

2.3.1.1 系统检查

打开转炉倾动主界面，点击【系统检查】按钮，弹出如图2－1所示的窗口，进行相关项目的检查。

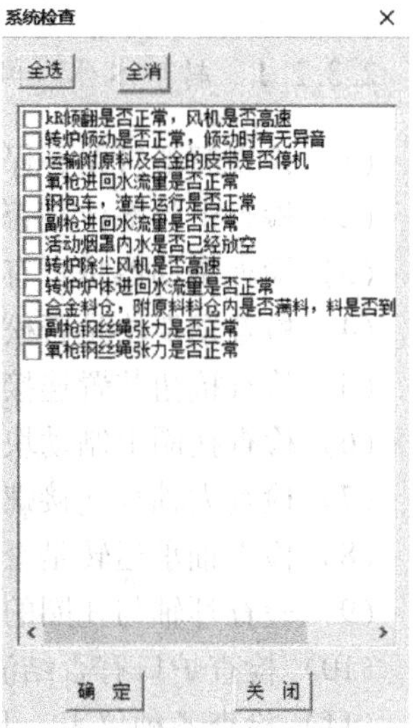

图2－1 系统检查

应检查确认如下项目：氧枪水流量正常，氧枪水温度正常，炉体水流量正常，炉体水温度正常，风机高速正常，氮封打开，氧枪钢丝绳张力正常，料仓内没有余料，事故联锁正常，副枪系统正常。

2.3.1.2 转炉倾动系统、冷却系统控制操作

打开转炉倾动控制操作界面（如图2－2所示），通过点击转炉倾动控制操作画面中的转炉主令实现装料、出钢、

出渣等转炉倾动操作，通过打开画面上控制冷却水的阀门实现冷却系统控制，通过画面的自动、手动按钮可以实现转炉倾动系统、冷却系统控制自动操作和手动操作。

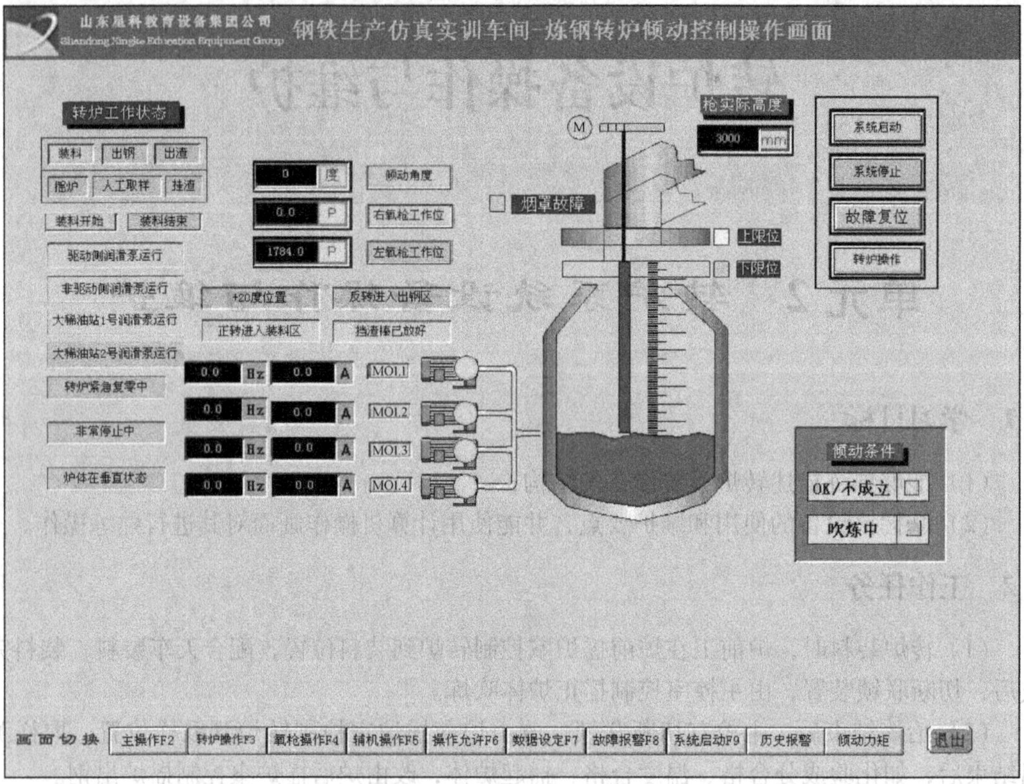

图2-2 转炉倾动控制操作界面

2.3.2 转炉本体、倾动系统、冷却系统设备的日常检查及常见故障的判断与处理

2.3.2.1 转炉本体、倾动系统、冷却系统设备的日常检查

(1) 检查润滑管路，保证畅通；
(2) 检查密封部位是否漏油；
(3) 检查制动器是否有效；
(4) 检查钢滑块是否松动、脱落；
(5) 检查抗扭装置连接螺丝、基础螺丝是否松动；
(6) 检查托圈上制动块是否松动、脱落，炉子在倾动中炉体与托圈是否有相对位移；
(7) 检查大轴承连接螺丝、基础螺丝是否松动；
(8) 检查轴承运转是否有异声；
(9) 检查耳轴与托圈的连接螺丝是否折断、松动；
(10) 检查炉口有否结渣，炉子倾动时会不会发生意外或碰撞烟罩；
(11) 检查各种仪表、开关及联锁装置是否有效；
(12) 炉体倾动时，检查电流表显示值是否在正常范围内；

(13) 检查炉口、炉帽、托圈等水冷件的管件是否渗漏，进出水管路是否畅通，水冷件进出水的流量、压力、温度是否正常。

2.3.2.2 转炉本体、倾动系统、冷却系统设备常见故障的判断与处理

A 塌炉事故

a 塌炉事故的征兆

(1) 倒炉时，炉内补炉砂及贴砖处有黑烟冒出，说明该处可能塌炉。

(2) 倒炉时，熔池液面有不正常的翻动，翻动处可能塌炉。

(3) 补炉后，在铁水进炉时有大量的浓厚黑烟从炉口冲出，则说明已发生塌炉。即使在进炉时没有发生塌炉，但由于补炉料的烧结不良，也有可能在冶炼过程中塌炉。所以，在冶炼中仍应仔细地观察火焰，以掌握炉内是否发生塌炉事故。

(4) 新开炉冶炼时，如果发现炉气特“冲”并冒浓黑，意味着已经发生塌炉，操作更要特别小心。

b 塌炉事故的预防

(1) 补炉前一炉出钢后要将残渣倒干净，采用大炉口倒渣，且炉子倾倒180°。

(2) 每次补炉用的补炉砂数量不应过多，特别是开始补炉的第一、二次，一定要执行“均匀薄补”的原则。这样，一方面可以使第一、二炉补上去的少量补炉砂烧结牢固，不易塌落；另一方面可以使原本比较平滑的炉衬受损表面经补上少量补炉砂后变得粗糙不平，有助于以后炉次补上去的补炉砂黏结补牢。以后炉次的补炉也需采用薄补方法，宜少量多次，有利于提高烧结质量，防止和减少塌炉。

(3) 补炉后的烧结时间要充分，这是预防塌炉发生的一个关键所在。实践证明，补炉后若烧结时间充分，能提高烧结质量，可以避免塌炉事故。所以，各厂对烧结时间都有明确规定。烧结时间从喷补结束开始计算，一般为40min以上；如一次喷补不合格而需要再次喷补时，从第二次喷补结束时计算，烧结时间为20～25min，特殊情况下还应适当延长。可见确保有充分的烧结时间的重要性。

(4) 补炉后的第一炉一般采用纯铁水吹炼，不加冷料，要求吹炼过程平稳、全程化渣、氧压及供氧强度适中，尽量避免吹炼过程的冲击波现象，操作要规范、正常，特别要控制炼钢温度，适当地将其控制在上限以保证补炉料的更好烧结。如有可能的话，适当增加渣料中生白云石的用量，以提高渣中的MgO含量，有利于补牢炉子。

(5) 严格控制好补炉衬质量，如喷补料不能有粉化现象，填料与贴砖要有足够的沥青含量且不能有粉化现象。在有条件的情况下，要根据炉衬的材质来选择补炉料的材质。

B 穿炉事故

a 穿炉事故的征兆

(1) 从炉壳外面检查，如发现炉壳钢板的表面颜色由黑色变为灰白色，随后又逐渐变红（由暗红色到红色），变色面积也由小到大，说明炉衬砖在逐渐变薄，向外传递的热量在逐渐增加。炉壳钢板表面的颜色变红往往是穿炉漏钢的先兆，应先补炉后再冶炼。

(2) 从炉内检查，如发现炉衬侵蚀严重，已达到可见保护砖的程度，说明穿炉短期内就可能发生，应该重点补炉。对于后期炉子，其炉衬本来已经较薄，如果发现凹坑（一般凹坑处发黑），则说明该处的炉衬更薄，极易发生穿炉事故。

b　穿炉事故的应急处理

一般发生穿炉事故的部位有炉底、炉底与炉身接缝处、炉身，炉身又分前墙（倒渣侧）、后墙（出钢侧）、耳轴侧和出钢口周围。因此，当遇到穿炉事故时首先不要惊慌，而是要立即判断出穿炉的部位，并尽快倾动炉子，使钢水液面离开穿漏区。如炉底与炉身接缝处穿漏且发生在出钢侧，应迅速将炉子向倒渣侧倾动；反之，则炉子应向出钢侧倾动。如耳轴处渣线在吹炼时发现渗漏现象，由于渣线位置一般高于熔池，应立即提枪，将炉内钢水倒出炉子后再进行炉衬处理。对于炉底穿漏，一般就较难处理了，往往会造成整炉钢漏在炉下，除非在穿漏时炉下正好有钢包且穿漏部位又在中心，才可迅速用钢包盛装漏出的钢水，减轻穿炉造成的后果。

c　发生穿炉事故后炉衬的处理方法

发生穿炉事故后，对炉衬情况必须进行全面的检查及分析。特别是高炉龄的炉子，如穿漏部位大片炉衬砖已被侵蚀得较薄，此时应拆炉并进行砌炉作业；对于一些中期炉子或新炉子，整个炉子的砖衬厚度仍较厚，因个别部位砌炉质量问题或个别砖的质量问题，仅是局部出现一个深坑或空洞而引起的穿炉事故，则可以采用补炉的方法来修补炉衬，但此后该穿漏的地方就应列入重点检查的护炉区域。修补穿漏处的方法一般用干法，这是目前常规的补炉方法，即先用破碎的补炉砖填入穿钢的洞口，如果穿钢后造成炉壳处的熔洞较大，一般应先在炉壳外侧用钢板贴补后焊牢，然后再填充补炉料，并用喷补砂喷补。如穿炉部位在耳轴两侧，则可用半干喷补方法先将穿炉部位填满，然后吹 1 ~ 2 炉，再用补侧墙的方法（干法）将穿炉区域补好。

穿炉后采取换炉（重新砌炉）还是采用补炉法补救是一个重要的决策，应由有经验的师傅商讨决定，特别是补炉后继续冶炼时更要认真对待，避免出现再次穿炉事故。

C　冻炉事故

a　造成冻炉事故的原因

(1) 吹炼过程中由于某种原因造成转炉机械长时间不能转动，如外界突然停电且短时间无法恢复或转炉机械故障需要较长时间的抢修，转炉无法转动，钢水留在转炉内也无法倒出，最后形成冻炉。

(2) 由于转炉发生穿炉事故或出钢时出现穿包事故，流出的钢水使钢包车轨道黏钢及烧坏，钢包车本身也被烧坏而无法行动，但转炉内尚剩余部分钢水没有出完，必须等待炉下钢包轨道抢修及调换烧坏的钢包车，致使炉内剩余钢水凝固，引起冻炉事故。

(3) 氧枪喷头熔穿，大量冷却水进入炉内，需长时间排水和蒸发后方能动炉和吹炼，结果在动炉前就已形成冻炉。

b　冻炉事故的预防

上述产生冻炉事故的主要原因中，由外界造成的原因是无法预防的；由设备造成的原因，重在加强点检及巡检，当发现传动设备有异常现象，如传动声音不正常、运行不平稳或发现转炉与托圈的固定有松动现象时，必须及时地安排检查及维修，绝不能带病作业，造成冻炉事故。

对于因穿炉或穿包造成的事故，在不影响抢修的情况下，如发生穿炉或穿出钢口事故时已经将钢包车烧坏，钢包车不能运行，此时干脆将炉内的钢水全部倒入钢包内，然后空炉等待出钢线铁轨的修理和调换钢包车，以避免冻炉；在出钢过程中发现有穿包现象时，如能立即停止出钢并加紧将钢包车开出平台下，让吊车迅速吊走钢包，一般情况下出钢线的恢复还是较快的。因此在出钢时，钢包车的操作人员应密切注意出钢时钢包的变化，发现问题要及时联系，以避免事态扩大；否则，待钢包车已烧毁再摇起炉子停止出钢，因是穿包事故，炉内的剩余钢水不能往下继续倒，不然就会被迫出现冻炉事故。

D 出钢口堵塞

a 出钢口堵塞的常见原因

(1) 上一炉出钢后没有堵出钢口，在冶炼过程中钢水、炉渣飞溅进入出钢口，使出钢口堵塞。

(2) 上一炉出钢、倒渣后，出钢口内残留钢渣未全部凿清就堵出钢口，致使下一炉出钢口堵塞。

(3) 新出钢口一般口小孔长，堵塞未到位，在冶炼过程中钢水、炉渣溅进或灌进孔道致使堵塞。

(4) 在出钢过程中，熔池内脱落的炉衬砖、结块的渣料进入出钢孔道，也可能会造成出钢口堵塞。

(5) 采用挡渣球挡渣出钢，在下一炉出钢前，没有将上一炉的挡渣球捅开，造成出钢口堵塞。

b 出钢口堵塞的处理

采用什么方法来排除出钢口堵塞应视出钢口堵塞的程度来决定。通常出钢时，将转炉向后摇到开出钢口位置，由一人用短钢钎捅几下出钢口即可捅开，使钢水能正常流出。如发生捅不开的出钢口堵塞事故，则可以根据堵塞程度不同采取不同的排除方法，具体如下：

(1) 如是一般性堵塞，可由数人共握钢钎合力冲撞出钢口，强行捅开出钢口。

(2) 如堵塞比较严重，操作工人可用一短钢钎对准出钢口，由另一人用榔头敲打短钢钎冲击出钢口，一般也能捅开出钢口，保证顺利出钢。

(3) 如堵塞更严重时，应使用氧气烧开出钢口。

(4) 当出钢过程中有堵塞物，如散落的炉衬砖或结块的渣料等堵塞出钢口时，则必须将转炉从出钢位置摇回到出钢口位置，使用长钢钎凿开堵塞物使孔道畅通，再将转炉摇到出钢位置继续出钢。这在生产上称为二次出钢，会增加下渣量和回磷量，并使合金元素的回收率很难估计，对钢质造成不良后果。

E 倾动设备常见故障及排除

倾动设备常见故障及排除方法见表2-1。

表2-1 倾动设备常见故障及排除方法

故障	主要原因	排除方法
冶炼过程中炉体突然不能倾动	(1) 稀油站油压下降或停泵后倾动电动机也停过电（应有讯号）； (2) 托圈、耳轴滚动轴承温度上升或供油量不足； (3) 吊挂大齿轮切向键松动而使齿轮窜动，人字齿啮合卡死； (4) 耳轴大滚动轴承或吊挂大齿轮滚动轴承碎裂； (5) 行星差动减速机两根高速轴齿轮损坏或滚动轴承碎裂	(1) 启动油泵或备用油泵，油压上升后便能倾动，并检查指示讯号； (2) 加大油压，调节各供油点的油流量； (3) 拆检吊挂齿箱，打紧切向键； (4) 停炉调换； (5) 检查，如快速轴转、慢速轮不转，拆减速箱调快速轴

续表2-1

故 障	主 要 原 因	排 除 方 法
冶炼过程中倾动炉体失去控制	(1) 电动机倾动力矩不够; (2) 同一电动机轴上两个制动器都失去制动能力,在这种情况下炉口结渣过重,一旦炉体重心超过耳轴中心就会倾翻; (3) 减速系统或联轴器齿形打光	(1) 检查电气设备; (2) 调整制动器制动瓦的开度,炉口清渣; (3) 检查快速与慢速之比(速比),调换齿轮

2.4 知识学习

转炉系统设备是由转炉炉体(包括炉衬和炉壳)、炉体支承系统(包括托圈、耳轴、耳轴轴承及轴承座)和倾动机构组成的。

2.4.1 转炉炉体

2.4.1.1 炉衬

氧气转炉的炉衬一般由工作层、填充层和永久层所构成。

工作层是指直接与液体金属、熔渣和炉气接触的内层炉衬,它要经受钢和渣的冲刷、熔渣的化学侵蚀、高温和热震、物料冲击等一系列作用。同时工作层不断侵蚀,也将影响炉内化学反应的进行。因此,要求工作层在高温下有足够的强度、一定的化学稳定性和耐热震等性能。

填充层介于工作层和永久层之间,一般用散状材料捣打而成,其主要作用为减轻内衬膨胀时对金属炉壳产生的挤压作用,拆炉时便于迅速拆除工作层,并避免永久层的损坏。也有一些转炉不设置填充层。

永久层紧贴炉壳钢板,修炉时一般不拆除,其主要作用是保护炉壳钢板。该层用镁砖砌成。

2.4.1.2 炉壳

转炉炉壳的作用是承受耐火材料、钢液、渣液的全部重量,保持转炉有固定的形状,倾动时承受扭转力矩。

大型转炉炉壳如图2-3所示。由图可知,炉壳本身主要由三部分组成,即锥形炉帽、圆柱形炉身和炉底。各部分用普通锅炉钢板或低合金钢板成型后,再焊成整体。三部分连接的转折处必须以不同曲率的圆滑曲线来连接,以减少应力集中。

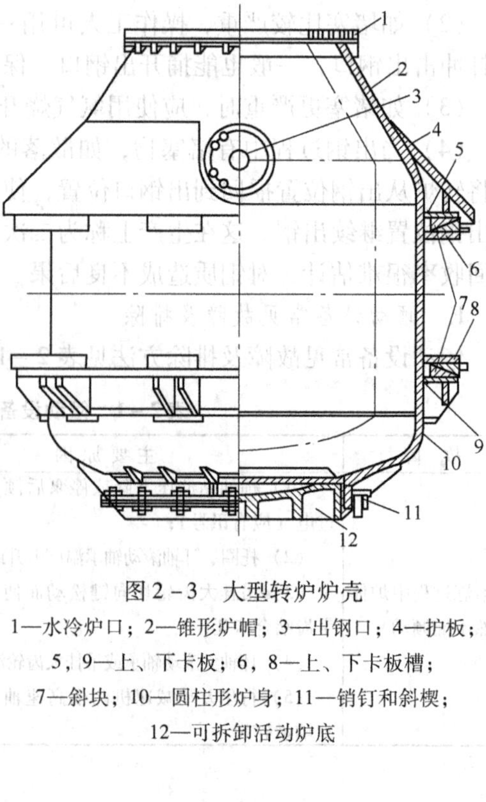

图2-3 大型转炉炉壳

1—水冷炉口;2—锥形炉帽;3—出钢口;4—护板;5,9—上、下卡板;6,8—上、下卡板槽;7—斜块;10—圆柱形炉身;11—销钉和斜楔;12—可拆卸活动炉底

为了适应转炉高温作业频繁的特点，要求转炉炉壳必须具有足够的强度和刚度，在高温下不变形，在热应力作用下不破裂。考虑到炉壳各部位受力的不均衡，炉帽、炉身、炉底应选用不同厚度的钢板，特别是对大型转炉来说更应如此。炉壳各部位钢板的厚度可根据经验选定。

转炉炉壳各部分的具体结构如下。

A　炉帽

炉帽的作用是承受逸出的高温烟气、溢渣、烟罩内辐射的热量等，是炉体上温度最高的一个部位，温度可达280～350℃。

炉帽部分的形状有截头圆锥体形和半球形两种。半球形的炉帽刚度好，但制造时需要做胎模，加工困难；而截头圆锥体形的炉帽制造简单，但刚度稍差，一般用于30t以下的转炉。

炉帽上设有出钢口。因出钢口最易烧坏，为了便于修理和更换，最好将其设计成可拆卸式的，但小转炉的出钢口还是以直接焊接在炉帽上为好。

现在在炉帽的顶部普遍装有水冷炉口。它的作用是：防止炉口钢板在高温下变形，提高炉帽的寿命；另外，还可以减少炉口结渣，而且即使结渣也较易清理。

水冷炉口有水箱式和埋管式两种结构。

水箱式水冷炉口用钢板焊成，如图2－4所示。在水箱内焊有若干块隔水板，使进入的冷却水在水箱中形成一个回路。同时，隔水板也起撑筋作用，可以加强炉口水箱的强度。这种水冷炉口在高温下，钢板易产生热变形而使焊缝开裂漏水。在向火焰的炉口内环采用厚壁无缝钢管，使焊缝减少，对防止漏水是有效的。

埋管式水冷炉口是把通冷却水用的蛇形钢管埋铸于灰口铸铁、球墨铸铁或耐热铸铁的炉口中，如图2－5所示。这种结构不易烧穿漏水，使用寿命长，但存在漏水后不易修补且制作过程复杂的缺点。埋管式水冷炉口可用销钉－斜楔与炉帽连接，由于喷溅物的黏结，拆卸时不得不用火焰切割。因此，我国中小型转炉采用卡板连接方式将炉口固定在炉帽上。

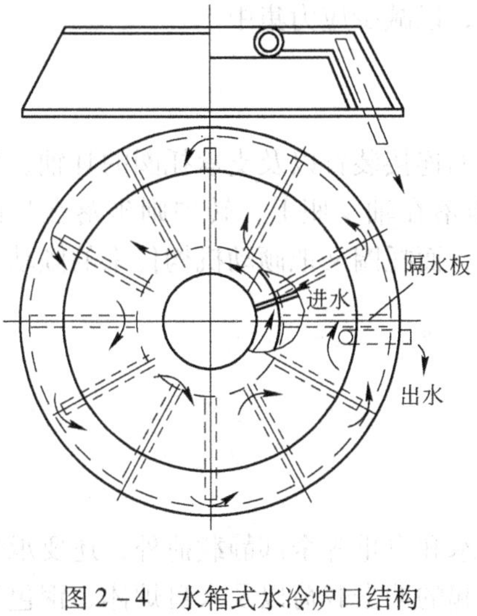

图2－4　水箱式水冷炉口结构

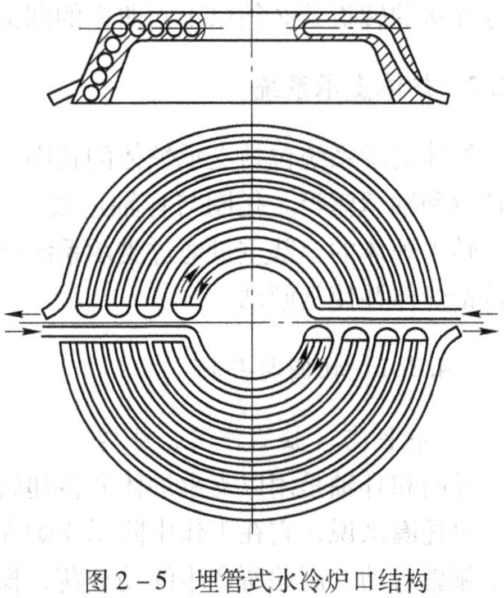
图2－5　埋管式水冷炉口结构

在锥形炉帽的下半段还焊有环形伞状挡渣护板（裙板），以防止喷溅出的钢、渣烧损炉帽、托圈及支承装置等。

B　炉身

炉身在冶炼过程中承受各种应力作用，因此既要保证其质量好、厚度大，又要保证其有足够的强度。炉身受到托圈的遮蔽，炉壳上的热量难以散失，冶炼过程中炉衬侵蚀严重时，该部位接近反应高温区，其温度较高，可达到 270 ~ 320℃。

炉身一般为圆筒形。它是整个转炉炉壳受力最大的部分。转炉的全部重量（包括钢水、炉渣、炉衬、炉壳及附件的重量）通过炉身和托圈的连接装置传递到支承系统上，并且炉身还要承受倾动力矩，因此用于炉身的钢板要比炉帽和炉底适当厚些。

炉身被托圈包围部分的热量不易散发，在该处易造成局部热变形和破裂。因此，应在炉壳与托圈内表面之间留有适当的间隙，以加强炉身与托圈之间的自然冷却，防止或减少炉壳中部产生变形（椭圆形和胀大）。

炉帽与炉身也可以通水冷却，以防止炉壳受热变形，延长其使用寿命。例如，某些厂家的 100t 转炉在其炉帽外壳上焊有盘旋的角钢，内通水冷却；炉身焊有盘旋的槽钢，内通水冷却，以防止炉壳受热变形，延长其使用寿命。

C　炉底

炉底主要承受钢、渣及耐材的压力，温度升高不大。炉底部分有截锥形和球缺形两种。截锥形炉底的制作和砌砖都较为简便，但其强度不如球缺形炉底好，适用于小型转炉。炉底部分与炉身的连接分为固定式与可拆式两种，相应地，炉底结构也分为死炉底和活炉底两类。

（1）固定式炉底（死炉底）。其特点是：结构简单，重量轻，造价低，使用可靠；但修炉时必须采用上修，修炉劳动条件差、时间长，多用于小型转炉。

（2）可拆式炉底（活炉底）。其特点是：采用下修炉方式，拆除炉底后炉衬冷却快，拆衬容易，因此，修炉方便，劳动条件较好，可以缩短修炉时间，提高劳动生产率，适用于大型转炉；但活炉底装、卸都需使用专用机械或车辆（如炉底车）。

（3）制作要求。炉底各部分用普通锅炉钢板或低合金钢板成型后，再焊成整体。三部分连接的转折处必须以不同曲率的圆滑曲线来连接，以减少应力集中。

2.4.2　炉体支承系统

炉体支承系统包括支承炉体的托圈、炉体和托圈的连接装置以及支承托圈的耳轴、耳轴轴承和轴承座等。托圈与耳轴连接，并通过耳轴坐落在轴承座上，转炉则坐落在托圈上。转炉炉体的全部重量通过支承系统传递到基础上，而托圈又把倾动机构传来的倾动力矩传给炉体并使其倾动。

2.4.2.1　托圈与耳轴

A　托圈与耳轴的作用、结构

托圈和耳轴是用以支承炉体并传递转矩的构件。

对托圈来说，它在工作中除承受炉壳、炉衬、钢水和自重等全部静载荷外，还要承受由于频繁启动、制动所产生的动载荷，操作过程所引起的冲击载荷以及来自炉体、钢包等热辐射作用而引起的热负荷。如果托圈采用水冷，则还要承受冷却水对托圈的压力。因此，托圈结构必须具有足够的强度、刚度和韧性才能满足转炉生产的要求。

托圈是断面为箱形或开式的环形结构，两侧有耳轴座，耳轴装在耳轴座内。大、中型转炉的托圈多采用箱形的钢板焊接结构，为了增大刚度，中间加焊一定数量的直立筋板。这种结构的托圈受力状况好、抗扭刚度大、加工制造方便，还可通水冷却，使水冷托圈的热应力降低到非水冷托圈的1/3左右。

考虑到机械加工和运输的方便，大、中型转炉的托圈通常做成两段或四段的剖分式结构（图2-6所示为剖分成四段加工制造的托圈），然后在转炉现场再用螺栓连接成整体。而小型转炉的托圈一般是做成整体的（钢板焊接或铸件）。

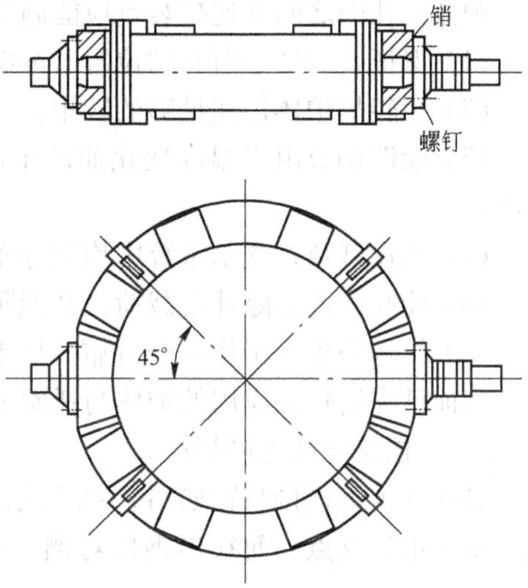

图2-6　剖分式托圈

转炉的耳轴支承着炉体和托圈的全部重量，并通过轴承座传给地基，同时，倾动机构低转速的大扭矩又通过耳轴传给托圈和转炉。耳轴要承受静、动载荷产生的转矩、弯曲和剪切的综合负荷，因此，它应有足够的强度和刚度。转炉两侧的耳轴都是阶梯形圆柱体金属部件。由于转炉时常转动，有时要转动±360°，而水冷炉口、炉帽和托圈等需要的冷却水必须连续地通过耳轴，同时耳轴本身也需要水冷，所以耳轴要做成空心的。

B　托圈与耳轴的连接

托圈与耳轴的连接有法兰螺栓连接、静配合连接和直接焊接三种方式。

法兰螺栓连接如图2-7（a）所示 。耳轴用过渡配合装入托圈的耳轴座中，再用螺栓和圆销连接、固定，以防止耳轴与耳轴孔发生相对转动和轴向移动。这种连接方式连接件较多，而且耳轴需要一个法兰，从而增加了耳轴的制造难度。

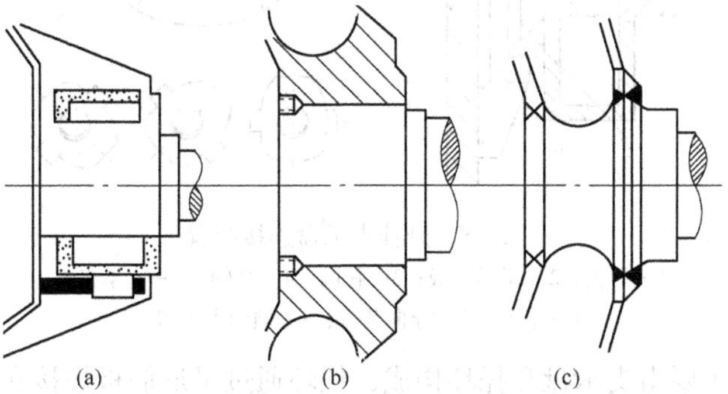

图2-7　托圈与耳轴的连接方式
（a）法兰螺栓连接；（b）静配合连接；（c）直接焊接

静配合连接如图2-7（b）所示。耳轴有过盈尺寸，装配时，用液体氮将耳轴冷缩后插入耳轴座中；或把耳轴孔加热膨胀，将耳轴在常温下装入耳轴孔中。为了防止耳轴与耳轴孔产生相对转动和轴向移动，传动侧耳轴的配合面应拧入精制螺钉，游动侧采用带小台肩的耳轴。

耳轴与托圈直接焊接如图2－7（c）所示。这种结构没有耳轴座和连接件，结构简单，重量轻，加工量少。制造时，先将耳轴与耳轴板用双面环形焊缝焊接，然后将耳轴板与托圈腹板用单面焊缝焊接，但要特别注意保证两耳轴的平行度和同心度。

C　炉体与托圈的连接装置

炉体与托圈之间的连接装置应能满足下述要求：

（1）保证转炉处于所有的位置时都能安全地支承全部工作负荷；

（2）为转炉炉体传递足够的转矩；

（3）能够调节由于温度变化而产生的轴向和径向的位移，使其对炉壳产生的限制力最小；

（4）能使载荷在支承系统中均匀分布；

（5）能吸收或消除冲击载荷，并能防止炉壳过度变形；

（6）结构简单，工作安全可靠，易于安装、调整和维护，而且经济。

目前已在转炉上应用的炉体与托圈的连接装置大致有以下三类。

a　悬挂支承盘连接装置

悬挂支承盘连接装置如图2－8所示，属于三支点连接结构。位于两个耳轴位置的支点是基本承重支点，而在出钢口对侧、位于托圈下部与炉壳相连接的支点是一个倾动支承点。

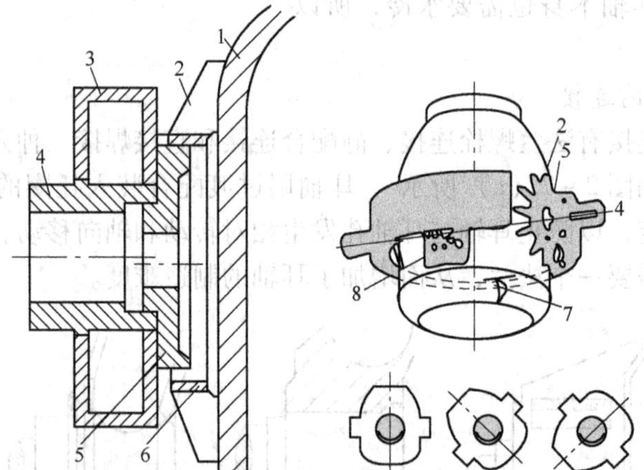

图2－8　悬挂支承盘连接装置
1—炉壳；2—星形筋板；3—托圈；4—耳轴；5—支承盘；
6—托环；7—导向装置；8—倾动支承器

两个承重支点主要由支承盘和托环构成，托环通过星形筋板焊接在炉壳上。支承盘装在托环内，它们不同心，有约10mm的间隙。

在倾动支承点装有倾动支承器。在与倾动支承器处于同一水平轴线的炉体另一侧装有导向装置，它与倾动支承器构成了防止炉体沿耳轴方向窜动的定位装置。

悬挂支承盘连接装置的主要特征是，炉体处于任何倾动位置时都始终保持托环与支承盘顶部的线接触支承。同时，在倾动过程中炉壳上的托环始终沿托圈上的支承盘滚动。所以，这种连接装置的倾动过程平稳、没有冲击。此外，其结构也比较简单，便于快速拆换炉体。

b 夹持器连接装置

夹持器连接装置的基本结构是沿炉壳圆周装有若干组上、下托架，并用它们夹住托圈的顶面和底部，通过接触面把炉体的负荷传给托圈。当炉壳和托圈因温差而出现热变形时，可自由地沿其接触面相对位移。

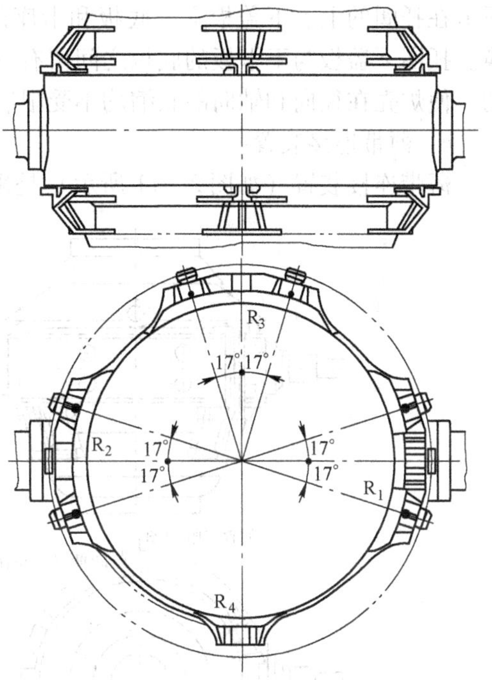

图 2－9 双面斜垫板托架夹持器的典型结构

图 2－9 所示为双面斜垫板托架夹持器的典型结构。它由四组夹持器组成。两耳轴部位的两组夹持器 R_1、R_2 为支承夹持器，用于支承炉体和炉内液体等的全部重量。位于装料侧托圈中部的夹持器 R_3 为倾动夹持器，转炉倾动时主要通过它来传递倾动力矩。靠出钢口的一组夹持器 R_4 为导向夹持器，它不传递力，只起导向作用。每组夹持器均有上、下托架，托架与托圈之间有一组支承斜垫板。炉体通过上、下托架和斜垫板夹住托圈，借以支承其重量。

这种双面斜垫板托架夹持器连接装置基本满足了转炉的工作要求，但其结构复杂、加工量大、安装和调整比较困难。

图 2－10 所示为平面卡板夹持器连接结构。它一般用 4～10 组夹持器将炉壳固定在托圈上，其中有一对布置在耳轴轴线上，以便炉体倾转到水平位置时承受载荷。每组夹持器的上、下卡板用螺栓成对地固定在炉壳上，利用焊在托圈上的卡座将上、下卡板伸出的底

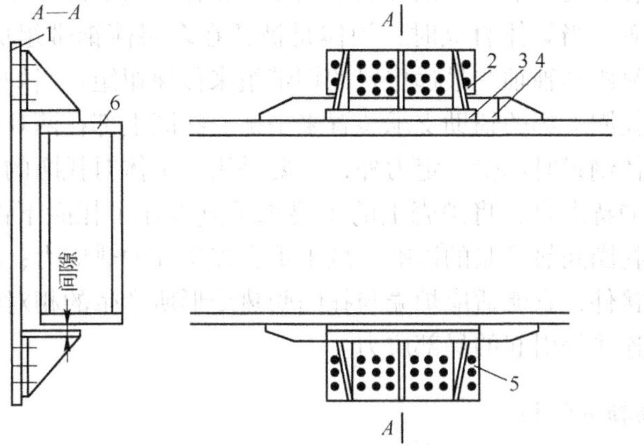

图 2－10 平面卡板夹持器连接结构

1—炉壳；2—上卡板；3—垫板；4—卡座；5—下卡板；6—托圈

板卡在托圈的上、下盖板上。底板和卡座的两平面间及侧面均有垫板，垫板磨损可以更换。托圈下盖板与下卡板的底板之间留有一定的间隙，这样夹持器本体可以在两卡座间滑动，使炉壳在径向和轴向的胀缩均不受限制。

c 薄带连接装置

薄带连接装置（如图2－11所示）是采用多层挠性薄钢带作为炉体与托圈的连接件。

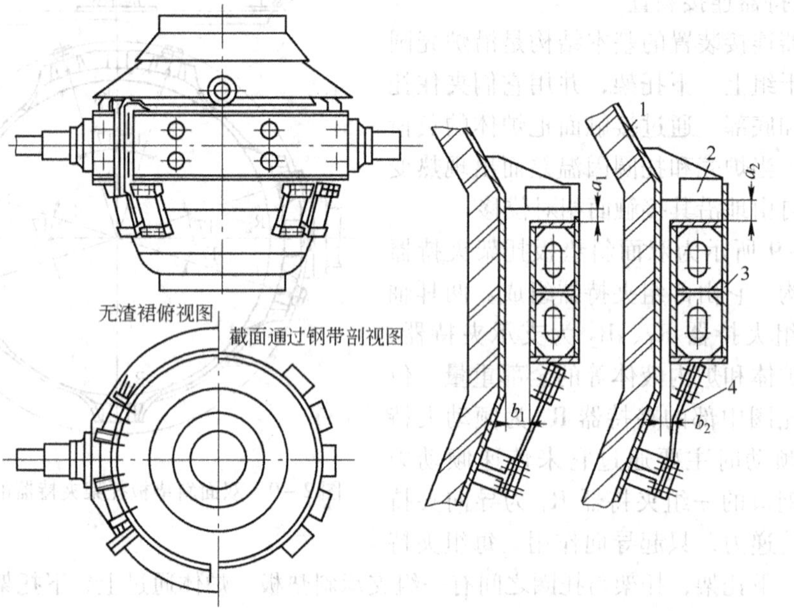

图2－11 薄带连接装置

（a）薄钢带连接图；（b）薄钢带与炉体和托圈连接结构适应炉体膨胀的情况

a_2-a_1—炉壳与托圈沿轴向的膨胀差；b_2-b_1—炉壳与托圈沿径向的膨胀差

1—炉壳；2—周向支承装置；3—托圈；4—钢带

由图2－11可以看出，在两侧耳轴的下方沿炉壳圆周各装有五组多层薄钢带，钢带的下端借助螺钉固定在炉壳的下部，钢带的上端固定在托圈的下部。在托圈上部耳轴处还装有一个辅助支承装置。当炉体直立时，炉体是被托在多层薄钢带组成的“托笼”中；当炉体倾动时，主要靠距耳轴轴线最远位置的钢带组来传递扭矩；当炉体倒置时，炉体重量由钢带压缩变形和托圈上部的辅助支承装置来平衡。托圈上部在两耳轴位置的辅助支承装置除了在倾动和炉体倒置时承受一定力外，主要是用于炉体对托圈的定位。

薄带连接装置的特点是：将炉壳上的主要承重点放在了托圈下部炉壳温度较低的部位，以消除炉壳与托圈间热膨胀的影响，减少炉壳连接处的热应力；同时，由于采用了多层挠性薄钢带作连接件，它能适应炉壳与托圈受热变形所产生的相对位移，还可以减缓连接件在炉壳、托圈连接处引起的局部应力。

2.4.2.2 耳轴轴承结构

转炉耳轴轴承是支承炉壳、炉衬、金属液和炉渣全部重量的部件，其负荷大、转速慢、温度高，工作条件十分恶劣。

用于转炉耳轴的轴承大体分为滑动轴承、球面调心滑动轴承、滚动轴承三种类型。滑动轴承便于制造、安装，所以在小型转炉上用得较多。但这种轴承无自动调心作用，托圈变形后磨损很快。球面调心滑动轴承是滑动轴承改进后的结构，磨损有所减少。为了有效地克服滑动轴承磨损快、摩擦损失大的缺点，在大、中型转炉上普遍采用了滚动轴承。采用自动调心双列圆柱滚动轴承，能补偿耳轴由于托圈翘曲和制造、安装不准确而引起的不同心度和不平行度，该轴承结构如图2－12所示。

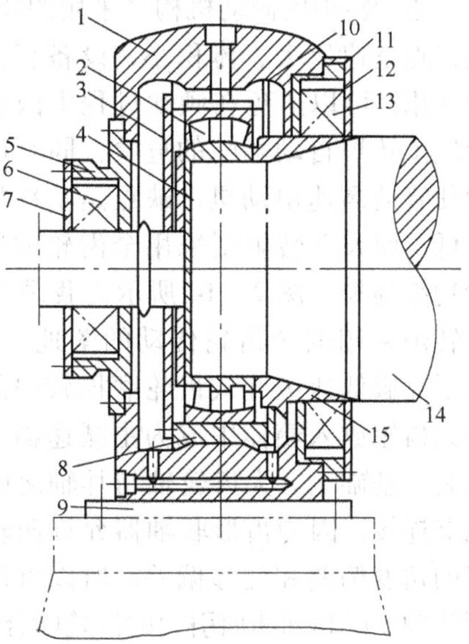

图2－12　自动调心滚动轴承结构

1—轴承座；2—自动调心双列圆柱滚动轴承；3，10—挡油板；4—轴承压板；5，11—轴承端盖；6，13—毡圈；7，12—压盖；8—轴承套；9—轴承底座；14—耳轴；15—甩油推环

为了适应托圈的膨胀，驱动端的耳轴轴承设计为固定的，而另一端则设计成可沿轴向移动的自由端。

为了防止脏物进入轴承内部，轴承外壳采取双层或多层密封装置，这对于滚动轴承尤其重要。

2.4.3　倾动机构

2.4.3.1　对倾动机构的要求

设计倾动炉体时要满足以下要求：

(1) 在整个生产过程中满足工艺要求，如以一定的转速连续回转360°、可以停留在任何位置、能与氧枪等有一定联锁。

(2) 能够安全可靠地运转，即使某一部分发生事故，倾动机构也可继续工作，维持到一炉钢结束。

(3) 适应高温、动载荷、扭振的作用，具有较长的寿命。

2.4.3.2　倾动机构的类型

倾动机构一般由电动机、制动器、一级减速器和末级减速器组成。按照其传动设备的安装位置，倾动机构可分为落地式、半悬挂式和全悬挂式等。

A　落地式倾动机构

落地式倾动机构是指转炉耳轴上装有大齿轮，而其他所有传动件都装在另外的基础上；或所有的传动件（包括大齿轮在内）都安装在另外的基础上。这种倾动机构结构简单，便于加工制造和装配维修。

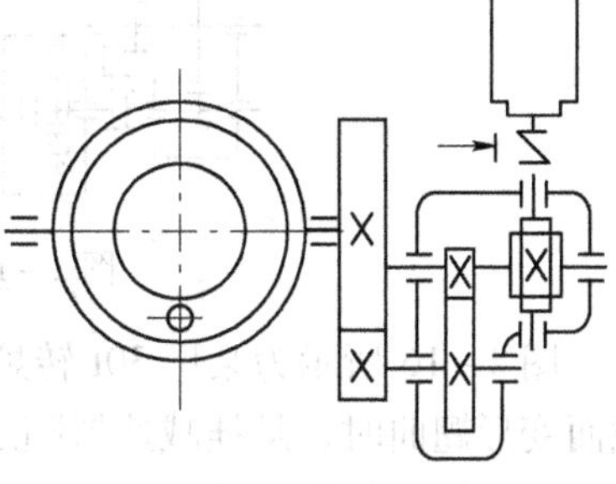

图2－13　某厂30t转炉落地式倾动机构

图2－13所示是我国小型转炉采用的落地式倾动机构。这种传动形式，当耳轴轴承磨损后大齿轮下沉或托圈变形、耳轴向上翘曲时，都会影响大、小齿轮的正常啮合传动。此外，大齿轮为开式齿轮，易落入灰砂，磨损严重，寿命短。

小型转炉的倾动机构多采用蜗轮蜗杆传动，其优点是速比大、体积小、设备轻、有反向自锁作用，可以避免在倾动过程中因电动机失灵而发生转炉自动翻转的危险，同时可以使用比较便宜的高速电动机；缺点是功率损失大，效率低。而大型转炉则采用全齿轮减速机，以减少功率损失。图2－14所示为我国某厂150t顶吹转炉采用的全齿轮传动的落地式倾动机构。为了克服低速级开式齿轮磨损较快的缺点，将开式齿轮放入箱体中成为主减速器，该减速器安装在基础上。大齿轮轴与耳轴之间用齿形联轴器连接，因为齿形联轴器允许两轴之间有一定的角度偏差和位移偏差，所以可以部分克服因耳轴下沉和翘曲而引起的齿轮啮合不良。

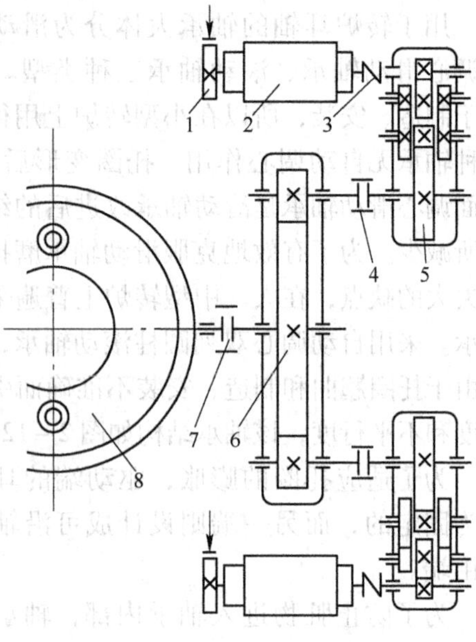

图2－14 我国某厂150t顶吹转炉落地式倾动机构

1—制动器；2—电动机；3—弹性联轴器；4，7—齿形联轴器；5—分减速器；6—主减速器；8—转炉炉体

为了使转炉获得多级转速，采用了直流电动机。此外，考虑到倾动力矩较大，采用了两台分减速器和两台电动机。图2－15所示为多级行星齿轮落地式倾动机构，它具有传动速比大、结构尺寸小、传动效率较高的特点。

B 半悬挂式倾动机构

半悬挂式倾动机构是在转炉耳轴上装有一个悬挂减速器，而其余的电动机、减速器等都安装在另外的基础上。悬挂减速器的小齿轮通过万向联轴器或齿形联轴器与落地减速器相连接。

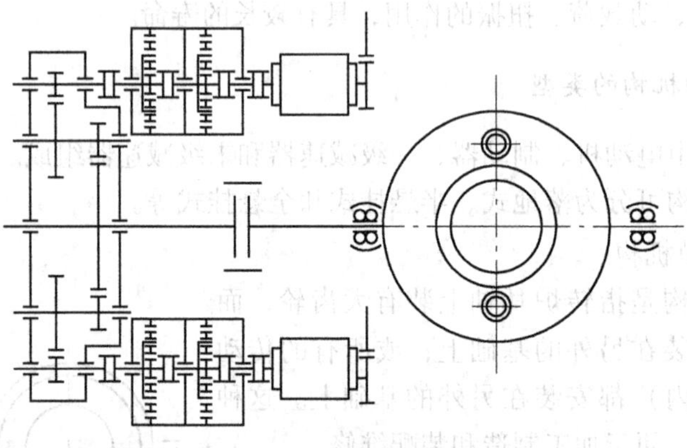

图2－15 多级行星齿轮落地式倾动机构

图2－16所示为某厂30t转炉半悬挂式倾动机构。这种结构，当托圈和耳轴受热、受载而变形翘曲时，悬挂减速器随之位移，其中的大、小人字齿轮仍能正常啮合传动，克服了落地式倾动机构的缺点。

半悬挂式倾动机构的设备仍然很重，占地面积也较大，因此又出现了全悬挂式倾动机构。

C　全悬挂式倾动机构

全悬挂式倾动机构如图2－17所示，是把转炉传动的二次减速器的大齿轮悬挂在转炉耳轴上，而电动机、制动器、一级减速器都装在悬挂大齿轮的箱体上。这种倾动机构一般都采用多电动机、多初级减速器的多点啮合传动，消除了以往倾动设备中齿轮位移啮合不良的现象。此外，它还装有防止箱体旋转并起缓震作用的抗扭装置，可使转炉平稳地启动、制动和变速，而且这种抗扭装置能够快速装卸以适应检修的需要。

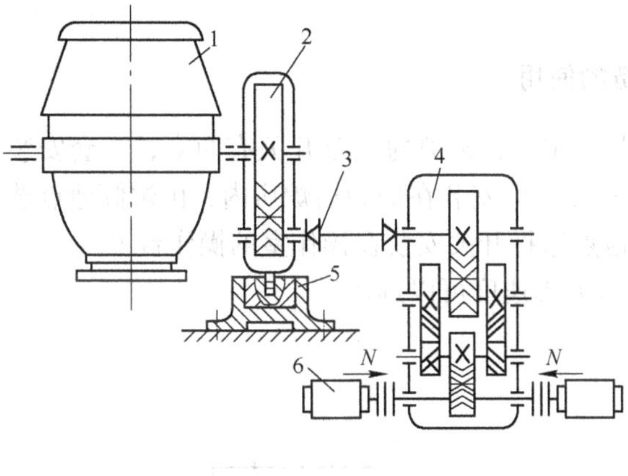

图2－16　某厂30t转炉半悬挂式倾动机构
1—转炉；2—悬挂减速器；3—万向联轴器；4—减速器；5—制动装置；6—电动机

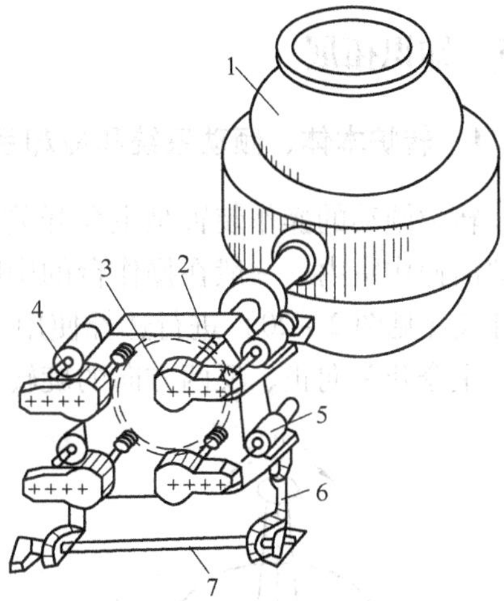

图2－17　全悬挂式倾动机构
1—转炉；2—齿轮箱；3—三级减速器；4—联轴器；5—电动机；6—连杆；7—缓震抗扭轴

全悬挂式倾动机构具有结构紧凑、重量轻、占地面积小、运转安全可靠、工作性能好的特点，但由于增加了啮合点，加工、调整和对轴承质量的要求都较高。这种倾动机构多被大型转炉所采用，我国上海宝钢的300t转炉、首钢的210t转炉均采用了全悬挂式倾动机构。

D　液压传动的倾动机构

目前一些先进的转炉已采用液压传动的倾动机构。

液压传动的突出特点是：适用于低速、重载的场合，不怕过载和阻塞；可以无级调速，结构简单，重量轻，体积小。因此，液压传动对转炉的倾动机构有很强的适用性。但液压传动也存在加工精度要求高、加工不精确时容易引起漏油的缺陷。

图2－18是一种液压传动转炉的工

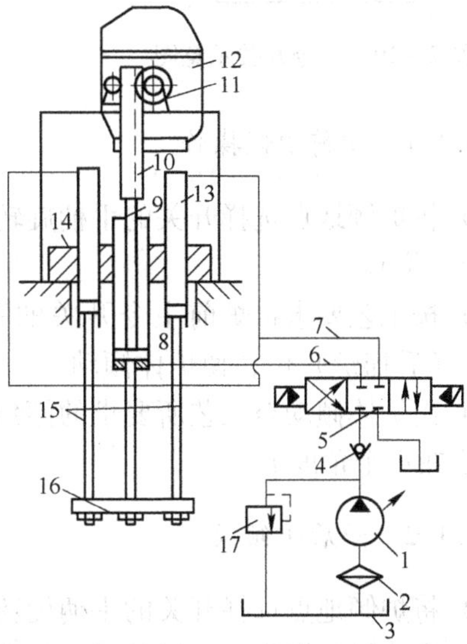

图2－18　液压传动转炉的工作原理示意图
1—变量油泵；2—滤油器；3—油箱；4—单向阀；5—电液换向阀；6，7—油管；8—工作油缸；9，15—活塞杆；10—齿条；11—齿轮；12—转炉；13—回程油缸；14—横梁；16—活动横梁；17—溢流阀

作原理示意图。变量油泵经滤油器将油液从油箱中泵出，经单向阀、电液换向阀、油管6送入工作油缸，使活塞杆9上升，推动齿条和耳轴上的齿轮，使转炉炉体倾动。工作油缸与回程油缸固定在横梁上，当电液换向阀换向后，油液经油管7进入回程油箱（此时工作油缸中的油液经电液换向阀流回油箱），通过活塞杆15、活动横梁将齿条下拉，使转炉恢复原位。

除了上述具有齿条传动的液压倾动机构外，也可采用液压马达完成转炉的倾动。

2.5　知识拓展

2.5.1　转炉本体、倾动系统和冷却系统设备的使用

转炉倾动的操作装置是主令开关（见图2-19）。转炉的主令开关有两套，一套安装在炉前操作室内，一般在操作台的中间位置；另一套安装在炉旁摇炉房内，由炉倾地点选择开关（见图2-20）进行选择使用。炉倾地点选择开关安装在操作室的操作台上。

主令开关向正、反两方向的旋转操作各有五挡速度可以选择。

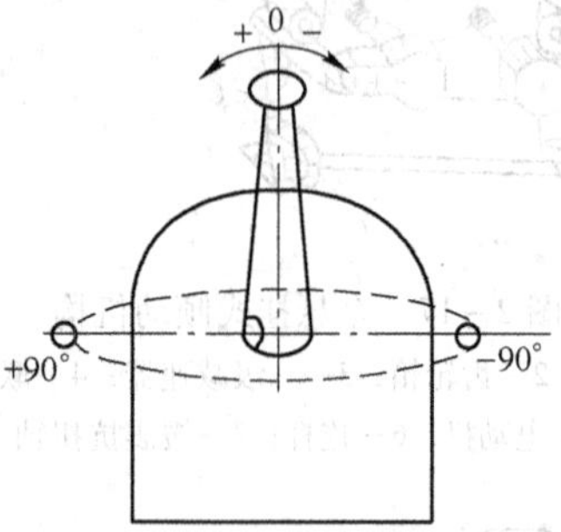

图2-19　主令开关示意图

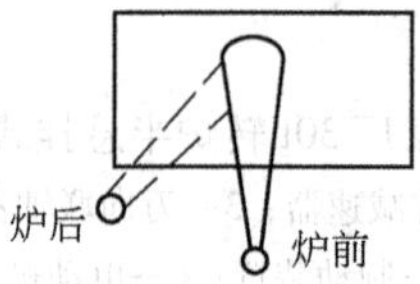

图2-20　炉倾地点选择开关示意图

2.5.1.1　炉前炉倾操作

（1）将炉倾地点选择开关的手柄旋转到“炉前”位置（此时炉前主令开关的手柄应处于“0”位）。

（2）按工艺要求将炉前主令开关的手柄从“0”位旋转到“+90°”（前摇炉）或“-90°”（后摇炉）位，使炉体倾动。

（3）当炉体倾动至工艺所要求的倾角时，立即将主令开关的手柄恢复到“0”位，使炉子固定在这个角度上。

2.5.1.2　炉后炉倾操作

（1）将炉倾地点选择开关的手柄旋转到“炉后”位置。

（2）进入炉后操作房，用炉后主令开关进行摇炉操作（同炉前）。

2.5.1.3　冷却系统设备的使用

（1）水位计冲洗操作。水位计冲洗时先打开放水阀，关闭水连阀；然后打开水连阀，关闭汽连阀；再打开汽连阀，最后关闭放水阀。

（2）烟道排污操作。烟道排污包括固定段上、下联箱排污和可移动段上、下联箱排污，操作步骤如下：开时先开第一道阀门，再开第二道阀门；关时先关第二道阀门，再关第一道阀门（第一道阀门是指距离烟道最近的阀门）。

（3）现场倒泵操作。应遵循先开后停的原则，首先检查并确认备用泵冷却水、润滑油等正常以及控制箱选择开关在现场位，关闭泵出口电动阀后启动泵，确认泵无异声且无异常振动、电流正常、轴承温度不超过规定范围等，然后打开泵出口阀门，最后停原运行泵。

2.5.2 转炉本体、倾动系统和冷却系统设备的安全操作规程

（1）严格执行厂、车间安全规程及各项安全管理制度。进入现场前必须按规定穿戴各种劳保用品。

（2）启动操作各种设备前，首先必须确认设备完好、安全装置齐全、联锁系统灵敏，不准用潮湿的导电物体操作电气设备。

（3）炉前、炉后平台不应堆放障碍物。转炉炉帽、炉壳、溜渣板和炉下挡渣板、基础墙上的黏渣应经常清理，确保其厚度不超过0.1m。

2.6 思考与练习

（1）简述转炉炉体的组成。

（2）简述转炉炉壳的结构。

（3）简述转炉炉体支承系统的组成、结构和连接方式。

（4）简述转炉倾动设备的类型、构造。

（5）如何操作转炉倾动设备？

（6）塌炉的原因是什么？

（7）塌炉的征兆、预防和处理方法是什么？

（8）造成出钢口堵塞的常见原因有哪些？

（9）排除出钢口堵塞的常见方法有哪些？

（10）穿炉有什么预兆，如何预防及处理？

（11）简述冻炉事故的原因及预防措施。

单元3 混铁炉、混铁车操作与维护

3.1 学习目标

（1）能准确陈述混铁车、混铁炉向转炉供应铁水的方式和工艺流程；

（2）能熟练陈述混铁炉、混铁车、铁水包的结构和保温、倾动的工作原理，知道混铁炉保温操作以及混铁车、混铁炉受铁和出铁操作的要点；

（3）能对混铁炉、混铁车、铁水罐、铁水包进行日常维护，并能对其常见故障进行判断和处理。

3.2 工作任务

炉前工通过以下两种方式将高炉铁水运至转炉车间：

（1）高炉铁水出至高炉下的铁水罐车内，铁水罐车由机车牵引到转炉车间。在转炉车间用天车吊起铁水罐，将铁水兑入混铁炉内。混铁炉的两侧设有煤气烧嘴，靠高温火焰实现铁水保温，并按要求取样、测温并进行记录。接到出铁通知时，将铁水包吊至混铁炉出铁口下方，倾动炉体，按要求的数量出铁，并通知铁水成分和温度。

（2）高炉铁水出至高炉下的鱼雷罐车内，混铁车由机车牵引到转炉车间出铁坑上方，取样、测温并记录。接到出铁通知时，将铁水包吊至混铁车出铁口下方，倾动炉体，按要求的数量出铁，并通知铁水成分和温度。

3.3 实践操作

3.3.1 混铁车、混铁炉受铁操作

（1）兑铁前应了解清楚罐内铁水的成分及重量，若发现高炉铁水渣子过多、温度偏低等异常情况，应及时向值班调度汇报。

（2）铁水罐渣子结壳时应压破渣壳，然后才能兑铁，严禁结壳翻铁。

（3）兑完铁水后观察铁水罐内情况，若衬砖侵蚀严重或局部掉砖应停止使用，罐口结壳严重时也必须更换。

（4）指挥行车必须站位准确、指令清楚，避免各类事故发生。

（5）无特殊情况不得直接倾翻铁水罐兑铁入炉，必须从混铁炉出铁，当铁水 $w[Si] \geqslant 0.8\%$、$w[S] \geqslant 0.06\%$ 时必须入混铁炉。

3.3.2 混铁炉出铁操作

（1）每班接班时先检查气动松闸机构是否正常，出铁时若发生停电或失控故障，应立即扳动气动松闸手柄，使炉子迅速回零位。

（2）出铁前认真检查铁水包情况，在确认无结壳、包位准确后才能出铁。

（3）出铁重量严格按转炉铁水工要求控制，误差可在 ±1.5t 范围内。出完铁时间比

入转炉时间提前5～10min，不能过早出铁，但必须确保转炉不等铁水。

（4）出铁时执行“两头小、中间大”和“看包为主、看秤为辅”的要点，出铁到离规定重量2t左右时准备抬炉，防止溢铁事故。

（5）包内铁水不能出得过满，铁水液面距最低包沿应大于200mm，每次出完铁后倾炉手柄应回零位，关上控制开关。

（6）每班对出炉铁水测温两次（接班一次、生产中途一次），每天取样一次，并将结果及时通知炉前。

3.3.3　混铁炉保温操作

（1）每班检查炉体各部位及兑铁槽情况，并对各种设备进行检查和加油润滑，发现问题应及时处理并上报。

（2）每2h对炉膛温度和炉壁温度进行一次监测记录，结合出炉铁水温度和炉内存铁量调整煤气、空气流量，将炉内温度控制在1150～1300℃之间，确保混铁炉倒出铁水的温度在1250～1300℃之间。

（3）每2h对炉壳温度进行一次红外线测量，在各部位多点监测，记录最高点，出现温度异常情况应及时上报。

3.3.4　铁水包的日常维护及穿包事故的征兆、判断与处理

3.3.4.1　铁水包的日常维护

（1）每班启动一次干油润滑系统。

（2）每班要对入炉、出炉铁水量进行准确记录，下班前必须核对清楚，各种记录要真实、规范、完整。交接班时要交接清楚，需双方签字认可，有异议时做好记录并及时反映。

（3）新铁水包上线前必须检查其在烘烤过程中有无裂纹产生、有无窜砖或掉料。

（4）使用新铁水包第一次装铁后，必须认真观察有无掉砖和钻铁现象。

（5）在每次使用中，应对铁水包耳轴、挡板、销轴等关系到吊运安全的部位进行检查，若发现问题应及时下线处理，严禁带隐患使用。

3.3.4.2　铁水包穿包事故的征兆、判断与处理

A　铁水包穿包事故的征兆

穿包的主要原因是铁水包外层包壳的温度变化。常温下，钢材在没有油漆保护的情况下受到空气中氧的氧化，一般呈灰黑色。钢材在受热过程中其颜色会发生一些变化，在650℃以下时，仍呈灰黑色；超过650℃时，其颜色会逐渐发红，先呈暗红色，然后逐渐发亮；当温度超过850℃时，就会变成亮红色，然后直至熔化（一般包壳的熔点在1500℃左右）。

值得注意的是，一旦出现包壳发红，即说明其内部耐材已经失去作用，包壳温度的上升趋势越来越快，如不能及时采取措施，很快就会发生穿包事故。因此，只有及早发现铁水包包壳发红，才能将事故的损失降到最低。

B 铁水包穿包事故的判断

（1）铁水包上线前及在线过程中装铁前进行检查，若发现耐材侵蚀严重、裂纹纵横交错（形成局部龟裂）、局部窜砖，应停止使用。

（2）铁水兑入转炉后、往铁水车上坐包前用测温仪检测包壳温度，特别是大包嘴下方包壁铁水冲击区以及包底铁水冲击区部位的包壳温度，有利于尽早发现问题。若相同部位本次测量温度高于上次30℃，应立即对其包衬耐材重点检查，发现问题则停止使用。

（3）铁水包装完铁后，若测量重包局部温度高于500℃，应立即做倒包处理。

C 铁水包穿包事故的处理

（1）铁水包穿包一般发生在转炉装铁之前，即出铁到待装的过程。

（2）如铁水包还没有吊到炼钢转炉平台（如在铁水车吊包位），应快速将铁水包吊到事故包上方，视穿包部位倒包或等待其停止漏铁。

（3）对于出铁过程中发生在中下部包壁、包底的穿漏事故，应立即中断翻铁操作，快速将铁水车开出，指挥天车将铁水包吊至事故包上方。

3.4 知识学习

3.4.1 铁水供应

铁水是转炉炼钢的主要原料。按所供铁水来源的不同，其可分为化铁炉铁水和高炉铁水两种。由于化铁炉需二次化铁，能耗与熔损较大，已被国家明令淘汰。

高炉向转炉供应铁水的方式有铁水罐车供应（铁水罐直接热装）、混铁炉供应和混铁车供应等。

3.4.1.1 铁水罐车供应铁水

高炉铁水流入铁水罐后，运进转炉车间。转炉需要铁水时，将铁水倒入转炉车间的铁水包，经称量后用铁水吊车兑入转炉。其工艺流程为：高炉→铁水罐车→前翻支柱→铁水包→称量→转炉。

铁水罐车供应铁水的特点是设备简单，投资少。但是铁水在运输及待装过程中热损失严重，用同一罐铁水炼几炉钢时，前后炉次的铁水温度波动较大，不利于操作，而且黏罐现象也较严重；另外，对于不同高炉的铁水、同一座高炉不同出铁炉次的铁水或同一出铁炉次中先后流出的铁水来说，其成分都存在差异，使兑入转炉的铁水成分波动也较大。我国采用铁水罐车供铁方式的主要是小型转炉炼钢车间。

3.4.1.2 混铁炉供应铁水

采用混铁炉供应铁水时，高炉铁水罐车由铁路运至转炉车间加料跨，用铁水吊车将铁水兑入混铁炉。当转炉需要铁水时，从混铁炉将铁水倒入转炉车间的铁水包内，经称量后用铁水吊车兑入转炉。其工艺流程为：高炉→铁水罐车→混铁炉→铁水包→称量→转炉。

由于混铁炉具有储存铁水、混匀铁水成分和温度的作用，这种供铁方式的铁水成分和温度都比较均匀，特别是对调节高炉与转炉之间均衡地供应铁水有利。

3.4.1.3 混铁车供应铁水

混铁车又称混铁炉型铁水罐车或鱼雷罐车，由铁路机车牵引，兼有运送和储存铁水两种作用。

采用混铁车供应铁水时，高炉铁水出到混铁车内，由铁路将混铁车运到转炉车间倒罐站旁。当转炉需要铁水时，将铁水倒入铁水包，经称量后用铁水吊车兑入转炉。其工艺流程为：高炉→混铁车→铁水包→称量→转炉。

采用混铁车供应铁水的主要特点是：设备和厂房的基建投资以及生产费用比混铁炉低，铁水在运输过程中的热损失少，并能较好地适应大容量转炉的要求，还有利于进行铁水预处理（预脱磷、预脱硫和预脱硅）。但是，混铁车的容量受铁路轨距和弯道曲率半径的限制不宜太大，因此储存和混匀铁水的作用不如混铁炉。这个问题随着高炉铁水成分的稳定和温度波动的减小已逐渐获得解决。近年来，世界上新建大型转炉车间采用混铁车供应铁水的厂家日益增多。

3.4.2 混铁炉

混铁炉是高炉和转炉之间的桥梁，具有储存铁水、稳定铁水成分和温度的作用，对调节高炉与转炉之间的供求平衡和组织转炉生产极为有利。

3.4.2.1 混铁炉的构造

混铁炉由炉体、炉盖开闭机构和炉体倾动机构三部分组成，如图3－1所示。

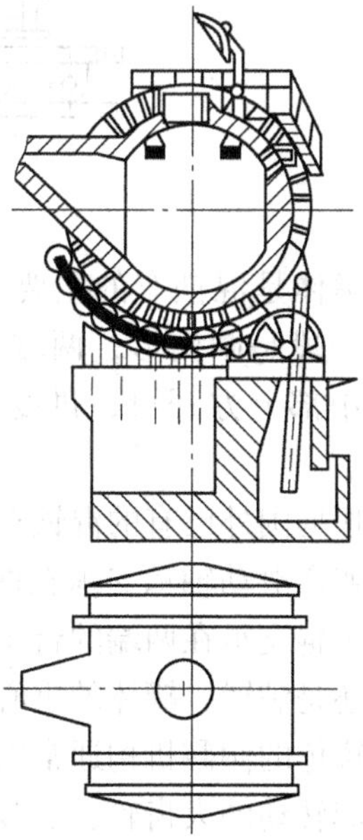

图3－1 混铁炉构造图

A 炉体

混铁炉的炉体一般采用短圆柱炉型，其中段为圆柱形，两端端盖近于球面形，炉体长度与圆柱部分外径之比约为1。

炉体包括炉壳、托圈、倒入口、倒出口和炉内砖衬等。

炉壳用20～40mm厚的钢板焊接或铆接而成。两个端盖通过螺钉与中间圆柱形主体连接，以便于拆装修炉。炉内耐火砖衬由外向内依次为硅藻土砖、黏土砖和镁砖。

在炉体中间的垂直平面内配置铁水倒入口、倒出口和齿条推杆的凸耳。倒入口中心与垂直轴线成5°倾角，以便于铁水倒入和混匀。倒出口中心与垂直轴线约成60°倾角。在工作中，炉壳温度高达300～400℃，为了避免变形，在圆柱形部分装有两个托圈。同时，炉体的全部重量也通过托圈支承在辊子和轨座上。

为了使铁水保温和防止倒出口结瘤，炉体端部与倒出口上部配有煤气、空气管，用火焰加热。

B 炉盖开闭机构

倒入口和倒出口皆有炉盖。通过地面绞车放出的钢绳绕过炉体上的导向滑轮来独立地驱动炉盖的开闭。因为钢绳引上炉体时钢绳引入点处的导向滑轮正好布置在炉体倾动的中心线上，所以当炉体倾动时炉盖状态不受影响。

C　炉体倾动机构

目前混铁炉普遍采用的一种倾动机构是齿条传动倾动机构。齿条与炉壳凸耳铰接，由小齿轮传动，小齿轮由电动机通过四对圆柱齿轮减速后驱动。

3.4.2.2　混铁炉容量和座数的配置

目前国内混铁炉容量有 300t、600t 和 1300t。混铁炉容量应与转炉容量相配合。要使铁水保持成分的均匀和温度的稳定，要求铁水在混铁炉中的储存时间为 8～10h，即混铁炉容量相当于转炉容量的 15～20 倍。

由于转炉冶炼周期短，混铁炉受铁和出铁作业频繁，混铁炉检修又不能影响转炉的正常生产，因此，一座经常吹炼的转炉配备一座混铁炉较为合适。

3.4.3　混铁车

混铁车由罐体、罐体支承及倾翻机构和车体等部分组成，如图 3－2 所示。

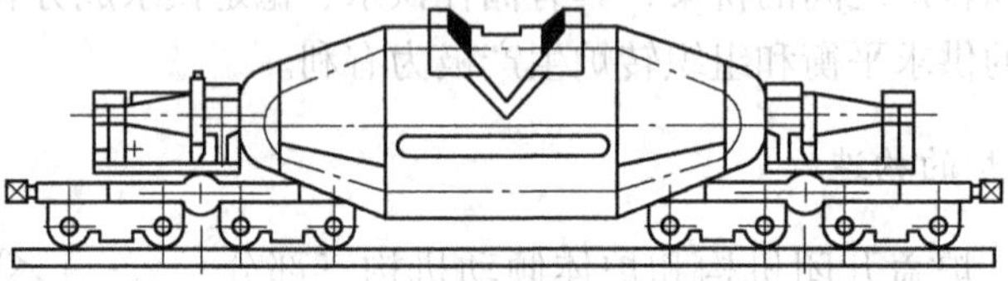

图 3－2　混铁车

罐体是混铁车的主要部分，外壳由钢板焊接而成，内砌耐火砖衬。通常罐体中部较长一段是圆筒形，两端为截圆锥形，以便从直径较大的中间部位向两端耳轴过渡。罐体中部上方开口，供受铁、出铁、修砌和检查出入之用。罐口上部设有罐口盖以保温。

根据国外已有的混铁车，罐体支承有两种方式。小于 325t 的混铁车，罐体通过耳轴借助普通滑动轴承支承在两端的台车上；325t 以上的混铁车，其罐体是通过支承滚圈借助支承辊支承在两端的台车上。罐体的旋转轴线高于几何轴线 100mm 以上，这样无论是空罐还是满罐，罐体的重心总能保持在旋转轴线以下。

罐体的倾翻机构通常安装在前面台车上，由电动机、减速机及开式齿轮组成。带动罐体一起转动的大齿轮，安装在传动端的耳轴上。

混铁车的容量根据转炉的吨位确定，一般为转炉吨位的整数倍，并与高炉出铁量相适应。目前，我国使用的混铁车最大公称吨位为 300t，国外最大公称吨位为 600t。

3.4.4　废钢供应

废钢是作为冷却剂加入转炉的。根据氧气顶吹转炉热平衡计算，废钢的加入量一般为 10%～30%。加入转炉的废钢块度，最大长度不得大于炉口直径的 1/3，最大截面积要小于炉口截面积的 1/7。根据转炉吨位的不同，废钢块单重波动范围为 150～2000kg。

3.4.4.1　废钢的加入方式

目前在氧气顶吹转炉车间，向转炉加入废钢的方式有以下两种：

（1）直接用桥式吊车吊运废钢料槽倒入转炉。这种方法是用普通吊车的主钩和副钩吊起废钢料槽，靠主、副钩的联合动作把废钢加入转炉。这种方式的平台结构和设备都比较简单，废钢吊车与兑铁水吊车可以共用，但一次只能吊起一槽废钢，并且废钢吊车与兑铁水吊车之间的干扰较大。

（2）用废钢加料车装入废钢。这种方法是在炉前平台上专设一条加料线，使加料车可以在炉前平台上来回运动。废钢料槽用吊车事先吊放到废钢加料车上，然后将废钢加料车开到转炉前并倾动转炉，废钢加料车将废钢料槽举起，把废钢加入转炉内。这种方式废钢的装入速度较快，并可以避免装废钢与兑铁水吊车之间的干扰，但平台结构复杂。

对以上两种废钢加入方式，以往人们认为，当转炉容量较小、废钢装入数量不多时，宜采用吊车加入废钢；而当转炉容量较大、装入废钢数量较多时，可以考虑采用废钢加料车装入废钢。但据资料介绍，现在大型转炉更趋向于用吊车加入废钢而不是用废钢加料车。因为在用废钢加料车加废钢的过程中易对炉体产生冲击，而且需要调整转炉的倾角，而用吊车加废钢则平稳、便利得多。一些大型转炉为了减少加废钢时间、增加废钢添加量，采用了双槽式专用加废钢吊车或专用的单槽式大型废钢料槽吊车（料槽容积为$10m^3$）。

3.4.4.2　废钢的加入设备

（1）废钢料槽。废钢料槽是用钢板焊接的一端开口、底部呈平面的长簸箕状槽。在料槽前部和后部的两侧有两对吊挂轴，供吊车的主、副钩吊挂料槽。

（2）废钢加料车。废钢加料车在国内曾出现两种形式。一种是单斗废钢料槽地上加料机，废钢料槽的托架支承在两对平行的铰链机构的轴上，用千斤顶的机械运动使料槽倾翻并退至原位，如图3－3所示；另一种是双斗废钢料槽加料车，是用液压操纵倾翻机构动作的。

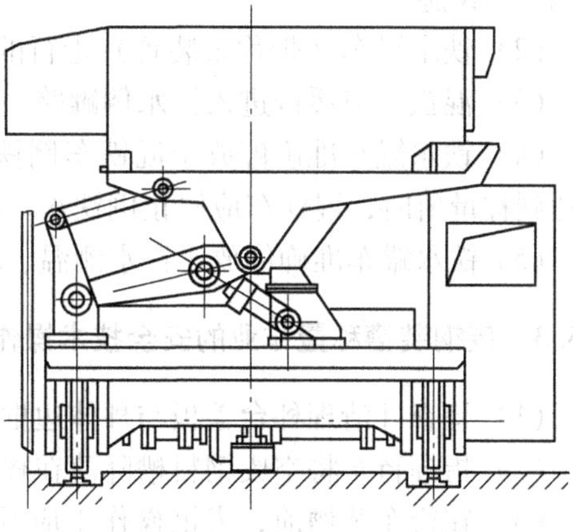

图3－3　单斗废钢料槽地上加料机

3.5　知识拓展

3.5.1　混铁炉的安全技术操作规程

（1）混铁炉炉身构造应坚固，其重心应低于倾动中心，并能在断电及传动设备发生故障时自动复位。

（2）混铁炉操作室应设置煤气压力、流量、温度等的监控仪表。煤气放散管、阀门及煤气脱水器应完好可靠，不得泄漏。

（3）向混铁炉兑铁水时，铁水罐出口的最低位置至混铁炉受铁口或侧面受铁槽的距离不应小于500mm。

(4) 混铁炉在零位时，出铁口应高出平台。

(5) 混铁炉指挥台的位置应保证起重机司机能看清指挥者的手势，混铁炉出铁口附近应设出铁时用的声响信号。出铁时，炉下周围不得有人，不得有水及易燃易爆物，并应保持地面干燥。

(6) 混铁炉应严格按装入系数装料，不允许超装。

(7) 水套漏水应立即更换。更换水套后，应检查是否有回水，水套不得无水空烧。

(8) 混铁炉炉顶有人或其他物体时，不准倾炉。倾动炉子时，应事先关闭大、小盖，打开手动、电动闸门，固定好炉顶工具，炉体上不准站人。

(9) 清理出铁嘴、炉顶、受铁口时，应事先与倾炉工联系好，并设专人监护。

(10) 挂罐时应确认两钩挂牢，然后方可指挥起吊。

(11) 靠车头的第一罐出铁或往第一罐位落重罐时，应将车头脱开。

(12) 每班接班时，均应试验混铁炉抱闸是否灵敏可靠。出铁过程中一旦抱闸失灵，应迅速把控制器放到零位，鸣铃通知有关人员，用紧急手段打开抱闸、排除故障。

3.5.2 混铁车铁水倒罐站的安全技术操作规程

(1) 受铁坑应采取隔热措施并设防排水设施，坑内应保持干燥。受铁位置应设烟气净化除尘设施。

(2) 铁水罐车（带称量装置）走行的两端应设车挡，停放处应设行程开关。

(3) 混铁车应缓慢进入铁水倒罐跨，并准确停放于受铁坑上方。

(4) 铁水罐车准确停放于混铁车倒铁口位置时，混铁车方可倾倒铁水。铁水罐内铁水达到称量值时，混铁车应停止倒铁水。混铁车倾动至零位时，铁水罐车方可开动。

(5) 铁水罐车准确停放于铁水测温、取样和吊放罐工位时，方可进行相应的作业。

3.5.3 废钢装槽称量作业的安全技术操作规程

(1) 检查并清理秤台盖板与秤体边框等间隙处，不得有块状废钢及杂物卡阻。

(2) 指挥行车将空废钢料槽降落在秤台的中心位置。

(3) 在行车装槽前，废钢操作工应及时按称重显示仪表的“清零”键清零位，确保数据的准确性。

(4) 从调度室接受信息（熔炼号、钢种、废钢装入量和品种），准备废钢装槽作业。

(5) 废钢装槽时，应在尽量降低电磁盘的高度后再断电卸废钢，以减轻废钢装槽时产生的扬尘和噪声，防止废钢飞溅伤人，避免对秤台产生较大的冲击而损坏秤台。

(6) 当称重显示仪表的显示值不正常、出现较大的误差时，应及时通知仪表维修人员检查。

(7) 在装废钢入槽的过程中，要求行车司机做到边加废钢、边观察废钢称重大屏幕显示器的显示值，及时掌握废钢料槽内所装废钢的重量，将废钢加入量的误差控制在±500kg，多余的必须从槽中取出。

(8) 检查与监督装槽废钢的加工质量，不得超高、超宽或有飞边、挂角，以免影响吊挂和坠落伤人。发现过大的废钢、冻块时应责成废钢加工人员返工，直至达到所规定的标准为止。

(9) 确认废钢料槽内无潮湿废钢、封闭容器、有色金属和易燃易爆物，防止炉子发生放炮、喷溅事故。

(10) 应将分类废钢重量、槽号、磅秤号和行车号及时输入 L3 系统，把信息及时传递到炉前和调度室，并认真填写好废钢装槽记录。

(11) 废钢挂吊工在挂吊过程中要注意脚下废钢和头上行车吊物，防止碰伤或划伤；指挥行车起吊时，手势要清楚、正确，手脚、身体要离开吊钩、链条、吊环及废钢料槽；起吊废钢前，必须先确认废钢料槽边沿和吊具横梁上无废钢、废钢料槽吊具吊环两边和尾钩完全挂好，然后才能指挥起吊。

3.6 思考与练习

(1) 铁水的供应方式有哪几种?

(2) 简述铁水供应的工艺流程。

(3) 简述混铁炉的结构组成。

(4) 简述混铁车的结构组成。

(5) 废钢的供应方式有哪几种?

(6) 废钢的供应设备有哪些?

(7) 混铁炉与混铁车的不同之处是什么?

(8) 混铁炉受铁、出铁、保温操作要注意哪些事项?

(9) 简述铁水包穿包事故的征兆、判断及处理方法。

单元4　转炉散状料供应系统设备操作与维护

4.1　学习目标

能够按照各种散状料运输流程准确地陈述转炉散状料供应系统设备的结构、工作原理，知道其工作过程及使用和维护的方法，并能使用计算机操作画面对其进行熟练操作。

4.2　工作任务

（1）按工艺要求，使用计算机操作画面进行高位料仓的上料、称量、加入等操作。

1）造渣材料的上料、加料。上料工根据高位料仓料位显示启动皮带运输机，将石灰、白云石、矿石、氧化铁皮等造渣材料运至高位料仓。吹氧工根据冶炼炉况，通过点击计算机控制系统设定要加入的造渣剂种类、数量，启动给料机，使渣料进入称量漏斗称量，然后打开气动阀门，设定的造渣剂经汇集漏斗进入炉内。

2）铁合金的上料、加料。根据冶炼需求的种类、数量，将铁合金经汽车运入车间，用天车将其吊入料仓或使用皮带输送机运入料仓。出钢时，将预先称量好的合金通过溜槽加入包内。

（2）对散状料供应系统设备进行日常维护及常见故障的判断、处理。对熔剂加料系统、渣料系统、合金料下料系统设备进行检查，发现故障应进行维护，对常见的故障进行判断并及时处理，保证炉料能及时、准确地加入到转炉内。

4.3　实践操作

4.3.1　使用计算机操作画面按工艺要求完成散状料的上料操作

4.3.1.1　上料、加料设备的检查

（1）检查料仓是否有料，可以直接观察高位料仓。

（2）检查振动给料器是否完好，由仪表工配合检查。

（3）检查计量仪表是否正常，由仪表工配合检查。

（4）检查料位显示是否正常，若显示不正确，由仪表工配合检修。

（5）检查各料仓进出口阀门是否正常，由钳工配合检查。

（6）检查固定烟罩上的下料口是否堵塞，发现堵塞应及时清理。

4.3.1.2　上料操作

点击转炉倾动主界面【转炉投料 F3】按钮，切换到转炉投料操作界面中，如图 4 – 1 所示。

（1）数据设定。点击【CRT 设定值】一行中的任意一个，可弹出输入数据窗口，从而设定相对应的值，点击【确定】即设定成功。图 4 – 2 所示为设定好值后的窗口。

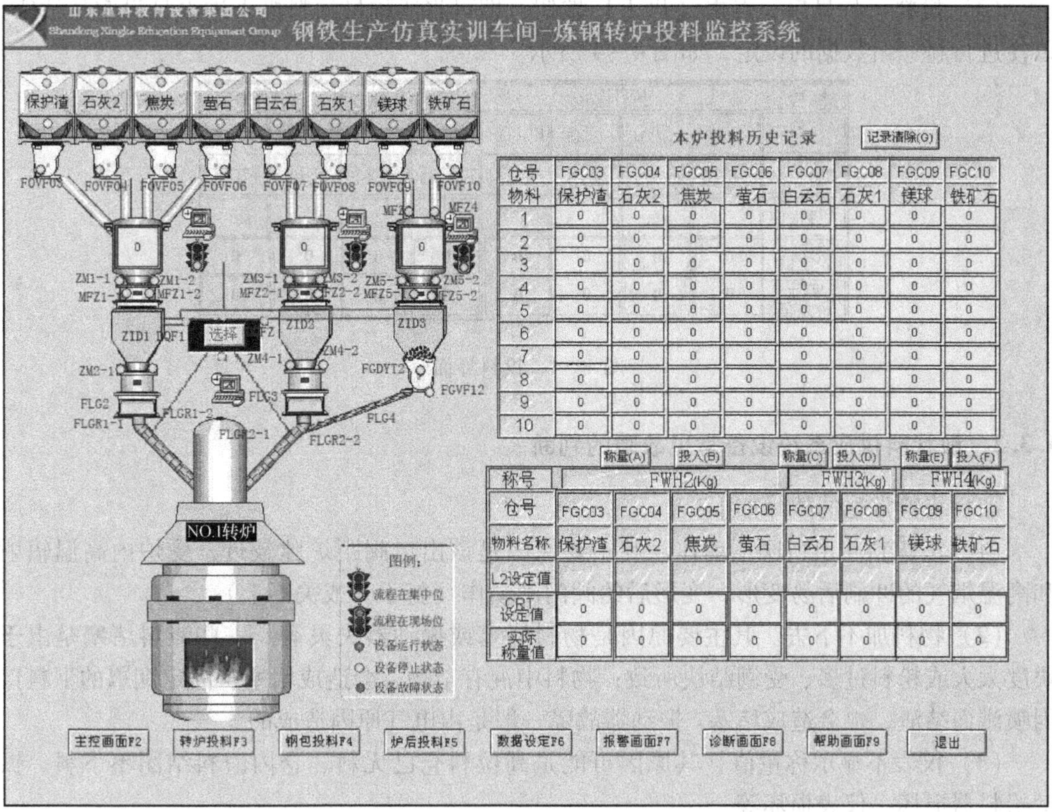

图4－1　转炉投料操作界面

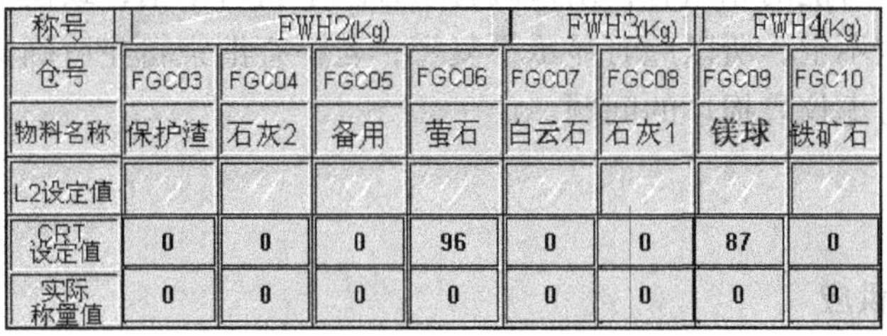

称号	FWH2(Kg)				FWH3(Kg)		FWH4(Kg)	
仓号	FGC03	FGC04	FGC05	FGC06	FGC07	FGC08	FGC09	FGC10
物料名称	保护渣	石灰2	备用	萤石	白云石	石灰1	镁球	铁矿石
L2设定值								
CRT设定值	0	0	0	96	0	0	87	0
实际称量值	0	0	0	0	0	0	0	0

图4－2　数据设定界面

（2）称量。设定后，分别点击【称量】按钮进行称量操作，则会将称量值显示到对应的【实际称量值】一行中，如图4－3所示。

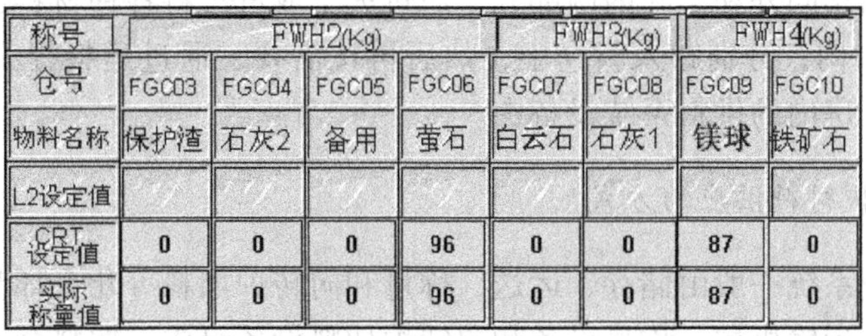

称号	FWH2(Kg)				FWH3(Kg)		FWH4(Kg)	
仓号	FGC03	FGC04	FGC05	FGC06	FGC07	FGC08	FGC09	FGC10
物料名称	保护渣	石灰2	备用	萤石	白云石	石灰1	镁球	铁矿石
L2设定值								
CRT设定值	0	0	0	96	0	0	87	0
实际称量值	0	0	0	96	0	0	87	0

图4－3　称量界面

（3）投料。称量后，点击【投入】按钮，即可将所称量的料投入进去且设定值清零，以便进行新一组数据的设定，如图 4－4 所示。

称号	FWH2(Kg)				FWH3(Kg)		FWH4(Kg)	
仓号	FGC03	FGC04	FGC05	FGC06	FGC07	FGC08	FGC09	FGC10
物料名称	保护渣	石灰2	备用	萤石	白云石	石灰1	镁球	铁矿石
L2设定值								
CRT设定值	0	0	0	0	0	0	0	0
实际称量值	0	0	0	0	0	0	0	0

图 4－4　投料界面

4.3.2　散状料供应系统设备常见故障的判断

加料装置常见的故障如下：

（1）汇集料斗出口阀不动作。其主要原因是该出口阀距炉膛较近，受炉内高温辐射和高温烟气的冲刷后易变形，变形后的阀门不动作（打不开或关不上）。

（2）物料加不下去。其主要原因是物料堵塞或振动器失灵等。一些渣料堵塞是由于块度太大或粉料过多、受潮结块所致；物料中混有杂物，会造成堵塞；固定烟罩的下料口因喷溅而结渣，也会造成堵塞。振动器故障一般是由电气原因造成的。

（3）仪表不显示称量值。其原因可能是高位料仓已无料、仓内渣料结团不下料、振动给料器损坏、仪表损坏等。

（4）料位显示不复零。汇集料斗内的料放完后，料位指示器应显示无料，这称为复零。如果不复零，可能的原因有：出口阀打不开或下料口堵塞，致使汇集料斗内的料放不下来，汇集料斗内不空，所以此时显示不复零；若检查汇集料斗后确认其内无料而料位显示不复零，则要考虑仪表损坏的问题。

4.4　知识学习

4.4.1　散状材料供应

散状材料是指炼钢过程中使用的造渣材料、补炉材料和冷却剂等，如石灰、萤石、白云石、铁矿石、氧化铁皮、焦炭等。氧气转炉所用散状材料供应的特点是种类多、批量小、批数多。供料要求迅速、准确、连续、及时且设备可靠。

供应系统包括车间外和车间内两部分。通过火车或汽车将各种材料运至主厂房外的原料间（或原料场）内，分别卸入料仓中，然后再按需要，通过运料提升设施将各种散状料由料仓送往主厂房内的供料系统设备中。

4.4.1.1　散状材料供应的方式

散状材料供应系统一般由储存、运送、称量和向转炉加料等几个环节组成。整个系统由一些存放料仓、运输机械、称量设备和向转炉加料设备组成。按料仓、称量设备和加料设备之间所采用运输设备的不同，目前国内已投产的转炉车间散状材料的供应主要有下列几种方式。

A　全皮带上料系统

图4－5所示为一个全皮带上料系统，其作业流程为：地下（或地面）料仓→固定皮带运输机→转运料斗→可逆式皮带运输机→高位料仓→分散称量料斗→电磁振动给料器→汇集皮带运输机→汇集料斗→转炉。

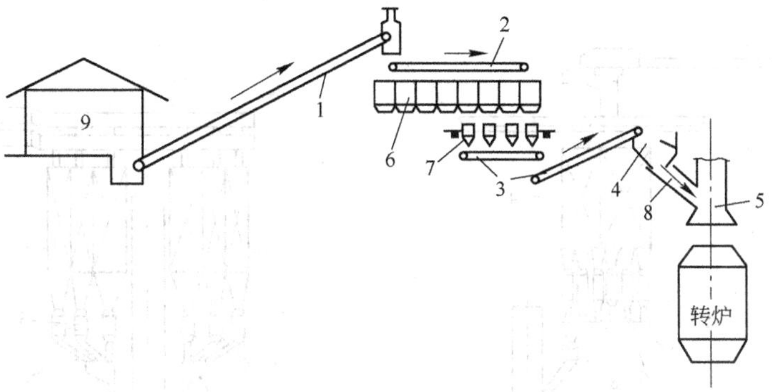

图4－5　全皮带上料系统

1—固定皮带运输机；2—可逆式皮带运输机；3—汇集皮带运输机；4—汇集料斗；5—烟罩；6—高位料仓；7—称量料斗；8—加料溜槽；9—散状材料间

这种上料系统的特点是：运输能力大，上料速度快且可靠，能够进行连续作业，有利于自动化；但其占地面积大，投资多，上料和配料时有粉尘外逸现象。全皮带上料系统适用于30t以上的转炉车间。

B　多斗提升机和管式振动输送机上料及供料工艺

图4－6所示为多斗提升机和管式振动输送机上料系统，其作业流程为：料场→翻斗汽车→半地下料仓→电磁振动给料器→多斗提升机→溜槽→管式振动输送机→高位料仓→电磁振动给料器→称量料斗→电磁振动给料器→汇集料斗→转炉。

此种供料系统占地面积小，可以减少上料时的粉尘飞扬，组成简单；但是其生产率低，仅能满足小型转炉的需要。

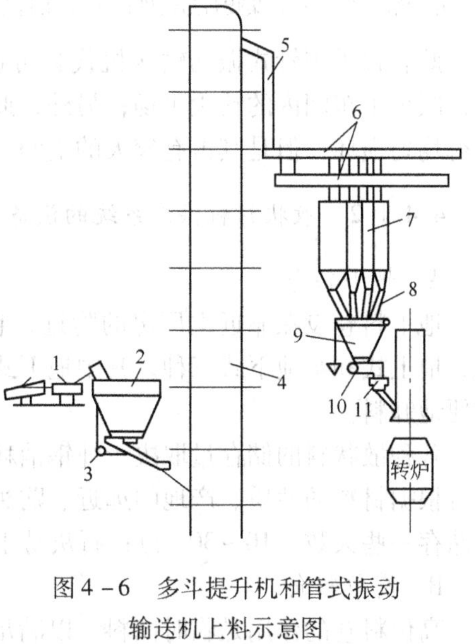

图4－6　多斗提升机和管式振动输送机上料示意图

1—翻斗汽车；2—半地下料仓；3—电磁振动给料器；4—多斗提升机；5—溜槽；6—管式振动输送机；7—高位料仓；8，10—电磁振动给料器；9—称量料斗；11—汇集料斗

C　固定皮带和可逆式皮带上料及供料工艺

图4－7所示为固定皮带和可逆式皮带上料系统，其作业流程为：地下料仓→固定皮带运输机→转运料斗→可逆式皮带运输机→高位料仓→电磁振动给料器→分散称量料斗→电磁振动给料器→汇集皮带运输机→汇集料斗→转炉。

此装置皮带运输安全可靠，输运能力大，

上料速度快；但由于是敞开式输送散状料，车间内粉尘大，环境条件差。

D　固定皮带和管式振动输送机上料及供料工艺

图4－8所示为固定皮带和管式振动输送机上料系统，其作业流程为：外部料仓→固定皮带运输机→转运料斗→管式振动输送器→高位料仓→分散称量料斗→电磁振动给料器→汇集料斗→转炉。

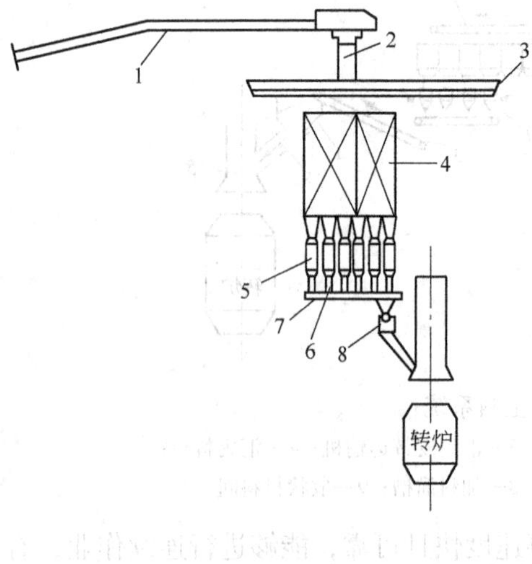

图4－7　固定皮带和可逆式皮带上料示意图

1—固定皮带运输机；2—转运料斗；3—可逆式皮带运输机；4—高位料仓；5—分散称量料斗；6—电磁振动给料器；7—汇集皮带运输机；8—汇集料斗

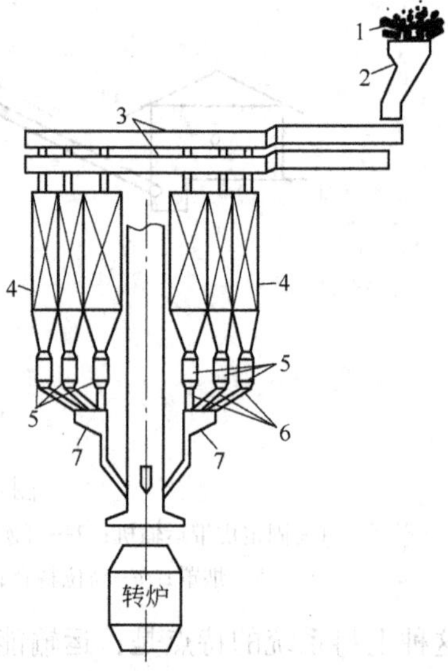

图4－8　固定皮带和管式振动输送机上料系统

1—固定皮带运输机；2—转运料斗；3—管式振动输送机；4—高位料仓；5—分散称量料斗；6—电磁振动给料器；7—汇集料斗

此装置采用管式振动输送机代替可逆式皮带，并将称量后的散状料直接送入汇集料斗，减少了车间内的粉尘飞扬；另外，此装置采用两面加料，有利于熔池均匀布料和两边炉衬均匀损坏。但是其占有较大的空间，我国大中型转炉车间大多采用这种工艺。

4.4.1.2　散状材料供应系统的设备

A　地下料仓

地下料仓设在靠近主厂房的附近，它兼有储存和转运的作用。料仓设置形式有地下式、地上式和半地下式三种，其中地下式料仓采用得较多，它可以采用底开车或翻斗汽车方便地卸料。

各种散状料的储存量取决于吨钢消耗量、日产钢量和储存天数。各种散状料的储存天数可根据材料的性质、产地的远近、购买是否方便等具体情况而定，一般矿石、萤石可以多储存一些天数（10～30天）；石灰易于粉化，储存天数不宜过多（一般为2～3天）。

B　高位料仓

高位料仓的作用是临时储料，以满足转炉随时用料的需要。根据转炉炼钢所用散状料的种类，高位料仓设置有石灰、白云石、萤石、氧化铁皮、铁矿石、焦炭等料仓，其储存量要求能供24h使用。因为石灰用量最大，料仓容积也最大，对于大、中型转炉，一般每座转炉设置两个以上石灰料仓；其他用量较少的材料，每炉设置一个料仓或两座转炉共用一个料仓。这样，每座转炉的料仓数目一般有5~10个，其布置形式有共用、单独使用和部分共用三种。

(1) 共用高位料仓。两座转炉共用一组高位料仓，如图4-9所示。其优点是料仓数目少，停炉后料仓中剩余石灰的处理方便；缺点是称量及下部给料器的作业频率太高，出现临时故障时会影响生产。

(2) 单独使用高位料仓。每个转炉各有自己的专用高位料仓，如图4-10所示。其主要优点是使用的可靠性比较高；但料仓数目增加较多，停炉后料仓中剩余石灰的处理问题尚未得到合理解决。

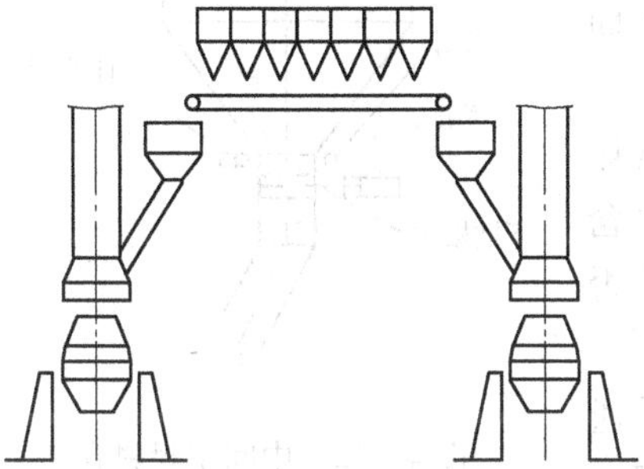

图4-9　共用高位料仓示意图

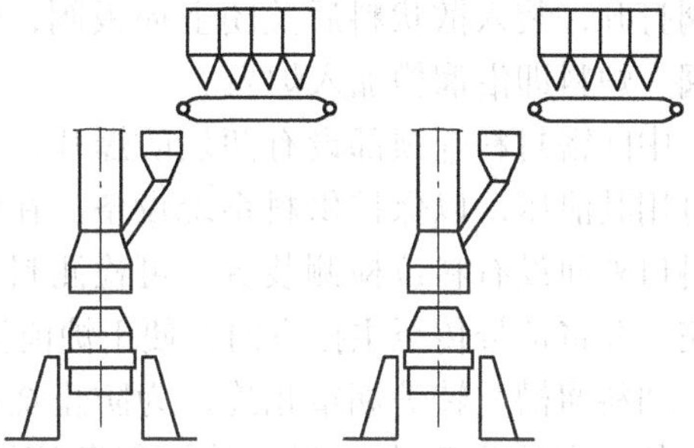

图4-10　单独使用高位料仓示意图

(3) 部分共用高位料仓。一部分散料的高位料仓由两座转炉共用，另一部分散料的高位料仓则单独使用，如图4-11所示。这种布置形式克服了前两种形式的缺点，基本上消除了高位料仓下部给料器作业负荷过高的缺点，停炉后也便于处理料仓中的剩余石灰。此外，转炉双侧加料能保证成渣快，改善了对炉衬侵蚀的不均匀性，但应力求做到炉料下落点在转炉中心部位。

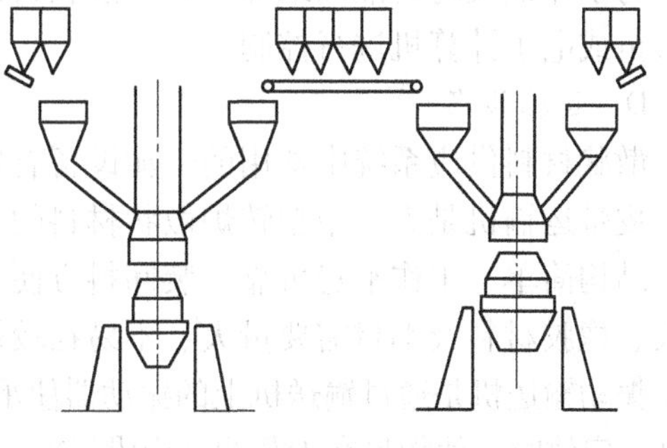

图4-11　部分共用高位料仓示意图

目前，上述三种方式都有所采用，但以部分共用高位料仓的应用较为广泛。

C　给料、称量及加料设备

给料、称量及加料设备是散状材料供应的关键部件，因此，要求其运转可靠、称量准确、给料均匀且及时、易于控制，并能防止烟气和灰尘外逸。这一系统是由电磁振动给料器、称量料斗、汇集料斗、水冷溜槽等部分组成的。

在高位料仓出料口处安装有电磁振动给料器，用以控制给料。电磁振动给料器由电磁振动器和给料槽两部分组成，通过振动使散状料沿给料槽连续而均匀地流向称量料斗。

称量料斗是用钢板焊接而成的容器，下面安装有电子秤，对流进称量料斗的散状料进行自动称量。当达到要求的数量时，电磁振动给料器便停止振动，从而停止给料。称量好的散状料送入汇集料斗。

散状料的称量有分散称量和集中称量两种方式。分散称量是在每个高位料仓下部分别配置一个专用的称量料斗，称量后的各种散状料用皮带运输机或溜槽送入汇集料斗。集中称量则是在每座转炉的所有高位料仓下面集中设置一个共用的称量料斗，各种料依次叠加称量。分散称量的特点是称量灵活、准确性高、便于操作和控制，特别是对临时补加料的称量较为方便；而集中称量则称量设备少、布置紧凑。一般大、中型转炉多采用分散称量，小型转炉则采用集中称量。

汇集料斗又称中间密封料仓，它的中间部分常呈方形，上、下部分是截头四棱锥形容器，如图4－12所示。为了防止烟气逸出，在料仓入口和出口分别装有气动插板阀，并向料仓内通入氮气进行密封。加料时先将上插板阀打开，装入散状料后关闭上插板阀，然后打开下插板阀，炉料即沿溜槽加入炉内。

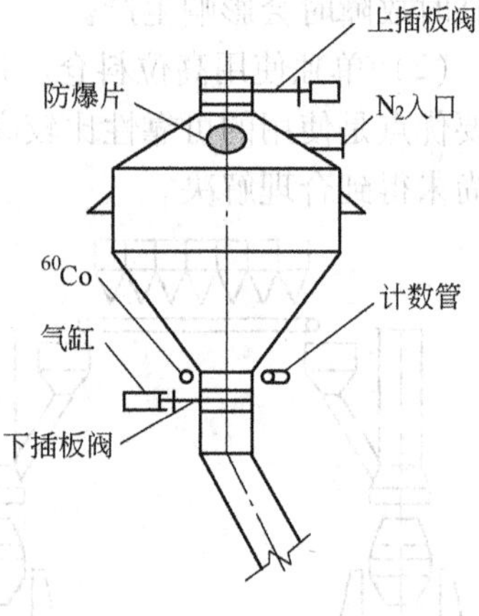

图4－12　中间密封料仓

中间密封料仓顶部设有两块防爆片，一旦发生爆炸即可用其泄压，以保护供料系统设备。在中间密封料仓出料口外面设有料位检测装置，可检测料仓内炉料是否卸完，并将信号传至主控室内，便于炉前控制。

加料溜槽与转炉烟罩相连，为防止烧坏，溜槽需通水冷却。为依靠重力加料，其倾斜角度不宜小于45°。当采用未燃烧法除尘时，溜槽必须用氮气或蒸汽密封，以防煤气外逸。

为了保证及时而准确地加入各种散状料，给料、称量和加料都在转炉的主控室内由操作人员或电子计算机进行控制。

D　运输设备

散状材料供应系统中常用的运输设备有皮带运输机和振动输送机。

皮带运输机是大、中型转炉散状材料的基本供料设备。它具有运输能力大、功率消耗少、结构简单、工作平稳可靠、装卸料方便、维修简便又无噪声等优点，其缺点是占地面积大、橡胶材料及钢材需要量大、不易在较短距离内爬升较大的高度、密封比较困难。

振动输送机是通过输送机上的振动器使承载构件按一定方向振动，当其振动的加速度达到某一定值时，使物料在承载构件内沿运输方向实现连续微小的抛掷而向前移动，从而实现运输的机械设备。振动输送机的优点是：密封好，便于运输粉尘较多的物料；由于运输物料的构件是钢制的，可运送温度高达500℃的高温物料，并且物料运输构件的磨损较小；它的机械传动件少、润滑点少，便于维护和检修；设备的功率消耗小；易于实现自动化。但其向上输送物料时，效率显著降低，不宜运输黏性物料，而且设备基础要承受较大的动载荷。

4.4.2　铁合金供应

铁合金的供应系统一般由炼钢厂铁合金料间、铁合金料仓及称量、输送、向钢包加料设备等部分组成。

铁合金在铁合金料间（或仓库）内加工至合格块度后，应按其品种和牌号分类存放，还应保存好其出厂化验单。储存面积主要取决于铁合金的日消耗量、堆积密度及储存天数。

铁合金由铁合金料间运到转炉车间的方式有以下两种：

（1）铁合金用量不大的炼钢车间。将铁合金装入自卸式料罐，然后用汽车运到转炉车间，再用吊车卸入转炉炉前铁合金料仓。有特殊需要时，铁合金在称量后用铁合金加料车经溜槽或铁合金加料漏斗加入钢包。

（2）需要铁合金品种多、用量大的大型转炉炼钢车间。铁合金加料系统有以下两种形式：

1）铁合金与散状料共用一套上料系统，然后从炉顶料仓下料，经旋转溜槽加入钢包，如图4－13所示。这种方式不另增设铁合金上料设备，而且操作可靠，但会稍稍增加散状材料上料皮带运输机的运输量。

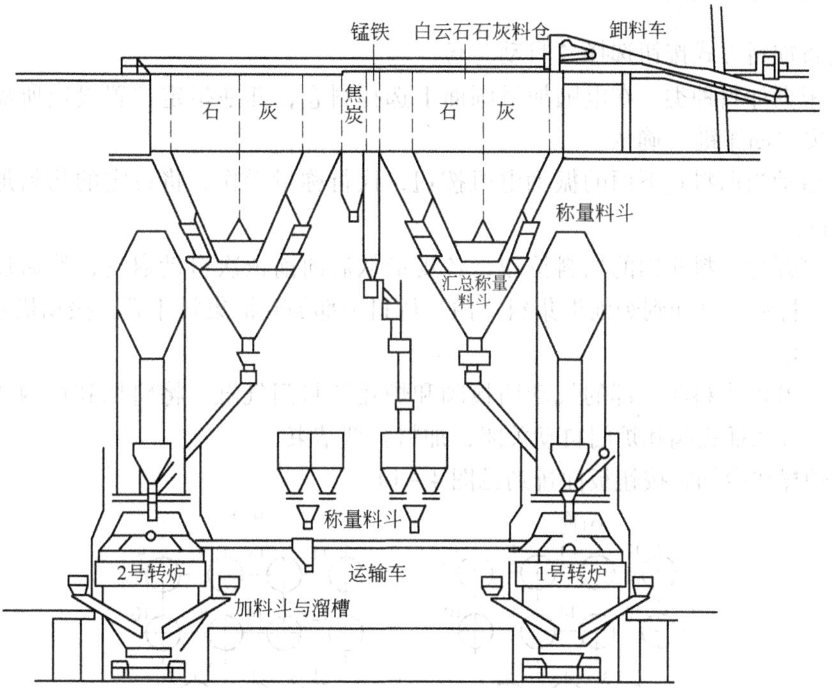

图4－13　美国扬斯顿公司芝加哥转炉散状料及铁合金系统图

2）铁合金自成系统，用皮带运输机上料，有较大的运输能力，使铁合金上料不受散状原料的干扰，还可使车间内铁合金料仓的储量适当减少。对于规模很大的转炉车间，这种流程更可确保铁合金的供应。但其增加了一套皮带运输机上料系统，设备重量与投资有所增加。

4.5　知识拓展

4.5.1　上料、加料设备的使用

4.5.1.1　手动操作

（1）将加料方式按钮选择“手动”位。

（2）根据加料种类，在电脑加料画面选定料仓，并在指定位置输入所需加入物料的数量，并按“回车键”确认。

（3）启动当前振动料仓下面的振动电机按钮，执行称料操作，将设定的物料加到对应的称量料斗内。

（4）从炉前汇集料斗往前，逐步将各条皮带运输机启动。

（5）检查并确认各条运输线流向无误后，启动对应称量料斗下的放料按钮，将物料

从称量料斗加到炉前汇集料斗内。

（6）当确定设定量的物料全部加到汇集料斗之后，再启动“停止”按钮，结束放料。然后再按照与启动时相反的顺序，分别将皮带运输机逐步停止。

（7）打开汇集料斗下部的启动插板阀和炉盖加料门气缸，将料加到炉内或钢包内。

4.5.1.2　自动操作

（1）将加料方式按钮选择“自动”位。

（2）根据加料种类，在电脑加料画面上选择料仓，并在指定位置设定所需加入的物料数量，按“回车键”确认。

（3）启动当前料仓下面的振动电机按钮，执行称量操作，将设定的物料加到对应的称量料斗内。

（4）打开称量料斗内的加料按钮，各皮带从后向前依次自动启动，然后加料振动机自动启动，将料一直加到炉前汇集料斗内。待料全部加到汇集料斗后，振动机及各条皮带依次自动停止。

（5）打开汇集料斗下部的气动插板阀和炉盖加料门气缸，将料加到炉内或包内。待料加完后，气动插板阀和炉门自动关闭，加料全部结束。

某转炉操作台加料按钮板面排列见图 4－14。

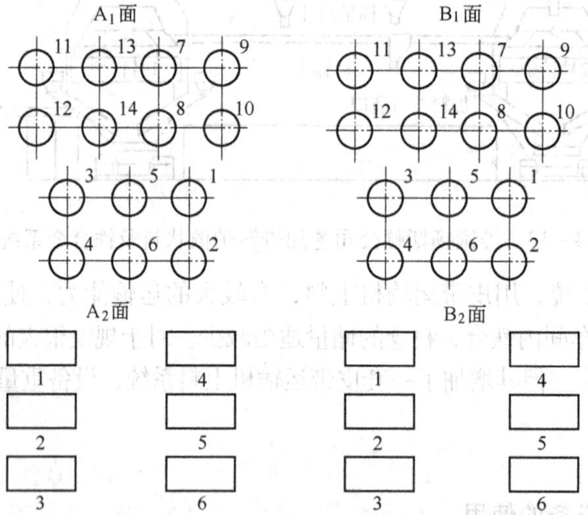

图 4－14　某转炉操作台加料按钮板面排列图

A_1 面：1—左汇集料斗出口阀，开；2—左汇集料斗出口阀，关；3—左石灰给料器，开；4—左石灰给料器，关；5—左石灰放料阀，开；6—左石灰放料阀，关；7—左白云石给料器，开；8—左白云石给料器，关；9—左白云石放料阀，开；10—左白云石放料阀，关；11—铁皮给料器，开；12—铁皮给料器，关；13—铁皮放料阀，开；14—铁皮放料阀，关

A_2 面：1—右石灰称量指示；2—矿石称量指示；3—右白云石称量指示；4—左石灰称量指示；5—铁皮称量指示；6—左白云石称量指示

B_1 面：1—右汇集料斗出口阀，开；2—右汇集料斗出口阀，关；3—右石灰给料器，开；4—右石灰给料器，关；5—右石灰放料阀，开；6—右石灰放料阀，关；7—右白云石给料器，开；8—右白云石给料器，关；9—右白云石放料阀，开；10—右白云石放料阀，关；11—萤石给料器，开；12—萤石给料器，关；13—萤石放料阀，开；14—萤石放料阀，关

B_2 面：1—右石灰称量指示；2—萤石称量指示；3—右白云石称量指示；4—左石灰称量指示；5—矿石称量指示；6—左白云石称量指示

4.5.2 转炉散状料供应系统设备的安全技术操作规程

（1）应根据入炉散状材料的特性与安全要求确定其储存方法，入炉物料应保持干燥。

（2）采用有轨运输时，轨道外侧与料堆的距离应大于1.5m。

（3）具有爆炸和自燃危险的物料，如CaC_2粉剂、镁粉、煤粉、直接还原铁（DRI）等，应储存于密闭储仓内，必要时用氮气保护；存放设施应按防爆要求设计，并禁火、禁水。

（4）地下料仓的受料口应设置格栅板。

4.6 思考与练习

（1）造成加料口堵塞的原因是什么？

（2）怎样排除加料口堵塞？

（3）散状材料供应方式有哪些？

（4）简述氧气转炉车间散状料供应的流程。

（5）简述各种散状材料供应方式的优缺点。

（6）简述氧气转炉车间散状料供应的设备及其作用。

（7）如何进行散状料的上料、加料操作？

单元5　转炉供气系统设备操作与维护

5.1　学习目标

能够熟练、准确地描述转炉供气系统设备的结构、工作过程及使用和维护，并会使用计算机操作画面进行操作。

5.2　工作任务

（1）按工艺要求，使用计算机操作画面进行氧枪的升降、氧气压力和流量的调节、底吹气体压力和流量的调节等操作。

（2）对供气系统设备进行日常维护及常见故障的判断与处理，更换损坏的氧枪。转炉向炉内供气分为顶吹氧和底吹气两种：

1）顶吹的氧气来自制氧车间，经管道输送至氧枪前。吹炼前，按炉况调整好氧压及其流量。吹炼时，操作计算机控制画面，下降氧枪到开氧点，自动打开快速切断阀，控制氧枪到吹炼枪位，吹炼中根据炉况调整枪位。到终点时，提升氧枪到等待点。

2）底吹气体（氮气或氩气）也来自制氧车间，经管道送至炉底。装料时，即开始送一定压力、流量的气体。冶炼时，可根据钢种需要将氮气切换成氩气，直到出渣。

5.3　实践操作

5.3.1　氧枪的升降操作

点击主操作画面【氧枪操作 F4】按钮，即可进入转炉氧枪控制操作界面，如图5－1所示。

当需要进行升降氧枪操作时，可选择自动操作方法和手动操作方法，可以通过点击【SDM 自动】、【CRT 自动】、【CRT 手动】按钮实现氧枪的自动操作和手动操作。

采用自动操作时，通过输入枪位设定值，然后点击【CRT 自动】按钮即可实现氧枪的升降；采用手动操作时，可以通过主界面和氧枪控制操作界面上的【低提】/【低降】、【高提】/【高降】、【停止】等按钮实现氧枪的升降操作。

5.3.2　气体压力和流量的调节

点击主操作画面【初始化设置】按钮可弹出如图5－2所示的窗口，对氧气流量进行设定。点击【确定】按钮即可将有关数据进行保存，且可进行冶炼操作。

通过点击转炉主界面（见图5－3）上控制氧气压力的阀门，可实现氧压的控制；通过点击快速切断阀中对应的【打开】、【关闭】按钮，可进行开氧点与闭氧点操作。

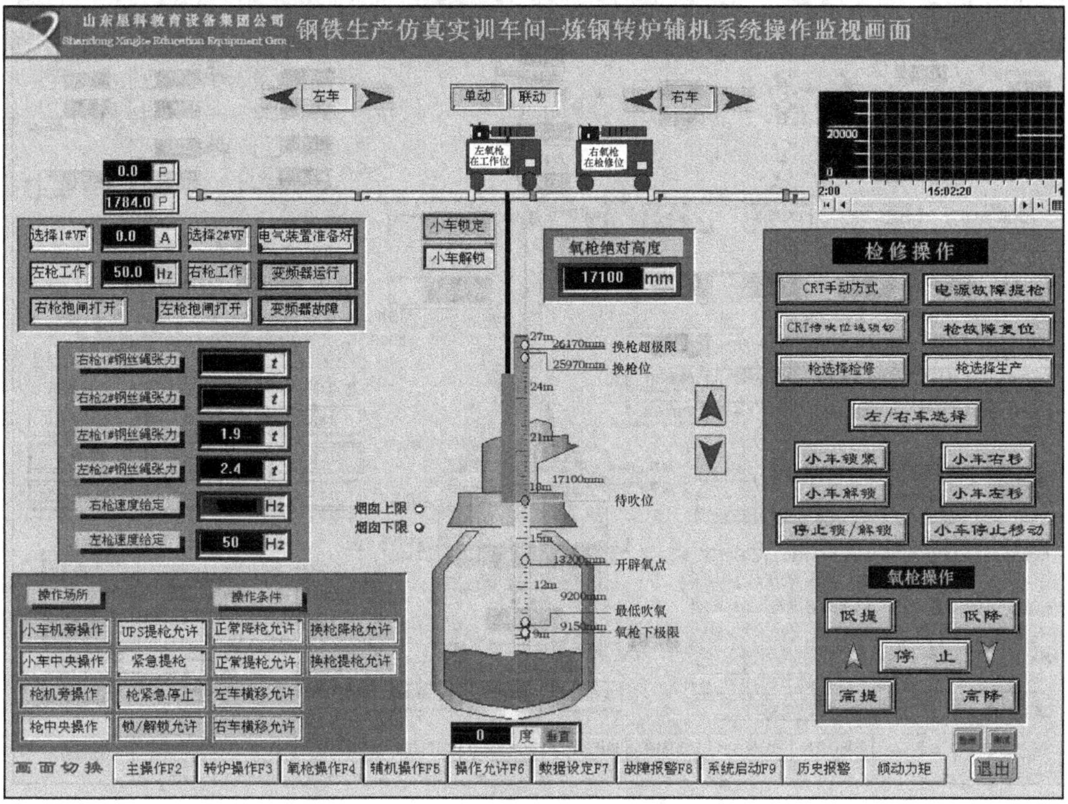

图5-1　转炉氧枪控制操作界面

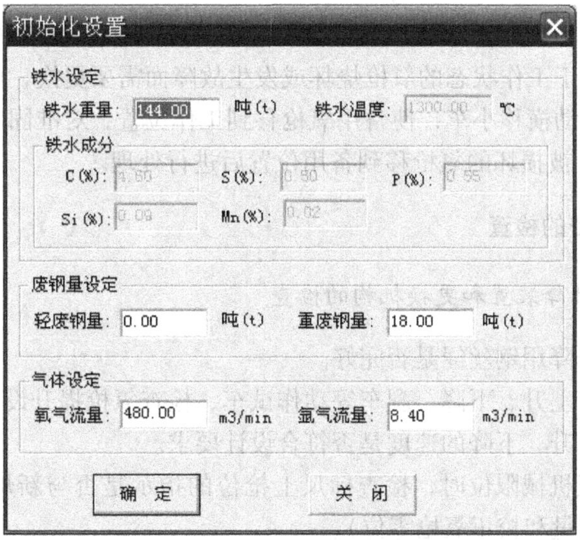

图5-2　初始化设置窗口

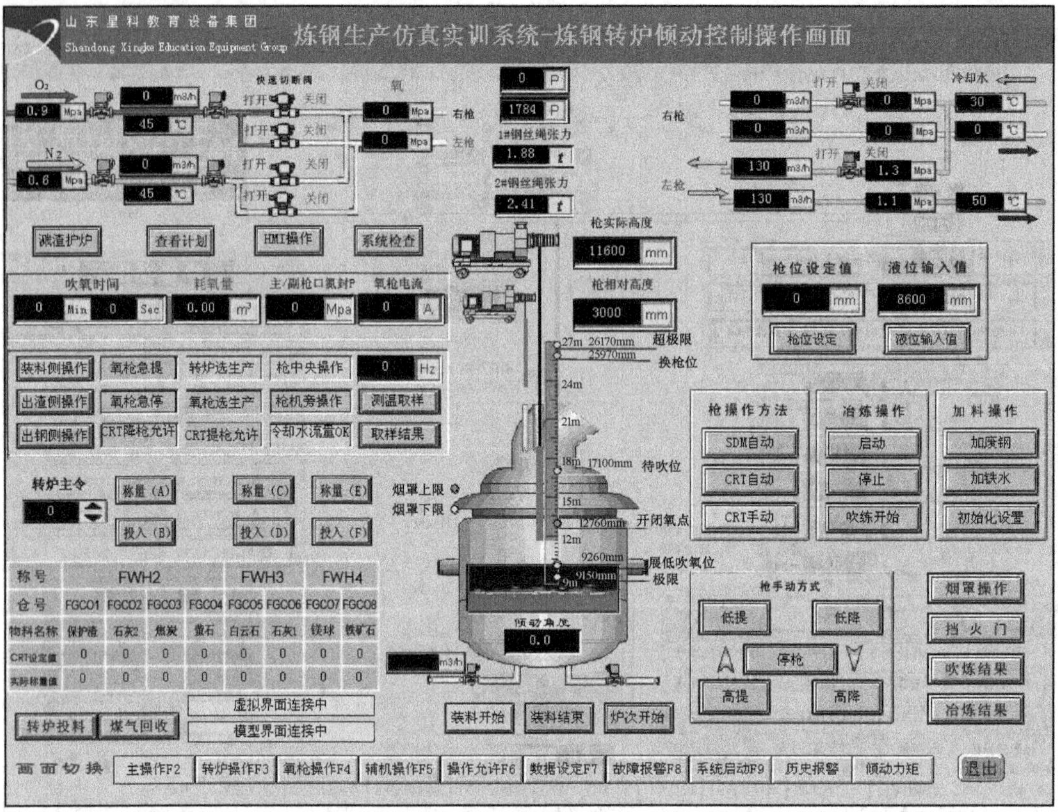

图5–3 转炉主界面

5.3.3 损坏氧枪的更换

氧枪固定在升降小车上，升降小车沿导轨上下移动，横移小车（有两套）被安置在横移装置上。如果处于工作状态的氧枪烧坏或发生故障而需要更换，可以迅速将氧枪提升到换枪位置，然后开动横移小车，使备用氧枪移到工作位置，对准固定导轨后则可立即投入生产，见图5–4。被损坏的氧枪移到备用位置后进行处理。

5.3.4 供气系统设备的检查

5.3.4.1 氧枪升降装置和更换机构的检查

（1）检查氧枪升降用钢丝绳是否完好。

（2）对氧枪进行上升、下降、刹车等动作试车，检查氧枪提升设备是否完好。

（3）检查氧枪上升、下降的速度是否符合设计要求。

（4）氧枪下降至机械限位时，检查标尺上枪位的指示是否与新炉子所测量的氧枪零位相符（新炉子需测量和校正氧枪零位）。

（5）检查上下电气限位是否失灵、限位位置是否正确。

（6）新开炉前，检查氧枪更换机构是否正常、有效。

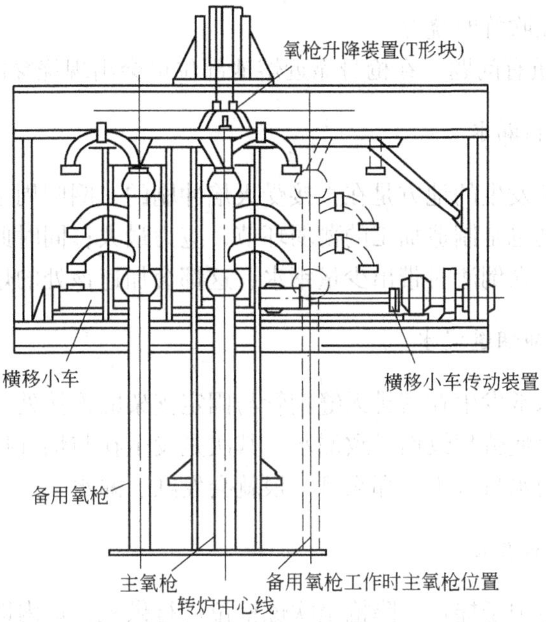

图5－4　氧枪更换装置示意图

5.3.4.2　氧枪供氧、供水情况的检查

（1）检查开氧、关氧位置是否基本正确。

（2）在氧枪切断氧气时，用听声音的方法来判断是否漏气。

（3）检查各种仪表（包括氧气压力和流量以及氧枪冷却水流量、压力和温度仪表）是否显示读数并确认其正确，检查各种联锁是否完好。

5.3.4.3　氧枪本体的检查

（1）检查氧枪喷头是否变形、黏钢、漏水。

（2）检查氧枪枪身是否黏钢、渗水。

5.3.5　供气系统设备常见故障的判断

5.3.5.1　氧枪漏水

（1）氧枪漏水常发生在喷头与枪身的接缝处。

（2）其次，氧枪漏水发生在喷头端面。氧枪喷头的设计一般都采用马赫数 $Ma\approx2$ 的近似拉瓦尔型喷嘴，从气体动力学分析，在氧枪喷头喷孔气流出口方向（因为一般氧枪为三孔或多孔）及喷孔的出口附近有一个负压区，当冶炼过程出现金属喷溅时，负压会引导喷溅的金属粒子冲击喷头端面，引起喷头端面磨损，磨损太深则会漏水。

（3）喷头的材质不良会导致漏水。目前的喷头大部分是铜铸件，如铸件有砂眼或隐裂纹，则会发生漏水现象。

（4）氧枪中套管定位块脱落，中套管定位偏离氧枪中心，冷却水水量不均匀，局部偏小部位的外套容易在吹炼时烧穿。

（5）氧枪本身材质有问题，在枪身靠近熔池部位也会出现烧穿的小洞而漏水。

5.3.5.2　炉口水箱漏水

炉口水箱漏水最常发生的地方是在直接受火焰冲刷的一圈圆周上，此处温度最高，受冲刷也最厉害；而且其也是制造加工的薄弱环节，应力最大；同时此处在进炉时易被铁水包或废钢斗碰撞擦伤，在倒渣时带出少量钢水，这都会加速该处的熔损。

5.3.5.3　汽化冷却烟道漏水

汽化冷却烟道漏水常发生在密排无缝钢管与固定支架的连接处，由于该处在热胀冷缩时应力最大，常会产生疲劳裂纹而导致漏水。其次是发生在与烟气接触的一侧，哪一根无缝钢管由于水路堵塞而水量减少，那么哪一根就会发红、漏水。

5.3.5.4　氧枪点不着火

转炉原料进炉后将炉子摇正，降枪至吹炼枪位进行供氧，炉内即开始发生氧化反应并产生大量的棕红色火焰，称为氧枪点火。如果降枪吹氧后由于某种原因没有发生大量氧化反应，也没有大量的棕红色火焰产生，则称为氧枪点不着火。氧枪点不着火将不能进行正常吹炼。氧枪点不着火的原因如下：

（1）炉料配比中刨花以及压块等轻薄废钢太多，加入后在炉内堆积过高，致使氧流冲不到液面，造成氧枪点不着火。

（2）操作不当，在开吹前已经加入了过多的石灰、白云石等熔剂，大量的熔剂在熔池液面上造成结块，氧气流冲不开结块层，也可能使氧枪点不着火；或吹炼过程中发生返干，造成炉渣结成大团，当大团浮动到熔池中心位置时造成熄火。

（3）发生某种事故后使熔池表层冻结，造成氧枪点不着火。

（4）补炉料在进炉后大片塌落或者溅渣护炉后有黏稠炉渣厚起，存在于熔池表面，均可能使氧枪点不着火。

5.3.5.5　氧枪黏钢

氧枪黏钢的主要原因是由于吹炼过程中炉渣化得不好或枪位过低等，使炉渣发生返干现象，金属喷溅严重并黏结在氧枪上，另外，喷嘴结构不合理、工作氧压高等对氧枪黏钢也有一定的影响。

（1）吹炼过程中炉渣没有化好、化透，流动性差。化渣的原则是：初渣早化，过程渣化透，终渣溅渣护炉。但在生产实际中，由于操作人员没有精心操作或者操作不熟练、操作经验不足，往往会使冶炼前期炉渣化得太迟或者过程炉渣未化透，甚至在冶炼中期发生炉渣严重返干现象，这时继续吹炼会造成严重的金属喷溅，使氧枪黏钢。

（2）由于种种原因使氧枪喷头至熔池液面的距离不合适，即所谓的枪位不准。氧枪黏钢主要是由于距离太近所致。造成氧枪喷头至熔池液面距离太近的主要原因有以下几点：

1）转炉入炉铁水和废钢的装入量不准，而且是严重超装，而摇炉工未察觉，还是按常规枪位操作。

2）由于转炉炉衬的补炉产生过补现象，炉膛体积缩小，造成熔池液面上升，而摇炉工没有意识到，未及时调整枪位。

3）由于溅渣护炉操作不当，造成转炉炉底上涨，从而使熔池液面上升。

氧枪喷嘴与熔池液面的距离近容易产生氧枪黏钢事故。硬吹导致渣中氧化物相返干，而枪位过低实际上就形成了硬吹现象，于是渣中的氧化铁被富含 CO 的炉气或（渣内）金属液滴中的碳所还原，渣的液态部分消失。这样金属就失去了渣的保护，其副作用就是增加了喷溅和红色烟尘，这种喷溅主要是金属喷溅。喷溅物容易黏结在枪体上，导致氧枪黏钢。

5.4　知识学习

5.4.1　制氧基本原理及氧气转炉炼钢车间供氧系统

5.4.1.1　制氧基本原理

空气中含有 20.9% 的氧、78% 的氮和 1% 的稀有气体（如氩、氦、氖等气体）。在 103125Pa 下，空气、氧气和氮气的物理性质见表 5－1。

表 5－1　气体的物理性质

性质 \ 气体	空　气	氧　气	氮　气
密度/$kg \cdot m^{-3}$	1.293	1.429	1.2506
沸点/℃	－193	－183	－195.8
熔点/℃		－218	－209.86

由表 5－1 可知，氧气和氮气具有不同的沸点。若把空气变成液态，再将其“加热”，在不同的温度下分别蒸发出氧气和氮气，就能达到氧氮分离的目的。因此，制氧时首先要创造条件使空气液化，然后再将液化空气加热（精馏），由于液氮的沸点较低，氮先蒸发成氮气逸出，剩下的液态空气含氧浓度相应升高。将这种富氧液态空气再次蒸发，使氮成分继续逸出，最后可得到液态工业纯氧。将液态氧加热气化便可得到氧气，其纯度达 98% ~99.9%，即所谓的工业纯氧。氧气纯度越高，对钢质量越好。

在近代制氧工业中，还可获得副产品氩气、氮气。氩气是氩氧炉和氩气搅拌法的重要气源；氮气可作为顶底复吹转炉的底部气源，也是生产化肥的原料。

5.4.1.2　氧气转炉炼钢车间供氧系统

氧气转炉炼钢车间供氧系统一般是由制氧机、压氧机、中压储气罐、输氧管、控制闸阀、测量仪表及氧枪等主要设备组成的。我国某钢厂供氧系统工艺流程如图 5－5 所示。

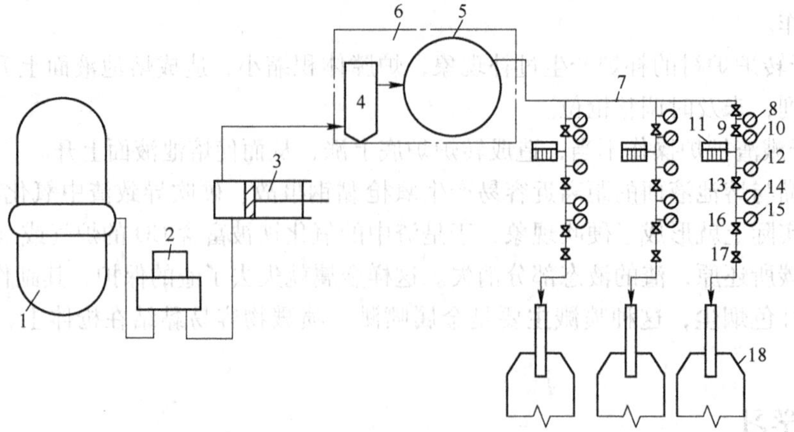

图 5 – 5　我国某钢厂供氧系统工艺流程图

1—制氧机；2—低压储气柜；3—压氧机；4—桶形罐；5—中压储气罐；6—氧气站；7—输氧总管；8—总管氧压测定点；9—减压阀；10—减压阀后氧压测定点；11—氧气流量测定点；12—氧气温度测定点；13—氧气流量调节阀；14—工作氧压测定点；15—低压信号联锁；16—快速切断阀；17—手动切断阀；18—转炉

A　低压储气柜

低压储气柜用于储存从制氧机分馏塔出来的压力为 0.0392MPa 左右的低压氧气。储气柜的构造与煤气柜相似。

B　压氧机

由制氧机分馏塔出来的氧气压力仅有 0.0392MPa，而炼钢用氧要求的工作氧压为 0.785 ~ 1.177MPa，需用压氧机把低压储气柜中的氧气加压到 2.45 ~ 2.94MPa。氧压提高后，中压储气罐的储氧能力也相应提高。

C　中压储气罐

中压储气罐把由压氧机加压到 2.45 ~ 2.94MPa 的氧气储备起来，直接供转炉使用。转炉生产具有周期性，而制氧机要求满负荷连续运转，因此通过设置中压储气罐来平衡供求，以解决车间高峰用氧的问题。中压储气罐由多个组成，其形式有球形和长筒形（卧式或立式）等。

D　供氧管道

供氧管道包括总管和支管，在管路中设置有控制闸阀、测量仪表等，通常有以下几种：

（1）减压阀。它的作用是将总管氧压减至工作氧压的上限。如总管氧压一般为 2.45 ~ 2.94MPa，而工作氧压最高需要为 1.177MPa，则应利用减压阀人为地将输出氧压调整到 1.177MPa。工作性能好的减压阀可以起到稳压的作用，不需经常调节。

（2）流量调节阀。它是根据吹炼过程的需要来调节氧气流量，一般采用薄膜调节阀。

（3）快速切断阀。它是吹炼过程中吹氧管的氧气开关，要求其开关灵活、快速可靠、密封性好。一般采用杠杆电磁气动切断阀。

（4）手动切断阀。在管道和阀门出事故时，采用手动切断阀开关氧气。

氧气管道和阀门在使用前必须用四氯化碳清洗，使用过程中不能与油脂接触，以防引起爆炸。

5.4.2　氧枪

5.4.2.1　氧枪的结构

氧枪又称喷枪或吹氧管，是转炉吹氧设备中的关键部件。它由喷头（枪头）、枪身（枪体）和枪尾所组成，其结构如图5-6所示。

由图5-6可知，氧枪的基本结构是由三层同心圆管将带有供氧、供水和排水通路的枪尾与决定喷出氧流特征的喷头连接而成的一个管状空心体。

氧枪的枪尾与进水管、出水管和进氧管相连，还有与升降小车固定的装卡结构。枪尾的一端与枪身的三层套管连接，另一端有更换氧枪时吊挂用的吊环。

枪身是三根同心管。内层管通氧气，上端用压紧密封装置牢固地装在枪尾，下端焊接在喷头上。外层管牢固地固定在枪尾和枪头之间。当外层管承受炉内外显著的温差变化而产生膨胀和收缩时，内层管上的压紧密封装置允许内层管在其中自由地竖直伸缩移动。中间管是分离流过氧枪的进、出水的隔板，冷却水由内层管与中间管之间的环状通路进入，下降至喷头后转180°，经中间管与外层管形成的环状通路上升至枪尾流出。为了保证中间管下端的水缝，其下端面在圆周上均匀分布着三个凸爪，借此将中间管支撑在枪头内腔底面上。同时，为了使三层管同心，以保证进、出水的环状通路在圆周上均匀，还在中间管和内层管的外壁上焊有均匀分布的三个定位块。定位块在管体长度方向上按一定距离分布，通常每1～2m放置一环三个定位块，如图5-7所示。

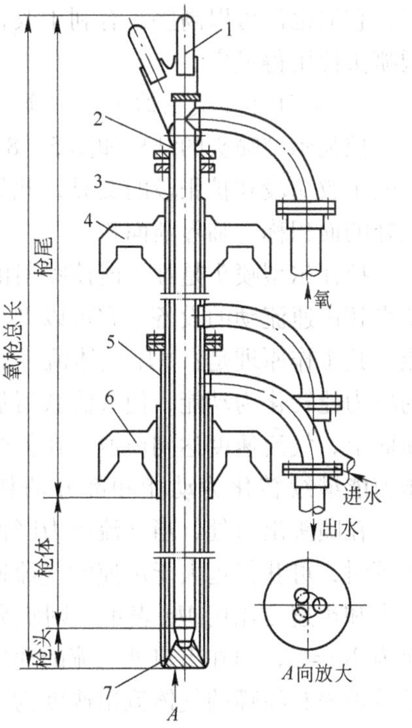

图5-6　氧枪结构示意图

1—吊环；2—内层管；3—中间管；4—上卡板；5—外层管；6—下卡板；7—喷头

喷头工作时处于炉内最高温度区，因此要求其具有良好的导热性并有充分的冷却。喷头决定着冲向金属熔池的氧流特性，直接影响吹炼效果。喷头与管体的内层管用螺纹或焊接方法连接，与外层管采用焊接方法连接。

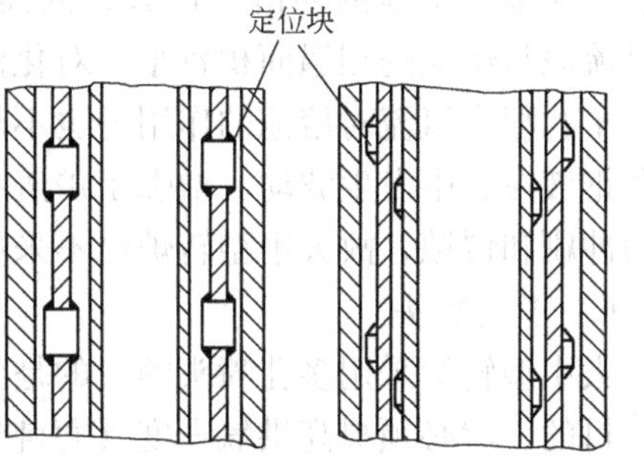

图5-7　定位块的两种安装形式

5.4.2.2　喷头的类型

转炉吹炼时，为了保证氧气流股对熔池的

穿透和搅拌作用，要求氧气流股在喷头出口处具有足够大的速度，使之具有较大的动能，以保证氧气流股对熔池具有一定的冲击力和冲击面积，使熔池中的各种反应快速而顺利地进行。显然，决定喷出氧流特征的喷头，包括喷头的类型以及喷头上喷嘴的孔型、尺寸和孔数就成为达到这一目的的关键。

目前存在的喷头类型很多，按喷孔形状，可分为拉瓦尔型、直筒型、螺旋型等；按喷头孔数，可分为单孔喷头、多孔喷头和介于两者之间的单三式或直筒型三孔喷头；按吹入物质，又分为氧气喷头、氧－燃喷头和喷粉料的喷头。由于拉瓦尔型喷头能有效地把氧气的压力能转变为动能，并能获得比较稳定的超声速射流；而且在射流穿透深度相同的情况下，它的枪位可以高些，有利于改善氧枪的工作条件和炼钢的技术经济指标，因此拉瓦尔型喷头使用得最广。

A　拉瓦尔型喷头的工作原理

拉瓦尔型喷头的结构如图5－8所示。它由收缩段、缩颈（喉口）和扩张段构成，缩颈处于收缩段和扩张段的交界，此处的截面积最小，通常把缩颈的直径称为临界直径，把该处的面积称为临界断面积。

拉瓦尔型喷头是唯一能使喷射的可压缩性流体获得超声速流动的设备，它可以把压力能转变为动能。其工作原理是：高压气体流经收缩段时，气体的压力能转化为动能，使气流获得加速度；在临界断面上，气流速度达到声速；在扩张段内，气体的压力能继续转化为动能和部分消耗在气体的膨胀上。在喷头出口处，当气流压力降低到与外界压力相等时，可获得远大于声速的气流速度。设气流的速度和声速之比用 Ma 表示，则临界断面气体的流速为 $Ma=1$，而在出口处气流的速度为 $Ma>1$。通常转炉喷头喷嘴的气体流出速度为 $Ma=1.8\sim2.2$。

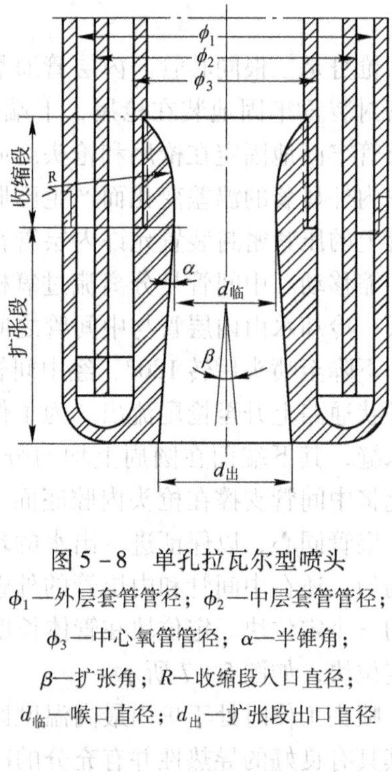

图5－8　单孔拉瓦尔型喷头

ϕ_1—外层套管管径；ϕ_2—中层套管管径；ϕ_3—中心氧管管径；α—半锥角；β—扩张角；R—收缩段入口直径；$d_{临}$—喉口直径；$d_{出}$—扩张段出口直径

B　单孔拉瓦尔型喷头

单孔拉瓦尔型喷头的结构如图5－8所示，它仅适用于小型转炉。对容量大、供氧量也大的大中型转炉，由于单孔拉瓦尔型喷头的流股具有较高的动能，对金属熔池的冲击力过大，因而喷溅严重；同时流股与熔池的相遇面积较小，对化渣不利；此外，单孔喷头氧流对熔池的作用力也不均衡，使炉渣和钢液在炉中发生波动，增强了炉渣和钢液对炉衬的冲刷和侵蚀，故大中型转炉已不采用这种喷头，而采用多孔拉瓦尔型喷头。

C　多孔喷头

大中型转炉采用多孔喷头的目的是为了进一步强化吹炼操作，提高生产率。但欲达到这一目的，就必须提高供氧强度（每吨钢每分钟供氧的立方米数），这就使大中型转炉单位时间的供氧量远远大于小型转炉。为了克服单孔喷头在大中型转炉上使用所带来的一系列问题，采用了多孔喷头分散供氧，很好地解决了这些问题。

多孔喷头包括三孔、四孔、五孔、六孔、七孔、八孔、九孔等，它们的每个小喷孔都是拉瓦尔型喷孔，其中以三孔喷头使用得较多。

a　三孔拉瓦尔型喷头

三孔拉瓦尔型喷头的结构如图5－9所示。

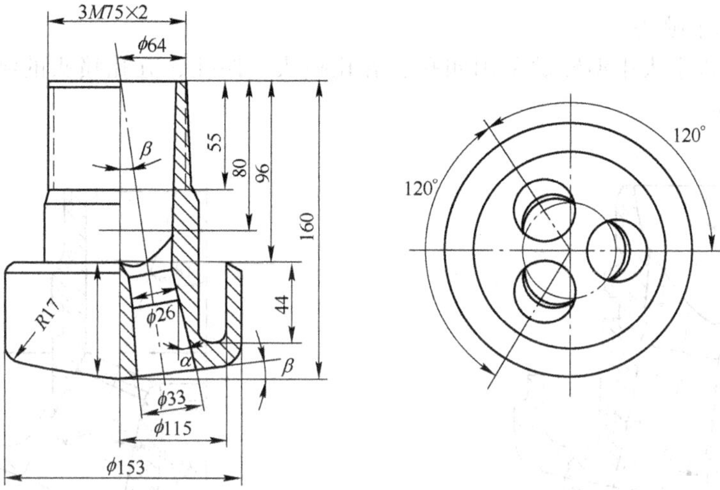

图5－9　三孔拉瓦尔型喷头（30t转炉用）

三孔拉瓦尔型喷头的三个孔均为拉瓦尔型喷孔，它们的中心线与喷头的中心线成一夹角 β（$\beta=9°\sim11°$）。三个孔以等边三角形分布，α 为拉瓦尔型喷孔扩张段的扩张角。

这种喷头的氧气流股分成三份，分别进入三个拉瓦尔型喷孔，在出口处获得三股超声速氧气流股。

生产实践已充分证明，三孔拉瓦尔型喷头与单孔拉瓦尔型喷头相比有较好的工艺性能。在吹炼中使用三孔拉瓦尔型喷头可以提高供氧强度，枪位稳定，化渣好，操作平稳，喷溅少，并可提高炉龄，热效率也比单孔的高。

但三孔拉瓦尔型喷头的结构比较复杂，加工制造比较困难，三孔中心的夹心部分（也称鼻尖部分）易被烧毁而失去三孔的作用。为此，加强三孔夹心部分的冷却就成为三孔喷头结构改进的关键。改进的措施有：在喷孔之间开冷却槽，使冷却水能深入夹心部分进行冷却；或在喷孔之间穿洞，使冷却水进入夹心部分循环冷却。三孔拉瓦尔型喷头加工比较困难，为了便于加工，国内外一些工厂把喷头分成几个加工部件，然后焊接组合，称为组合式水内冷喷头，如图5－10所示。这种喷头加工方便，使用效果好，适合于大中型转炉。另外，

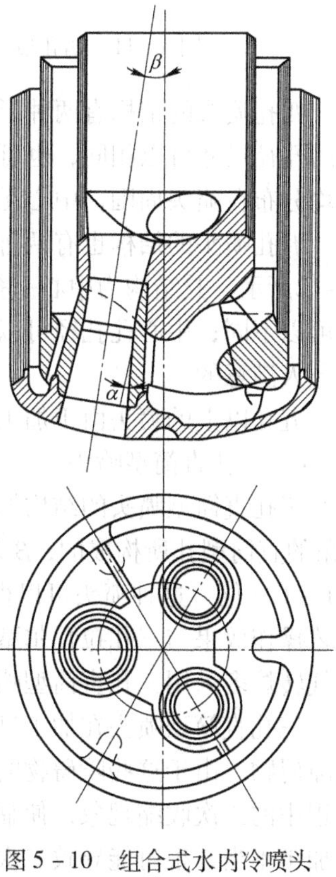

图5－10　组合式水内冷喷头

从工艺上防止喷头黏钢、出高温钢及化渣不良、低枪操作等，对提高喷头寿命也是有益的。

三孔喷头的三孔夹心部分易被烧损的原因是在该处形成一个回流区，所以炉气和其中包含的高温烟尘不断地被卷进鼻尖部分并附着于喷头此部分的表面，再加上黏钢，进而侵蚀喷头，逐渐使喷头损坏。

b　四孔以上喷头

我国120t以上大中型转炉采用四孔、五孔喷头。四孔、五孔喷头的结构如图5－11和图5－12所示。

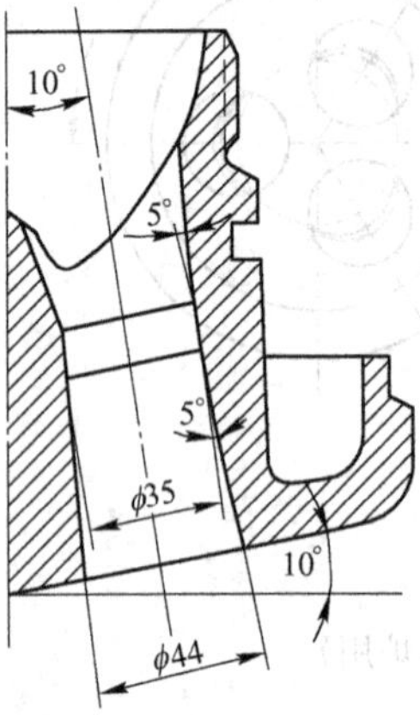

图5－11　四孔喷头

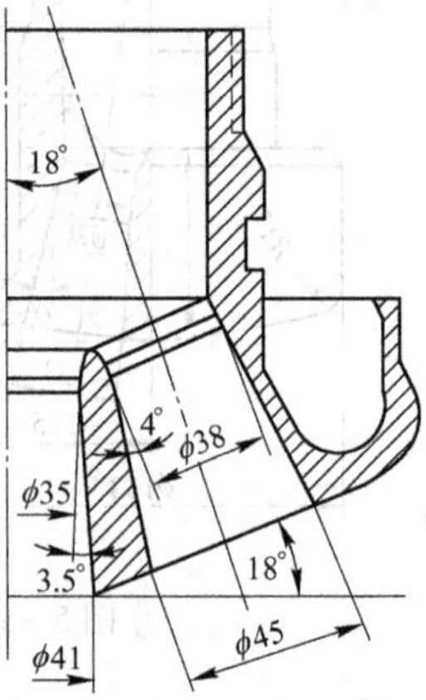

图5－12　五孔喷头

四孔喷头的结构有两种形式，一种是中心一孔、周围平均分布三孔，中心孔与周围三孔的孔径尺寸可以相同，也可以不同。图5－11所示的是另一种结构的四孔喷头，四个孔平均分布在喷头周围，中心无孔。

五孔喷头的结构也有两种形式，一种是五个孔均匀地分布于喷头四周。另一种如图5－12所示，其结构为中心一孔、周围平均分布四孔。中心孔与周围四孔的孔径可以相同，也可以不同；中心孔孔径可以比周围四孔孔径小，也可以比它们大。五孔喷头的使用效果是令人满意的。

五孔以上的喷头由于加工不便，应用较少。

c　三孔直筒型喷头

三孔直筒型喷头的结构如图5－13所示。它是由收缩段、喉口以及三个与喷头轴线成β角的直筒型孔所构成的，β角一般为9°～11°，三个直筒型孔的断面积为喉口断面积的1.1～1.6倍。这种喷头可以得到冲击面积比单孔拉瓦尔型喷头大4～5倍的氧气流股，其工艺操作效果与三孔拉瓦尔型喷头基本相同，而且制造方便，使用寿命较高。我国中小型氧气转炉多采用三孔直筒型喷头。

三孔直筒型喷头在加工过程中不可避免地会在喉口前后出现“台”、“棱”、“尖”这类障碍物。由于这些障碍物的存在，必然会增加氧气流股的动能损失，同时造成气流膨胀过程中的二次收缩现象，使临界断面不在喉口的位置而在其下的某一断面。这种喷头若设计加工不当，很可能导致二次收缩断面成为意外喉口而明显改变其性能。

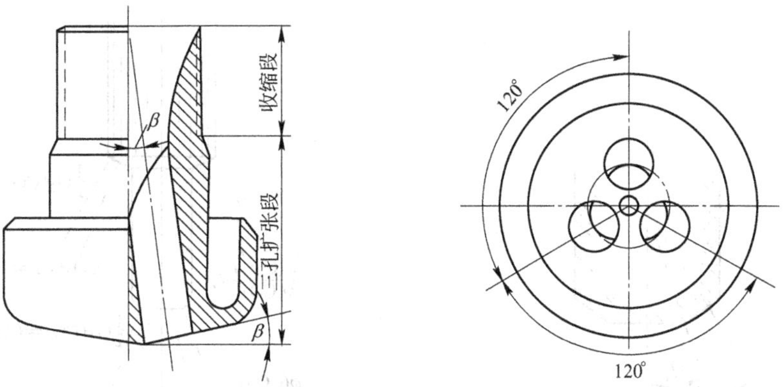

图5－13　三孔直筒型喷头

d　双流道氧枪

目前由于普遍采用铁水预处理和顶底复合吹炼工艺，出现了入炉铁水温度下降及铁水中放热元素减少等问题，使废钢比减小。尤其是用中、高磷铁水经预处理后冶炼低磷钢种，即使全部使用铁水，也需另外补充热源。此外，使用废钢可以降低炼钢能耗。这就要求能有一种经济、合理的能源作为转炉的补充热源。目前热补偿技术主要有预热废钢、向炉内加入发热元素以及炉内CO二次燃烧。显然，CO二次燃烧是改善冶炼热平衡、提高废钢比最经济的方法。为此，近年来国内外出现了一种新型的氧枪——双流道氧枪，其目的在于提高炉气中CO的燃烧比例、增加炉内热量、加大转炉装入量的废钢比。

双流道氧枪的喷头分为主氧流道和副氧流道。主氧流道向熔池所供氧气用于钢液的冶金化学反应，与传统的氧气喷头作用相同。副氧流道所供氧气用于炉气的二次燃烧，所产生的热量不仅有助于快速化渣，还可加大废钢入炉的比例。

双流道氧枪的喷头有两种形式，即端部式和顶端式（台阶式）。

图5－14所示为端部式双流道氧枪的喷头。它的主、副氧流道基本在同一平面上，主氧流道喷孔常为三孔、四孔或五孔拉瓦尔型喷孔，与轴线成9°～11°；副氧流道有四孔、六孔、八孔、十二孔等直筒型喷孔，角度通常为30°～35°。主氧流道供氧强度（标态）为2.0～3.5m^3/(t·min)，副氧流道为0.3～1.0m^3/(t·min)，主氧量与副氧量之和的20%为副氧流流量的最佳值（也有采用15%～30%的）。采用顶底复吹转炉的底气吹入量（标态）为0.05～0.10m^3/(t·min)。

端部式双流道氧枪的枪身仍为三层管结构，副氧流道喷孔设在主氧流道外环的同心圆上。副氧流是从主氧流道氧流中分流出来的，副氧流流量受副氧流道喷孔大小、数量及氧管总压、流量的控制。这既影响主氧流的供氧参数，也影响副氧流的供氧参数，但其结构简单，喷头损坏时更换方便。

图5－15所示为顶端式双流道氧枪的喷头。它的主、副氧流流量及底气吹入量参数与端部式喷头基本相同，副氧流道喷孔角通常为20°～60°。副氧流道离主氧流道端面的距离与转炉的炉容量有关，对于小于100t的转炉为500mm，大于100t的转炉为1000～1500mm（有的甚至高达2000mm）。其喷孔可以是直筒型，也可以是环缝型。

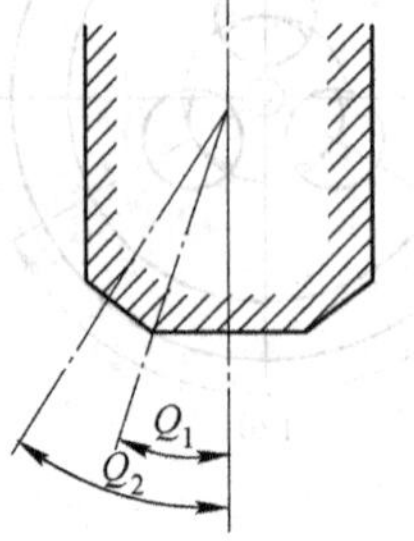

图 5 – 14　端部式双流道氧枪

Q_1—主氧道氧流量；Q_2—副氧道氧流量

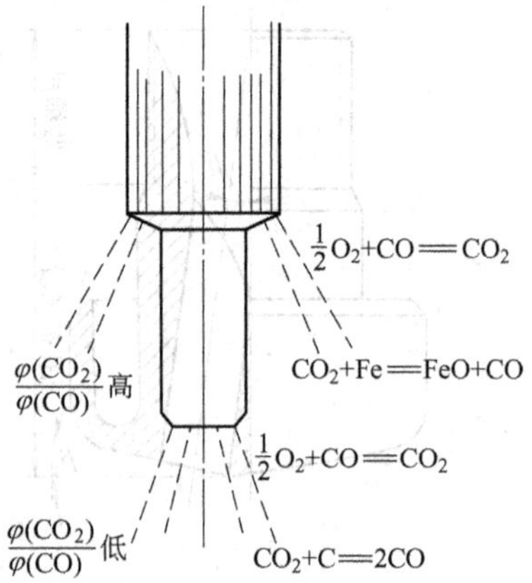

图 5 – 15　顶端式双流道氧枪

顶端式双流道氧枪对捕捉 CO 的覆盖面积比端部式有所增大，并且供氧参数可以独立自控，国外设计多倾向于顶端式双流道氧枪。但顶端式双流道氧枪的枪身必须设计成四层同心套管（中心管走主氧、二层管走副氧、三层管为进水、四层管为出水），副氧流道喷孔或环缝必须穿过进、出水套管，加工制造及损坏更换较为复杂。

采用双流道氧枪，炉内 CO 二次燃烧的热补偿效果与转炉的容量有关，在 30t 以下的转炉中，二次燃烧率可增加 20%，废钢比增加近 10%，热效率为 80% 左右；100t 以上转炉的二次燃烧率可增加 7%，废钢比增加约 3%，热效率为 70% 左右。二次燃烧对渣中全铁（TFe）含量和炉衬寿命没有影响。但采用副氧流道后，使炉气中的 CO 量降低了 6%，最高可降低为 8%。

5.4.3　氧枪升降和更换机构

5.4.3.1　对氧枪升降和更换机构的要求

为了适应转炉吹炼工艺的要求，在吹炼过程中氧枪需要多次升降以调整枪位。转炉对氧枪的升降和更换机构提出以下要求：

(1) 应具有合适的升降速度并可以变速。冶炼过程中，氧枪在炉口以上应快速升降，以缩短冶炼周期。当氧枪进入炉口以下时，则应慢速升降，以便控制熔池反应和保证氧枪安全。目前国内大中型转炉的氧枪升降速度，快速高达 50m/min，慢速为 5 ~ 10m/min；小型转炉一般为 8 ~ 15m/min。

(2) 应保证氧枪升降平稳、控制灵活、操作安全。

(3) 结构简单，便于维护。

(4) 能快速更换氧枪。

(5) 应具有安全联锁装置。为了保证安全生产，氧枪升降机构设有下列安全联锁装置：

1) 当转炉不在垂直位置（允许误差 ±3°）时，氧枪不能下降。当氧枪进入炉口后，转炉不能做任何方向的倾动。

2）当氧枪下降到炉内经过氧气开、闭点时，氧气切断阀自动打开。当氧枪提升通过此点时，氧气切断阀自动关闭。

3）当氧气压力或冷却水压力低于给定值或冷却水升温高于给定值时，氧枪能自动提升并报警。

4）副枪与氧枪也应有相应的联锁装置。

5）车间临时停电时，可利用手动装置使氧枪自动提升。

5.4.3.2　氧枪升降机构

当前，国内外氧枪升降机构的基本形式都相同，即采用起重卷扬机来升降氧枪。从国内的使用情况来看，它有两种类型，一种是垂直布置的氧枪升降机构，适用于大中型转炉；另一种是旁立柱式（旋转塔型）升降机构，只适用于小型转炉。

A　垂直布置的氧枪升降机构

垂直布置的升降机构是把所有的传动及更换装置都布置在转炉的上方。这种方式的优点是结构简单、运行可靠、换枪迅速。但由于枪身长，上下行程大，为布置上部升降机构及换枪设备，要求厂房要高（一般氧气转炉主厂房炉子跨的标高主要是考虑氧枪布置所提出的要求），因此垂直布置的方式只适用于大中型氧气转炉车间。在该车间内均设有单独的炉子跨，国内15t以上的转炉都采用这种方式。

垂直布置的升降机构有单卷扬型氧枪升降机构和双卷扬型氧枪升降机构两种类型。

a　单卷扬型氧枪升降机构

单卷扬型氧枪升降机构如图5－16所示。这种机构是采用间接升降方式，即借助平衡重锤来升降氧枪，工作氧枪和备用氧枪共用一套卷扬装置。它由氧枪、氧枪升降小车、导轨、平衡重锤、卷扬机、横移装置、钢绳滑轮系统、氧枪高度指示标尺等几部分组成。

氧枪固定在氧枪升降小车上，氧枪升降小车沿着用槽钢制成的导轨上下移动，通过钢绳将氧枪升降小车与平衡重锤连接起来。

其工作过程为：当卷筒提升平衡重锤时，氧枪及氧枪升降小车因自重而下降；当放下平衡重锤时，平衡重锤的重量将氧枪及氧枪升降小车提升。平衡重锤的重量比氧枪、氧枪升降小车、冷却水和胶皮软管等重量的总和要大20%～30%，即过平衡系数为1.2～1.3。

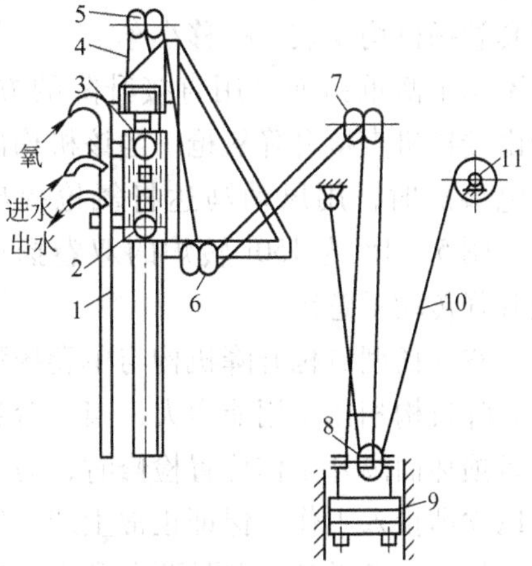

图5－16　单卷扬型氧枪升降机构

1—氧枪；2—氧枪升降小车；3—导轨；4，10—钢绳；5～8—滑轮；9—平衡重锤；11—卷筒

为了保证工作可靠，氧枪升降小车采用了两根钢绳，当一条钢绳损坏时，另一条钢绳仍能承担全部负荷，使氧枪不至于坠落损坏。

图5－17所示为氧枪升降卷扬机。在卷扬机的电动机后面设有制动器与气缸装置。制动器能使氧枪准确地停留在任何位置上。为了在发生断电事故时能使氧枪自动提出炉外，

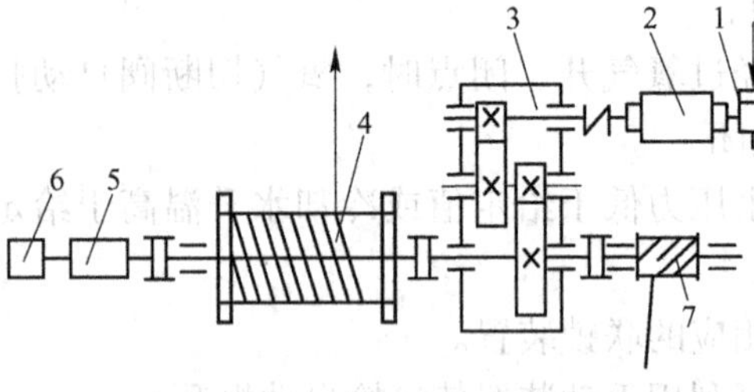

图 5－17　氧枪升降卷扬机

1—制动器；2—电动机；3—减速器；4—卷筒；5—主令控制器；6—自整角发送机；7—行程指示卷筒；8—气缸

在制动器电磁铁底部装有气缸。当断电时打开气缸阀门，使气缸的活塞杆顶开制动器，电动机便处于自由状态。此时，平衡重锤将下落，将氧枪提起。为了使氧枪获得不同的升降速度，卷扬机采用了直流电动机驱动，通过调节电动机的转速达到氧枪升降变速的目的。为了操作方便，在氧枪升降卷扬机上还设有行程指示卷筒，通过钢绳带动指示灯上下移动，以指示氧枪的升降位置。

采用单卷扬型氧枪升降机构的主要优点是：设备利用率高，可以采用平衡重锤减轻电动机负荷，当发生停电事故时可借助平衡重锤自动提枪，因此设备费用较低。但其需要一套吊挂氧枪的吊具。生产中曾发生过由于吊具失灵将氧枪掉入炉内的事故，所以单卷扬型氧枪升降机构不如双卷扬型氧枪升降机构安全可靠。

b　双卷扬型氧枪升降机构

双卷扬型氧枪升降机构设置两套氧枪升降卷扬机，一套工作，另一套备用。这两套卷扬机均安装在横移小车上，在传动中不用平衡重锤而采用直接升降的方式，即由卷扬机直接升降氧枪。当该机构出现断电事故时，用风动马达将氧枪提出炉口。图 5－18 为 150t 转炉的双卷扬型氧枪升降传动示意图。

双卷扬型氧枪升降机构与单卷扬型氧枪升降机构相比备用能力大，当一台卷扬设备损坏而离开工作位置检修时，另一台可以立即投入工作，保证正常生产。但由于增加了一套设备，并且两套升降机构都需装设在横移小车上，引起横移驱动机构负荷加大。同时，在传动中不适宜采用平衡重锤，这样，传动电动机的工作负荷增大。在事故断电时，必须用风动马达将氧枪提出炉外，因而又增加了一套压气机设备。

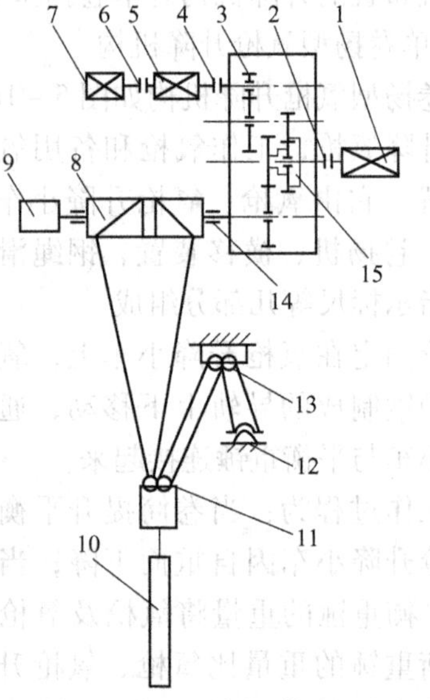

图 5－18　150t 转炉的双卷扬型氧枪升降传动示意图

1—快速提升电动机；2，4—带联轴节的液压制动器；3—圆柱齿轮减速器；5—慢速提升电动机；6—摩擦片离合器；7—风动马达；8—卷扬装置；9—自整角机；10—氧枪；11—滑轮组；12—钢绳断裂报警；13—主滑轮组；14—齿形联轴节；15—行星减速器

B　旁立柱式氧枪升降机构

图5－19所示为旁立柱式（旋转塔型）氧枪升降装置。它的传动机构布置在转炉旁的旋转台上，采用旁立柱固定及升降氧枪，旋转立柱可移开氧枪至专门的平台进行检修和更换。

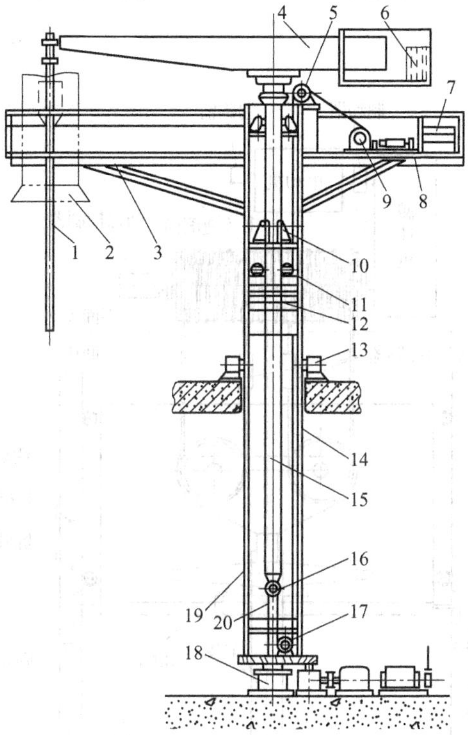

图5－19　旁立柱式（旋转塔型）氧枪升降装置

1—氧枪；2—烟罩；3—桁架；4—横梁；5，10，16，17—滑轮；6，7—平衡重锤；8—制动器；9—卷筒；11—导向辊；12—配重；13—挡轮；14—回转体；15，20—钢丝绳；18—向心推力轴承；19—立柱

旁立柱式氧枪升降装置适用于厂房较矮的小型转炉车间，它不需要另设专门的炉子跨，占地面积小，结构紧凑。其缺点是不能装设备用氧枪，换枪时间长，吹氧时氧枪振动较大，氧枪中心与转炉中心不易对准。这种装置基本能满足小型转炉炼钢车间生产的要求。

5.4.3.3　氧枪更换机构

氧枪更换机构的作用是在氧枪损坏时，能在最短的时间里将备用氧枪换上并投入工作。

氧枪更换机构基本上都是由横移换枪小车、小车座架和小车驱动机构三部分组成。但由于采用的升降装置形式不同，小车座架的结构和功用也明显不同，氧枪升降机构相对于横移小车的位置也截然不同。单卷扬型氧枪升降机构的升降卷扬机与换枪装置的横移小车是分离配置的；而双卷扬型氧枪升降机构的升降卷扬机则装设在横移小车上，随横移小车同时移动。

图 5－20 所示为某厂 50t 转炉单卷扬型换枪装置。在横移小车上并排安装有两套氧枪升降小车，其中一套对准工作位置，处于工作状态，另一套备用。如果氧枪烧坏或发生其他故障，可以迅速开动横移小车，使备用氧枪升降小车对准工作位置，即可投入生产。整个换枪时间约为 1.5min。由于氧枪升降装置的升降卷扬机不在横移小车上，所以横移小车的车体结构比较简单。

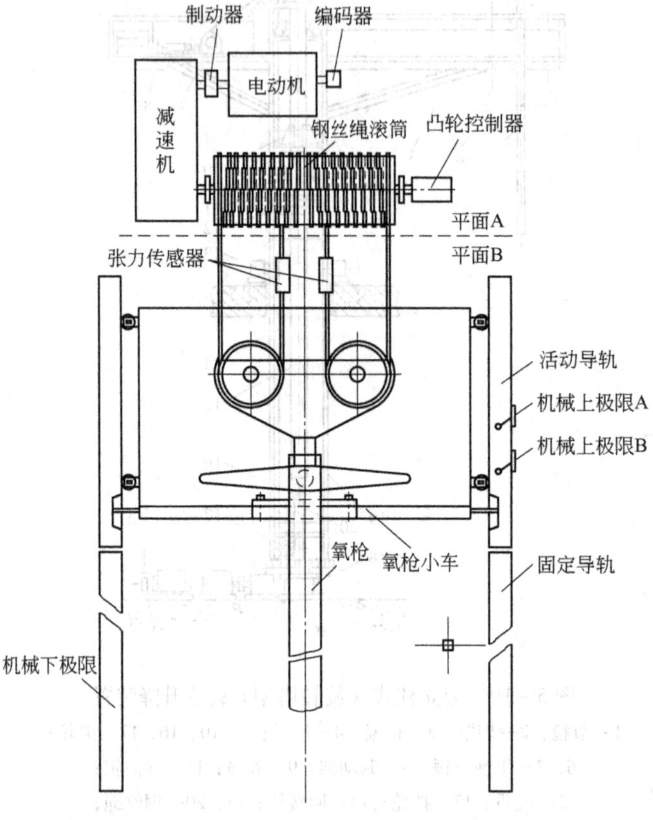

图 5－20　某厂 50t 转炉单卷扬型换枪装置

双卷扬型氧枪升降机构的两套升降卷扬机都装设在横移小车上。如我国 300t 转炉，每座有两台升降装置，分别装设在两台横移换枪小车上。当一台横移小车携带氧枪升降装置处于转炉中心的操作位置时，另一台处于等待备用位置，每台横移小车都有各自独立的驱动装置。当需要换枪时，损坏的氧枪与其升降装置脱离工作位置，备用氧枪与其升降装置进入工作位置。换枪所需时间为 4min。

5.4.4　氧枪各操作点的控制位置

转炉生产过程中，为了能及时、安全和经济地向熔池供给氧气，氧枪应根据生产情况处于不同的控制位置。图 5－21 所示为某厂 120t 转炉氧枪在行程中各操作点的标高位置。各操作点的标高是指喷头顶面与车间地平轨面的距离。

氧枪各操作点标高的确定原则如下：

（1）最低点。最低点是氧枪下降的极限位置，其位置取决于转炉的容量。对于大型转炉，氧枪最低点距熔池钢液面应大于400mm；而对中小型转炉，应大于250mm。

（2）吹氧点。吹氧点是氧枪开始进入正常吹炼的位置，又称吹炼点。这个位置与转炉的容量、喷头类型、供氧压力等因素有关，一般根据生产实践经验确定。

（3）变速点。在氧枪上升或下降到变速点时就自动变速。此点位置的确定既应保证安全生产，又能缩短氧枪上升和下降所占用的辅助时间。

（4）开、闭氧点。氧枪下降至此点应自动开氧，氧枪上升至此点应自动停氧。开、闭氧点的位置应适当，过早地开氧或过迟地停氧都会造成氧气的浪费，若氧气进入烟罩也会引起不良影响；过迟地开氧或过早地停氧也不好，易造成氧枪黏钢和喷头堵塞。一般开、闭氧点可与变速点在同一位置。

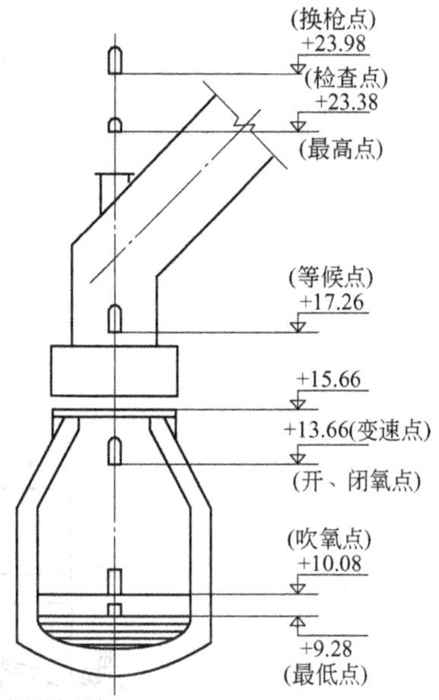

图5－21　某厂120t转炉氧枪在行程中各操作点的标高位置

（5）等候点。等候点位于炉口以上。此点位置的确定应以氧枪不影响转炉的倾动为准，过高会增加氧枪上升和下降所占用的辅助时间。

（6）最高点。最高点是氧枪在操作时的最高极限位置，它应高于烟罩上氧枪插入孔的上缘。检修烟罩和处理氧枪黏钢时，需将氧枪提升到最高位置。

（7）换枪点。更换氧枪时，需将氧枪提升到换枪点。换枪点应高于氧枪操作的最高点。

5.4.5　副枪

转炉副枪是相对于喷吹氧气的氧枪而言。它同样是从炉口上部插入炉内的水冷枪，分为操作副枪和测试副枪两类。

操作副枪用以向炉内喷吹石灰粉、附加燃料或精炼用的气体。测试副枪用于在不倒炉的情况下快速检测转炉熔池钢水的温度、碳含量和氧含量以及液面高度，它还被用作获取熔池钢样和渣样。目前，测试副枪已被广泛用于转炉吹炼计算机动态控制系统。本节主要介绍测试副枪。下给头测试副枪装置见图5－22。

5.4.5.1　对副枪的要求

转炉所用测试副枪必须满足以下要求：

（1）副枪必须具有在吹炼过程和终点均能进行测温、取样、定碳、定氧和检测液面高度等功能，并留有开发其他功能的余地。

（2）探头应能自动装卸，方便可靠。

（3）可与计算机连接，具有实现计算机－副枪自动化闭环控制的条件。

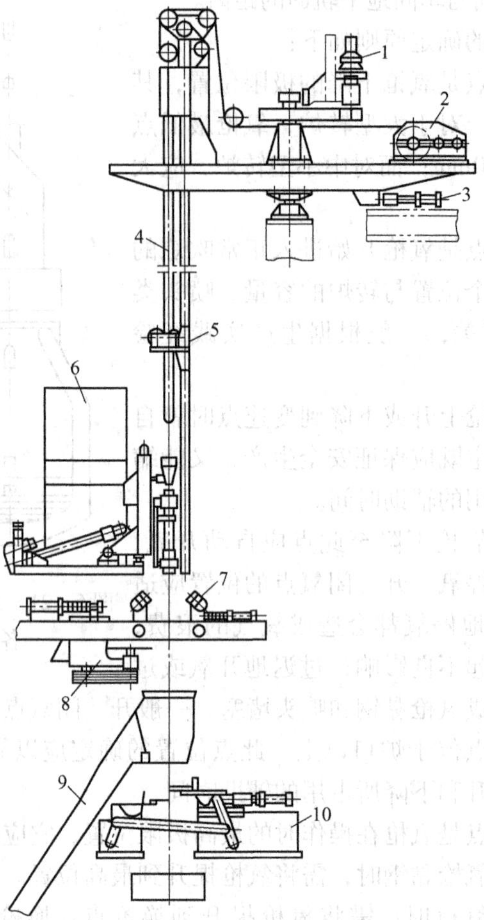

图5-22 下给头测试副枪装置示意图

1—旋转机构；2—升降机构；3—定位装置；4—副枪；5—活动导向小车；6—装头装置；7—拔头装置；8—锯头装置；9—溜槽；10—清渣装置及枪体矫直装置组成的集合体

（4）既能自动操作，又能手动操作；既能集中操作，又能就地操作；既能弱电控制，又能强电控制。

（5）副枪升降速度应能在较大范围（0.5~90m/min）内调节且调速平稳，能准确停在熔池的一定部位及装探头的固定位置，停点要求准确（偏差不大于±10mm）。

（6）当副枪处在下列任一状态时，应有联锁制动或非正常状态报警显示：

1）转炉处于非直立状态；

2）副枪探头未装上或未装好；

3）二次仪表未接通或不正常；

4）枪管内冷却水断流或流量过低，水温过高。

（7）当遇到突然停电、电动机拖动系统出现故障或断绳、乱绳时，应通过风动马达迅速提升副枪。

5.4.5.2　副枪的结构与类型

副枪装置主要由副枪枪身、导轨小车、卷扬传动装置、换枪机构（探头进给装置）等部分组成。

副枪按探头的供给方式可分为“上给头”和“下给头”两种。探头从储存装置由枪体的上部压入，经枪膛被推送到枪头的工作位置，这种给头方式称为上给头。探头借助机械手等装置从下部插在副枪枪头插杆上，这种给头方式称为下给头。由于给头方式不同，两种副枪的结构及其组成也不相同。目前，上给头副枪已很少使用。

下给头副枪是由三层同心钢管组成的水冷枪体，内层管中心装有信号传输导线，并通保护用气体，一般为氮气；内层管与中间管、中间管与外层管之间的环状通路分别为进、出冷却水的通道。在枪体的下顶端装有导电环和探头的固定装置。

副枪装好探头后插入熔池，所测温度、碳含量等数据反馈给计算机或在计器仪表中显示。副枪提出炉口以上时，锯掉探头样杯部分，钢样通过溜槽风动送至化验室校验成分。由拔头装置拔掉探头废纸管，再由装头装置装上新探头，准备下一次的测试工作。

5.4.5.3　测试探头

测试头又称探头，可以分为单功能探头和复合探头，目前广泛应用的是测温与定碳复合探头。

测温与定碳复合探头的结构形式主要取决于钢水进入探头样杯的方式，有上注式、侧注式和下注式，侧注式是普遍采用的形式。

侧注式测温与定碳复合探头的结构如图5－23所示。

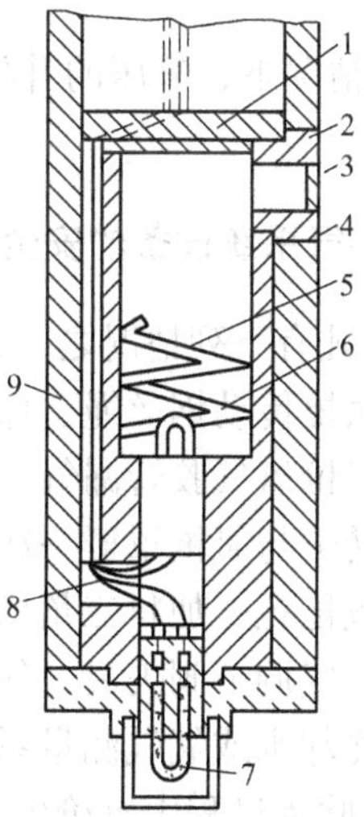

图5－23　侧注式测温与定碳复合探头

1—压盖环；2—样杯；3—进样口盖；4—进样口保护套；5—脱氧铝；6—定碳热电偶；7—测温热电偶；8—补偿导线；9—保护纸管

5.5　知识拓展

5.5.1　供氧装置的使用

5.5.1.1　氧枪升降操作

氧枪升降开关用于控制氧枪的升降，一般安置在右手操作方便的位置，是一种万能开关，手柄在中间为零位，两边分别为升、降氧枪的位置。平时手柄处于零位。

（1）升枪操作。将手柄由零位推向左边“升”的方向，氧枪升降装置电动机、卷扬机动作，将氧枪提升。当氧枪升高到需要的高度时立即将手柄扳回零位，因电动机、卷扬机止动而使氧枪停留在该高度位置上。操作时要眼观氧枪枪位标尺指示。

（2）降枪操作。将手柄由零位推向右边“降”的方向，氧枪升降装置电动机、卷扬机动作，使氧枪下降。当氧枪下降到需要的枪位时立即将手柄扳回零位，因电动机、卷扬机止动而使氧枪停留在该高度位置上。操作时要眼观氧枪枪位标尺指示。

5.5.1.2　氧压升降操作

在操作室的操作台屏板上，装有工作氧压显示仪表和氧压操作按钮。

(1) 升压操作。当需要提高工作氧压时，按下“增压”按钮使工作氧压逐渐提高，并且眼观氧压仪表的显示读数，当氧压提高到所需数值时立即松开按钮，使氧压在这个数值下工作。

(2) 降压操作。当需要降低工作氧压时，按下“降压”按钮使工作氧压逐渐降低，并且眼观氧压仪表的显示读数，当氧压降低到所需数值时立即松开按钮，使氧压在这个数值下工作。

一般情况下，氧压的升降操作都是在供氧情况下进行的。静态下调节的数值在供氧时会有变动。

5.5.2　供气系统设备的安全技术操作规程

(1) 凡有下列情况之一，不准冶炼或应立即停止冶炼：

1) 氧枪传动钢丝绳、保护绳磨损达到报废标准；

2) 氧枪氧气胶管漏气，高压水胶管漏水，枪身或喷头漏水；

3) 转炉与氧枪罩群一次风机一文水电气联锁失灵；

4) 氧枪孔、加料三角槽口氮封压力低于规定数值；

5) 氧气调节阀失灵，氧气切断阀漏气；

6) 冷却水或氧气测量系统有故障。

(2) 吹炼过程中氧枪失灵时，应用事故提枪装置紧急提枪，严禁吹炼。

(3) 处理氧枪传动等系统故障和测液面时，必须将氧气切断阀关死，防止突然放氧。

(4) 需要调试氧气流量时，必须通知炉前，待氧枪孔周围人员离开后方可进行，防止发生意外伤害。

(5) 测液面、清理氧枪氮封口钢渣以及换枪、移枪处理料仓时应注意站位，防止跌落；并应注意平台，防止有悬浮物掉下伤人。

5.6　思考与练习

(1) 简述供氧系统的组成。

(2) 简述氧枪的结构。

(3) 简述氧枪喷头的类型。

(4) 简述拉瓦尔型喷嘴的工作原理。

(5) 简述氧枪在行程中各操作点的位置。

(6) 如何操作氧枪的升降及更换？

(7) 简述副枪的结构及作用。

单元6　转炉烟气净化及煤气回收系统设备操作与维护

6.1　学习目标

（1）能熟练陈述转炉烟气和烟尘的特点、烟气净化及煤气回收系统的构成和类型；

（2）掌握烟气净化及煤气回收系统设备的结构、使用和维护；

（3）学会使用计算机控制系统进行转炉煤气回收操作，并能判断常见的设备故障。

6.2　工作任务

（1）转炉吹炼时，打开除尘风机，冶炼初期的烟气经净化系统净化后排入大气。

（2）进入脱碳期，操作计算机画面降下烟罩，切换烟气、烟囱和煤气回收管道的三通阀，含高浓度CO的转炉煤气进入煤气柜。

（3）进入冶炼后期，烟气中CO浓度越来越低，重新转换三通阀，除尘后的烟气排入大气。

6.3　实践操作

6.3.1　使用计算机操作画面进行烟气净化及煤气回收系统的操作和监控

通过点击转炉操作界面中的【煤气回收】按钮即可进入煤气回收操作界面，如图6－1所示。首先降下烟罩，打开风机，通过观察界面上的氧量与CO量来确定是否回收煤气，同时要保证氧气分析正常、CO分析正常、风机为高转速、旁通阀正常、逆止阀正常、储备站正常，然后点击【开始回收按钮】，进行除尘系统、汽化冷却系统、煤气回收系统的操作。若不满足回收条件，点击【紧急放散按钮】时，旁通阀打开，逆止阀关闭，终止回收。

6.3.2　烟气净化及煤气回收系统设备的检查

6.3.2.1　除尘及煤气系统的检查

（1）观察风机故障信号灯。该灯不亮，表示风机正常；该灯亮，表示风机有故障。

（2）观察要求送停风按钮、信号灯是否正常。

（3）观察煤气回收信号灯是否显示正常。回收阀开时，放散阀关；回收阀关时，放散阀开。

（4）检查与煤气加压站联系回收煤气的按钮、信号灯是否正常，检查煤气加压站同意回收煤气信号灯是否正常。

（5）检查与风机房联系的按钮是否有效（自动回收煤气用）。

（6）检查氧枪插入口、下料口氮气阀门是否打开，检查氮气压力是否满足规程要求。

（7）开新炉子时，炉前校验各项设备正常后，要求净化回收系统有关人员进行汽化

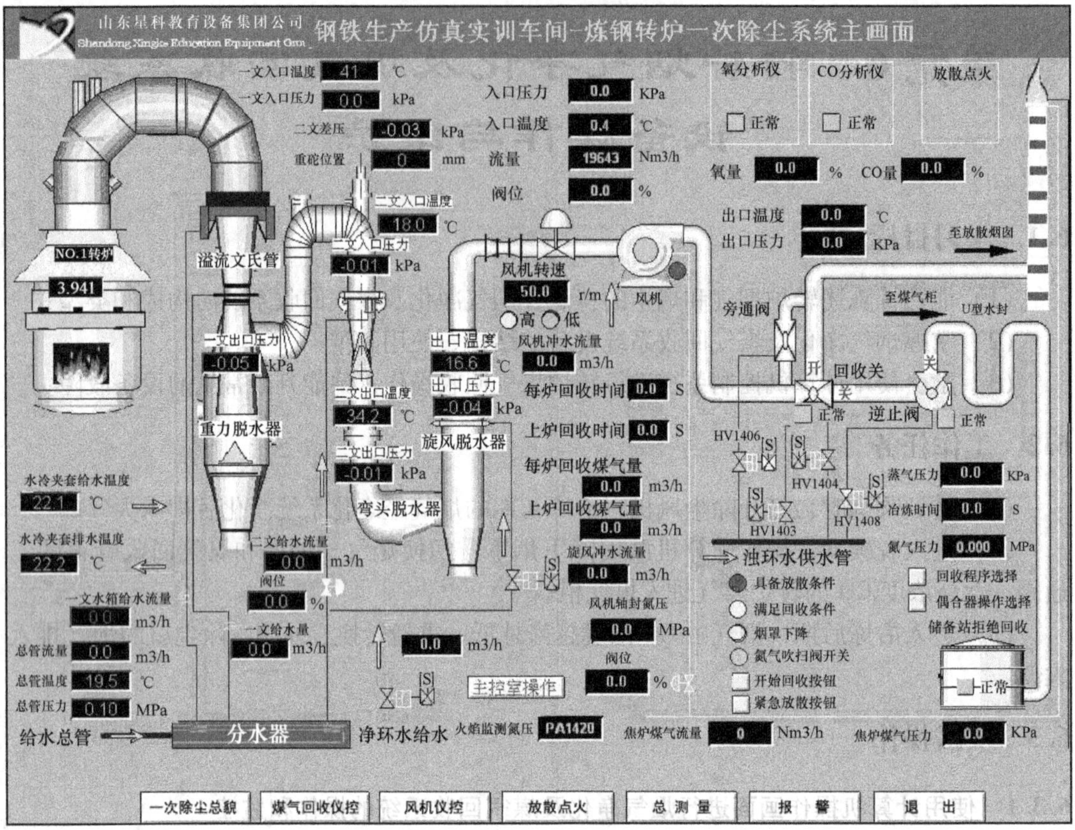

图 6-1　煤气回收操作界面

冷却补水、检查各处水封等，由风机房人员开风机。若是正常的接班冶炼操作，以上检查只需将当时工况与信号灯显示状态对照，相符即可。

（8）吹炼过程中发现炉气外逸严重时，需观察偶合器高、低速信号灯显示是否正常，若不正常应与风机房联系并要求处理。

6.3.2.2　注意事项

（1）观察炉口烟气，若严重外冒（异常）需与风机房联系。

（2）严格按操作规程规定进行煤气回收。

（3）若发现汽化冷却烟道发红或漏水，应及时报告净化回收系统有关人员。

6.3.3　烟气净化及煤气回收系统设备常见故障的判断

6.3.3.1　转炉喷溅造成固定烟道大量结渣

A　原因及可能危害

如今转炉生产节奏越来越快，吹氧强度也在不断增加，而且超装现象严重，会造成转炉喷溅现象频繁发生；而汽化冷却设备的改造却跟不上，往往冷却能力不够。转炉的喷溅常常造成较大量的渣钢黏结在固定烟道的不同部位，占据了烟道中烟气的流通面积，造成气流阻力过大，使大量的炉气无法吸入烟道而直接在炉口外逸，烧坏炉口设备，污染环境。一旦固定烟道中黏结的渣钢达到一定的体积，烟道中的阻力上升到一定值，一文溢流盘水封的水就会被抽干。这时一方面炉口大量烟气外逸，造成严重的环境污染；另一方面造成空气进入转炉煤气中，可能引发煤气爆炸。

B　故障现象

随着风机转速的提高，一文溢流盘的水位不断下降，甚至溢流水全部被吸干，且吹氧时转炉炉口大量冒黄烟，检查汽化冷却烟道弯头处没有堵塞，就证明是烟道黏渣，一般从氧枪口可以直接观察到黏渣情况。

C　处理方法

对于小面积的渣钢，可以用氧枪吹 N_2 冲刷固定烟道（视枪位），使渣钢脱落。

6.3.3.2　系统阻力大

A　原因及可能危害

系统阻力过大的原因除上面叙述的汽化冷却烟道黏渣钢之外还有三点：一是喉口调整不合适，喉口处流速过大，系统阻力与气流速度的平方成正比，阻力过大；二是水量调整不合适，尤其是溢流水封给水过大，形成很厚的水幕，气流冲开水幕造成阻力过大；三是喉口、管道、脱水器结垢或者转炉扩容之后烟气净化系统没有相应改造，系统中烟气流速超过设计速度造成阻力过大。阻力过大会导致炉口大量黄烟外逸，影响环保工作；甚至各层平台CO严重超标，威胁职工的安全和健康；此外，还会烧坏烟罩上侧钢梁，影响厂房的安全。

B　故障现象

系统阻力变大，尤其是风机机前阻力可达到23kPa以上，炉口大量黄烟外逸，检查风机已经提速，装入量、吹氧强度都没有异常，氧枪口、下料口氮封的氮气压力流量没有异常，可以确认为系统阻力过大。

C　处理方法及预防措施

（1）检查调整水量，确认在正常范围内；

（2）检查、调整喉口，确认在合适位置；

（3）检查喉口结垢情况，如果结垢严重，进行人工清理或高压水枪清理；

（4）检查脱水器结垢情况，尤其是丝网脱水器的折板清理或更换丝网；

（5）检查风机进口管道，必要时清理，尤其是弯头处；

（6）如果煤气回收时炉口冒烟严重，则重点检查三逆止阀之间管道的结垢及积水情况，必要时清理；

（7）如果煤气没有回收，风机出口压力大，则检查放散情况，必要时清理。

6.3.3.3　风机振动

A　原因及可能危害

风机产生振动的主要原因是由于风机入口的烟气超出设计的工况标准，风机长期在超出设计标准的工况下运行，叶轮积灰速度加快，且叶轮和外壳冲刷速度加剧，破坏风机平衡，在极短的时间内即因振动而停机；其次是由于系统操作、维护、管理中存在问题，风机检修安装存在问题以及备件质量存在问题等。风机振动会导致突然停机，严重影响生产的顺行，还会增加备品备件费用和工人的劳动强度。

B　故障现象

风机振动加剧，振幅超出规定值，风机轴承温度升高，被迫停机检修。

C　处理方法

（1）检查风机机组基础螺栓是否有松动，如果有松动应紧固，观察振动是否有变动。

（2）检查风机振动振幅是否随风机转速的变化而变化。如果随着转速的提高风机振幅加大，基本可以断定是风机转子出现问题，应清理转子，必要时做动平衡；如果风机振幅不随转速的提高而加大，可能是由于机组不同心，应调整风机、液力耦合器的同心度。

（3）风机振动伴随杂声及轴承温度升高，轴承损坏，应停机更换轴承。

（4）提速或降速之后风机振动加剧，可能是在不稳定区工作，应继续观察，躲开不稳定工作。

（5）风机振动伴随电流急剧波动，风机喘振，应检查烟气净化系统，查看是否有喉口误关、水封堵塞造成水塞等问题，在风机机壳上进口侧开观察孔，用高压水清洗。

6.3.3.4　烟气净化系统集尘效果不好

A　原因及可能危害

烟气净化系统集尘效果不好的原因很多，汽化冷却烟道黏渣、系统结垢、水量调整不合适、风机能力不够、风机故障等都会造成集尘效果不好，会导致炉口大量黄烟外逸，影响环保工作；甚至各层平台 CO 严重超标，威胁职工的安全和健康；还会烧坏烟罩上侧钢梁，影响厂房的安全。

B　故障现象

炉口大量黄烟外逸，烟道上部横梁烧红，炉后各烟道上部横梁烧红，炉后各层平台 CO 超标。

C　处理方法

（1）氧枪口、下料口氮封使用的氮气流量、压力过大，导致烟道内形成氮气阻塞、烟气外逸，应关小氮气。

（2）风机出口舌口处结垢，导致风机风量减小，应将风机机壳舌口处清理干净。

（3）风机进口密封失效，导致风机内漏，应更换风机进口密封；如果使用液力偶合器，因油量少或油质不好导致风机达不到额定转速，应添加或更换液力偶合器用油。

（4）汽化冷却烟道没有做气密性试验，漏风严重，会导致空气漏入二次燃烧，应处理汽化冷却烟道漏风问题。

（5）系统防爆阀泄爆后没有及时关闭，造成大量漏风，此时应及时关闭防爆阀。

（6）三通阀故障，旋转水封阀关闭后，没有及时打到放散阀，此时应停风机处理故障。

6.3.3.5　净化效果不好

A　原因及可能危害

净化效果不好的原因主要是文氏管水量不匹配，因过大导致二级文氏管气流速度达不到规定值以及脱水效果不好等，主要危害是放散塔冒黄烟、风机转子积泥严重增多、除尘管道和煤气回收管道结垢严重，既影响环保，又影响系统的稳定运行。

B　故障现象

放散塔冒黄烟、黑烟，风机、加压机故障率提高。

C　处理方法

（1）调整系统水量，保证文氏管的气水比在最佳范围内；

（2）在保证粗除尘效果的同时降低一级文氏管阻力，采用高效喷雾洗涤塔，将阻力降低至1000Pa以下；

（3）保证精除尘文氏管的压差在12～14kPa内，既可保证二级文氏管中流速为100～120m/s，又可确保精除尘效果；

（4）必要时将R－D文氏管改造为环缝文氏管，含尘量降至50mg/m^{3}以下，可明显改善净化效果。

6.4　知识学习

6.4.1　烟气、烟尘的性质

6.4.1.1　烟气净化回收的方式

在不同条件下，转炉烟气和烟尘具有不同的特征。根据所采用的处理方式不同，所得的烟气性质也不同。目前的处理方式有燃烧法和未燃法两种，简述如下：

（1）燃烧法。炉气从炉口进入烟罩时，令其与足够的空气混合，使可燃成分燃烧形成高温废气，经过冷却、净化后，通过风机抽引并放散到大气中。

（2）未燃法。炉气排出炉口进入烟罩时，通过某种方法使空气尽量少地进入炉气，因此炉气中可燃成分CO只有少量燃烧，经过冷却、净化后，通过风机抽入回收系统中储存起来并加以利用。

未燃法与燃烧法相比，烟气未燃烧，其体积小、温度低；烟尘的颗粒粗大，易于净化；烟气可回收利用，投资少。

6.4.1.2　烟气的特征

（1）烟气的来源及化学组成。吹炼过程中，熔池碳氧反应生成的CO和CO_2是转炉烟气的基本来源；其次是炉气从炉口排出时吸入的部分空气、可燃成分有少量燃烧生成的废气，也有少量来自炉料和炉衬中的水分以及生烧石灰中分解出来的CO_2气体等。冶炼过程中烟气的成分是不断变化的，这种变化规律可用图6－2来说明。

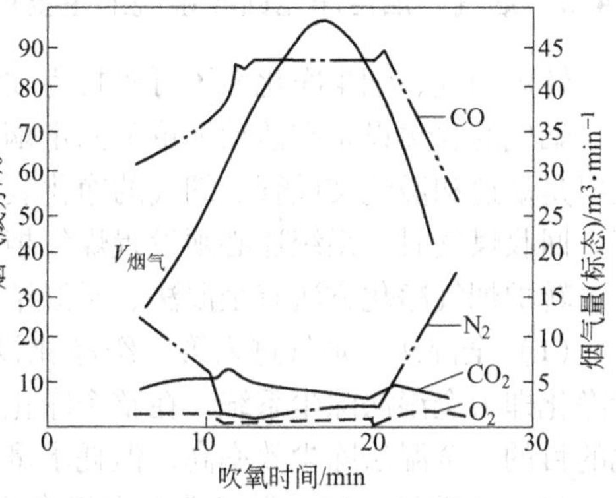

图6－2　吹炼过程中烟气成分的变化曲线

转炉烟气的化学成分给烟气净化带来较大困难，其随烟气处理方法的不同而不同。未燃法与燃烧法两种烟气的成分及其含量差别很大，见表 6 - 1。

表 6 - 1　未燃法与燃烧法两种烟气的成分及其含量比较　　(%)

除尘方法 \ 成分	CO	CO_2	N_2	O_2	H_2	CH_4
未燃法	60 ~ 80	14 ~ 19	5 ~ 10	0.4 ~ 0.6		
燃烧法	0 ~ 0.3	7 ~ 14	74 ~ 80	11 ~ 20	0 ~ 0.4	0 ~ 0.2

(2) 烟气的温度。未燃法烟气的温度一般为 1400 ~ 1600℃，燃烧法废气的温度一般为 1800 ~ 2400℃。因此，在转炉烟气净化系统中必须设置冷却设备。

(3) 烟气的数量。未燃法平均吨钢烟气量（标态）为 $80m^3/t$，燃烧法的烟气量为未燃法的 4 ~ 6 倍。

(4) 烟气的发热量。未燃法中烟气的主要成分是 CO，当含量为 60% ~ 80% 时，其发热量波动在 7745.95 ~ 10048.8kJ/m^3 之间。燃烧法的废气仅含有物理热。

6.4.1.3　烟尘的特征

(1) 烟尘的来源。在氧气流股冲击的熔池反应区内，“火点”处温度高达 2000 ~ 2600℃。一定数量的铁和铁氧化物蒸发，形成浓密的烟尘，随炉气从炉口排出。此外，烟尘中还有一些被炉气夹带出来的散状料粉尘和喷溅出来的细小渣粒。

(2) 烟尘的成分。未燃法烟尘呈黑色，主要成分是 FeO，其含量在 60% 以上；燃烧法的烟尘呈红棕色，主要成分 Fe_2O_3，其含量在 90% 以上。可见，转炉烟尘是铁含量很高的精矿粉，可作为高炉原料或转炉自身的冷却剂和造渣剂。

(3) 烟尘的粒度。通常把粒度在 5 ~ 10μm 之间的尘粒称为灰尘。由蒸气凝聚成的直径在 0.3 ~ 3μm 之间的微粒，呈固体的称为烟，呈液体的称为雾。燃烧法尘粒小于 1μm 的部分占 90% 以上，接近烟雾，较难清除；未燃法烟尘颗粒直径大于 10μm 的部分达 70%，接近于灰尘，其清除比燃烧法尘粒容易一些。

(4) 烟尘的数量。氧气顶吹转炉炉气中夹带的烟尘量为金属装入量的 0.8% ~ 1.3%，炉气（标态）含尘量为 80 ~ 120g/m^3。烟气的含尘量一般小于炉气的含尘量，且随净化过程逐渐降低。顶底复合吹炼转炉的烟尘量一般比顶吹工艺少。

6.4.2　烟气、烟尘净化回收系统的主要设备

转炉烟气、烟尘净化系统可概括为收集与输导、降温与净化、抽引与放散三部分。

烟气的收集设备有活动烟罩和固定烟罩。烟气的输导管道称为烟道。烟气的降温装置主要是烟道和溢流文氏管。烟气的净化装置主要有文氏管脱水器、布袋除尘器和电除尘器等。回收煤气时，系统还必须设置煤气柜和回火防止器等设备。

转炉烟气净化方法有全湿法、干湿结合法和全干法三种形式。

(1) 全湿法。烟气进入第一级净化设备就与水相遇，称为全湿法除尘系统，双文氏管净化即为全湿法除尘系统。在整个净化系统中，都是采用喷水方式来达到烟气降温和净化的目的。全湿法除尘效率高，但耗水量大，还需要处理大量污水和泥浆。

(2) 干湿结合法。烟气进入次级净化设备与水相遇，称为干湿结合法净化系统，平（平旋除尘器）- 文净化系统即为干湿结合法净化系统。此法除尘效率稍差些，污水处理

量较少，对环境有一定污染。

（3）全干法。在净化过程中烟气完全不与水相遇，称为全干法净化系统，布袋除尘、静电除尘即为全干法除尘系统。全干法净化可以得到干烟尘，无需设置污水、泥浆处理设备。

下面以未燃全湿法净化系统为例介绍其主要设备。为了收集烟气，在转炉上面装有烟罩。烟气经活动烟罩和固定烟罩之后，进入汽化冷却烟道或废热锅炉以利用废热，再经净化冷却系统。

6.4.2.1　烟气的收集设备

A　活动烟罩

能升降调节烟罩与炉口之间距离或者既可升降又能水平移出炉口的烟罩，称为活动烟罩。用于未燃法的活动烟罩要求能够上下升降，以保证烟罩内、外气压大致相等。为了既避免炉气外逸而恶化炉前操作环境，也不会因吸入空气而降低回收煤气的质量，在吹炼各阶段烟罩能调节到需要的间隙。吹炼结束出钢、出渣、加废钢、兑铁水时，烟罩能升起，不妨碍转炉倾动。当需要更换炉衬时，活动烟罩又能平移开出炉体上方。

OG 法是用未燃法处理烟气的，也是当前采用较多的方法，其烟罩是裙式活动单烟罩和双烟罩。

图6－3所示为OG法裙式活动单烟罩。烟罩下部裙罩口内径略大于水冷炉口外缘，当活动烟罩下降至最低位置时，使烟罩下缘与炉口处于最小距离（约为50mm），以利于控制罩口内、外微压差，进而实行闭罩操作，这给提高回收煤气质量、减少炉下清渣量、实现炼钢工艺自动连续定碳均带来有利条件。

活动烟罩的升降机构可以采用电力驱动，烟罩提升时通过电力卷扬，下降时借助升降段烟罩的自重。活动烟罩的升降机构也可以采用液压驱动，采用四个同步液压缸，以保证烟罩的水平升降。

图6－4为活动烟罩双罩结构示意图。从图中可以看出，它是由固定部分（又称下部烟罩）与升降部分（又称罩裙）组成的。下部烟罩与罩裙通过水封连接。固定烟罩又称上部

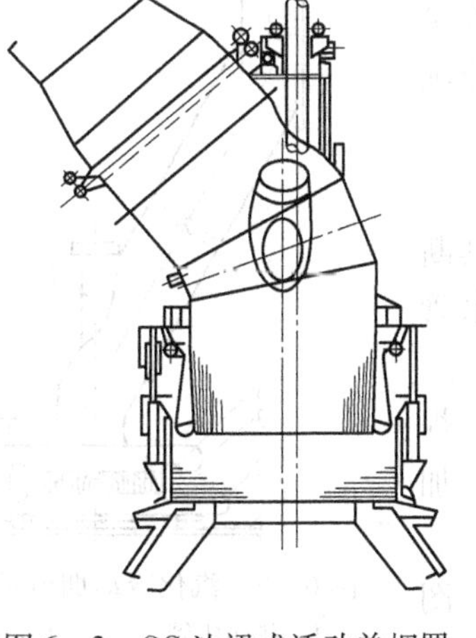

图6－3　OG法裙式活动单烟罩

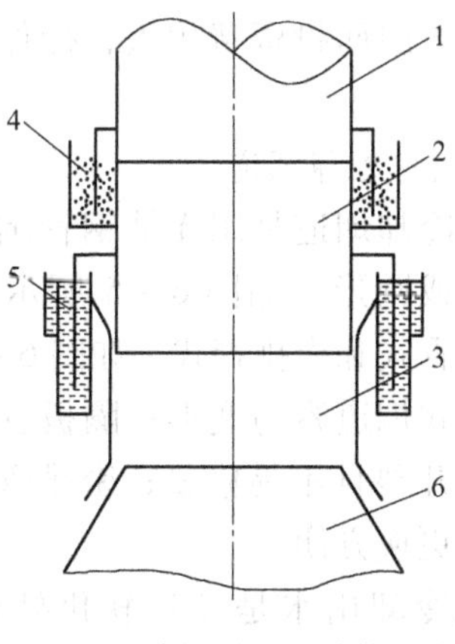

图6－4　活动烟罩双罩结构示意图

1—上部烟罩（固定烟罩）；2—下部烟罩（活动烟罩固定段）；3—罩裙（活动烟罩升降段）；4—沙封；5—水封；6—转炉

烟罩，设有两个散状材料投料孔、氧枪和副枪插入孔、压力温度检测及气体分析取样孔等。

罩裙用锅炉钢管围成，两钢管之间平夹一片钢板（又称鳍片），彼此连接在一起形成钢管与钢板相间排列的焊接结构，又称横列式管型隔片结构。管内通温水冷却。罩裙下部由三排水管组成水冷短截锥套（见图 6－4 中 3），这是为了避免罩裙与炉体接触时损坏罩裙。罩裙的升降由四个同步液压缸驱动。上部烟罩也是由钢管围成的，只不过是纵列式管型隔片结构。上部烟罩与下部烟罩均采用温水冷却，上、下部烟罩通过沙封连接。我国 300t 转炉就是采用这种活动烟罩结构。

B 固定烟罩

固定烟罩装于活动烟罩与汽化冷却烟道或废热锅炉之间，也是水冷结构件。固定烟罩上开有散状材料投料孔、氧枪和副枪插入孔，并装有水套冷却。为了防止烟气的逸出，对散状材料投料孔、氧枪和副枪插入孔等均采用氮气或蒸汽密封。

固定烟罩与单罩结构的活动烟罩多采用水封连接。

固定烟罩与汽化冷却烟道或废热锅炉拐弯处的拐点高度和其与水平线的倾角，对防止烟道的倾斜段结渣有重要作用。

6.4.2.2 烟气的冷却设备

转炉炉气温度为 1400～1600℃，炉气离开炉口进入烟罩时，由于吸入空气而使炉气中的 CO 部分或全部燃烧，烟气温度可能更高。高温烟气体积大，如在高温下净化，会使净化系统设备的体积非常庞大。此外，单位体积的含尘量低也不利于提高净化效率。所以，在净化前和净化过程中要对烟气进行冷却。

国内早期投产的转炉大多采用水冷烟道，但水冷烟道耗水量大，废热无法回收利用。近期新建成的转炉均采用汽化冷却烟道。所谓汽化冷却，就是指冷却水吸收的热量用于自身的蒸发，利用水的汽化潜热带走冷却部件的热量。如 1kg 水每升高 1℃ 吸收热量约 4.2kJ，而由 100℃ 水到 100℃ 蒸汽则吸收热量约 2253kJ/kg，两者相比相差 500 多倍。汽化冷却的耗水量将减少到 1/100～1/30，所以汽化冷却是节能的冷却方式。汽化冷却装置是承压设备，因而投资费用大，操作要求也高，下面分项叙述。

A 汽化冷却烟道

汽化冷却烟道是用无缝钢管围成的筒形结构，其断面为方形或圆形，如图 6－5 所示。钢管的排列有水管式、隔板管式和密排管式，如图 6－6 所示。

水管式烟道容易变形；隔板管式烟道加工费时，焊接处容易开裂且不易修复；密排管式烟道不易变形，加工简单，更换方便。

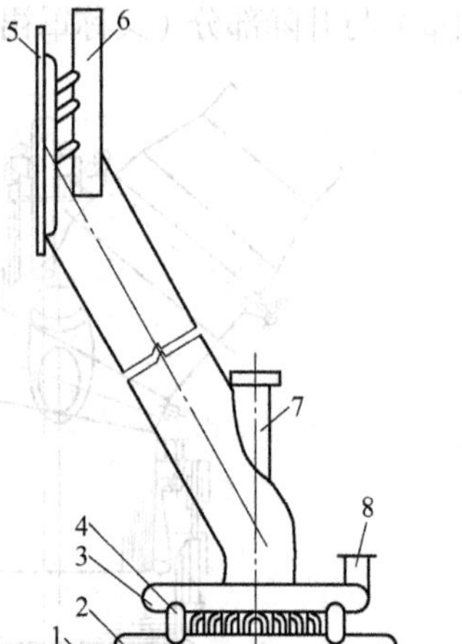

图 6－5 汽化冷却烟道示意图

1—排污集管；2—进水集箱；3—进水总管；4—分水管；5—出口集箱；6—出水（汽）总管；7—氧枪水套；8—进水总管接头

汽化冷却用水是经过软化处理和除氧处理的。图 6－7 所示为汽化冷却系统流程。汽化冷却系统可自然循环，也可强制循环。汽化冷却烟道内由于汽化产生的蒸汽形成汽水混合物，经上升管进入汽包使汽与水分离，

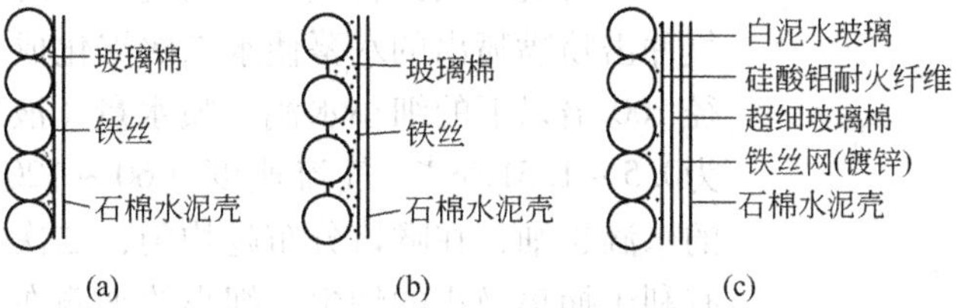

图6-6 烟道管壁结构

(a) 水管式；(b) 隔板管式；(c) 密排管式

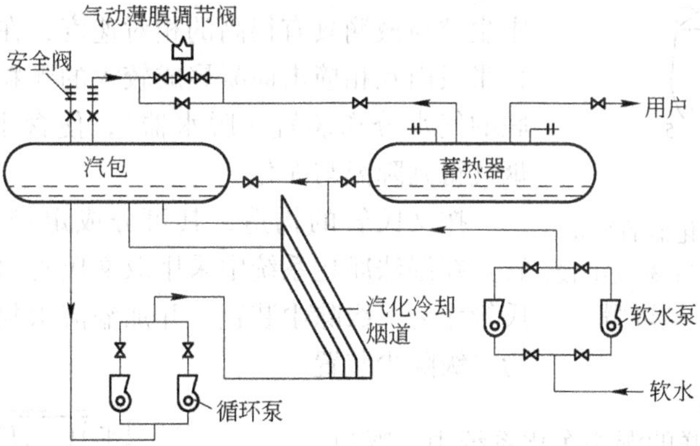

图6-7 汽化冷却系统流程

所以汽包也称为分离器。汽水分离后，热水从下降管经循环泵，又被送入汽化冷却烟道继续使用。若取消循环泵则为自然循环系统，其效果也很好。当汽包内蒸汽压力升高到 $(6.87\sim7.85)\times10^5$Pa 时，气动薄膜调节阀自动打开，使蒸汽进入蓄热器供用户使用。

当蓄热器的蒸汽压力超过一定值时，蓄热器上部的气动薄膜调节阀自动打开放散。当汽包需要补充软水时，由软水泵送入。

汽化冷却系统汽包的布置应高于烟道顶面。一座转炉设有一个汽包，汽包不宜合用也不宜串联。汽化冷却烟道受热时会向两端膨胀伸长，上端热伸长量在一文水封中得到补偿，下端热伸长量在烟道的水封中得到缓冲。汽化冷却烟道也称汽化冷却器，可以冷却烟气并能回收蒸汽，也可称它是废热锅炉。

B 废热锅炉

无论是未燃法还是燃烧法都可采用汽化冷却烟道，只不过燃烧法的废热锅炉在汽化冷却烟道后面增加对流段，进一步回收烟气的余热，以产生更多的蒸汽。对流段通常是在烟道中装设蛇形管，蛇形管内冷却水的流向与烟气流向相反，通过烟气加热蛇形管内的冷却水，再作为汽化冷却烟道补充水源，这样就进一步利用了烟气的余热，也增加了回收蒸汽量。

6.4.2.3 烟气的净化设备

A 文氏管净化器

文氏管净化器是一种湿法除尘设备，也兼有冷却降温的作用，净化效率较高。文氏管净化器由雾化器（碗形喷嘴）、文氏管本体及脱水器三部分组成，如图6-8所示。文氏管本体是由收缩段、喉口段和扩张段三部分组成。

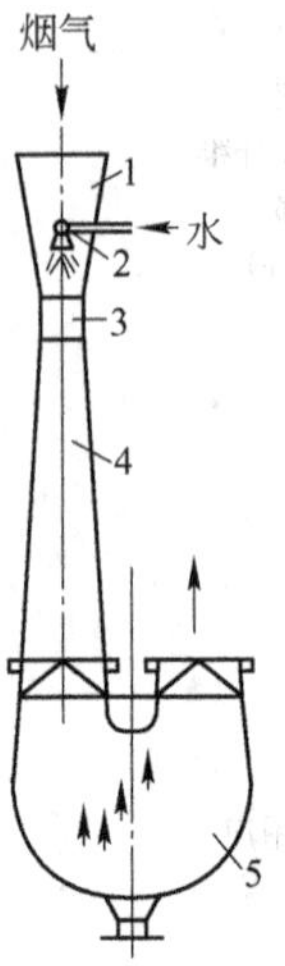

图6－8　文氏管净化器的组成
1—收缩段；2—碗形喷嘴；3—喉口段；4—扩张段；5—弯头脱水器

烟气流经文氏管收缩段到达喉口时气流加速，高速烟气冲击喷嘴喷出的水幕使水二次雾化成小于或等于烟尘粒径100倍以下的细小水滴。喷水量（液气比，标态）一般为0.5～1.5L/m^3。气流速度（60～120m/s）越大，喷入的水滴越细，在喉口分布越均匀，二次雾化效果越好，越有利于捕集微小的烟尘。细小的水滴在高速紊流气流中迅速吸收烟气的热量而汽化，一般在1/150～1/50s内使烟气从800～1000℃冷却到70～80℃。同样，在高速紊流气流中尘粒与液滴具有很高的相对速度，在文氏管的喉口段和扩张段内互相撞击而凝聚成较大的颗粒，经过与文氏管串联的气水分离装置（脱水器），使含尘水滴与气体分离，烟气得到降温与净化。

按文氏管的构造，其可分成定径文氏管和调径文氏管。在湿法净化系统中采用双文氏管串联，通常以定径文氏管作为一级除尘装置，并加溢流水封；以调径文氏管作为二级除尘装置。

a　溢流文氏管

在双文氏管串联的湿法净化系统中，喉口直径一定的溢流文氏管（见图6－9）主要起降温和粗除尘的作用。经汽化冷却烟道后烟气冷却至800～1000℃，其通过溢流文氏管时能迅速冷却到70～80℃并使烟尘凝聚，通过扩张段和脱水器将烟气中的粗粒烟尘除去，除尘效率为90%～95%。

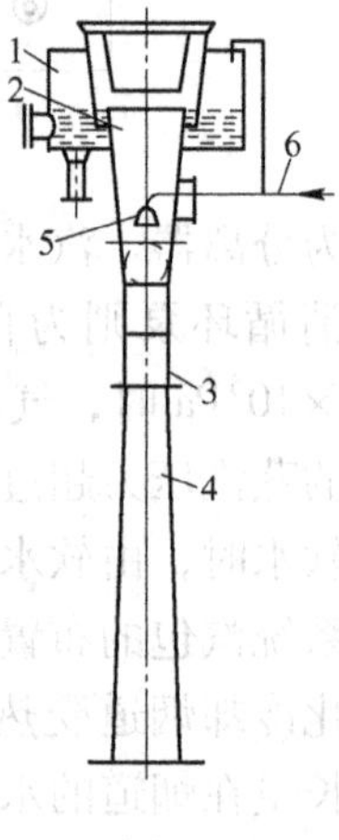

图6－9　定径溢流文氏管
1—溢流水封；2—收缩段；3—腰鼓形喉口（铸件）；4—扩张段；5—碗形喷嘴；6—溢流供水管

采用溢流水封主要是为了保持收缩段的管壁上有一层流动的水膜，以隔离高温烟气对管壁的冲刷，并防止烟尘在干、湿交界面上产生积灰结瘤而堵塞。溢流水封为开口式结构，具有防爆泄压、调节汽化冷却烟道因热胀冷缩引起的位移的作用。

溢流文氏管的收缩角为20°～25°，扩张角为6°～8°；喉口长度为（0.5～1.0）$D_{喉}$，小转炉烟道取上限；入口烟气速度为20～25m/s，喉口气速为40～60m/s，出口气速为15～20m/s；一文阻力损失在3000～5000Pa之间；溢流水量每米周边约为500kg/h。

b　调径文氏管

在喉口部位装有调节机构的文氏管称为调径文氏管，主要用于精除尘。

当喷水量一定的条件下，文氏管除尘器内水的雾化和烟尘的凝聚主要取决于烟气在喉口处的速度。吹炼过程中烟气量变化很大，为了保持喉口烟气速度不变以稳定除尘效率，采用调径文氏管。它能随烟气量变化相应地增大或缩小喉口断面积，保持喉口处烟气速度一定；还可以通过调节风机的抽气量以控制炉口微压差，确保回收煤气质量。

现用的矩形调径文氏管调节喉口断面大小的方式很多，常用的有阀板、重砣、矩形翼板、矩形滑块等。

调径文氏管的喉口处安装米粒形阀板，即圆弧形－滑板（R－D），用以控制喉口开度，可显著降低二文阻损，如图6－10所示。喉口阀板调节性能好，喉口开度与气体流量在相同的阻损下基本上呈直线函数关系，这样能准确地调节喉口的气流速度，提高喉口的调节精度。另外，阀板是用液压传动控制的，可与炉口微压差同步，调节精度得到保证。

调径文氏管的收缩角为23°～30°，扩张角为7°～12°；收缩段的进口气速为15～20m/s，喉口气流速度为100～120m/s；二文阻损一般为10～12kPa。

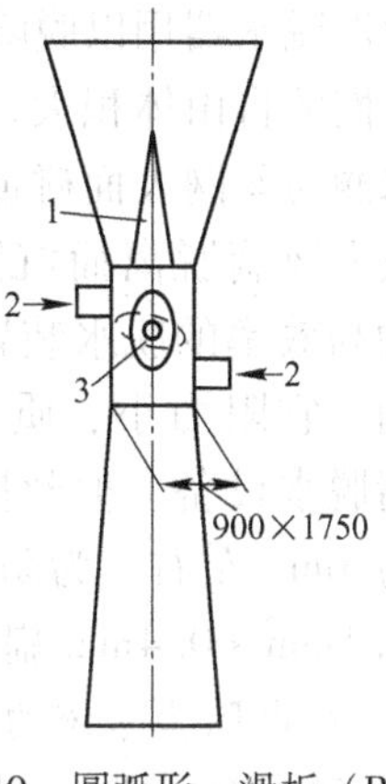

图6－10 圆弧形－滑板（R－D）调节文氏管

1—导流板；2—供水；3—可调阀板

B 脱水器

在湿法和干湿结合法烟气净化系统中，湿法净化器的后面必须装有气水分离装置，即脱水器。脱水情况直接关系到烟气的净化效率、风机叶片的寿命和管道阀门的维护，而脱水效率与脱水器的结构有关。

a 重力脱水器

重力脱水器如图6－11所示，烟气进入脱水器后流速下降、流向改变，靠含尘水滴自身重力实现气水分离，适用于粗脱水，如与溢流文氏管相连进行脱水。重力脱水器的入口气流速度一般不小于12m/s，筒体内流速一般为4～5m/s。

b 弯头脱水器

含尘水滴进入脱水器后，受惯性及离心力作用，水滴被甩至脱水器的叶片及器壁上，沿叶片及器壁流下，通过排污水槽排走。弯头脱水器按其弯曲角度不同，可分为90°和180°弯头脱水器两种。图6－12所示为90°弯头脱水器，它能够分离粒径大于30μm的水滴，脱水效率可达95%～98%。其进口速度为8～12m/s，出口速度为7～9m/s，阻力损失为294～490Pa。弯头脱水器中叶片多，则脱水效率高；但叶片多容易堵塞，尤其是一文更易堵塞。改进分流挡板和增设反冲喷嘴，有利于消除堵塞现象。

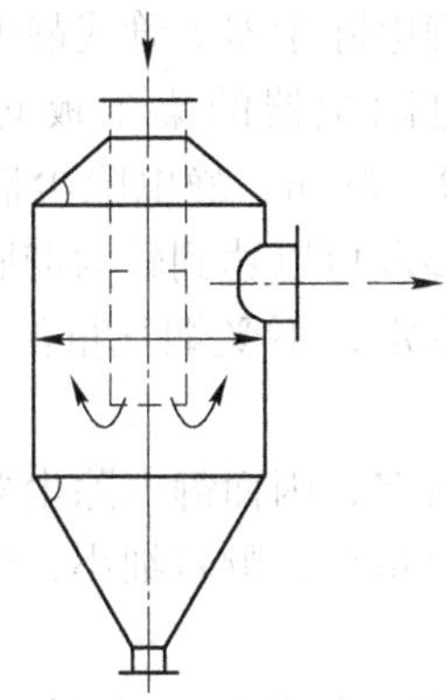
图6－11 重力脱水器

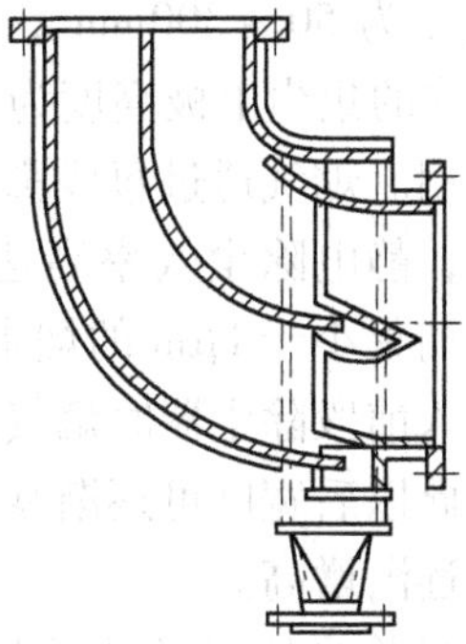
图6－12 90°弯头脱水器

c　丝网脱水器

丝网脱水器用以脱除雾状细小水滴，如图 6 – 13 所示。由于丝网的自由体积大，气体很容易通过，烟气中夹带的细小水滴与丝网表面碰撞，沿丝与丝交叉结扣处聚集，逐渐形成大液滴脱离而沉降，实现气水分离。丝网脱水器是一种高效率的脱水装置，能有效地除去粒径为 2 ~ 5μm 的雾滴。它阻力小、质量轻、耗水量少，一般用于风机前作精脱水设备。但丝网脱水器长期运转容易堵塞，一般每炼一炉钢冲洗一次，冲洗时间为 3min 左右。为防止腐蚀，丝网材料采用不锈钢丝、紫铜丝或磷铜丝编织，其规格为 0. 1mm × 0. 4mm 扁丝。丝网厚度也分为 100mm 和 150mm 两种规格。

图 6 – 13　丝网脱水器

C　静电除尘系统的主要设备

a　静电除尘器的工作原理

静电除尘器的工作原理如图 6 – 14 所示。以导线作放电电极（也称电晕电极），为负极；以金属管或金属板作集尘电极，为正极。在两个电极上接通数万伏的高压直流电源，两极间形成电场，由于两个电极形状不同，形成了不均匀电场。在导线附近，电力线密集，电场强度较大，使正电荷被束缚在导线附近，因此在空间中电子或负离子较多，于是通过空间的烟尘大部分捕获了电子而带上负电荷，得以向正极移动。带负电荷的烟尘到达正极后即失去电子而沉降到电极板表面，达到气与尘分离的目的。定时将集尘电极上的烟尘振落或用水冲洗，烟尘即可落到下部的积灰斗中。

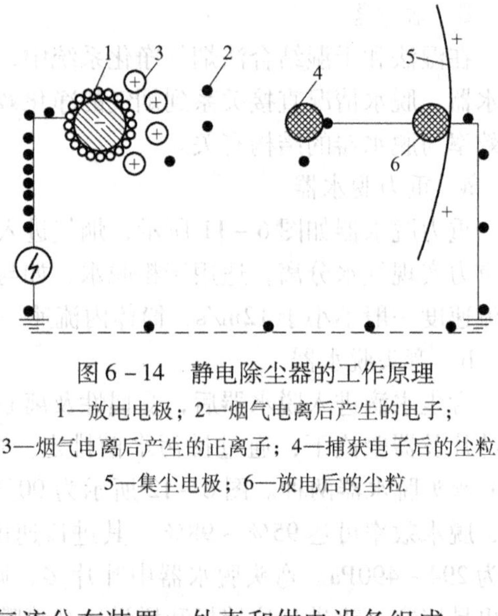

图 6 – 14　静电除尘器的工作原理

1—放电电极；2—烟气电离后产生的电子；
3—烟气电离后产生的正离子；4—捕获电子后的尘粒；
5—集尘电极；6—放电后的尘粒

b　静电除尘器的构造形式

静电除尘器主要由放电电极、集尘电极、气流分布装置、外壳和供电设备组成。

静电除尘器有管式和板式两种，图 6 – 14 所示为板式静电除尘器。管式静电除尘器的金属圆管直径为 50 ~ 300mm，长度为 3 ~ 4m。板式静电除尘器的集尘板间宽度约为 300mm。立式的集尘电极高度为 3 ~ 4mm，卧式的长度为 2 ~ 3mm。静电除尘器由三段或多段串联使用。烟气通过每段都可去除大部分尘粒，经过多段可以达到较为彻底净化的目的。据报道，静电除尘效率高达 99. 9%，而且除尘效率稳定，不受烟气量波动的影响，特别适用于捕集小于 1μm 的烟尘。

烟气进入前段除尘器时烟气含尘量高，且大颗粒烟尘较多，因而静电除尘器的宽度可以宽些，从此以后宽度可逐渐减小。后段除尘器烟气中含尘量少、颗粒细小，供给的电压可由前至后逐渐增高。

烟气通过除尘器时的流速以 2 ~ 3m/s 为宜，流速过高，易将集尘电极上的烟尘带走；流速过低，气流在各通道内分布不均匀，设备也要增大。电压过高，容易引起火花放电；电压过低，除尘效率低。集尘电极上的积灰可以通过敲击振动清除，落入积灰斗中的烟尘通过螺旋输送机运走，此称为干式除尘；还可以用水冲洗集尘电极上的积尘，此称为湿式除尘，污水与泥浆需要处理，采用水冲洗的方式除尘效率较高。干式除尘适用于板式静电除尘器，而湿式除尘适用于管式静电除尘器。目前，国外有的厂家已经将静电除尘系统应用于转炉生产，从长远来看，干法静电除尘系统是一种较好的烟气净化方法。

6.4.2.4　煤气回收系统的主要设备

转炉煤气回收系统的设备主要是指煤气柜和水封式回火防止器（水封器）。

A　煤气柜

煤气柜用于储存煤气，以便连续供给用户成分、压力、质量稳定的煤气，是顶吹转炉回收系统中的重要设备之一。它犹如一个大钟罩扣在水槽中，随煤气进出而升降，通过水封使煤气柜内煤气与外界空气隔绝。

B　水封器

水封器的作用是：防止煤气外逸或空气渗入系统，阻止各污水排出管之间相互串气，阻止煤气逆向流动，也可以调节高温烟气管道的位移，还可以起到一定程度的泄爆作用和柔性连接器的作用，因此它是严密可靠的安全设施。根据水封器的作用原理，其可分为正压水封器、负压水封器和连接水封器等。

逆止水封器是转炉煤气回收管路上防止煤气倒流的部件，其工作原理示意图如图6－15所示。当气流 $p_1 > p_2$、正常通过时，其必须冲破水封从排气管流出；当 $p_1 < p_2$ 时，水封器内水液面下降，水被压入进气管中阻止煤气倒流。当前在煤气回收系统中安装了水封逆止阀，其工作原理与逆止水封器一样，其结构如图6－16所示。

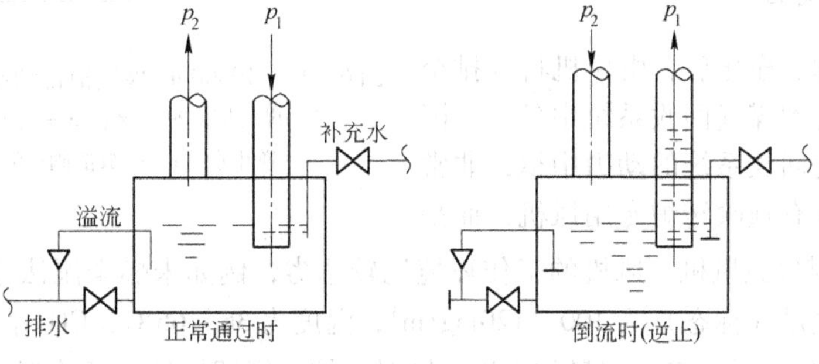

图6－15　逆止水封器的工作原理示意图

烟气放散时，半圆形阀体由气缸推起，切断回收，防止煤气柜的煤气从煤气出口管道倒流和放散气体进入煤气柜；回收煤气时，阀体拉下，回收管路打开，煤气可从煤气进口管道通过水封后从煤气出口管道进入煤气柜。V形水封置于水封逆止阀之后；停炉检修时，充水切断该系统煤气，防止回收总管煤气倒流。

C　煤气柜自动放散装置

图6－17是10000m^3 煤气柜自动放散装置示意图，它由放散阀、放散烟囱、钢绳等组成。钢绳的一端固定在放散阀顶上，经滑轮导向；另一端固定在第三级煤气柜边的一点

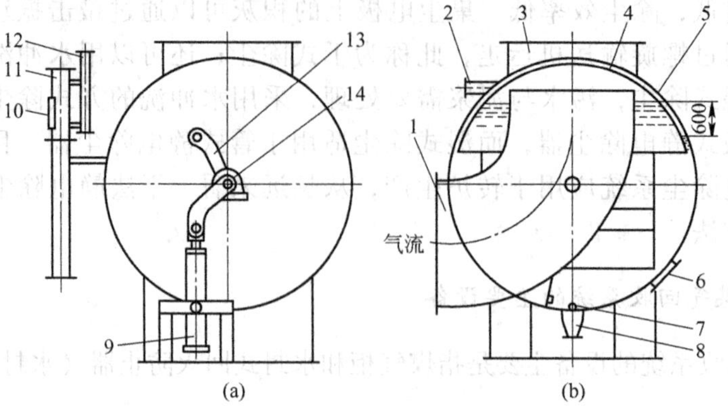

图 6－16　水封逆止阀
(a) 外形图；(b) 剖面图
1—煤气进口；2—给水口；3—煤气出口；4—阀体；5—外筒；6—人孔；7—冲洗喷嘴；8—排水口；
9—气缸；10—液面指示器；11—液位检测装置；12—水位报警装置；13—曲柄；14—传动轴

上，该点高度经实测得出。当煤气柜上升至储气量为 9500m^3 时，钢绳呈拉紧状态，提升放散阀脱离水封面而使煤气从放散烟囱放散；当储气量小于 9500m^3 时，放散阀借助自重落在水封中，钢绳呈松弛状态，从而稳定了煤气柜的储气量。

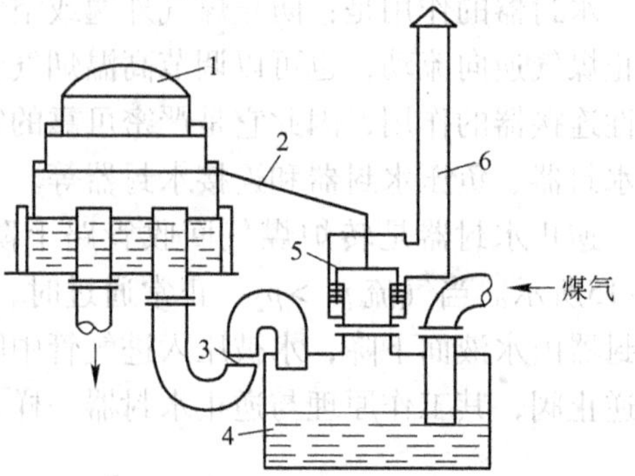

图 6－17　10000m^3 煤气柜自动放散装置示意图
1—煤气柜；2—钢绳；3—正压连接水封；
4—逆止水封；5—放散阀；6—放散烟囱

6.4.3　风机与放散烟囱

6.4.3.1　风机

烟气经冷却、净化后，由风机将其排至烟囱放散或输送到煤气回收系统中备用。因此，风机是净化回收系统的动力中枢，非常重要。但目前没有顶吹转炉专用风机，而是套用 D 形单进煤气鼓风机。风机的工作环境比较恶劣，例如未燃全湿法净化系统，进入风机的气体含尘量（标态）为 100 ~ 120mg/m^3，温度为 36 ~ 65℃，CO 含量在 60% 左右，相对湿度为 100%，并含有一定量的水滴，同时转炉又周期性地间断吹氧，基于以上工作特点，对风机的要求如下：

(1) 调节风量时其压力变化不大，同时在小风量运转时风机不喘振；

(2) 叶片、机壳应具有较高的耐磨性和抗蚀性；

(3) 具有良好的密封性和防爆性；

(4) 应设有水冲洗喷嘴，以清除叶片和机壳内的积泥；

(5) 具有较好的抗振性。

多年的实践表明，D 形单进煤气鼓风机能够适应转炉生产的要求。在电动机与风机之间用液力偶合器连接，非吹炼时间内风机则以低速运转，以节约电耗。

风机可以布置在车间上部，也可以布置于地面。布置于地面较好，可以降低投资造价，也便于维修。

6.4.3.2　放散烟囱

A　放散烟囱高度的确定

氧气转炉烟气因含有可燃成分，其排放与一般工业废气不同。一般工业用烟囱只高于方圆100m内最高建筑物3～6m即可，而氧气转炉放散烟囱的标高应根据与附近居民区的距离和卫生标准来决定。据国内各厂的调查，放散烟囱的高度均高出厂房屋顶3～6m。

B　放散烟囱结构形式的选择

一座转炉设置一个专用放散烟囱。钢质烟囱防震性能好，又便于施工，但北方寒冷地区要考虑防冻措施。

C　放散烟囱直径的确定

放散烟囱直径的确定应依据以下因素决定：

（1）防止烟气发生回火，为此，烟气的最低流速（12～18m/s）应大于回火速度。

（2）无论是放散还是回收，烟罩口应处于微正压状态，以免吸入空气。其关键是要提高放散系统阻力与回收系统阻力相平衡，具体办法有：在放散系统管路中装一水封器，既可增加阻力又可防止回火；或在放散管路上增设阻力器等。

6.4.4　烟气、烟尘的综合利用

氧气顶吹转炉每生产1t钢可回收$\varphi(CO)=60\%$的煤气（标态）60～120m^3、铁含量约为60%的氧化铁粉尘10～12kg、蒸汽60～70L，并加以利用。

6.4.4.1　回收煤气的利用

转炉煤气的应用较广，可作为燃料或化工原料。

A　燃料

转炉煤气的氢含量少，燃烧时不产生水汽，而且煤气中不含硫，可用于混铁炉的加热、钢包及铁合金的烘烤、均热炉的燃料等；同时也可送入厂区煤气管网，供用户使用。

转炉煤气的最低发热值（标态）在7745.95kJ/m^3左右。我国氧气转炉未燃法每冶炼1t钢可回收$\varphi(CO)=60\%$的转炉煤气（标态）60～70m^3，而日本转炉煤气吨钢回收量（标态）达100～120m^3。

B　化工原料

a　制甲酸钠

甲酸钠是染料工业中生产保险粉的一种重要原料，以往均用金属锌粉作主要原料。为节约金属，工业上曾用发生炉煤气与氢氧化钠合成甲酸钠。1971年，有关厂家试验用转炉煤气合成甲酸钠制成保险粉，经使用证明完全符合要求。

用转炉煤气合成甲酸钠，要求煤气中$\varphi(CO)$至少为60%左右、氮含量小于20%。其化学反应式如下：

$$CO + NaOH \xlongequal{} HCOONa$$

每生产1t甲酸钠需用600m^3转炉煤气（标态）。

此外，甲酸钠又是制草酸钠（COONa）的原料，其化学反应式为：

$$2HCOONa = Na_2C_2O_4 + H_2$$

b 制合成氨

合成氨是我国农业普遍需要的一种化学肥料。由于转炉煤气的CO含量较高，所含P、S等杂质很少，是生产合成氨的一种很好的原料。利用煤气中的CO，在触媒作用下使蒸汽转换成氢，氢又与煤气中的氮在高压（15MPa）下合成为氨。其反应式如下：

$$CO + H_2O = CO_2 + H_2$$

$$N_2 + 3H_2 = 2NH_3$$

生产1t合成氨需用转炉煤气（标态）3600m^3。以30t转炉为例，每回收一炉煤气可生产500kg左右的合成氨。

用转炉煤气为原料转换合成氨时，对转炉煤气的要求如下：

（1）$(\varphi(CO)+\varphi(H_2))/\varphi(N_2)$应大于3.2；

（2）$\varphi(CO)$要求大于60%，最好稳定在60%～65%范围内，其波动不宜过大；

（3）氧气含量小于0.8%；

（4）煤气含尘量（标态）小于10mg/m^3。

利用合成氨还可制成多种氮肥，如氨分别与硫酸、硝酸、盐酸、二氧化碳作用，可以获得硫酸铵、硝酸铵、氯化铵、尿素或碳酸氢铵等。

6.4.4.2 回收烟尘的利用

在湿法净化系统中所得到的烟尘是泥浆。泥浆脱水后可以成为烧结矿和球团矿的原料，烧结矿为高炉的原料；球团矿可作为转炉的冷却剂，还可与石灰制成合成渣，用于转炉造渣，能提高金属收得率。

6.4.4.3 回收蒸汽

炉气的温度一般为1400～1600℃，经炉口燃烧后温度更高，可达1800～2400℃。通过废热锅炉或汽化冷却烟道能回收大量的蒸汽，如每吨钢汽化冷却烟道产汽量为60～70L。

6.4.4.4 回收蒸汽的利用情况

（1）蒸汽利用效率不高。由于用户所需蒸汽品位不一，而蒸汽产生和回收的环节有限，为了满足生产需求，钢铁企业通常只设一套或两套统一的蒸汽管网系统，将蒸汽减温、减压后使用，导致蒸汽系统利用率不高。

（2）季节性供需不平衡，夏季蒸汽放散量大。

（3）供汽关系不合理，计量仪表不完善。

目前，钢铁企业的蒸汽系统普遍存在蒸汽用户用能及供汽方式不合理的现象，造成了大量的能源损失。其中，蒸汽管网庞大而局部线路设计不合理、管径与蒸汽品位不相符及设备保温不完善等，是造成管网中能源损失的一大原因。另外，计量仪表不完善不利于蒸汽系统的准确评价，影响了余热蒸汽回收的积极性。

6.4.5　烟气净化回收系统的防爆与防毒

6.4.5.1　防爆

转炉煤气中含有大量可燃成分 CO 和少量氧气，在净化过程中还混入了一定量的水蒸气。它们与空气或氧气混合后，在特定的条件下会发生爆炸，造成设备损坏甚至人身伤亡。因此，防爆是保证转炉净化回收系统安全生产的重要措施。

如果可燃气体同时具备以下条件，就会引起爆炸：

(1) 可燃气体与空气或氧气的混合比在爆炸极限的范围之内；

(2) 混合的温度在最低着火点以下，否则就会引起燃烧；

(3) 遇到足够能量的火种。

可燃气体与空气或氧气混合后，气体的最大混合比称为爆炸上限，最小混合比称为爆炸下限。在 20℃和常压条件下，几种可燃气体与空气或氧气混合的爆炸极限见表 6－2。

表 6－2　可燃气体与空气或氧气混合的爆炸极限（20℃，常压）

气体种类	爆炸极限				气体种类	爆炸极限			
	与空气混合		与氧气混合			与空气混合		与氧气混合	
	下限	上限	下限	上限		下限	上限	下限	上限
CO	12.5	75	13	96	焦炉煤气	5.6	31	—	—
H_2	4.15	75	4.5	95	高炉煤气	46	48	—	—
CH_4	4.9	15.4	5	60	转炉煤气	12	65	—	—

各种可燃气体的着火温度是：CO 与空气混合为 610℃，与氧气混合为 590℃；H_2 与空气混合为 530℃，与氧气混合为 450℃。

由此看出，氧气顶吹转炉煤气的 CO 含量和温度处于爆炸极限范围之内，所以在烟气净化系统中应严格消除火种并采取必要的防爆措施，具体如下：

(1) 加强系统的严密性，保证不漏气、不吸入空气；

(2) 氧枪及副枪插入孔、散状材料投料孔应采用惰性气体密封；

(3) 设置防爆板、水封器，以备万一发生爆炸时能起到泄爆的作用，减少损失；

(4) 配备必要的检测仪表，安装磁氧分析仪，以随时分析煤气中的氧含量并加以回收，控制该含量低于容许范围。

6.4.5.2　防毒

转炉煤气中的 CO 在标准状态下的密度是 $1.23kg/m^3$，是一种无色、无味的气体，对人体有毒害作用。CO 被人吸入后，经肺部进入血液，它与红血素的亲和力比氧大 210 倍，会很快形成碳氧血色素，使血液失去送氧能力，使全身组织，尤其是中枢神经系统严重缺氧，导致煤气中毒，严重者可致死。

为了防止煤气中毒，必须注意以下几点：

(1) 必须加强安全教育，严格执行安全规程；

（2）注意调节炉口微压差，尽量减少炉口烟气外逸；

（3）净化回收系统要严密，杜绝煤气的外漏，并在有关地区设置 CO 浓度报警装置以防中毒；

（4）煤气放散烟囱应有足够的高度，以满足扩散和稀释的要求；

（5）煤气放散时应自动打火点燃；

（6）加强煤气管沟、风机房和加压站的通风措施。

6.4.6　烟气、烟尘净化回收系统简介

6.4.6.1　OG 净化回收系统

图 6－18 是 OG 净化回收系统流程示意图。该系统是当前世界上未燃全湿法系统净化效果较好的一种，其主要特点为：

（1）净化系统设备紧凑。该净化系统由繁到简实现了管道化，系统阻损小，且不存在死角，煤气不易滞留，有利于安全生产。

（2）设备装备水平较高。通过炉口微压差来控制二文的开度，以适应各吹炼阶段烟气量的变化和回收与放散的转换，实现了自动控制。

（3）节约用水量。烟罩及罩裙采用热水密闭循环冷却系统，烟道用汽化冷却，二文污水返回一文使用，明显地减少了用水量。

（4）烟气净化效率高。排放烟气的含尘浓度（标态）可低于 $100mg/m^3$，净化效率高。

（5）系统安全装置完善。设有 CO 与烟气中 O_2 含量的测定装置，以保证回收与放散系统的安全。

（6）实现了煤气、蒸汽、烟尘的综合利用。

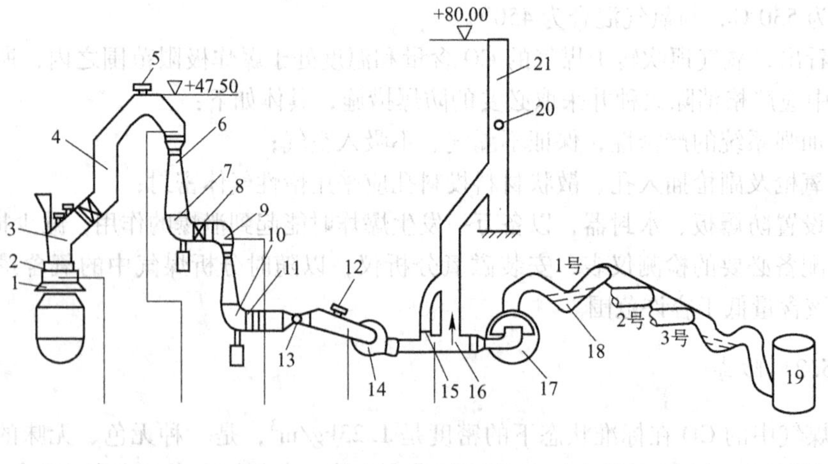

图 6－18　OG 净化回收系统流程示意图

1—罩裙；2，3—烟罩；4—汽化冷却烟道；5—上部安全阀（防爆门）；6—一文；7—一文脱水器；8，11—水雾分离器；9—二文；10—二文脱水器；12—下部安全阀；13—流量计；14—风机；15—旁通阀；16—三通阀；17—水封逆止阀；18—V 形水封；19—煤气柜；20—测定孔；21—放散烟囱

6.4.6.2　静电除尘干式净化回收系统

图6－19为德国萨尔茨吉特钢铁公司一座200t氧气顶吹转炉采用的静电除尘干式净化回收系统流程示意图。其工艺流程是：炉气与空气在烟罩和自然循环锅炉内混合燃烧并冷却，烟气冷却至1000℃左右，进入喷淋塔后冷却到约200℃，喷入的雾化水全部汽化。然后烟气进入三级卧式干法静电除尘器，集尘极板上的烟尘通过敲击清除，由螺旋输送机送走。净化后的烟气从烟囱点燃后放散。

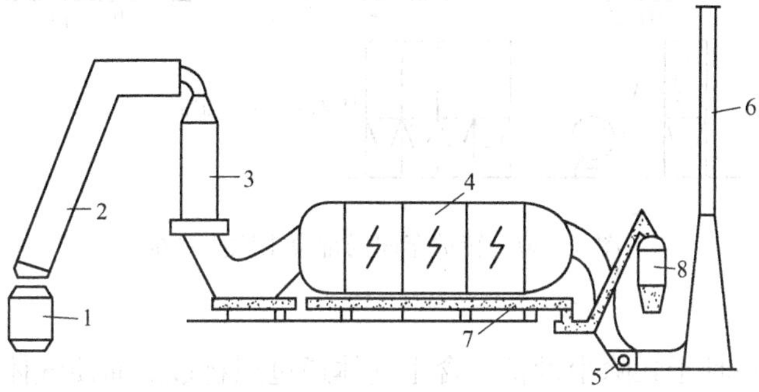

图6－19　静电除尘系统流程示意图

1—转炉；2—自然循环锅炉；3—喷淋塔；4—三级卧式干法静电除尘器；5—风机；6—带电点火器的烟囱；7—烟尘螺旋运输机；8—烟尘积灰仓

6.4.7　二次除尘系统及厂房除尘

车间的除尘包括二次除尘及厂房除尘。

6.4.7.1　二次除尘系统

二次除尘又称局部除尘。炼钢车间内需要经过局部除尘的部位如下：

（1）铁水装入转炉时的烟尘；

（2）回收煤气炉口采用微正压操作时冒出的烟尘；

（3）混铁车、混铁炉、铁水罐等倾注铁水时的烟尘；

（4）铁水排渣时的烟尘；

（5）铁水预处理的烟尘；

（6）清理氧枪黏钢时产生的烟尘；

（7）转炉拆炉、修炉时的烟尘；

（8）浇注过程产生的烟尘，如连铸拆除中间包所产生的烟尘、模铸整模所产生的烟尘等；

（9）辅助原料分配和中转部位产生的粉尘。

局部除尘根据扬尘地点与处理烟气量大小，可分为分散除尘系统与集中除尘系统两种形式。图6－20所示为转炉车间局部集中除尘系统。

局部除尘装置使用较多的是布袋除尘器，它具有构造简单、基建投资少、操作及管理

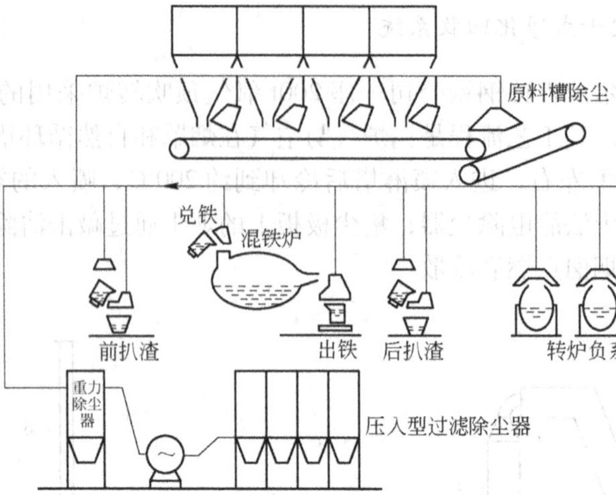

图 6 - 20　转炉车间局部集中除尘系统

方便等优点。

布袋除尘器是一种干式除尘设备。含尘气体通过织物过滤而使气体与尘粒分离，达到净化的目的。过滤器实际上就是袋状织物，整个除尘器是由若干个单体布袋组成的。

布袋一般是用普通涤纶制作的，也可用耐高温纤维或玻璃纤维制作滤袋。它的尺寸直径在 50 ~ 300mm 范围内，最长在 10m 以内。应根据气体含尘浓度和布袋排列的间隙，具体选择及确定布袋尺寸。

由于含尘气体进入布袋的方式不同，布袋除尘器分为压入型和吸入型两种，如图 6 - 21所示。

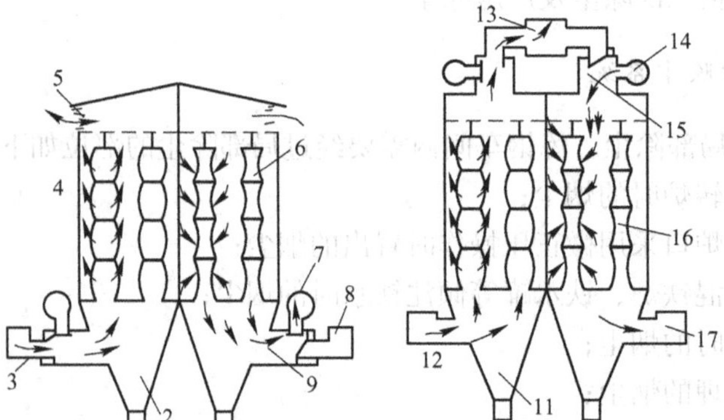

图 6 - 21　布袋除尘器的构造示意图

(a) 压入型；(b) 吸入型

1，10—灰尘排出阀；2，11—灰斗；3，8，12—进气管；4—布袋过滤；5—顶层巷道；6，16—布袋逆流；7，14—反吸风管；9，15—灰尘抖落阀；13—排出管道；17—输气管道

从图 6 - 21 可以看出，布袋除尘器的主要部分由滤尘器、风机、吸尘罩和管道所组成；附属设备有自动控制装置、各种阀门、冷却器、控制温度装置、控制流量装置、灰尘

输送装置、灰尘储存漏斗和消声器等。下面以压入型布袋除尘器为例简述其工作原理。

布袋的上端是封闭的，用链条或弹簧成排地悬挂在箱体内；布袋的下端是开口的，用螺钉与分流板对位固定。在布袋外表面每隔1m的距离镶一圆环，风机设在布袋除尘器的前面，通过风机后，含尘气体从箱体下部丁字管进入，经过分流板时粗颗粒灰尘撞击，同时由于容积变化的扩散作用而沉降，落入灰斗中，只有细尘随气体进入过滤室。过滤室由几个部分组成，而每个部分都悬挂着若干排滤袋。含尘气体均匀地流进各个滤袋，净化后的气体从顶层巷道排出。在连续一段时间滤尘后，布袋内表面积附一定量的烟尘。此时，清灰装置按照预先设置好的程序进行反吸风，布袋压缩，积灰脱落而进入底部的灰斗中，再由排尘装置送走。

与压入型布袋除尘器不同的是，吸入型布袋除尘器的风机设在布袋除尘器的后面，如图6－21（b）所示。含尘气体被风机抽引，从箱体下部丁字管进入，净化后的气体从顶部排气管排出。

布袋除尘器是一种高效干式除尘设备，可以回收干尘，便于综合利用。但是无论用哪种材料制作滤袋，进入滤袋的烟气必须低于130℃，并且不宜净化含有潮湿烟尘的气体。

压入型布袋除尘器是开放式结构，即使布袋内滞留有爆炸气体也没有发生爆炸的危险，而且构造比较简易；但风机叶片的磨损较为严重。吸入型布袋除尘器是处于负压条件下，因而系统的漏气率较大，导致系统风机容量加大，必然会提高设备的运转费用；但风机的磨损较轻。局部除尘多采用压入型布袋除尘器。

局部除尘的各排烟点并非同时排烟，因此各排烟点都设有电动阀门，以适应其抽风要求。同时，风机本身有自动调节风量与风压的装置，以节约动力资源。

6.4.7.2　厂房除尘

局部除尘系统是不能把转炉炼钢车间产生的烟尘完全排出的，只能抽走冶炼过程所产生烟气量的80%，剩余20%的烟气逸散在车间里。而遗留下来的微尘大多粒径小于2μm，这种烟尘粒度对人体危害最大，因此在国际上采用厂房除尘来解决。此外，厂房除尘还有利于整个车间进行换气降温，从而改善了车间作业环境。但厂房除尘不能代替局部除尘，只有将两者结合起来才能使车间除尘发挥更好的效果。

厂房除尘要求厂房上部为密封结构，一般利用厂房的天窗吸引排气，如图6－22所示。由于含尘量较少，其一般采用大风量压入型布袋除尘器。

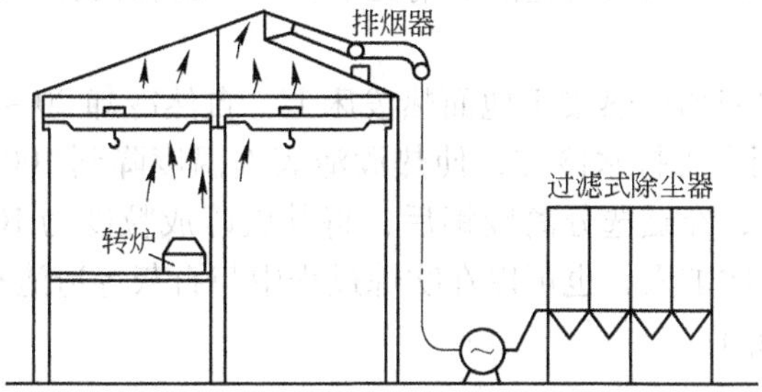

图6－22　厂房除尘

经过厂房除尘，车间空气中的尘含量（标态）可以降到5mg/m³以下，与一般环境中空气的含尘量相近。

6.4.8　钢渣处理系统

钢渣占金属量的8%～10%，最高可达15%。过去，钢渣曾被当成废物弃于渣场，近些年来，对钢渣进行了多方面的综合利用。

6.4.8.1　钢渣水淬

用水冲击液体炉渣可得到直径小于5mm的颗粒状水淬物，如图6－23所示。

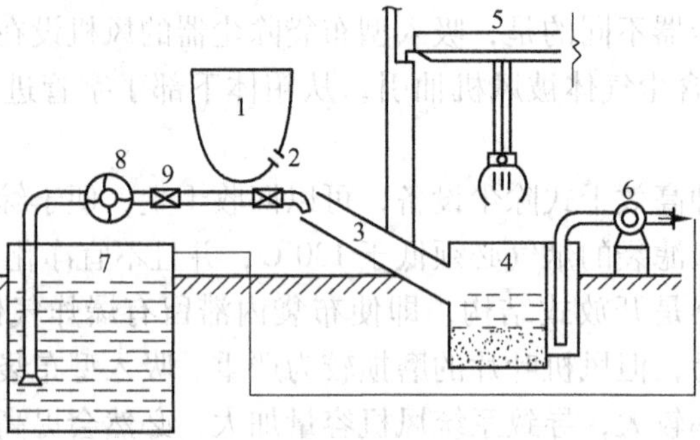

图6－23　钢渣水淬

1—渣罐；2—节流器；3—淬渣槽；4—沉渣室；5—抓斗吊车；6—排水泵；7—回水池；8—抽水泵；9—阀门

渣罐或翻渣间的中间罐下部侧面设有一个扁平的节流器，熔渣经节流器流出后用水冲击。淬渣槽的坡度应大于5%。冲水量为渣重的13～15倍，水压为2.94×10^5Pa。水渣混合物经淬渣槽流入沉渣室沉淀，用抓斗吊车将淬渣装入汽车或火车，运往用户。$w(P_2O_5)=10\%\sim20\%$的水渣可作磷肥使用，一般水渣可用于制砖、铺路、制造水泥等。炉渣经过磁选还可以回收6%～8%的金属铁珠，这部分金属铁珠可作为返回废钢使用。

6.4.8.2　用返回渣代替部分造渣剂

返回渣可以代替部分造渣材料用于转炉造渣，这也是近年来国内外试验的新工艺。采用返回渣造渣，成渣快，炉渣熔点低，去磷效果好；并可取代部分或全部萤石，减少石灰用量，降低成本；尤其是在白云石造渣的情况下，对克服黏枪有一定效果，并有利于提高转炉炉龄。

炼钢渣罐运至中间渣场后热泼于地面热泼床上，自然冷却20～30min，当渣表面温度降到400～500℃时再用人工打水冷却，使热泼渣表面温度降到100～150℃。用落锤砸碎结壳渣块及较厚的渣层，经磁选分离废钢后，将其破碎成粒度为10～50mm的渣块备用。返回渣可以在开吹时一次加入，也可以在吹炼过程中与石灰等造渣材料同时加入，吨钢平均加入量为15.4～28kg/t。

6.4.8.3　含尘污水处理系统

氧气转炉的烟气在全湿法净化系统中形成大量的含尘污水，污水中的悬浮物经分级、浓缩沉淀、脱水、干燥后将烟尘回收利用。经过去污处理后的水还含有 500 ~ 800mg/L 的微粒悬浮物，需处理澄清后再循环使用。其流程如图 6-24 所示。

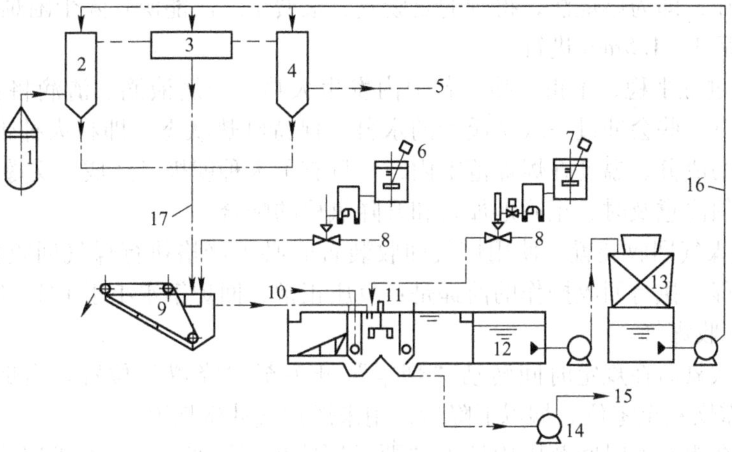

图 6-24 含尘污水处理系统

1—转炉；2 ~ 4—烟气冷却净化系统；5—净化后的烟气；6—苛性钠注入装置；7—高分子絮凝剂注入装置；8—压力水；9—粗颗粒分离器；10—压缩空气；11—沉淀池；12—清水池；13—冷却塔；14—泥浆泵；15—真空过滤机；16—净水返回；17—净化系统排出污水

从净化系统排出的污水悬浮着不同粒度的烟尘，沿切线方向进入粗颗粒分离器，通过旋流器后大颗粒烟尘被甩向器壁而沉降下来，降落在槽底，经泥浆泵送至过滤脱水。悬浮于污水中的细小烟尘随水流从顶部溢出，流向沉淀池。沉淀池中的烟尘在重力作用下慢慢沉降于底部，为了加速烟尘的沉降，可向水中投放硫酸铵、硫酸亚铁或高分子絮凝剂聚丙烯酰胺。澄清的水从沉淀池顶部溢出并流入清水池，补充部分新水后仍可循环使用。沉淀池底部的泥浆经泥浆泵送往真空过滤机脱水，脱水后的泥饼仍含有约 25% 的水分，烘干后供用户使用。

污水在净化处理过程中溶解了烟气中的 CO_2 和 SO_2 等气体，这样水质呈酸性，对管道、喷嘴、水泵等都有腐蚀作用。为此，要定期测定水的 pH 值和硬度。当 $pH<7$ 时，应补充新水并适量加入石灰乳，使水保持中性。当转炉用石灰粉末较多时，其被烟气带入净化系统并溶于水中，生成 $Ca(OH)_2$。$Ca(OH)_2$ 与 CO_2 作用形成 $CaCO_3$ 沉淀，容易堵塞喷嘴和管道。因此，除了尽量减少石灰粉料外，当检测发现水的 $pH>7$（呈碱性）时也应补充新水；同时可加入少量的工业酸，以保持水的中性。汽化冷却烟道和废热锅炉用水为化学纯水，并经过脱氧处理。

6.5 知识拓展

6.5.1 烟气净化及煤气回收系统的使用

6.5.1.1 除尘装置的使用

（1）降罩操作。首先确认降罩系统完好，再进行降罩操作。降罩操作可使炉口不吸入或少吸入空气，保证含有较多CO的烟气不与空气中的氧发生大量的化学反应，确保烟气中CO含量高且稳定，这种未燃法净化烟气可获得φ(CO)超过60%的高质量煤气。若不进行降罩操作，即为燃烧法，得到的是废气，浪费了二次能源且除尘困难。降罩操作要求在开氧吹炼后1～1.5min进行。

（2）吹炼过程平稳，不得大喷。若炉内发生大喷，金属液滴、渣滴将获得巨大的动能，其中可能有一些会冲过一级文氏管的水幕，保持红热状态，即将火种带入了一文后。由于此处烟气的成分、温度在爆炸范围内，一旦有了火种就极易造成一文爆炸。操作中为避免大喷，必须注意及时、正确地加料和升降氧枪的配合。

（3）使用煤气回收装置。使用煤气回收装置时必须严格执行煤气回收操作规程和煤气回收安全规程。执行回收操作的前提是：氧压正常，回炉钢水小于1/2，塞好出钢口。

1）手动回收煤气。

①降罩。吹氧后在规定时间转动“烟罩”开关至“降罩”位置。当烟罩降到位后，“烟罩”开关需恢复至零位。烟罩下降后，用未燃烟气冲洗烟道。

②回收。在规定的时间范围内按下“要求回收煤气”按钮，“要求回收”信号灯亮。待“同意回收”信号灯亮时表示煤气加压站同意回收，即按“回收”按钮，三通阀动作，开始回收煤气。

③放散。待煤气回收至允许回收时间的上限时，按下“放散”按钮，三通阀动作，开始放散烟气。

④提罩。用废气清洗烟道一段时间后提罩，即转动“烟罩”开关至“提罩”位置。当烟罩提到位后，“烟罩”开关需恢复至零位。

操作期间应注意观察信号灯的变化。各操作步骤的具体时间经反复实践后制订，可参见各厂煤气回收规程。如某厂30t转炉的规定为：降罩时间1～1.5min，回收时间3～10min，放散后至提罩时间大于30s。如回收期间发生大喷，必须立即放散。

2）自动回收煤气。降罩时，在规定时间内将“烟罩”开关转至“降罩”位置，当烟罩就位后将“烟罩”开关恢复零位。降罩后，自动分析装置开始不断分析其烟气成分。当自动回收煤气装置收到了三个信号（即开氧信号、降罩信号、烟气成分符合回收要求信号）时，会进行自动回收；当其中任一条件不符合设计要求时，又会自动放散。自动回收煤气装置主要设计的成分是CO和氧的含量，其数据由理论、实验和用户要求三个方面反复修正而定。操作期间应观察煤气自动回收系统“回收”信号灯、“放散”信号灯的指示是否正常。若发现自动回收系统有故障或炉前发生大喷，要求结束自动回收，可按警铃（此铃直接与风机房联系）或打电话联系，立即改为“放散”状态。

6.5.1.2 注意事项

正确使用除尘及煤气回收装置是确保除尘及煤气回收系统安全、正常运行的关键，所以上述操作内容必须严格按照操作规程进行。特别是操作中发生大喷现象时，必须立即停止煤气回收，否则易造成一文爆炸。

6.5.2 煤气的回收

6.5.2.1 判定生产现场是否满足回收煤气的条件

回收煤气的条件如下：

（1）回炉钢水不大于金属料入炉量的1/2；

（2）氧气纯度大于98.5%，氧压符合规程要求，各厂氧压因炉子吨位不同而有不同规定；

（3）降枪吹氧；

（4）降罩，即活动烟罩处于下降位置；

（5）回收时间由操作规程规定，例如，某厂30t转炉手动回收煤气时的操作规程规定：开吹后1～1.5min降罩，开吹后3～10min为回收煤气时间。

在上述五个条件同时满足的前提下，可按“要求回收煤气”按钮（与煤气加压站联系），在得到煤气加压站同意回收煤气的信号后，才可进行煤气回收操作。

6.5.2.2　回收煤气操作

（1）判别生产现场是否同时满足上述五个条件。如满足条件，执行下一步。

（2）按下“要求回收煤气”按钮与煤气加压站联系，要求回收煤气。在得到煤气加压站同意回收煤气的信号后，可以执行下一步。

（3）按下“煤气回收按钮”，“放空阀关”信号灯亮，“回收阀开”信号灯亮，开始回收煤气。

6.5.2.3　注意事项

（1）氧枪插入口及汇集料斗之间的氮气封闭应有效，压力必须达标，以防煤气逸出伤害人。

（2）氧压、氧纯度必须符合要求，以保证回收煤气的质量和安全。

（3）回炉钢水量应不大于本炉金属料入炉量的1/2，以保证一定的CO发生量。

（4）检查回收时间是否达到了规程所规定的开始回收时间。回收煤气的时间为吹炼中期。

（5）注意观察各信号灯是否随操作而正确变化，即观察三通阀是否执行了操作命令。

（6）必须保证氧枪喷头不漏水、烟罩和氧枪“法兰”处不漏水，因为漏水会增加煤气中的氢含量，且易引起爆炸，故设备上有漏水现象时应绝对禁止回收煤气。

误操作的不良后果有：

（1）如果将“回收”按钮错按为“放散”按钮或未及时按“回收”按钮，将使优质煤气不能回收利用，既浪费了能源，又污染了空气。

（2）如果需要放散时按错了按钮或未及时放散，设备将延长回收状态，使不合格烟气进入煤气柜，使煤气柜内煤气的质量下降，甚至有爆炸危险。

（3）煤气回收的安全是十分重要的，如发生事故将危及生命和设备。

生产中只要在回收煤气的前提下满足下述两个条件之一，就必须放散煤气：

（1）吹炼时间已经接近规程规定的放散时间。例如，按照30t转炉的相关规定，手动回收煤气已接近吹氧10min时。

（2）已经发生了需要提前提罩或提前提起氧枪的事故。例如，发生了大喷需提枪，或发现异常需提罩仔细观察火焰。

6.5.3　煤气的放散

6.5.3.1　放散煤气操作

（1）判断是否正在回收煤气，即检查“放空阀关”信号灯和“回收阀开”信号灯是否亮。若符合要求，则执行下一步。

（2）判断是否符合煤气放散条件之一（例如放散时间已到）。若符合，执行下一步。

（3）按下“煤气放散”按钮。可见操作台上“放空阀关”信号灯暗、“回收阀开”信号灯暗，而“回收阀关”信号灯亮、“放空阀开”信号灯亮。说明三通阀已动作，停止回收，烟气进入放散状态，此时净化后的烟气放散至大气中。

（4）自动放散。若是在煤气回收过程中提起烟罩或提起氧枪，则煤气立即自动放散。因为这两动作与煤气放散有联锁。自动放散进行后，各信号灯也同时变化。另外，自动按时回收转炉的放散操作均按时自动执行，例如，某厂预设定吹氧后12min为放散时间。操作人员的工作为监视各信号灯的亮、暗变化是否按规程进行。

6.5.3.2　注意事项

（1）按下“煤气放散”按钮后，必须观察各信号灯是否相应变化，即观察三通阀是否动作。

（2）该放散时必须放散，不可贪图多收煤气。

6.5.4　转炉烟气净化及煤气回收系统设备的安全技术操作规程

6.5.4.1　抽风房安全操作规程

（1）开新炉前或接班时，必须检查各系统的各种指示联系信号、安全阀、汽包压力表、水位计、煤气自动分析仪和报警装置是否处于良好状态。不得随意进行关闭、损坏、拆卸、调试等不利于仪器正常运行的行为。

（2）开新炉前要将烟道、汽包的积水排除，然后关闭所有排污阀门，补新水到规定的高度，将汽包水位加到中限水位。严禁水位过低或过高操作。

（3）在吹炼过程中要经常与炉前联系，发现问题要及时协调处理。

（4）在锅炉（汽包）运行中要密切注意各水位计、压力表等仪表状态，发现问题应及时汇报和处理。如汽包运行中缺水时，不得立即补水，应立即通知炉前停炼，等锅炉温度下降后再补水。

（5）每小时巡视、检查运行中的汽包安全阀，其起始压力应在规定值范围内，各水封、各防爆板必须处于正常状态。巡检时，应避免停留在安全门、防爆装置、法兰盘、水位计等有可能发生爆炸或泄漏的位置。

（6）每班冲洗水位计一次，以免造成假水位而危及安全。

（7）安全阀必须每班手动一次，每周自放一次，并观察其开启是否灵活、可靠（正常运行情况下，安全阀必须每年校验一次，校验压力为规定值）。

（8）在锅炉运行中禁止对泵压部件进行焊接、紧螺丝等工作。检修后的锅炉允许派有经验的人员使用标准夹板（不可用接长手柄的板头）在开始预热过程中紧法兰、人孔螺栓，但锅炉汽包压力不得超过0.5MPa。

(9) 锅炉或管网内如确实需要进入工作，必须在充分通风、温度为50℃以下的条件下，经测定、安全部门批准后方可进入。

(10) 每班在炉前停止吹炼时对汽包、蓄热器、汽化烟道进行一次排污并记录，以防止压力容器、管网结垢或堵塞而造成事故。

(11) 炉后逆止水封的水位应控制在水位计的350～400mm处。

(12) 当风机发生以下异常情况时，可先手动提枪后再通知调度及有关人员到场：

1) 风机剧烈振动；

2) 风机运行过程中噪声大、温升迅速、冒烟、摩擦等；

3) 轴承温度达80℃以上；

4) 风机后弹簧防爆阀开启无法复位，气体大量外泄；或其他防爆板破裂，危及人身安全；

5) 液力耦合器油液大量外泄，有可能发生故障；

6) 三通阀处于回收状态后无法复位，而旁通阀又无法动作；

7) 突然发生断电、断水或其他突发事故；

8) 发生一切有可能造成不安全事故或重大设备事故的任何情况。

(13) 风机出现故障需检修时，应按风机启动、停机条款进行，严禁带负荷拉、送闸，并应挂检修牌。

(14) 必须保持系统密封性，严禁在系统有泄漏的情况下回收煤气。

(15) 若操作人员发觉非身体不适引起的头昏、眼花等症状，应立即通知煤气救护人员到现场检查测定，并通知调度派人检修。

(16) 严禁在机房内抽烟或带进火源。

(17) 除尘回收系统的巡回检查至少需要两人以上，以防煤气中毒或发生其他不安全事故。

(18) 烟罩焊补、清灰、换叶片或其他相关设备检修时，必须把逆止阀关闭，使三通阀处于“放散”位置，用氮气吹扫后方可进行清灰或检修。

(19) 检修煤气系统所属设备需动火时，必须先办理动火证，得到有关主管部门许可后方可动火检修。

(20) 当有外来人员参观或本车间人员检修时，操作人员应主动配合并现场监护。

(21) 开备用风机时，冶炼前三炉不准回收，应放散。

(22) 使用或停用备用风机时，应开启、关闭相应的眼镜阀，以防止煤气中毒。

6.5.4.2 日常操作、巡检、维护注意事项

(1) 操作和巡检应注意两人同行，一人操作，一人监护。

(2) 在煤气区域作业时，要注意携带煤气报警器。

(3) 到炉后要注意携带对讲机，便于同机房联系。

(4) 每班要及时对工段范围内的设备进行巡检。

(5) 巡检时要特别注意观察溢流水封的水位波动情况。

(6) 每班要及时对炉后排水水封进行检查，以保证排水通畅。

(7) 风机叶轮冲洗水的压力或流量要控制在合适范围内。

(8) 加强对排污管的检查，定期对各疏水器、烟囱水封、水封逆止阀进行排污，确保管道排水通畅。

(9) 开眼镜阀时要注意站位，以防发生意外事故。

(10) 管道进行氮气吹扫时，要注意先开放散阀，后开氮气阀；吹扫完毕时，要注意先关氮气阀，后关放散阀。

(11) 注意定期对各运转部件（如摆动式气缸的转轴）进行润滑。

(12) 每班应在非回收期间对各旁通阀开关一次。

6.6 思考与练习

(1) 烟气净化回收的方式有哪几种？

(2) 未燃全湿法净化系统的主要设备有哪些？

(3) 烟气冷却设备有哪些？

(4) 简述汽化冷却系统的工作流程。

(5) 文氏管除尘器的工作原理是什么？

(6) 溢流文氏管除尘器的工作原理是什么？

(7) 脱水器的种类有哪些？

(8) 静电除尘器的工作原理是什么？

(9) 煤气回收系统的主要设备有哪些？

(10) 简述 OG 净化回收系统的工作流程。

(11) 简述静电除尘器的工作流程。

(12) 布袋除尘器的工作原理是什么？

学习情境3

原料准备操作

单元7 铁水质量鉴别与铁水预处理操作

7.1 学习目标

(1) 能熟练陈述转炉炼钢对铁水质量的要求及铁水品质对冶炼的影响;
(2) 知道常用的铁水预处理方法和常用的脱硫剂、脱硅剂、脱磷剂，并会选用;
(3) 能按工艺要求使用铁水预处理设备，完成铁水预处理任务。

7.2 工作任务

(1) 鉴别与判定铁水质量;
(2) 选定铁水预处理方式及脱除剂;
(3) 编制铁水预处理方案并进行操作。

按照冶炼工艺要求，使用脱硫或“三脱”设备，采用适用的脱除剂。按规定的工艺参数，如脱硫剂、脱硅剂、脱磷剂的加入量、加入时间以及载气流量、喷吹和搅拌时间进行铁水预处理，然后扒除铁水包上的渣子，再将处理后的铁水送到转炉车间。

7.3 实践操作

7.3.1 根据铁水成分、温度或钢种要求确定是否进行铁水预处理操作

对入炉铁水的要求是：$w[P] \leqslant 0.4\%$，$w[S] \leqslant 0.07\%$，$w[Si] = 0.5\% \sim 0.8\%$，$t \geqslant 1250℃$。

若铁水条件超出以上要求，就需进行铁水预处理。

7.3.2 KR法和喷吹法的操作规程及注意事项

下面以150t铁水包、混铁车采用KR法和喷吹法脱硫为例，说明其操作规程及注意事项。

7.3.2.1 KR法脱硫

A 操作规程

KR法脱硫的操作规程是：向铁水罐中兑铁水→铁水罐运到扒渣位并倾翻→第一次测温、取样→第一次扒渣→铁水罐回位→加入脱硫剂→搅拌脱硫→搅拌头上升→第二

次测温、取样→铁水罐倾翻→第二次扒渣→铁水罐回位→铁水罐开至吊罐位→兑入转炉。

（1）铁水脱硫前扒渣。高炉出铁后带入铁水中的高炉渣是低碱度氧化渣，并且硫含量很高，这与脱硫条件相违背，因此必须在脱硫操作前扒掉高炉渣。

（2）第一次测温、取样。在加入脱硫剂前，对铁水进行测温、取样。

（3）加入脱硫剂。铁水进入脱硫工位后，将搅拌头降至工作位置，启动搅拌头。当搅拌转速达到7～10r/min时，加入脱硫剂。脱硫剂是采用抛洒法一次性加入的。

（4）搅拌脱硫。脱硫剂加入后，将搅拌头转速逐步加大，当达到90～120r/min时，转速恒定。此时脱硫反应速率达到最大，铁水进行深脱硫，历时8～11min。

（5）第二次测温、取样。脱硫操作结束后，将搅拌头升起，进行测温取样。

（6）铁水脱硫后扒渣。脱硫操作结束后，渣中富含硫，为了避免铁水回硫，必须进行脱硫后扒渣。

B 注意事项

（1）搅拌头使用寿命。搅拌头为十字叉结构，内部由铸钢制作，外部捣打耐火浇注料。耐火浇注料由钢丝纤维、高温耐火水泥、莫来石等组成。制作时，将一定的耐火浇注料和水配比搅拌，通过振动捣打成型，然后经过30h烘烤。在使用前，必须再烘烤7～8h。正常搅拌头的使用寿命约为500次。

（2）脱硫剂粒度要求。KR法脱硫剂的加入在铁水罐上方的烟罩内进行，如果白灰粒度太小，则容易被除尘烟道吸走，起不到脱硫作用。因此，要求脱硫剂粒度在0.4～0.8mm之间的粒级占80%以上。

（3）搅拌头插入深度要求。KR法脱硫搅拌头插入太浅，会造成铁水搅拌不充分，影响脱硫效果；插入太深，则增大搅拌阻力，降低搅拌头寿命，增加电动机负荷。因此，插入深度一般以铁水液面以下1500mm为宜。

（4）铁水原始温度要求。KR法脱硫要求铁水原始温度高于1300℃。一是因为脱硫操作时铁水搅拌较强烈，温降较大；二是因为脱硫反应是吸热反应，温度越高，越有利于反应进行。

7.3.2.2 喷吹法脱硫

A 操作规程

喷吹法脱硫的操作规程是：高炉铁水罐→兑入专用铁水包→第一次扒渣→第一次测温、取样→喷入脱硫剂→第二次扒渣→第二次测温、取样→兑入转炉。

B 注意事项

（1）单喷镁时，喷速以5～7kg/min比较理想，完全能满足生产需要。如一味地提高速率，则易产生堵枪和喷溅较大的弊端。

（2）铁水返硫现象。喷枪在喷吹过程中，由于喷吹角度的限制及脱硫剂不能下沉等原因，使得脱硫剂始终到不了一部分区域，如铁水罐底部及与两孔呈90°夹角的区域，称为死区。由于铁水动力学条件差，使得该区域内的铁水得不到流动，因此该区域内铁水的脱硫效果基本上等于零。当此罐铁水脱硫操作完成后，死区内铁水的硫就会渐渐扩散到整罐铁水中，使得铁水硫量回升，造成返硫现象。

（3）对脱硫剂流量、密度和速度的控制。

（4）对脱硫剂喷吹速率和喷吹比的控制。

7.4 知识学习

7.4.1 铁水

铁水一般占转炉装入量的70%～100%。铁水的物理热与化学热是氧气顶吹转炉炼钢的基本热源，因此，对入炉铁水的温度和化学成分必须有一定要求。

7.4.1.1 铁水的温度

铁水温度的高低是带入转炉物理热多少的标志，铁水物理热约占转炉热收入的50%。因此，铁水的温度不能过低，否则热量不足，影响熔池的温升速度和元素氧化过程，也影响化渣和去除杂质，还容易导致喷溅。我国规定，入炉铁水温度应高于1250℃，以利于转炉热行、成渣迅速、减少喷溅。对于小型转炉和化学热量不富余的铁水，保证铁水的高温入炉极为重要。

转炉炼钢时入炉铁水的温度还要相对稳定，如果相邻几炉的铁水入炉温度有大幅的变化，就需要在炉与炉之间对废钢比做较大的调整，这给生产管理和冶炼操作都会带来不利影响。

7.4.1.2 铁水的化学成分

氧气顶吹转炉能够将各种成分的铁水冶炼成钢，但只有铁水中各元素的含量适当和稳定，才能保证转炉的正常冶炼和获得良好的技术经济指标。因此，应力求提供成分适当并稳定的铁水。表7－1所示是我国标准规定的炼钢生铁的化学成分，表7－2所示是我国一些钢厂用铁水的成分。

表7－1　炼钢生铁的化学成分（GB/T 717—1998）

铁　种		炼钢生铁		
铁　号	牌　号	炼04	炼08	炼10
	代　号	L04	L08	L10
化学成分/%	C	≥3.50		
	Si	≤0.45	>0.45～0.85	>0.85～1.25
	Mn	一组	≤0.40	
		二组	>0.40～1.00	
		三组	>1.00～2.00	
	P	特级	≤0.10	
		一级	>0.10～0.15	
		二级	>0.15～0.25	
		三级	>0.25～0.40	
	S	特类	≤0.02	
		一类	>0.02～0.03	
		二类	>0.03～0.05	
		三类	>0.05～0.07	

表7-2 我国一些钢厂用铁水的成分

厂 家	化学成分/%					入炉温度/℃
	Si	Mn	P	S	V	
首 钢	0.20~0.40	0.40~0.50	≤0.10	<0.050		1310
鞍钢三炼	0.52	0.45	(≤0.10)①	0.013		(>1250)①
武钢二炼	0.67	≤0.30	≤0.015	0.024		1220~1310
包 钢	0.72	1.73	0.580	0.047		>1200
攀 钢	0.064		0.052	0.050	0.323	
宝 钢	0.40~0.80	≥0.40	≤0.120		≤0.040	

①为厂家规定值。

A 硅（Si）

硅是炼钢过程的重要发热元素之一，硅含量高，则热来源增多，能够提高废钢比。有关资料认为，铁水中 $w[Si]$ 每增加0.1%，废钢比可提高1.3%。铁水硅含量视具体情况而定，例如，美国由于废钢资源多，大多数厂家使用的铁水 $w[Si]=0.80\%\sim1.05\%$。

硅氧化生成的 SiO_2 是炉渣的主要酸性成分，因此铁水硅含量是石灰消耗量的决定因素。

目前我国的废钢资源有限，铁水中以 $w[Si]=0.50\%\sim0.80\%$ 为宜，通常大、中型转炉用铁水的硅含量可以偏下限；而对于热量不富余的小型转炉用铁水，其硅含量可偏上限。过高的硅含量会给冶炼带来不良后果，主要有以下几个方面：

（1）增加渣料消耗，渣量大。铁水中 $w[Si]$ 每增加0.1%，每吨铁水就需多加6kg左右的石灰。根据统计，当铁水 $w[Si]=0.55\%\sim0.65\%$ 时，渣量约占装入量的12%；当铁水中 $w[Si]=0.95\%\sim1.05\%$ 时，渣量则为15%。过大的渣量容易引起喷溅，随喷溅带走热量，并加大金属损失，对去除S、P也不利。

（2）加剧对炉衬的冲蚀。据有的厂家统计，当铁水 $w[Si]>0.8\%$ 时，炉龄有下降的趋势。

（3）降低成渣速度，并使吹损增加。当初期渣中 $w(SiO_2)$ 超过一定数值时，会影响石灰的渣化，从而影响成渣速度，进而影响P、S的脱除，延长了冶炼时间，使铁水吹损加大，也使氧气消耗增加。

此外，对含V、Ti铁水提取钒时，为了得到高品位的钒渣，要求铁水硅含量低些。

B 锰（Mn）

锰是弱发热元素，铁水中的锰氧化后形成的MnO能有效地促进石灰溶解，加快成渣，减少助熔剂的用量和炉衬侵蚀；减少氧枪黏钢，终点钢中余锰高，能够减少合金用量，利于提高金属收得率。此外，锰在降低钢水硫含量和硫的危害方面也起到有利作用。但是高炉冶炼锰含量高的铁水时，将使焦炭用量增加，生产率降低。因而目前对转炉用铁水锰含量的要求仍存在着争议，同时我国锰矿资源不多，因此对转炉用铁水的锰含量未做强行规定。实践证明，当铁水中 $w[Mn]/w[Si]=0.8\sim1.0$ 时对转炉的冶炼操作控制最为有利。当前使用较多的为低锰铁水，一般铁水中 $w[Mn]=0.20\%\sim0.40\%$。

C　磷（P）

磷是强发热元素，会使钢产生“冷脆”现象，通常是冶炼过程需要去除的有害元素。磷在高炉中是不可去除的，因而要求进入转炉的铁水磷含量尽可能稳定。铁水中的磷来源于铁矿石，根据磷含量的多少，铁水可以分为如下三类：

（1）$w[P]<0.30\%$，为低磷铁水；

（2）$w[P]=0.30\%\sim1.50\%$，为中磷铁水；

（3）$w[P]>1.50\%$，为高磷铁水。

氧气顶吹转炉的脱磷效率为85%～95%，铁水中磷含量越低，转炉工艺操作越简化，越有利于提高各项技术经济指标。吹炼低磷铁水时，转炉可采用单渣操作；吹炼中磷铁水时，则需采用双渣或双渣留渣操作；而对于高磷铁水，就要多次造渣或采用喷吹石灰粉工艺。如使用 $w[P]>1.50\%$ 的铁水炼钢时，炉渣可以用作磷肥。

为了均衡转炉操作，便于自动控制，应采取炉外铁水预处理脱磷，达到精料要求。国外对铁水预处理脱磷的研究非常活跃，尤其是日本比较突出，其五大钢铁公司的铁水在入转炉前都进行了脱硅、脱磷、脱硫的“三脱”处理。

另外，对少数钢种，如高磷薄板钢、易切钢、炮弹钢等，还必须配加合金元素磷，以达到钢种规格的要求。

D　硫（S）

除了含硫易切钢（要求 $w[S]=0.08\%\sim0.30\%$）以外，绝大多数钢中的硫是有害元素。转炉中的硫主要来自金属料和熔剂材料等，而其中铁水的硫是主要来源。在转炉内氧化性气氛中脱硫是有限的，脱硫率只有35%～40%。

近些年来，由于低硫（$w[S]<0.01\%$）优质钢的需求量急剧增长，用于转炉炼钢的铁水要求 $w[S]<0.020\%$，有的甚至要求更低些。这种铁水很少，为此，必须进行预处理，降低入炉铁水的硫含量。

7.4.1.3　铁水除渣

铁水带来的高炉渣中 SiO_2 含量较高，若随铁水进入转炉，会导致石灰消耗量增多、渣量增大、喷溅加剧、损坏炉衬、降低金属收得率、损失热量等。为此，铁水在入转炉之前应扒渣。铁水带渣量要求低于0.50%。

国外一些厂家用铁水的平均成分如表7－3所示。

表7－3　国外一些厂家用铁水的平均成分

国家或厂名	化学成分/%			
	Si	Mn	P	S
美　国	0.80～1.20	0.60～1.00	≤0.15	≤0.030
日本大分厂	0.55～0.60		0.097～0.105	0.020～0.023
英国托尔伯特厂	0.65	0.75	<0.15	0.030
德国布鲁豪克森厂	0.58	0.71	0.2～0.3	0.023

7.4.2　铁水预处理

铁水预处理是指铁水在兑入炼钢炉之前，为去除或提取某种成分而进行的处理过程。

例如，对铁水的炉外脱硫、脱磷和脱硅（即“三脱”技术）就属于铁水预处理的一种。铁水进行“三脱”可以改善炼钢主原料的状况，实现少渣或无渣操作，简化炼钢操作工艺，以经济、有效地生产低磷、低硫优质钢。

7.4.2.1　铁水炉外脱硫

以往的炉外脱硫只是作为出号外铁的补救措施。由于它技术上可行、经济上合算，逐渐演变成为提高钢的性能和质量、提高经济效益的必要手段之一。现在炉外脱硫技术日趋成熟，已成为现代钢铁生产的重要环节之一。

铁水炉外脱硫的原理与炼钢炉内脱硫的原理基本一样。从热力学角度来讲，脱硫过程是选择与硫亲和力大于铁与硫亲和力的元素或化合物，并使硫转化成微溶或不溶于铁液的硫化物；同时创造良好的动力学条件，加速脱硫反应的进行。

研究表明，铁水脱硫条件比钢水脱硫条件优越，脱硫效率也比钢水脱硫高 4 ~6 倍。其主要原因如下：

（1）铁水中含有较多的 C、Si、P 等元素，提高了铁水中硫的活度系数；

（2）铁水中的氧含量低，利于脱硫。

A　脱硫剂

脱硫剂的选择主要从脱硫能力、成本、资源、环境保护、对耐火材料的侵蚀程度、形成硫化物的性状、对操作的影响以及安全等因素综合考虑。目前使用的脱硫剂有以下几种。

a　电石粉

电石粉的主要成分为 CaC_2，是一种重要的脱硫剂，其粒度为 0.1 ~1mm。电石粉加入铁水后与硫发生如下反应：

$$CaC_{2(s)} + [FeS] = CaS_{(s)} + [Fe] + 2[C]$$

电石粉具有如下特点：

（1）在高硫铁水中，CaC_2 分解出的 Ca^+ 与 S 的结合力强，因此有很强的脱硫能力；而且脱硫反应是放热反应，可减小脱硫过程铁水的温降。

（2）脱硫产物 CaS 的熔点很高，为 2450℃，在铁水液面形成疏松固体渣，不易回硫，易于扒渣，同时对混铁车或铁水包内衬的侵蚀较轻。

（3）脱硫过程有石墨炭析出，同时还有少量的 CO 和 C_2H_2 气体逸出，并带出电石粉，因而污染环境，必须安装除尘装置。

（4）电石粉是工业产品，价格较贵。

（5）CaC_2 吸收水分后会发生下列反应：

$$CaC_{2(s)} + 2H_2O = Ca(OH)_2 + C_2H_{2(g)}$$

$$CaC_{2(s)} + H_2O = CaO_{(s)} + C_2H_{2(g)}$$

生成的 C_2H_2 是可燃气体，易产生爆炸，所以要特别注意电石粉在运输和储存过程中的安全问题。

b　石灰粉

石灰粉的主要成分是 CaO。石灰粉加入铁水后发生如下反应：

$$4CaO_{(s)} + 2[FeS] + [Si] = 2(CaS) + 2[Fe] + (2CaO \cdot SiO_2)$$

$$2CaO_{(s)} + 2[FeS] + [Si] = 2(CaS) + 2[Fe] + (SiO_2)$$

石灰粉具有如下特点：

（1）在脱硫的同时，铁水中的Si被氧化生成$2CaO \cdot SiO_2$和SiO_2，相应地消耗了有效CaO；同时在石灰粉颗粒表面容易形成$2CaO \cdot SiO_2$的致密层，阻碍硫向石灰颗粒内部扩散，影响了石灰粉的脱硫速度和脱硫效率，所以石灰粉的脱硫效率只是电石粉的1/4～1/3。为此，可在石灰粉中配加适量的CaF_2、Al或Na_2CO_3等成分，破坏石灰粉颗粒表面的$2CaO \cdot SiO_2$层，改善石灰粉的脱硫状况。例如，加Al后，使石灰粉颗粒表面形成低熔点的钙铝酸盐，提高脱硫效率约20%；加入Na_2CO_3，可以使CaO的反应速度常数由0.3增长为1.2；若加入CaF_2成分，反应速度常数可提高至2.5。

（2）脱硫产物为固态，便于扒渣，对铁水包耐火材料内衬的侵蚀较轻，但渣量较大。

（3）石灰粉在喷粉罐体内的流动性较差，容易堵料，同时石灰极易吸水潮解。

（4）石灰粉价格便宜。

c　石灰石粉

石灰石粉的主要成分是$CaCO_3$，属于石灰脱硫范畴。石灰石受热分解反应如下：

$$CaCO_{3(s)} = CaO_{(s)} + CO_{2(g)}$$

石灰石粉具有如下特点：

（1）石灰石分解排出的CO_2强烈地搅动了铁水，利于脱硫反应；同时$CaCO_3$在铁水深处分解时能生成极细的石灰粉粒，具有很高的活度，可提高脱硫效率。

（2）石灰石分解出的CO_2与铁水中的Si反应会放出热量，其热量与$CaCO_3$分解吸收热量大体相抵。因此，使用石灰石脱硫时铁水不会过分降温，与使用石灰粉脱硫大致相当。

（3）石灰石粉资源丰富，价格便宜。

d　金属镁和镁基材料

镁为碱土金属，其熔点与沸点都较低，熔点为651℃，沸点为1107℃，在铁水存在的温度下呈气态。镁与硫的亲和力很强。镁在铁水中的溶解度取决于铁水温度和镁的蒸气压，因此，镁的溶解度随压力的增加而增大，随铁水温度的升高而大幅度下降。在1×10^5Pa气压的条件下，当温度为1200℃、1300℃和1400℃时，镁的溶解度分别为0.45%、0.22%和0.12%；在2×10^5Pa气压（相当于铁水液面以下2m处的压强）下，镁的溶解度增大1倍，分别为0.90%、0.44%和0.24%。铁水只要溶入0.05%～0.06%的镁（相当于0.5～0.6kg/t），脱硫就足够了。可见，铁水溶解镁的能力比脱硫处理需要镁的数量要高得多。

现在市场上的镁基材料有镁焦、镁硅合金和钝化金属镁等。

镁的脱硫反应如下：

$$Mg_{(s)} \longrightarrow Mg_{(l)} \longrightarrow Mg_{(g)} \longrightarrow [Mg]$$

$$[Mg] + [FeS] = MgS_{(s)} + [Fe]$$

由于金属镁的沸点很低，在铁水温度下呈气态。为了减缓镁的蒸发速度，有两种方式：一种是将镁渗入焦炭中，并将其放入用黏土石墨制作的钟罩形容器内，再使其浸入铁水之中，通过金属镁气化蒸发沸腾离开焦炭表面而与铁水接触生成MgS，并上浮到铁水液面形成熔渣；另一种是将钝化后的金属镁或镁合金通过载流气体喷入铁水。

金属镁和镁基材料具有如下特点：

（1）镁的脱硫能力很强，脱硫效率高；

（2）产物为固态硫化镁，易于扒除，对耐火材料的侵蚀较轻；

（3）消耗量少，处理时间短；

（4）可实现自动控制；

（5）金属镁的价格较贵。

e　苏打粉

苏打粉的主要成分是 Na_2CO_3，其受热分解，然后与铁水中的硫发生如下反应：

$$Na_2CO_{3(s)} = Na_2O_{(s)} + CO_{2(g)}$$

$$\frac{3}{2}Na_2O_{(s)} + [FeS] + \frac{1}{2}[Si] = (Na_2S) + \frac{1}{2}(Na_2O \cdot SiO_2) + [Fe]$$

$$Na_2O_{(s)} + [C] + [FeS] = (Na_2S) + [Fe] + CO_{(g)}$$

很早以前曾经用苏打粉作脱硫剂，但由于其价格贵，污染又严重，未能沿用下来。

以上这些脱硫剂可以单独使用，也可以几种配合使用，但其脱硫效率有较大的差别。例如，电石粉＋石灰粉、电石粉＋石灰粉＋石灰石粉、金属镁＋石灰粉、金属镁＋电石粉等复合剂；再如，CaD 脱硫剂是电石粉和氨基石灰的混合料，氨基石灰是 $w(CaCO_3) = 85\%$ 和 $w(C) = 15\%$ 的混合材料，因此，CaD 中含有相当于 $w(CO_2) = 15\%$ 和 $w(C) = 5\%$ 的成分。

B　脱硫方法

迄今为止，脱硫的方法有 20 余种，目前使用最广泛的有机械搅拌法和喷吹法。

a　机械搅拌法

机械搅拌法是将搅拌器（也称搅拌桨）沉入铁水内部旋转，在铁水中央部位形成锥形旋涡，使脱硫剂与铁水充分混合作用。KR 法、RS 法和 NP 法等都是搅拌法。KR 法脱硫装置示意图见图 7－1。它是由搅拌器和脱硫剂输送装置等部分组成的。搅拌器头部是一个十字形叶轮，内骨架为钢结构，外包砌耐火泥料。搅拌器以 70～120r/min 的速度旋转搅动铁水，1～1.5min 以后使铁水形成旋涡，加入脱硫剂，通过搅动使铁水与脱硫剂密切接触并充分混合作用。

若使用电石粉为脱硫剂，每吨铁水用量为 2～3kg；若使用苏打粉，则是 6～8kg。每次处理时间为 10～15min，脱硫效率为 80%～90%，最大处理量为 350t，处理周期为 30～35min。

若用电石粉为脱硫剂，当铁水中 $w[S] = 0.03\%$ 时，耗量为 2kg/t，处理后铁水中 $w[S]$ 可降至 0.001% 的水平，其脱硫效率在 96%～97% 之间。铁水处理前后必须扒渣。我国武钢二炼钢厂从日本引进了 KR 设备，于 1979 年投入使用，经消化改造，现以石灰粉为主要脱硫剂，效果不错。

b　喷吹法

喷吹法是以干燥的空气或惰性气体为载流，将脱硫剂与气体混合吹入铁水中，同时也搅动了铁水，可以在混铁车或铁水包内处理。图 7－2 为喷吹法脱硫装置示意图。喷吹枪有倒 T 形和倒 Y 形两种，其结构示意图见图 7－3，倒 T 形喷枪的喷吹效果较好。

喷枪垂直插入铁水中，由于铁水被搅动，脱硫效果好。喷枪插入深度和喷吹强度直接

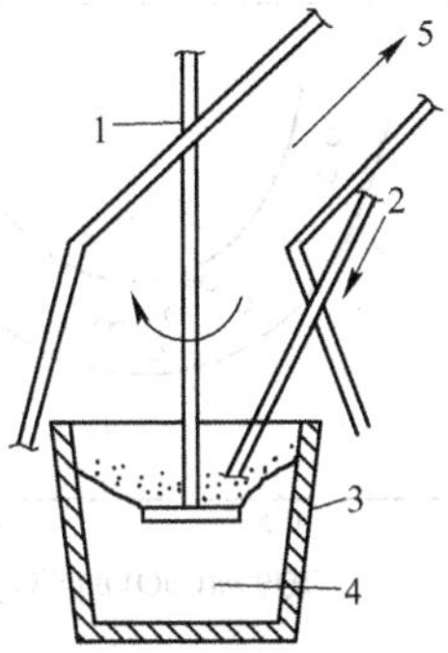

图7-1　KR法脱硫装置示意图

1—搅拌器；2—脱硫剂输入；3—铁水包；
4—铁水；5—排烟烟道

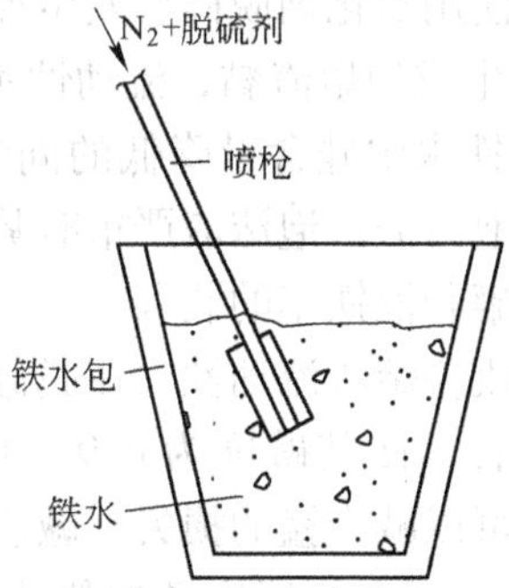

图7-2　喷吹法脱硫装置示意图

关系到脱硫效率。宝钢在20世纪80年代从日本引进的脱硫技术就是喷吹法，也称DTS法，脱硫剂是电石粉。联邦德国蒂森冶金公司开发的ATH法也属于喷吹法。乌克兰则采用带混合室的喷枪喷吹脱硫剂。

用金属镁为脱硫剂时，耗量为0.3kg/t，铁水中$w[S]$由0.035%降至0.01%；当镁的耗量为0.4kg/t时，终点$w[S]$可降到0.005%，一般处理周期为30～40min。

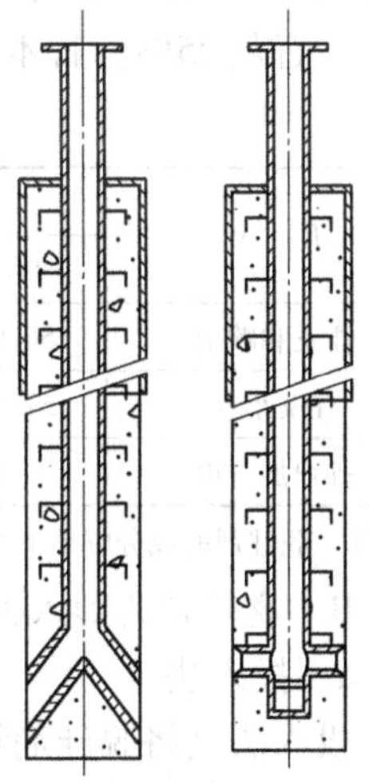

(a)　(b)

图7-3　倒T形和倒Y形喷枪结构示意图

(a) 倒Y形；(b) 倒T形

7.4.2.2　铁水炉外脱硅

降低铁水硅含量可以减少转炉炼钢的炉渣量，实现少渣或无渣工艺，并为炉外脱磷创造了条件。降低铁水硅含量，可以通过发展高炉冶炼低硅铁水或采用炉外铁水脱硅技术。炉外脱硅技术是将氧化剂加到流动的铁水中，使硅的氧化产物形成熔渣。处理后铁水中的$w[Si]$可达0.15%以下。

A　脱硅剂

脱硅剂均为氧化剂。选择脱硅剂时，首先要考虑材料的氧化活性，其次是运输方便、价格经济。目前使用的是以氧化铁皮和烧结矿粉为主的脱硅剂，其成分和粒度要求如表7-4所示。

表7-4　脱硅剂成分和粒度要求

项　目	化学成分/%					
	TFe	CaO	SiO_2	Al_2O_3	MgO	O_2
氧化铁皮	75.86	0.40	0.53	0.22	0.14	24.00
烧结矿	47.50	13.35	6.83	3.20	1.34	20.00

项　目	粒度/mm			
	<0.25	0.25～0.50	0.50～1.0	>1.0
氧化铁皮	38%	52%	9%	1%
烧结矿	68%	17%	14%	1%

单纯使用氧化剂脱硅会发生如下现象：

（1）生成的熔渣黏，流动性不好；

（2）铁水中硅含量降低的同时产生脱碳反应，从而形成泡沫渣。泡沫渣严重时势必增加铁损，并影响铁水罐和混铁车的装入量。

为了改善熔渣流动性，在脱硅剂中配加适量的石灰和萤石，使其碱度为 0.9 ~ 1.2，还能防止回硫，同时可以减少锰的损失。碱度与熔渣起泡的关系见图 7 – 4。有的厂家还向铁水罐中投加焦油无水炮泥，以抑制熔渣起泡。

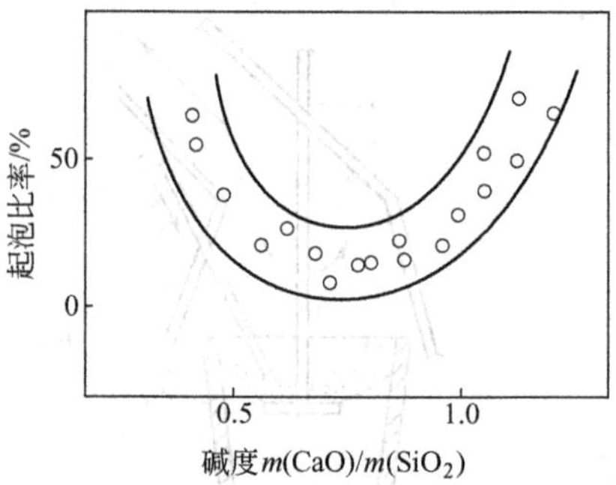

图 7 – 4　碱度与熔渣起泡的关系

各厂家使用的脱硅剂的配比也不完全一样，例如，日本福山厂的脱硅剂配比为：氧化铁皮 70% ~ 100%，石灰 0 ~ 20%，萤石 0 ~ 10%；日本水岛厂的脱硅剂配比为：烧结矿粉 75%，石灰 25%。日本一些厂家脱硅剂的化学成分如表 7 – 5 所示。

表 7 – 5　日本一些厂家脱硅剂的化学成分

厂　家	化学成分/%							
	TFe	FeO	SiO_2	Al_2O_3	CaO	MgO	Mn	P
住友和歌山	56.6	20.37	5.37	1.93	8.82	0.96	0.69	0.042
住友小仓	57.4	6.94	5.42	1.88	8.89	1.18	0.44	0.052
神户加古川	Fe_2O_3: 71		6.7		7.3			

注：脱硅剂的成分应小于 1%。

B　脱硅剂的加入方法

a　投入法

投入法是将脱硅剂料斗设置在撇渣器后的主沟附近，利用电磁振动给料器向铁水沟内流动的铁水表面给料，利用铁水从主沟和摆动流槽落入铁水罐时的冲击搅拌作用，使脱硅剂与铁水充分混合并进行脱硅反应。这是最早的一种脱硅方法，脱硅效率较低，一般在 50% 左右。

b　顶喷法

顶喷法是用工作气压为 0.2 ~ 0.3MPa 的空气或氮气作载流，在铁水液面以上一定高度通过喷枪喷送脱硅剂。目前工业上采用的方法有三种形式，如图 7 – 5 所示。形式（a）中，喷枪倾斜角为 10° ~ 20°，脱硅剂喷入一个设有挡墙的特殊出铁沟内，喷入铁水内部和浮在表面的粉剂随铁水的流动落入混铁车或铁水罐内，靠落差冲击实现铁水与脱硅剂的混合。形式（b）中，将脱硅剂喷到流入混铁车或铁水罐的铁水流股内，靠铁水流的落差达到混合的目的。形式（c）中，将脱硅剂喷至摆动槽的铁水落差区，然后经摆动槽落入混铁车或铁水罐中。这种方式的铁水与脱硅剂经过两次混合，所以脱硅效果好，脱硅剂利用率高，脱硅效率可达 70% ~ 80%。最初是使用消耗性喷枪，烧损严重，约 300mm/h，影响脱硅的稳定性。近些年来，多应用水冷却特殊结构的喷枪。

7.4.2.3　铁水炉外脱磷

目前，铁水炉外脱磷已经发展成为改善和稳定转炉冶炼工艺操作、降低消耗和成本的

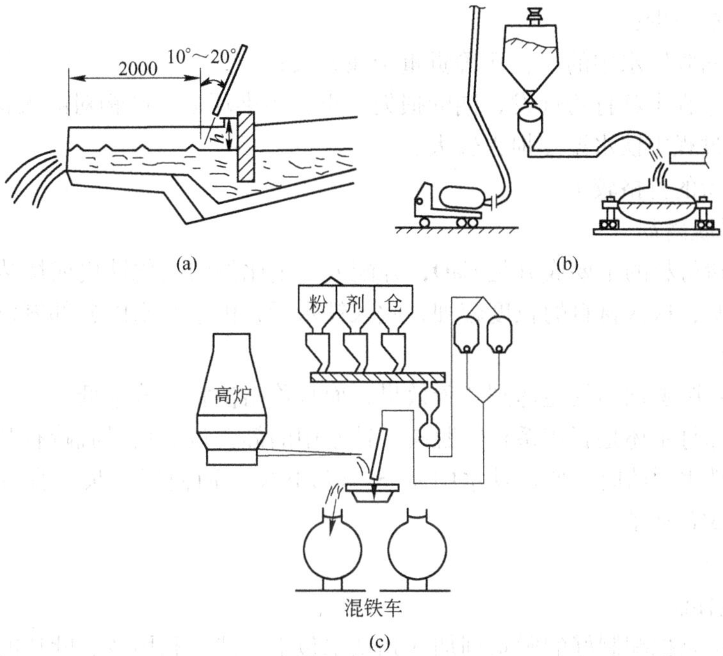

图7-5　顶喷法脱硅
（a）形式之一；（b）形式之二；（c）形式之三

重要技术手段。尤其是当前热补偿技术的成功开发，能够解决脱磷过程的铁水降温问题，所以采用铁水预脱磷的厂家越来越多，铁水预脱磷的比例也越来越大。

铁水预脱磷与炉内脱磷的原理相同，即在低温、高氧化性、高碱度熔渣条件下脱磷。与钢水相比，铁水预脱磷具有低温、经济合理的优势。今后有可能实现100%铁水经过预处理，而转炉100%使用预处理的铁水炼钢。这样，可以明显地减轻转炉精炼的负担，提高冶炼速度，100%达到成分控制的命中率，扩大钢的品种，大幅度提高钢的质量。

A　脱磷剂

目前广泛使用的脱磷剂不外乎苏打系和石灰系脱磷剂。

a　苏打系脱磷剂

苏打粉的主要成分为Na_2CO_3，是最早用于脱磷的材料，其脱磷反应式为：

$$Na_2CO_{3(s)}+\frac{4}{5}[P]=\!=\!=\frac{2}{5}(P_2O_5)+[C]+(Na_2O)$$

当用苏打粉脱磷的碱度$m(Na_2CO_3)/m(SiO_2)>3$时，$m(P_2O_5)/m[P]$指数能达到1000以上，效率较高。但是在脱磷过程中苏打粉大量挥发，钠的损失严重，其反应式为：

$$Na_2CO_{3(s)}+2[C]=\!=\!=2Na_{(g)}+3CO_{(g)}$$

或

$$Na_2O_{(s)}+[C]=\!=\!=2Na_{(g)}+CO_{(g)}$$

苏打粉脱磷的特点如下：

（1）苏打粉脱磷的同时还可以脱硫；

（2）铁水中的锰几乎没有损失；

（3）金属损失少；

（4）可以回收铁水中的V、Ti等贵重金属元素；

（5）处理过程中苏打粉挥发，钠的损失严重，污染环境，产物对耐火材料有侵蚀；

（6）处理过程中铁水温度损失较大；

（7）苏打粉的价格较贵。

b　石灰系脱磷剂

石灰系脱磷材料的主要成分是CaO，并配入一定比例的氧化铁皮或烧结矿粉和适量的萤石。研究表明，这些材料的粒度较细，吹入铁水后，由于铁水内各部氧位的差别，能够同时脱磷和脱硫。

使用石灰系脱磷剂不仅能达到脱磷效果，而且价格便宜、成本低。

无论是用苏打系还是石灰系材料脱磷，铁水中的硅含量低均对脱磷有利。为此，在使用苏打系处理铁水脱磷时，要求铁水中 $w[S]<0.10\%$；而使用石灰系脱磷剂时，铁水中以 $w[Si]<0.15\%$ 为宜。

B　脱磷方法

a　机械搅拌法

机械搅拌法是把配制好的脱磷剂加入到铁水包中，然后利用装有叶片的机械搅拌器使铁水搅拌混匀，也可在铁水中同时吹入氧气。日本某厂曾用机械搅拌法在50t铁水包中进行炉外脱磷，其叶轮转速为50～70r/min，吹氧量为8～18m³/t，处理时间为30～60min，脱磷率为60%～85%。

b　喷吹法

喷吹法是目前应用最多的方法，它是把脱磷剂用载气喷吹到铁水包中，使脱磷剂与铁水混合反应，达到高效率脱磷。喷吹法在日本新日铁公司100t铁水包中应用，以氩气作载气，吹入脱磷剂45kg/t，喷吹处理时间为20min，脱磷率达90%左右。

7.4.2.4　铁水同时脱硫与脱磷

工业技术的发展促使人们寻求更加经济的铁水炉外处理方法，若能在铁水预处理中同时实现脱磷与脱硫，则对降低生产成本、提高生产率都有利。众所周知，铁水脱硫和脱磷所要求的热力学条件是相互矛盾的，要同时实现脱硫与脱磷，必须创造一定的条件才能进行。根据对铁水脱磷和脱硫的程度要求，当渣系一定时，可以通过控制炉渣－金属界面的氧位 p_{O_2} 来调节 L_P 和 L_S 的大小，即增大 p_{O_2}，能提高 L_P、减小 L_S；减小 p_{O_2}，能降低 L_P、增大 L_S。因此，就可以根据脱磷和脱硫的程度要求，控制合适的氧位，有效地实现铁水同时脱磷与脱硫。在采用喷吹冶金技术时，经试验测定，在喷枪出口处氧位高，有利于脱磷；当粉液流股上升时，其氧位逐渐降低，到包壁回流处氧位低，有利于实现脱硫。在110t铁水包中进行喷粉处理时，各部位氧位的变化实测值见图7－6。因此在同一反应器内，脱磷反应发生在高氧位区，脱硫反应发生在低氧位区，使铁水与硫得以同时去除。

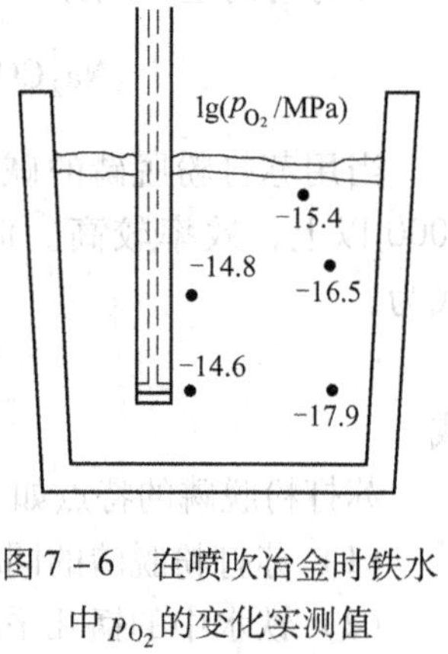

图7－6　在喷吹冶金时铁水中 p_{O_2} 的变化实测值

理论上的突破促进了工艺技术的发展，目前铁水同时脱磷与脱硫工艺已在工业上应用。如日本的SARP法（Sumitomo Alkali Refining Process，住友碱性精炼工艺），是将高炉铁水首先脱硅，当 $w[Si]<0.1\%$ 以后扒出高炉渣，然后喷吹苏打粉19kg/t，其结果是使铁水脱硫96%、脱磷95%。喷吹苏打粉工艺的特点是：苏打粉的熔点低、流动性好；界面张力小，易于实现渣铁分离，使渣中铁损小；可实现同时去除硫和磷；但对耐火材料侵蚀严重，有气体污染。

还有一种方法是喷吹以石灰粉为主的粉料，也可实现同时脱磷与脱硫。如日本新日铁公司的ORP法（Optimizing the Refining Process，最佳精炼工艺），它是将铁水脱硅，当 $w[Si]<0.15\%$ 后扒出炉渣，然后喷吹石灰基粉料52kg/t，其结果是铁水脱硫率为80%、脱磷率为88%。喷吹石灰基粉料的工艺特点是：渣量大，渣中铁损多（$w(TFe)=20\%\sim30\%$）；石灰的熔点高，需加助熔剂；铁水中氧位低，需供氧；成本低。

7.5 知识拓展

7.5.1 铁水预处理的安全技术操作规程

（1）铁水罐或混铁车应有防喷溅措施。高炉铁水压盖或铁水脱硫时，任何人都应远离10m以外，以防铁、渣喷溅伤人。

（2）电石粉料仓和喷粉罐应严格防水、防潮、防火。维修脱硫剂料仓、喷粉罐装置时，应先用氮气吹扫干净，并应充氮保护。电石粉料仓应设乙炔检测和报警装置。

（3）电石粉着火时，应采用氮气、干粉灭火器、干燥河沙、镁砂等灭火。

（4）喷吹脱硫时，作为粉剂载体的氮气应是干燥的。用于氮气脱油水的干燥系统使用的硅胶，每周应烘烤1次，每次烘烤2～3h。

（5）脱硫停止后，应每2h向脱硫剂料仓充一次氮气。

（6）处理兑铁槽应在停止兑铁后进行，不得向槽内打水，以防止爆炸。更换兑铁槽应待铁水流尽、无关人员离开后进行，以防铁水洒出伤人，换下的红槽应待其冷却后方可打水。

7.5.2 铁水预处理的其他方法及发展动态

7.5.2.1 铁水预处理的其他方法

A　铺撒法

铺撒法也称投入法，是一种简易的铁水预处理法，处理过程中只需将处理剂铺撒在铁水沟的适当位置，熔剂随铁流而下，与铁水混合并进行脱硫、脱硅等反应；或将处理剂撒在铁水罐底部，靠铁流的冲击使预处理剂和铁水发生反应而脱除有关杂质元素或提取有用元素。

该工艺对生产条件有较强的适应性，无明显工艺缺陷。进行脱硫预处理时，铁水温降为7～8℃，且没有回硫倾向，无铁损及喷枪烧损。

但铺撒法在操作过程中，操作人员要靠近铁水沟，经受高温烘烤及烟气熏呛，因此难以在出铁的全过程十分均匀地投放苏打灰等处理剂，该方法受人为因素影响极大，脱硫、脱硅效果不稳定，产生的烟气污染环境。

B　摇动法

摇动法也称铁水容器搅拌处理法，可以分为回转炉法、摇包法、DM摇包法。

回转炉法是指在回转炉的铁水面上加入熔剂，通过容器的转动带动铁水而产生搅拌作用，进行脱硫的一种方法。

摇包法是指在偏心回转包的铁水中加入熔剂，进行铁水预处理的一种方法。包的转速为 40 ~ 50r/min。

DM 摇包法，其摇包能在既定的时间内交互改变偏心转动方向，进行正、逆向转动，使铁水产生一个特殊的双回转运动，这样，铁水和处理熔剂通过混合搅拌大大提高了冶金反应速度。该方法中，转速为 43r/min，正逆换向周期为 14s，中间停止 3s，处理效果优于摇包法。如 1966 年日本神户钢厂使用 40t 的 DM 摇包法，加入 1% 的 CaC_2，摇动 4 ~ 6min，可稳定地使硫含量由 0.03% ~ 0.06% 降至 0.004%。该法容器转动笨重，动力消耗高，包衬寿命低，冶金企业现在很少使用。

C　DO 法

DO（Demag Ostberg）法是由德国德马克公司的奥斯特伯格（J. E. Ostberg）于 1966 年研制成功的，并于 1968 年在德国奥古斯特蒂森冶金公司（August Thyseen）建成 95t 的 DO 装置，用于搅拌铁水预脱硫。其装置如图 7 - 7 所示。

DO 法的特点是：采用耐火材料制成的 Y 形中空管状搅拌器搅拌铁水，在铁水表面撒上处理熔剂。T 形管转速约为 30r/min，搅拌过程中，侧管附近的铁水在离心力的作用下向外抛出，与此同时，铁水包下部的铁水向上流动，从而使铁水循环流动到铁水表面，与处理熔剂相混合并进行反应，达到预处理的目的。

采用此法进行铁水预脱硫时，用 CaC_2 4 ~ 6kg/t；或配合使用配比为8∶1的生石灰和苏打，用量为 10kg/t，处理 10min，可使铁水中的 $w[S]$ 从 0.067% 降到 0.05%。

D　莱茵法

莱茵法也称为 RS（Rhein Stahl）法，是由德国莱茵河钢铁厂的克雷默（F. Kraemer）等人于 1969 年研制成功的，用于铁水预脱硫处理，欧洲各国普遍采用这种方法。其装置如图 7 - 8 所示。

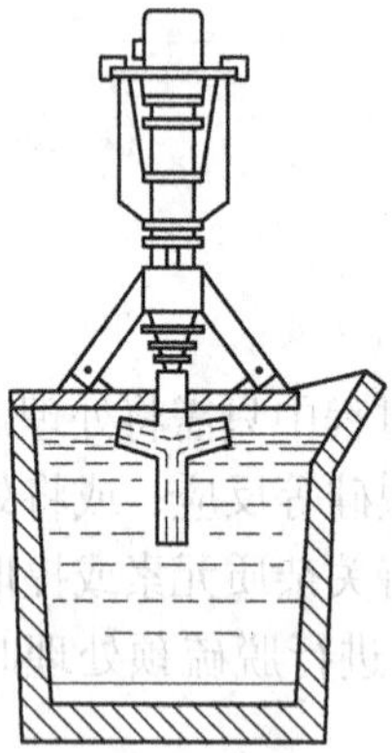

图 7 - 7　DO 法

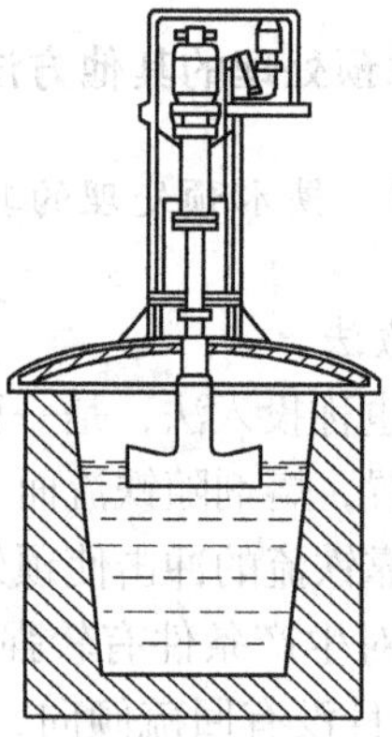

图 7 - 8　RS 法

莱茵法的搅拌器采用由铁芯加强的耐火材料制成的倒 T 形搅拌器，处理时转速为 70r/min。其特点是：莱茵搅拌器只是部分插入铁水内部，通过搅拌使罐上部的铁水和熔剂形成涡流搅动、混合接触，并通过循环流动使整个包内的铁水都达到上层脱硫区，以实现预处理的目的。采用RS法脱硫时，用CaC_2 5~8kg/t，处理时间为10min，脱硫率可达到70%~80%。

E 吹气搅拌法

吹气搅拌法主要有顶吹法、底吹法（PDS或CLDS）和气泡泵法三种。顶吹法和底吹法预先将熔剂加到铁水表面上，然后通过顶枪或罐底的透气砖往铁水中喷吹气体进行搅拌。这两种方法设备费用低，操作简便，但处理效果不如机械搅拌法好。

CLDS法是改进了的PDS法，一般能连续处理四罐铁水，这样可以提高处理效率，省去了除渣，减少了铁损失，但是需要倒包处理。

气泡泵法也称气泡泵环流搅拌法，简称GMR法，是应用气泡泵的扬水原理研制成功的，如图7-9所示。它的中心部分是气体提升混合反应器，由两层管组成，氮气从管缝吹入。当处理铁水时，把反应器插入铁水中，吹入氮气后，铁水从反应器中心管上升，并从上部喷孔高速喷出，落到铁水液面与熔剂作用，而且熔剂被卷到铁水内部与铁水充分混合。在新型装置上，气泡泵本身旋转，可以进一步提高处理效率、缩短处理时间。

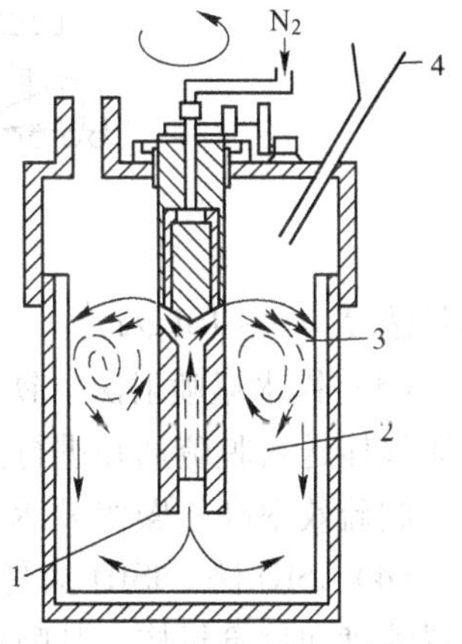

图7-9 GMR法脱硫示意图
1—气泡泵；2—铁水；3—脱硫剂；4—脱硫剂投入口

F 喷射法

喷射法也称喷粉法或喷吹法，是用载气将处理粉剂喷入到熔池内部，进行脱硫、脱磷处理的方法。喷吹的气体对熔池有强烈的搅拌作用，能很好地改善反应动力学条件，分散在熔池中的熔剂大大增加了反应界面，因此脱硫、脱磷速度有很大的提高。

喷射法进行铁水脱硫的研究始于1940年，B·艾特戈尔兹和I·别连带特利用喷吹微粒石灰粉进行铁水脱硫试验，发现喷吹石灰粉的脱硫率显著提高。随后，喷粉技术作为一门新兴的技术用于铁水脱硫。由于喷射法是在喷吹气体、熔剂和铁水三者之间充分搅拌混合的情况下进行脱硫、脱磷的，其处理效率高、处理时间短、操作费用较低，并且处理铁水量大、操作方便灵活，从而受到人们的极大重视，成为目前广泛应用的铁水处理方法。

a 按容器使用类型及喷枪安装方式分类的喷射法

按照容器使用类型及喷枪安装方式分类，喷射法有ATH法、TDS法、铁水罐喷射法和ISID法等。

（1）ATH法。ATH法是1970年由联邦德国蒂森公司研究成功并投入应用的一种方法。它将一支外衬耐火材料的喷枪斜插入（与水平方向呈60°角）265t的鱼雷罐内，用载气向熔池内喷射固体粉末熔剂进行脱硫处理，处理过程中，每分钟吹入108kg碳化钙基复合脱硫剂，处理时间为8min，输送气体压力为0.6MPa，粉剂的浓度一般为40~60kg/m^3，如图7-10所示。

（2）TDS法。TDS法是由日本新日铁制钢公司于1971年试验成功的鱼雷罐顶喷粉脱硫法。它是将一内径为2.5cm的双孔喷枪从上部垂直插入250t或300t的鱼雷罐内，熔剂从喷枪的侧孔喷入铁水中。喷枪插入铁水深度为1.0~1.5m，喷枪外面裹有耐火材料，处理时间约为10min，供粉速度为40~70kg/min，用氮气输送，气体流量为5~10m^3/min，

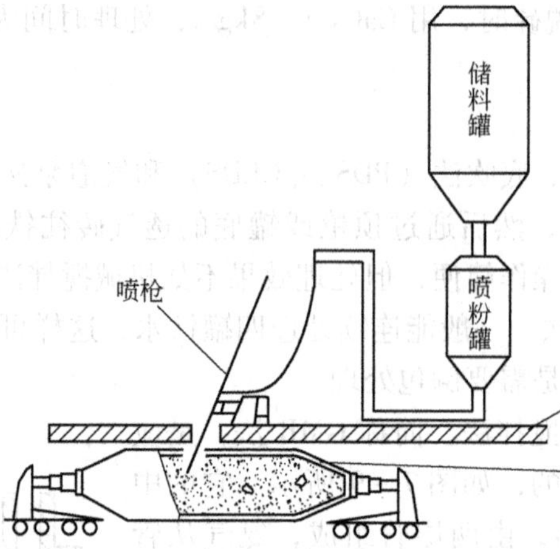

图 7－10　ATH 法脱硫装置示意图

粉剂浓度为 8 ~ 10kg/m^3。

（3）铁水罐喷射法。铁水罐喷射法是指将喷枪垂直或倾斜地插入铁水罐深部，用载氧流气体送入脱硫剂并进行搅拌的预处理方法。铁水罐喷吹技术具有投资少、铁水处理量大、脱硫效率高、操作灵活、处理速度快、去渣彻底等优点。

（4）ISID 法。ISID 法是由英国谢菲尔德喷射公司开发出来的。该方法在铁水罐下部设置喷嘴和喷枪机构，其喷枪机构共有 8 个喷枪孔，每进行一次喷射用掉其中的一个。印度和欧美地区的一些钢厂曾采用过这种喷射处理法。

b　按熔剂不同成分的加入特点分类的喷射法

铁水预处理过程中，处理熔剂的成分往往不是单一的，如采用 CaO + Mg 复合脱硫剂就有两种不同的成分。按照熔剂不同成分的加入特点，喷射法又分为混合喷吹、复合喷吹、顺序喷吹、双枪喷吹和特殊喷枪喷吹。

（1）混合喷吹。混合喷吹是最简单的模式，它仅需要一个喷吹罐。对于铁水预脱硫而言，这种模式要求进厂的熔剂事先完全混合好。若混合剂中含有镁粒，如采用 Mg + CaO 或 Mg + CaC_2 进行铁水脱硫时，镁粉和碳化钙（或石灰）预混合后在运输和处理过程中易出现浓度偏析现象，尤其是储料罐底部与上部相比，这种分层现象导致喷吹操作难以控制，喷吹结果不易预测。因此，需要采取特殊措施以避免物料偏析。通常混合脱硫剂中的 CaC_2 占 5% ~15%，其余为金属镁粉或金属镁含量为 20% ~25% 的石灰粉。单一喷吹系统具有易于操作和维护、设备投资低等特点，而且喷粉速度的控制系统比较简单。

（2）复合喷吹。复合喷吹是将上述离线混合方式改为在线混合，即将分别存储在两个粉料分配器中的镁粉和碳化钙（或石灰）粉经由两条输送管在喷粉枪内汇合，通过一套喷粉枪向铁水内喷吹，通过调节分配器的粉料输送速度可确定两种物质的比例，在提高喷粉速度的同时不会造成喷枪堵塞，可使操作者更好地控制喷吹过程，进而更好地利用脱硫剂，达到既经济又高效的目的，大大提高了镁的利用率和可控性。但该法对设备的可靠性和自动控制水平要求较高，对现场安全防护措施要求严格，投资较高。统计表明，与混合喷吹相比，复合喷吹目标硫含量的偏差降低了 28%。

（3）顺序喷吹。顺序喷吹是采用各自独立控制的喷粉罐，通过一条输送管道向铁水中喷入三种或更多种类的脱硫剂，这将方便用户在更大的范围内选择脱硫工艺。其设备配置与复合喷吹系统相同，但控制更复杂一些。这种模式在铁水初始硫含量和温度都很高时采用，就会显示出其经济效益。例如，一方面，当处理周期的要求并不严格时，可采用镁＋石灰脱硫粉剂低速喷吹工艺；另一方面，如果对处理周期有较严格的规定，则可采用预喷＋二次喷粉的方法喷吹比较便宜的石灰粉，以提高喷粉的速度，这一工艺方法特别适用于全量铁水脱硫处理且对处理后硫含量要求严格的炼钢厂。

（4）双枪喷吹。双枪喷吹是采用两支独立工作的喷枪，可以提高工厂的脱硫能力。与单枪喷粉工艺相比，该工艺多增加了一套喷粉系统。只要合理地设计两支喷枪的间距，就不会在提高喷粉强度的条件下造成金属喷溅增大。与多孔喷枪相比，两支枪的间距大，气泡在铁水中上浮的角度明显减小，可以形成两个基本分离的混合反应区。此外，工厂生产组织也具有灵活性，一支枪损坏更换时，另一支枪可继续工作。

（5）特殊喷枪喷吹。带有气化室的喷吹金属镁粉的喷枪与普通喷吹镁粉的浸没式喷枪十分相似，但它却是一个专门用于喷吹金属镁粉的特殊喷枪。采用这种特殊喷枪的喷吹工艺最早应用于俄罗斯和乌克兰。回顾历史，俄罗斯采用这种方法有其特殊的背景。相对于国际市场，俄罗斯由于富产镁，镁的价格低廉，这种特殊的地区优势使俄罗斯可以较早地使用镁脱硫，并研究开发出带有镁气化室的喷枪；而对于西欧国家，金属镁是十分昂贵的。这种脱硫工艺在俄罗斯已经成功地应用了好多年，但由于气化喷枪耐火材料的造型复杂，其成本相对较高。

G 钟罩加入法

将镁焦、镁屑团块或镁白云石团块放在石墨制成的钟罩内，以插棒的形式把它们浸入铁水中，镁蒸气从钟罩孔中逸出，使铁水产生搅拌运动并与镁发生脱硫反应。

H 喂丝法

喂丝法主要用于铁水预脱硫，俄罗斯和日本均采用过这种处理方法。可采用镁丝进行铁水脱硫。喂镁丝法是用铁皮包裹、固定含有规定比例镁的脱硫剂，并且连续往铁水中投放，所以能够稳定供给，并具有以下优点：

（1）设备简单，能大幅度削减设备费用，节省空间；

（2）通过控制喂丝速度即可控制铁水中的反应速度；

（3）通过控制镁丝中镁的配合率、吨丝投入速度，就可在大范围内控制镁的供给速度；

（4）不必担心采用喷射法时铁水中生成的镁可能被用于喷射的载体冲淡。

I 铁水沟连续处理法

铁水沟连续处理法是一种简易的铁水预处理法，它又可分为上罩法和喷吹法两种。铁水沟连续处理中的上罩法只需将预处理剂（铁水脱硫剂、脱磷剂、脱硅剂或其他预处理剂）铺撒在铁水沟的适当位置，预处理剂随铁流而下，靠铁流的冲击使预处理剂与铁水发生反应，从而脱除有关杂质元素或提取有用元素；喷吹法则需要在铁水沟上设置喷吹搅拌枪或喷粉枪，使预处理剂经喷吹强化搅拌与铁水接触。

铁水沟连续处理工艺对生产条件有较强的适应性，无明显工艺缺陷；进行脱硫预处理时，铁水温降为7～8℃，且脱硫渣没有回硫倾向，无铁损及喷枪烧损。

7.5.2.2 发展动态

（1）通过对不同“三脱”剂、不同处理顺序的热力学计算比较，得出最佳铁水预处理的顺序为：预处理脱硫→预处理脱硅→脱磷。特别是对洁净钢的生产，应采用以下流程：高炉铁水→深度脱硫（$w[S]\leqslant0.005\%$）→复吹转炉（脱磷、脱碳、升温）→钢水精炼（脱硫、去气体、去夹杂）→低硫钢水（$w[S]\leqslant0.005\%$）。如要生产超低硫钢（$w[S]\leqslant0.002\%$），则铁水要深脱硫至 $w[S]\leqslant0.002\%\sim0.003\%$。

（2）通过对不同处理容器、处理方法的动力学条件比较，得出最佳铁水预处理的方法应为铁水包 KR 法脱硫，专用转炉脱硅、脱磷。

（3）目前，国内脱硫工艺方法以喷吹法为主。喷吹法就是将脱硫剂喷入铁水中来脱硫。它比投掷法（将脱硫剂投入铁水中脱硫）效率高得多，而且比搅拌法（通过机械搅拌器向铁水内加入脱硫剂来搅拌脱硫）成本低、损耗小。但是，目前国际上的先进钢铁厂（如日本）在喷吹法脱硫设备大修时却将其改造成机械搅拌法，主要是因为机械搅拌法的脱硫效率最高（可达95%），这个动向值得重视。

（4）用铁水包 KR 法脱硫时，可以采用廉价的石灰作脱硫剂，易实现深脱硫和超深脱硫，脱硫效果稳定，适用于大批量生产超低硫钢。在几种常用脱硫剂中，镁脱硫剂的优点最突出。镁与硫的亲和力极高，对于低温铁水，镁脱硫的效果最好，用量少，对高炉渣不敏感；铁损少，无环境问题；而且脱硫处理用的设备投资也较低。其缺点是镁的价格高，但我国有大量镁资源，故应加强研发。目前比较先进的方法是复合喷吹工艺。这种工艺用两套喷粉系统通过计算机控制，按一定比例分别喷吹钙质粉剂（CaO 粉或 CaC_2 粉）和镁粉，以达到最佳的脱硫效果。复合喷吹的特点是：在喷粉过程中可以随时调整金属镁和钙质粉剂的配比，根据铁水的原始硫含量和最终的脱硫要求，在铁水硫含量较低或脱硫要求较低时喷入成本低的石灰，只配入少量的金属镁粉；当铁水硫含量较高或脱硫要求较高时，在喷粉过程中逐步增加金属镁粉，从而达到对铁水进行深度脱硫的效果。

7.6　思考与练习

（1）转炉炼钢对铁水质量的要求有哪些？

（2）铁水预处理的作用是什么？

（3）铁水脱硫的方法有哪些？

（4）简述脱硫剂的种类及特点。

（5）铁水脱磷的方法有哪些？

（6）简述脱磷剂的种类及特点。

（7）铁水脱硅的方法有哪些？

（8）简述脱硅剂的种类及特点。

单元8　废钢的验收与装槽供应操作

8.1　学习目标

（1）学习并掌握废钢的分类标准及其识别方法；

（2）知道转炉冶炼对废钢的要求；

（3）掌握按配料单要求将废钢装槽并运至炉前的操作技能。

8.2　工作任务

将运入车间的废钢分类堆放，并按配料单要求将废钢装入废钢料槽，待运至炉前。

（1）废钢进入转炉车间后，首先应按重量、合金成分含量进行分类，分别堆放，按冶炼需要将优质废钢集中使用；

（2）将轻薄料进行打包；

（3）按配料单要求，指挥磁盘吊向废钢料槽内，按轻重搭配的要求吊装废钢；

（4）指挥天车将装好废钢的料槽吊运至转炉炉前。

8.3　实践操作

8.3.1　废钢种类的简单识别

（1）借助火花鉴别等方法，检查废钢中是否混入有色金属。

（2）在废钢堆场整理废钢时或废钢入炉前，凭借肉眼和手感仔细观察、检查并挑出有害杂质。

（3）检查混入废钢中的铜。铜（Cu）为金黄色金属，富有延展性，熔点为1080℃，氧化后生成碱式碳酸铜，呈绿色（俗称铜绿），具有良好的导热、导电性，常用以制作电器开关、触头、电线、马达线圈等。铜主要以上述形态混入废钢中，所以在检查时要严加注意、全部挑出。

（4）检查混入废钢中的锡。锡（Sn）的熔点为232℃，有白锡、脆锡、灰锡三种同素异形体。常见的是白锡，为银白色金属，富有延展性。镀锡钢皮常称为马口铁，是废钢中最常见的，所以在检查中要挑出马口铁，防止将锡带入炉料中。

（5）检查混入废钢中的铅。铅（Pb）的密度为11.34g/cm^3，熔点为327℃，呈银白色（带点灰色），延性弱，展性强。它经常混入废钢中，必须仔细检查后挑出。

（6）检查混入废钢中的密封容器、爆炸物及放射性物质。密封容器和爆炸物由于进入炉内受热后发生爆炸，是安全生产的隐患，必须仔细地将其从废钢中挑出来。检查和挑出密封容器和爆炸物后要及时进行处理，防止这些未经处理的物品再次混入废钢中。

废钢经检验合格，按配料单和废钢种类将废钢装入料槽待用。

8.3.2 指挥天车将废钢料吊运至炉前

将废钢在废钢跨中装入废钢斗，由吊车吊起并送至炉前平台，由炉前进料工将废钢斗尾部的钢丝绳从吊车主钩上松下，勾在吊车副钩上待用。

如逢雨天废钢斗中有积水，可在炉前平台起吊废钢斗时将废钢斗后部稍稍抬高或在兑铁水前进废钢。

8.4 知识学习

8.4.1 废钢的来源及分类

8.4.1.1 废钢的来源

废钢的来源复杂，质量差异大。其中以本厂返回料或者某些专业性工厂返回料的质量最好，其成分比较清楚，性质波动小，给冶炼过程带来的不稳定因素少。外购废钢则成分复杂，质量波动大，需要适当加工和严格管理。一般可以根据成分、重量把废钢按质量分级，将优质废钢与劣质废钢相区分。在转炉配料时，应按成分或冶炼需要将优质废钢集中使用或搭配使用，以提高废钢的使用价值。

8.4.1.2 废钢的分类

废钢是氧气顶吹转炉炼钢的主原料之一，是冷却效果稳定的冷却剂，通常占装入量的30%以下。适当地增加废钢比，可以降低转炉钢消耗和成本。

废钢按来源可分类如下：

- 废钢
  - 本厂废钢
    - 返回料（废钢锭、轧钢切头等）
    - 回收料（加工废料、报废设备等）
  - 外购废钢
    - 加工工业的废料（机械、造船、汽车等行业的废钢、车削屑等）
    - 钢铁制品报废件（船舶、车辆、机械设备、土建材料等）

8.4.2 废钢质量对冶炼的影响

8.4.2.1 废钢成分对冶炼的影响

（1）废钢中磷、硫含量对冶炼的影响。一般情况下，如果废钢中磷、硫含量高，在渣量、碱度、流动性和氧化性正常的情况下（即脱磷、脱硫效果相同的情况下），得到的钢水中磷、硫含量也较高，势必会降低钢的质量。但当发现废钢中磷、硫含量较高时，可以采用增加渣料用量和换渣次数的办法来强化脱磷、脱硫的效果，使钢水中的磷、硫含量降到符合所炼钢种要求的范围内。虽然当铁水中磷、硫含量较高时，经过工艺操作后不会使钢水中磷、硫含量偏高，但必定会增加冶炼的负担和难度，增加冶炼时间和冶炼成本。

（2）废钢中硅、锰对冶炼的影响。废钢中硅、锰的氧化会增加冶炼中的热收入，特别是硅，其氧化热占热收入的11.88%，这对提高熔池温度有利。锰的氧化物 MnO 是碱性氧化物，其生成既增加了渣量又减轻了炉渣的酸性，并有利于化渣。但硅的氧化物 SiO_2 是强酸性物质，它的存在会增加对炉衬的侵蚀程度、降低碱度。为减轻其影响，在工艺上要加入石灰，但同时也增加了热量消耗和造渣操作难度。

8.4.2.2　废钢外观质量对冶炼的影响

废钢外观质量要求洁净，即要求少泥砂、少耐材和无油污，不得混入橡胶等杂物，否则会使熔池内 SiO_2、Al_2O_3、[H]、[P]、[S] 等杂质增加，其结果是将增加冶炼的难度和熔剂等的消耗，降低钢的质量。

另外，严禁混入密封容器，因为它受热膨胀，容易造成爆炸恶性事故。

炉料还要求少锈蚀。锈的化学成分是 $Fe(OH)_2$ 或 $Fe_2O_3 \cdot H_2O$，在高温下会分解而使 [H] 增加，在钢中产生白点，会降低钢的力学性能（特别是使钢的塑性严重恶化）；而且锈蚀严重时会使金属料失重过甚，不仅使钢的收得率降低，而且还会因钢水量波动太大而导致钢水的化学成分出格。

8.4.2.3　废钢块度对冶炼的影响

入炉废钢的块度要适宜，对转炉来讲，一般以小于炉口直径的1/2为宜，单重也不能太大。如果废钢单重太大，可能会导致入炉困难，入炉后由于其对炉衬的冲击力太大，会影响炉衬的寿命；个别大块废钢入炉后甚至到冶炼终点时还不能全部熔化，出钢后会造成钢水温度或成分出格。如果废钢太轻、太小也不好，其体积必然增大，入炉后会在炉内堆积，可能造成送氧点火的困难。所以，炼钢厂根据炉子容量大小对废钢的尺寸和单重都有具体规定（见表8-1）。

表8-1　废钢的分类、尺寸和单重

类　别	代号	各种废钢典型举例	供应状态	单重/kg	外形尺寸（长×宽×高）/mm×mm×mm
重型废钢	FG1	钢锭、铸坯及其切头、切尾等	块状	500～1800	≤1200×500×400
中型废钢	FG2	各种钢材及其切头、切边等	块状、板状、条状等	30～500	≤500×400×300
小型废钢	FG3	各种钢材及其切头、切边等	条状、块状	<30	<500×400×300（板材厚度不小于4mm）
轻型废钢	FG4	薄板及其切头、钢丝、盘条等	机械打包	密度不小于1.0kg/m³	
钢　屑	FG5	钢屑	机械压块	密度不小于1.5kg/m³	
渣　钢	FG6	钢包底、跑钢等	块状	与FG1、FG2、FG3相同	

8.4.3　转炉冶炼对废钢的要求

废钢质量对转炉冶炼的技术经济指标有明显影响。从合理使用和冶炼工艺出发，对废钢的要求如下：

（1）不同性质的废钢应分类存放，以避免贵重合金元素损失或造成熔炼废品。

（2）废钢入炉前应仔细检查，严防混入封闭器皿、爆炸物和毒品；严防混入易残留于钢水中的某些元素，如铅、锌等有色金属（铅的密度大，能够沉入砖缝而危害炉底）。

（3）废钢应清洁、干燥，尽量避免带入泥土、沙石、耐火材料和炉渣等杂质。

（4）废钢应具有合适的外形尺寸和单重。轻薄料应打包或压块使用，以保证废钢密度；重废钢应能顺利装炉且不撞伤炉衬，必须保证废钢在吹炼期全部熔化。如使用大型废钢，则其在整个吹炼过程中不会全部熔化，这是造成出钢量波动和炉内温度与成分不均匀的原因。在装入大型废钢时，对炉体衬砖有很大的冲击力，会降低转炉装料侧的使用寿命。大量使用轻型废钢时，会使废钢覆盖住熔池液面而不易送氧点火（推迟着火时间）。重型废钢需经破碎加工，合乎要求后再入转炉。各厂家可根据自己的生产情况，对入炉废钢的外形尺寸和单重做出具体规定。例如，首钢30t转炉规定，废钢最大边长不大于500mm，最大面积不大于0.21m^2，最大单重小于200kg；再如，宝钢300t转炉规定，入炉废钢最大边长不大于2000mm，最大单重为2t左右。

在铁水供应严重不足或废钢资源过剩的某些国外钢厂，为了大幅度增加转炉废钢比，广泛采用如下技术措施：

（1）在转炉内用氧－天然气或氧－油烧嘴预热废钢，这种方法可将废钢比提高到30%～40%；

（2）使用焦炭和煤粉等固态辅助燃料，这种方法可将废钢比提高到40%左右；

（3）使用从初轧返回的热切头废钢；

（4）在吹氧期的大部分时间里使用双流道氧枪进行废气的二次燃烧，它与兑铁水前预热废钢相比，耗费时间缩短，冶炼的技术经济指标改善，是比较有前途的增加废钢比的方法。

8.5 知识拓展

8.5.1 废钢装槽吊运的安全技术操作规程

（1）严禁潮湿的废钢、有油污的密封容器、爆炸物、不明物体、泥沙、有色金属等有害物体入炉，以防伤人和损害设备。

（2）加料时，必须注意作业区是否有人，废钢不得支出废钢斗外。

（3）起吊废钢料槽前必须确认挂稳吊牢，指挥手势要明确，不得单挂耳轴。

（4）应经常检查废钢料槽的使用情况，发现料槽耳轴有问题时应立即联系维修人员维修。

8.5.2 废钢代用品的种类及其对冶炼的影响

8.5.2.1 氧化铁皮

氧化铁皮的主要成分是FeO，其杂质较少，成分较稳定，冷却效应相对来说也比较稳定，作为冷却剂后还有化渣和提高金属收得率的好处；另外，氧化铁皮是铸坯表面的剥落层，废物利用成本低微。但是氧化铁皮的密度较小，加入炉内后易被炉气吹跑，造成数量不准，从而降低了冷却效应的稳定性。

8.5.2.2　铁矿石

铁矿石的主要成分是 Fe_2O_3 或 Fe_3O_4，加入炉内后会吸热，是一种冷却剂。在冶炼过程中按需要加入铁矿石不会占用装料时间。此外，（FeO）具有良好的化渣作用，能增加金属收得率。但铁矿石的加入会带入一定的杂质，从而使渣量增大，既增加了热耗又增加了喷溅的可能；同时铁矿石中成分波动较大，所以冷却效应也不稳定。

8.6　思考与练习

（1）废钢的种类有哪些？

（2）如何进行废钢的识别？

（3）废钢质量对冶炼的影响是什么？

（4）常用冷却剂的种类有哪些？

单元 9　散状料的验收与准备操作

9.1　学习目标

（1）掌握各种散状料（造渣材料和合金料）的相关标准；
（2）知道转炉炼钢对各种散状料的要求，并能识别散状料的品种和类别。

9.2　工作任务

（1）验收造渣材料的理化性能；
（2）确认所用合金的成分和块度；
（3）烘烤合金。

各种散状料的验收与准备操作任务如下：

（1）石灰是转炉用量最大的散状材料。石灰和轻烧白云石进入车间后要对其中的生烧料、过烧料、混入的杂物进行分拣、化验成分，然后运入地下料仓或低位料仓，并尽快经上料系统运至高位料仓。最好能随烧随用。

（2）矿石、萤石运入转炉车间后要知道其成分，并存放于清洁、干燥处。

（3）氧化铁皮要化验成分，并存放于清洁、干燥处，经过烘烤后才能运到高位料仓。

（4）铁合金进入车间后要有成分单，对其成分核准后进行破碎，然后入库。需要时，凭领料单按要求的数量称量领取。

9.3　实践操作

9.3.1　各种造渣材料、合金料的识别及保存

9.3.1.1　各种造渣材料的识别及保存

A　在渣料料场识别各种造渣材料

（1）石灰的外观特征。石灰呈白色，手感较轻（注意：有些手感较重的石灰往往是未烧透的石灰石）。石灰极易吸水粉化，粉化后的石灰粉末不能再作渣料使用，因此储存和运输时必须防雨、防潮。

（2）萤石的外观特征。萤石基本以块状供应，质量好的萤石表面呈黄色、绿色、紫色等颜色（无色的少见），透明并具有玻璃光泽；质量较差的则呈白色（类似于石灰颜色）；质量最差的萤石表面带有褐色条斑或黑色斑点，且其硫化物（FeS、ZnS、PbS 等）含量较多。因此，萤石要保持干燥、清洁。

（3）生白云石的外观特征。生白云石与石灰相比，则石灰更趋于白色，内部结构更疏松，且表面会黏有不少粉末；而生白云石稍趋于深色，呈灰白色（从颜色来看与劣质萤石相似），质硬，手感较重。

（4）氧化铁皮的外观特征。氧化铁皮是轧钢车间铸坯表面的一层氧化物，剥落后成为片状物，呈青黑色，来自于轧钢车间。其主要成分是氧化铁。使用时应加热烘烤，保持干燥。

（5）铁矿石的外观特征。常见的铁矿石有以下三种：

1）赤铁矿，俗称红矿，外表有的呈钢灰色或铁黑色，有的晶形为片状；有的有金属光泽且明亮如镜（故又称镜铁矿），手感很重。其主要成分是 Fe_2O_3。

2）磁铁矿，外表呈钢灰色或黑灰色，有黑色条痕，且具有强磁性（因此而得名），组织比较致密，质坚硬，一般呈块状。其主要成分是 Fe_3O_4。

3）褐铁矿，外表呈黄褐色、暗褐色或黑色，并有黄褐色条痕，结构较松散，密度较小，相对而言手感较轻，含水量大。其主要成分是 $mFe_2O_3 \cdot nH_2O$。

B 在炉前识别各种造渣材料

炉前加渣料的具体操作见工艺部分。在此仅是观察炉前加渣料操作如何进行、加些什么渣料以及各种渣料的特征，以达到识别这些渣料的作用。

9.3.1.2 各种合金料的识别

（1）锰铁。锰铁的密度较大，为 7.0g/cm^3，外观表面颜色很深，近于黑褐色并呈现出犹如水面油花一样的彩虹色，断面呈灰白色并有缺口，如果相互碰撞会有火花产生。

（2）硅铁。硅铁以前称为矽铁（因为元素硅曾名为矽），密度较小，为 3.5g/cm^3，表面为青灰色，易破碎，其断面较疏松且有闪亮光泽。

（3）铝铁。铝铁的密度也较轻，约为 4.9g/cm^3，外观表面呈灰白色（近灰色）。

（4）铝。铝的手感是上述几种合金中最轻的，密度仅为 2.8g/cm^3，是一种银白色的轻金属，有较好的延展性，一般以条形或环形状态供应。

（5）硅钙合金。硅钙合金的表面颜色与硅铁很接近，为青灰色，手感比硅铁与铝更轻，密度仅为 2.55g/cm^3，其断面无气孔，有闪亮点。

（6）硅锰合金。硅锰合金的手感较重，密度为 6.3g/cm^3，质地较硬，断面棱角较圆滑，相互碰撞后无火花产生，表面颜色在锰铁与硅铁之间（偏深色），使用块度一般在 10～50mm。

（7）铝锰铁。铝锰铁呈块状，形如条形年糕，貌如小型铸件，表面较光滑，颜色近于褐色，与锰铁相似，块度不大，一般不会碎裂，如破碎其断面呈颗粒状，且略有光泽。

9.3.2 合金的烘烤操作

（1）烘烤前后必须仔细检查核对各种铁合金的成分、批号，并标识清楚，防止混料。如发现批号、成分不明或混料时，需经处理后方准使用，否则严禁使用。

（2）铁合金需经烘烤后使用，锰铁、硅铁、铬铁、镍必须用大火烤，烘烤温度不低于 5000℃，烘烤不少于 2h；低熔点的铁合金应用中、小火烤，钒铁、钛铁、硼铁、硫铁的烘烤温度为 100～2000℃，烘烤时间不少于 4h；不宜烘烤的铁合金也应做到充分干燥。炉内（罐内）的各种铁合金不准混在一起烘烤，块度不大于 80mm。

9.4 知识学习

9.4.1 造渣剂

9.4.1.1 石灰

石灰的主要成分为 CaO，是炼钢主要的造渣材料，具有脱磷、脱硫能力，也是用量最多的造渣材料。其质量好坏对冶炼工艺操作、产品质量和炉衬寿命等有着重要影响。特别是转炉冶炼时间短，要在很短的时间内造渣去除磷、硫，保证各种钢的质量，因而对石灰质量的要求更高。此外，石灰还应保证清洁、干燥和新鲜。对石灰质量的要求如下：

（1）有效 CaO 含量高。石灰有效 CaO 含量取决于石灰中 CaO 和 SiO_2 的含量，而 SiO_2 是石灰中的杂质。若石灰中含有1单位的 SiO_2，按炉渣碱度为3计算，需要3单位的 CaO 与 SiO_2 中和，这就大大降低了石灰中的有效 CaO 含量。因此，原冶金部标准规定石灰中 $w(SiO_2) \leqslant 4\%$。

（2）硫含量低。造渣的目的之一是去除铁水中的硫，若石灰本身硫含量较高，显然对于炼钢中硫的去除不利。据有关资料报道，在石灰中增加0.01%的硫，相当于在钢水中增加硫0.001%。因此，石灰中硫含量应尽可能低，一般应小于0.05%。

（3）残余 CO_2 量少。石灰中残余 CO_2 量反映了石灰在煅烧中的生过烧情况。残余 CO_2 量在适当范围内时，有提高石灰活性的作用，但对废钢的熔化能力有很大影响。一般要求石灰中残余 CO_2 量为2%左右，相当于石灰灼减量的2.5%～3.0%。

（4）活性度高。石灰的活性，是指石灰与其他物质发生反应的能力，用石灰的溶解速度来表示。石灰在高温炉渣中的溶解能力称为热活性，目前在实验时还没有条件测定其热活性。大量研究表明，用石灰与水的反应，即石灰的水活性可以近似地反映石灰在炉渣中的溶解速度，但这只是近似方法。例如，石灰中 MgO 含量增加有利于石灰溶解，但在盐酸滴定法测量水活性时，盐酸耗量却随石灰中 MgO 含量的增加而减少。原冶金部标准规定，石灰的活性度用盐酸滴定法测定，消耗盐酸大于300mL的石灰才属于优质活性石灰。

对于转炉炼钢，国内外的生产实践已证实，必须采用活性石灰才能对生产有利。世界各主要产钢国家都对石灰活性提出了要求，表9－1所示是各种石灰的特性，表9－2所示是我国顶吹转炉用石灰标准，表9－3所示是一些国家转炉用石灰标准。

表9－1 各种石灰的特性

焙烧特征	体积密度/$g \cdot cm^{-3}$	比表面积/$cm^2 \cdot g^{-1}$	总气孔率/%	晶粒直径/mm
软 烧	1.60	17800	52.25	1～2
正 常	1.98	5800	40.95	3～6
过 烧	2.54	980	23.30	晶粒连在一起

表9－2 我国顶吹转炉用石灰标准

项 目	化学成分/%			活性度/mL	块度/mm	灼减/%	生（过）烧率/%
	CaO	SiO_2	S				
指 标	≥90	≤3	≤0.1	>300	5～40	<4	≤14

表9－3 一些国家转炉用石灰标准

国家 \ 指标 \ 内容	成分/%			灼减/%	块度/mm
	CaO	SiO_2	S		
美 国	>96	<1	0.035	<20	7～30
日 本	>92	<2	<0.020	<30	4～30
英 国	>95	<1	<0.050	<25	7～40
德 国	>87～95		<0.05	<30	8～40
俄罗斯	>90～92	<2	<0.03	<20	8～30

目前世界各国均用石灰的水活性来表示石灰的活性，其基本原理是：石灰与水化合生成 $Ca(OH)_2$，在化合反应时要放出热量和形成碱性溶液，测量此反应的放热量和中和其溶液所消耗的盐酸量，并以此结果来表示石灰的活性。

1）温升法。把石灰放入保温瓶中，然后加入水并不停地搅拌，同时测定达到最高温度的时间，并以达到最高温度的时间或在规定时间内达到的升温数来作为活性度的计量标准。如美国材料试验协会（ASTM）规定：把 1kg 小块石灰压碎，并通过 6 目（3.35mm）筛。取其中 76g 石灰试样加入盛有 24℃、360mL 水的保温瓶中，并用搅拌器不停地搅拌，测定并记录达到最高温度的时间。达到最高温度的时间小于 8min 的石灰才是活性石灰。

2）盐酸滴定法。利用石灰与水反应后生成的碱性溶液，加入一定浓度的盐酸使其中和，以一定时间内盐酸溶液的消耗量作为活性度的计量标准。我国石灰活性度的测定采用盐酸滴定法，其标准规定：取 1kg 石灰块压碎，然后通过 10mm 标准筛。取 50g 石灰试样加入盛有（40 ± 1）℃、2000mL 水的烧杯中，并滴加 1% 酚酞指示剂 2 ~ 3mL，开动搅拌器不停地搅拌。用 $4mol/dm^3$ 的盐酸开始滴定，并记录滴定时间，以采用 10min 时间中和碱溶液所消耗的盐酸溶液量作为石灰的活性度。我国标准规定，盐酸溶液消耗量大于 300mL 的石灰才属于活性石灰。

此外，石灰极易水化潮解，生成 $Ca(OH)_2$，要尽量使用新焙烧的石灰，同时对石灰的储存时间应加以限制。

石灰通常由石灰石在竖窑或回转窑内用煤、焦炭、油、煤气煅烧而成。

石灰石在煅烧过程中的分解反应为：

$$CaCO_3 = CaO + CO_2$$

$CaCO_3$ 的分解温度为 880 ~ 910℃。石灰石的煅烧温度高于其分解温度越多，石灰石分解越快，生产率越高；但烧成的 CaO 晶粒长大得也越快，难以获得细晶石灰。同样，分解出的 CaO 在煅烧高温区停留的时间越长，晶粒也长大得越大。因此，要获得细晶石灰，CaO 在高温区停留的时间应该短。相反，煅烧温度过低，石灰块核心部分的 $CaCO_3$ 来不及分解，而使生烧率增大。因此，煅烧温度应控制在 1050 ~ 1150℃ 的范围内。同时，烧成石灰的晶粒大小也决定着石灰的气孔率和体积密度，随着细小晶粒的合并长大，细小孔隙也在减少。文献中普遍将煅烧温度过低或煅烧时间过短、含有较多未分解的 $CaCO_3$ 的石灰称为生烧石灰，将煅烧温度过高或煅烧时间过长而获得的晶粒大、气孔率低和体积密度大的石灰称为硬烧石灰，将煅烧温度在 1100℃ 左右而获得的晶粒小、气孔率高（约 40%）、体积密度小（约 $1.6g/cm^3$）、反应能力高的石灰称为软烧石灰。

9.4.1.2　*萤石*

萤石的主要成分是 CaF_2，纯 CaF_2 的熔点为 1418℃，萤石中还含有其他杂质，因此熔点还要低些。造渣加入萤石可以加速石灰的溶解，萤石的助熔作用是在很短的时间内能够改善炉渣的流动性；但过多的萤石用量会产生严重的泡沫渣，导致喷溅，同时加剧炉衬的损坏，并污染环境。

转炉炼钢用萤石应满足 $w(CaF_2) > 85\%$，$w(SiO_2) \leqslant 5.0\%$，$w(S) \leqslant 0.10\%$，块度在 5 ~ 40mm 之间，并要干燥、清洁。

对于吹炼高磷铁水而回收炉渣制造磷肥的情况，在吹炼过程中不允许加入萤石，可改用铁钒土代替萤石作助熔剂来加速石灰的熔化。随着萤石资源的短缺，许多工厂都在寻求萤石的代用品。

9.4.1.3　生白云石

生白云石即天然白云石，主要成分是 $CaMg(CO_3)_2$。生白云石焙烧后为熟白云石，主要成分为 CaO 与 MgO。20 世纪 60 年代初，开始应用白云石代替部分石灰造渣技术，其目的是保持渣中有一定的 MgO 含量，以减轻初期酸性渣对炉衬的侵蚀，提高炉衬寿命，经实践证明效果很好。生白云石也是溅渣护炉的调渣剂。

由于生白云石在炉内分解吸热，用轻烧白云石的效果最为理想。目前有的厂家在焙烧石灰时配加一定数量的生白云石，石灰中就带有一定的 MgO 成分，用这种石灰造渣也取得了良好的冶金和护炉效果。

9.4.1.4　菱镁矿

菱镁矿也是天然矿物，其主要成分是 $MgCO_3$，焙烧后用作耐火材料，也是目前溅渣护炉的调渣剂。

9.4.1.5　合成造渣剂

合成造渣剂是将石灰和熔剂预先在炉外制成低熔点造渣材料，然后用于炉内造渣，即把炉内的石灰块造渣过程部分甚至全部移到炉外进行。显然，这是一种提高成渣速度、改善冶炼效果的有效措施。

合成造渣剂中作为熔剂的物质有氧化铁、氧化锰或其他氧化物、萤石等，可用其中一种或几种与石灰粉一起在低温下预制成型。这种预制料一般熔点较低、碱度高、颗粒小、成分均匀，而且在高温下容易碎裂，是效果较好的成渣料。高碱度烧结矿或球团矿也可作为合成造渣剂使用，其化学成分和物理性能稳定，造渣效果良好。

煅烧石灰时，采用加氧化铁皮渗 FeO 的方法制取含氧化铁皮外壳的黑皮石灰，它也是一种成渣快、脱磷和脱硫效果良好的熔剂。此外，也可以预烧渗 FeO 的白云石。

由于合成造渣剂的良好成渣效果，减轻了顶吹氧枪的化渣作用，从而有助于简化转炉吹炼操作。

9.4.1.6　锰矿石

加入锰矿石有助于化渣，也有利于保护炉衬，若是半钢冶炼，其更是必不可少的造渣材料。锰矿石要求 $w(Mn) \geq 18\%$，$w(P) < 0.20\%$，$w(S) < 0.20\%$，粒度在 20～80mm 范围内。

9.4.1.7　石英砂

石英砂也是造渣材料，其主要成分是 SiO_2，用于调整碱性炉渣的流动性。对于半钢冶炼，加入石英砂有利于成渣、调整炉渣碱度以去除 P、S。其要求使用前进行烘烤干燥，水分含量应小于3%。

9.4.2　冷却剂

通常氧气顶吹转炉炼钢过程的热量有富余，因而应根据热平衡计算加入一定数量的冷却剂，以准确地命中终点温度。氧气顶吹转炉用冷却剂有废钢、生铁块、铁矿石、氧化铁皮、球团矿、烧结矿、石灰石和生白云石等，其中主要为废钢和铁矿石。

9.4.2.1　废钢

废钢的冷却效应稳定，加入转炉产生的渣量少，不易喷溅；但加入转炉占用冶炼时间，冶炼过程调节不便。

9.4.2.2　生铁块

生铁块与废钢相比，冷却效应低，还必须配加一定量的石灰，渣量大，同样占用冶炼时间，冶炼过程调节不便。

9.4.2.3　铁矿石

铁矿石作为冷却剂时，常采用天然富矿和球团矿两种，主要成分为 Fe_2O_3 和 Fe_3O_4。铁矿石熔化后铁被还原，过程吸收热量，因而能起到调节熔池温度的作用。但铁矿石带入脉石，增加石灰消耗和渣量，同时一次加入量不能过多，否则会产生喷溅。此外，铁矿石还能起到氧化作用。氧气顶吹转炉用铁矿石要求 TFe 含量高，SiO_2 和 S 含量低，块度适中，并要干燥、清洁。

球团矿中 $w(TFe) > 60\%$，但氧含量也高，加入后易浮于液面，操作不当则会产生喷溅。

铁矿石与球团矿的冷却效应高，加入时不占用冶炼时间，调节方便，还可以降低钢铁料消耗。

9.4.2.4　氧化铁皮

氧化铁皮来自轧钢车间副产品，其细小体轻，因而容易浮在渣中，并增加了渣中氧化铁的含量，有利于化渣，因此氧化铁皮不仅能起到冷却剂的作用，而且能起到助熔剂的作用。

9.4.2.5　其他冷却剂

石灰石、生白云石也可作为冷却剂使用，其分解熔化均能吸收热量，同时还具有脱P、S的能力。当废钢与铁矿石供应不足时，可用少量的石灰石和生白云石作为补充冷却剂。

9.4.3　铁合金

为了在吹炼终点脱除钢中多余的氧，并调整成分达到钢种规格，需加入铁合金以脱氧合金化。

铁合金品种多、原料来源广、生产方法多样，但都是用碳或其他金属作还原剂，从矿石中还原金属。其主要生产方法有高炉法、电热法、电硅热法和金属热法等。

多数铁合金是用电能在矿热炉中生产的，有的还要用金属作还原剂，所以生产成本较高。氧气转炉使用铁合金时有如下要求：

（1）使用块状铁合金时，块度应合适，以控制在 10 ~ 50mm 范围内为宜，这有利于减少烧损和保证钢的成分均匀。

（2）在保证钢质量的前提下，应选用适当牌号的铁合金，以降低钢的成本。

（3）铁合金使用前要经过烘烤（特别是对氢含量要求严格的钢），以减少带入钢中的气体。对熔点较低和易氧化的合金，如钒铁、钛铁、硼铁和稀土金属等，可在低温（200℃）下烘烤；对熔点高和不易氧化的合金，如硅铁、铬铁、锰铁等，应在高温（800℃）下烘烤。

（4）铁合金成分应符合技术标准规定，以避免炼钢操作失误。如硅铁中的铝、钙含量，沸腾钢脱氧用锰铁的硅含量，都直接影响钢水的脱氧程度。

转炉常用的铁合金有 Fe - Mn、Fe - Si、Mn - Si、Ca - Si、铝、Fe - Al、钙系复合脱氧剂等，其化学成分及质量均应符合国家标准规定。现将常用铁合金的主要成分与用途列于表 9 - 4。

表 9 - 4　常用铁合金的主要成分与用途

成分/% 铁合金		C	Mn	Si	S	P	Cr	Ca	Al
硅锰	FeMn65Si17	≤1.8	65 ~ 70	17 ~ 20	≤0.04	Ⅰ级≤0.10 Ⅱ级≤0.15 Ⅲ级≤0.20			
	FeMn60Si17	≤1.8	60 ~ 70	17 ~ 20					
高炉锰铁	GFeMn76	≤7.5	≥76	Ⅰ级≤1.0 Ⅱ级≤2.0	≤0.03	Ⅰ级≤0.33 Ⅱ级≤0.05			
	GFeMn68	≤7.0	≥68			Ⅰ级≤0.40 Ⅱ级≤0.60			
	GFeMn64	≤7.0	≥64						
硅铁	FeSi75Al1.0A	≤0.1	≤0.4	74 ~ 80	≤0.02	≤0.035	≤0.3	≤0.10	≤1.0
	FeSi75Al1.0B	≤0.2	≤0.5	72 ~ 80		≤0.040	≤0.5	≤0.10	≤1.0
	FeSi45		≤0.7	40 ~ 47		≤0.040	≤0.5		
中碳锰铁	FeMn80C1.0	≤1.0	80 ~ 85	Ⅰ级≤0.7 Ⅱ级≤1.5	Ⅰ级≤0.20 Ⅱ级≤0.30	≤0.02			
	FeMn80C1.5	≤1.5	80 ~ 85	Ⅰ级≤1.0 Ⅱ级≤1.5	Ⅰ级≤0.20 Ⅱ级≤0.33				
铝	一级 Al			≤1.0					≥98
铝硅铁	FeAlSi	≤0.60		≥18	≤0.05	≤0.05			≥48 （Cu≤0.60）
铁锰铁	特锰 3 - A	≤7.0	≥76	≤1.0	≤0.03	≤0.25			
	特锰 3 - B	≤7.3	≥76	≤1.3					

续表9-4

<table>
<tr><th colspan="2">成分/%
铁合金</th><th>C</th><th>Mn</th><th>Si</th><th>S</th><th>P</th><th>Cr</th><th>Ca</th><th>Al</th></tr>
<tr><td rowspan="3">硅钙</td><td>Ca31Si60</td><td rowspan="3">≤0.8</td><td rowspan="3"></td><td rowspan="3">55～65</td><td rowspan="2">≤0.06</td><td rowspan="3">≤0.04</td><td rowspan="3"></td><td>≥31</td><td>≤2.4</td></tr>
<tr><td>Ca28Si60</td><td>≥28</td><td>≤2.4</td></tr>
<tr><td>Ca24Si60</td><td>≤0.04</td><td>≥24</td><td>≤2.5</td></tr>
<tr><td rowspan="3">铝铁</td><td>FeAl50</td><td></td><td></td><td>≤5</td><td>≤0.05</td><td>≤0.05</td><td></td><td>Cu≤0.4</td><td>50～55</td></tr>
<tr><td>FeAl45</td><td></td><td></td><td></td><td>≤0.05</td><td>≤0.05</td><td></td><td></td><td>45～50</td></tr>
<tr><td>FeAl20</td><td></td><td></td><td>≤5</td><td>≤0.05</td><td>≤0.06</td><td></td><td>Cu≤0.4</td><td>18～26</td></tr>
</table>

9.4.4　其他材料

9.4.4.1　增碳剂

在吹炼中、高碳钢种时，吹炼终点用增碳剂调整钢中碳含量以达到要求。顶吹转炉炼钢用增碳剂的要求是：固定碳含量高，灰分、挥发分和硫含量低，并且干燥、干净，粒度适中。

通常使用石油焦为增碳剂，其固定碳含量不小于95%，粒度在3～5mm范围内。若其粒度太细，容易烧损；粒度太粗，则加入后浮在钢液表面，不容易被钢液吸收。最好是将石油焦称量后装入纸袋，再投入钢液中。

此外，也可以使用低硫生铁块作增碳剂。

9.4.4.2　焦炭

目前氧气顶吹转炉开新炉时需用焦炭烘烤炉衬。焦炭应满足：固定碳含量不小于80%，水分含量小于7%，硫含量不大于0.7%，块度在10～40mm范围内。

9.4.4.3　氧气

氧气是氧气转炉炼钢的主要氧化剂，要求氧含量达到99.5%以上，并脱除水分。工业用氧是通过制氧机把空气中的氧气分离、提纯来获得的。炼钢用氧一般由厂内附设的制氧车间供给，用管道输送到炉前，要求氧压稳定、满足吹炼所要求的最低压力，并且安全可靠。

9.5　知识拓展

9.5.1　石灰的种类及生产方法

9.5.1.1　石灰的种类

生石灰呈白色或灰色块状，为便于使用，块状生石灰常需加工成生石灰粉、消石灰粉或石灰膏。生石灰粉是由块状生石灰磨细而得到的细粉，其主要成分是CaO。消石灰粉是块状生石灰用适量水熟化而得到的粉末，又称熟石灰，其主要成分是$Ca(OH)_2$。石灰膏是块状生石灰用较多的水（为生石灰体积的 3 ~ 4 倍）熟化而得到的膏状物，也称石灰浆，其主要成分也是 $Ca(OH)_2$。冶金石灰的规格见表 9 – 5。

表 9 – 5　冶金石灰的规格（YB/T 042—93）

类别	指标 / 品级	化学成分/%							活性度（4mol/dm^3 HCl，(40 ± 1)℃，10min）
		CaO	CaO + MgO	SiO_2	S	P	CO	灼减	
		不大于		不小于					不小于
普通	特　级	92.0		1.5	0.025	0.01	2		360
	一　级	90.0		2.5	0.10	0.02		5	300
	二　级	85.0		3.5	0.15	0.03		7	250
	三　级	80.0		5.0	0.20	0.04		9	180
镁质	特　级		93.0	1.5	0.025	0.01	2		360
	一　级		91.0	2.5	0.10	0.02		3	280
	二　级		86.0	3.5	0.15	0.03		6	230
	三　级		81.0	5.0	0.20	0.04		10	180

9.5.1.2　*石灰的生产方法*

首先使适当粒度的石灰石进入回转窑的预热器，在预热器中石灰石被来自回转窑窑尾的 1000 ~ 1100℃ 的烟气预热到 900℃ 左右，有 10% ~20% 的石灰石被分解。预热后的石灰石通过溜槽进入回转窑，在窑中石灰石进一步加热，在 1200 ~ 1250℃ 的温度下继续分解，直至完全煅烧。煅烧好的石灰从窑头排出，落入回转窑的冷却器内进行冷却。石灰落入冷却器时的温度为 1100℃ 左右，从冷却器底部鼓入的冷风将石灰冷却到 40 ~ 100℃，冷却后的石灰经振动除灰装置排出。回转窑系统示意图见图 9 – 1。

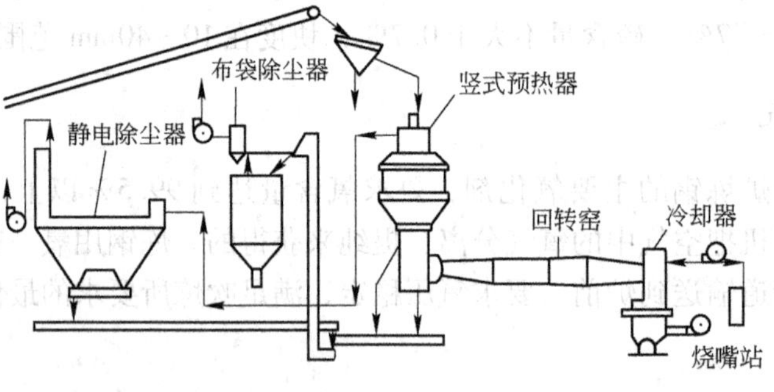

图 9 – 1　回转窑系统示意图

9.5.2　萤石代用品的种类及特点

9.5.2.1　*铁矿石和氧化铁皮*

铁矿石的成分主要是 Fe_2O_3，还有部分的 FeO；氧化铁皮是锻钢和轧钢过程中从钢锭或钢坯上剥落下来的金属氧化物碎片，又称铁鳞，其主要成分是 Fe_2O_3，还有部分的 Fe_3O_4。

铁矿石和氧化铁皮的作用是：作为萤石的代用品，可与石灰生成铁酸钙；分解时吸热，具有冷却作用；可分解出 FeO，具有氧化作用。

对铁矿石的要求为：$w(\mathrm{TFe}) \geqslant 56\%$，$w(\mathrm{SiO_2}) \leqslant 10\%$，$w(\mathrm{S}) \leqslant 0.2\%$，块度以 10 ~ 50mm 为宜。对氧化铁皮的要求为：$w(\mathrm{TFe}) \geqslant 90\%$，其他杂质含量不大于 3%，使用前在 500℃温度下烘烤 2h 以上，去除水分和油污。

氧化铁皮可作助熔剂使用，其加入熔池后会增加（FeO）量，（FeO）可以使炉渣中含有 FeO 的低熔点矿物保持一定数量；（FeO）与（MnO）相比，能够更有效地使石灰外围的高熔点矿物 C_2S 松散软化；（FeO）还能渗透 C_2S 进入石灰，与石灰反应后生成低熔点的铁盐、钙盐。所以，氧化铁皮具有很好的化渣助熔作用。

9.5.2.2　火砖块

火砖块是浇注系统的废弃品，它的作用是改善熔渣的流动性。特别是对于 MgO 含量高的熔渣，其稀释作用优于萤石。

火砖块中含有约 30% 的 Al_2O_3，易使熔渣起泡并具有良好的透气性。但火砖块中还含有 55% ~70% 的 SiO_2，能大大降低熔渣的碱度及氧化能力，对脱磷、脱硫极为不利。因此，火砖块在电炉炼钢的氧化期应绝对禁用，在还原期要适量少用，只有在冶炼不锈钢或高硫钢时才用得稍多一些。

9.6　思考与练习

（1）炼钢用造渣材料有哪些种类，如何识别？
（2）如何选用造渣材料？
（3）各种渣料的作用是什么？
（4）萤石的代用品有哪些？
（5）简述石灰的生产过程。

学习情境 4

顶吹转炉炼钢生产

单元 10　顶吹转炉装料操作

10.1　学习目标

（1）掌握铁水和废钢的配比及装入量的确定方法；
（2）学会根据铁水条件、钢种要求编制工艺方案；
（3）掌握转炉兑铁和加入废钢的操作。

10.2　工作任务

（1）转炉炼钢工（班长）根据车间生产值班调度下达的生产任务计划工单上所要求的 Q235 钢种成分、出钢温度和车间提供的铁水成分、铁水温度，编制原料配比方案和工艺操作方案。

（2）与原料工段协调完成铁水、废钢及其他辅料的供应。

（3）组织本班组员工按照操作标准，安全地完成铁水及废钢的装料操作。

10.3　实践操作

10.3.1　确定 120t 转炉铁水、废钢的配比及装入量

（1）分析铁水条件和钢种要求。以下均以南京钢铁公司的铁水条件和钢种成分为例，具体见表 10－1、表 10－2。

表 10－1　南京钢铁公司的铁水条件

成　分	C	Mn	Si	P	S
含量/%	4.0～4.6	0.55	0.50	0.09	0.02

表 10－2　南京钢铁公司的 Q235 成分　（%）

成　分	C	Mn	Si	P	S
内　控	0.11～0.16	0.35～0.55	0.20～0.50	≤0.017	≤0.020
目　标	0.15	0.45	0.15	≤0.015	≤0.015

（2）编制配料工艺方案。在满足物料热量平衡的前提下，按照要求的铁水成分和温度，由过程计算机计算铁水和废钢的装入量。操作工按计算结果准备铁水和废钢。

转炉总装入量为160t，其中铁水为140t，废钢为20t左右。在保证总装入量不变的前提下，废钢装入量可根据具体铁水条件进行调整，具体调整依据冷却剂加入量的计算方法计算。

10.3.2　检查炉衬状况

（1）加强对炉衬的检查，了解炉衬被侵蚀的情况，特别是容易侵蚀部位，发现预兆应及时修补，并应加强维护。

（2）炉衬被侵蚀到可见保护砖后，必须炉炉观察、炉炉维修。

（3）当出现不正常状况，如炉温特别高或倒炉次数过多时，更要加强观察，以及早发现薄弱环节、及时修补，预防穿炉事故发生。

10.3.3　指挥天车向转炉兑入铁水、加入废钢

应熟悉“炉倾地点选择开关”，并将开关选择到“炉前位置”。将炉倾（摇炉）开关的手柄推向前倾位置，待炉口倾动至接近+60°时，将摇炉手柄推回零位，炉子则固定在该倾角上等待兑铁水。兑铁水时，必须听从炉前指挥人员的指挥，按其指挥手势，将摇炉手柄多次在前倾、零位处按住，不断重复。随着铁水的兑入，将炉子不断前倾，直至兑完铁水。将摇炉开关手柄推向后倾，使炉子由兑铁水的+60°位置倾至接近+45°的加废钢位置，此时应立即将摇炉手柄放置零位，使炉子定位，等待加废钢。加废钢过程中，摇炉工必须按炉前指挥人员的指挥增大或减小炉倾角度，使炉口处于要求位置（角度）后，立即将摇炉手柄放置于零位，直至加废钢结束。然后将摇炉手柄推至后倾方向，将炉子回复到垂直位置（0°±3°）时，立即将手柄回复零位，使炉子止动。

10.4　知识学习

10.4.1　顶吹转炉的装入量

装入制度就是指确定转炉合理的装入量以及合适的铁水废钢比。转炉的装入量是指主原料的装入数量，它包括铁水和废钢的装入数量。

实践证明，每座转炉都必须有一个合适的装入量，装入量过大或过小都不能得到好的技术经济指标。若装入量过大，将导致吹炼过程严重喷溅，造渣困难，冶炼时间延长，吹损增加，炉衬寿命降低；装入量过小时，不仅产量下降，而且由于熔池变浅，控制不当，炉底容易受氧气流股的冲击作用而过早损坏，甚至使炉底烧穿，进而造成漏钢事故，对钢的质量也有不良影响。

在确定合理的装入量时，必须考虑以下因素：

（1）要有合适的炉容比。炉容比一般是指转炉新砌砖后，炉内自由空间的容积 V 与金属装入量 T 之比，以 V/T 表示，单位为 m^3/t。转炉生产中，炉渣喷溅和生产率与炉容比密切相关。合适的炉容比是从生产实践中总结出来的，它与铁水成分、喷头结构、供氧强度等因素有关。例如，铁水中Si、P含量较高，则吹炼过程中渣量大，炉容比应大一

些，否则易使喷溅增加。使用供氧强度大的多孔喷头时，应使炉容比大些，否则容易损坏炉衬。目前，大多数顶吹转炉的炉容比应在0.7～1.1之间选择，表10－3所示是国内外顶吹转炉炉容比的统计情况。

表10－3　国内外顶吹转炉的炉容比

炉容量/t	≤30	50	100～150	150～200	200～300	>300
炉容比/$m^3 \cdot t^{-1}$	0.92～1.15	0.95～1.05	0.85～1.05	0.7～1.09	0.7～1.10	0.68～0.94

大转炉的炉容比可以小些，小转炉的炉容比要稍大些。目前我国一些钢厂顶吹转炉的炉容比如表10－4所示。

表10－4　我国一些钢厂顶吹转炉炉容比

厂　名	首钢一炼	太钢二炼	首钢三炼	攀钢	本钢二炼	鞍钢三炼	首钢二炼	宝钢一炼
吨位/t	30	50	80	120	120	150	210	300
炉容比/$m^3 \cdot t^{-1}$	0.86	0.97	0.73	0.90	0.91	0.86	0.92	1.05

（2）要有合适的熔池深度。为了保证生产安全和延长炉底寿命，要保证熔池具有一定的深度。不同公称吨位转炉的熔池深度如表10－5所示。熔池深度H必须大于氧气射流对熔池的最大穿透深度h，一般认为，对于单孔喷枪，$h/H \leqslant 0.7$是合理的。

（3）对于模铸车间，装入量应与锭型配合好。装入量减去吹损及浇注必要损失后的钢水量，应是各种锭型的整数倍，应尽量减少注余钢水量。装入量可按式（10－1）进行计算：

$$\text{装入量} = \frac{\text{钢锭单重} \times \text{钢锭支数} + \text{浇注必要损失}}{\text{钢水收得率}(\%)} - \text{合金用量} \times \text{合金吸收率}(\%) \tag{10-1}$$

式中，有关单位采用t。

表10－5　不同公称吨位转炉的熔池深度

公称吨位/t	30	50	80	100	210	300
熔池深度/mm	800	1050	1190	1250	1650	1949

此外，确定装入量时，还要受到钢包的容积、转炉的倾动机构能力、浇注吊车的起重能力等因素的制约。所以在制订装入制度时，既要发挥现有设备的潜力，又要防止片面的、不顾实际的盲目超装，以免造成浪费和事故。

10.4.2　顶吹转炉的装入制度

氧气顶吹转炉的装入制度有定量装入制度、定深装入制度和分阶段定量装入制度。其中，定深装入制度即指每炉熔池深度保持不变，由于其生产组织困难，现已很少使用。定量装入制度和分阶段定量装入制度在国内外得到广泛应用。

（1）定量装入制度。定量装入制度就是指在整个炉役期间，每炉的装入量保持不变。这种装入制度的优点是：便于生产组织，操作稳定，有利于实现过程自动控制；但炉役前期熔池深，炉役后期熔池变浅，只适合大吨位转炉。国内外大型转炉广泛采用定量装入制度。

（2）分阶段定量装入制度。分阶段定量装入制度是指在一个炉役期间，按炉膛扩大的程度将其划分为几个阶段，每个阶段定量装入。这样既大体上保持了整个炉役中具有比较合适的熔池深度，又保持了各个阶段中装入量的相对稳定；既能增加装入量，又便于组织生产。分阶段定量装入制度是适应性较强的一种装入制度，我国中、小型转炉炼钢厂普遍采用这种装入制度。表 10－6 所示为首钢 30t 转炉分阶段定量装入制度。

表 10－6　首钢 30t 转炉分阶段定量装入制度

炉龄区间	1~50	51~100	101~400				>401			
装入量/t	35		40.5	41	42.5	42.5	46	46	48.5	43.5
出钢量/t	32.4		36.8	36.9	39.1	39	42.1	41	44.64	40
锭　型	沸腾 5.2t		沸腾 5.2t	大头 4.1t	挂板 5.2t	板坯	沸腾 5.2t	大头 4.1t	挂板 5.2t	板坯
炉容比/$m^3 \cdot t^{-1}$	0.86		0.78	0.78	0.74	0.74	0.82	0.84	0.80	0.85
模铸根数/根	6		7	9	7	—	8	10	8	—

注：沸腾表示沸腾钢，挂板表示普通镇静钢，大头表示带保温帽钢锭。

（3）顶吹转炉的装入顺序。

1）先装废钢，后兑铁水。目前国内各钢厂普遍采用溅渣护炉技术，这种装入顺序比较常见。

2）先兑铁水，后装废钢。炉役末期、补炉后的第一炉、废钢比大以及重型废钢比例大的情况，需使用此法。

10.5　知识拓展

10.5.1　转炉装料操作规程

10.5.1.1　兑铁水

A　准备工作

当转炉具备兑铁水条件或等待兑铁水时，将铁水包吊至转炉正前方，吊车放下副钩，炉前指挥人员将两只铁水包底环分别挂好钩。

B　兑铁水操作

炉前指挥人员站于转炉和转炉操作室中间靠近转炉的旁侧（如图 10－1 所示）。指挥人员的站位必须保证既能同时被摇炉工和吊车驾驶员看到，又不会被烫伤。

（1）指挥摇炉工将炉子倾动向前至兑铁水开始位置。

（2）指挥吊车驾驶员开动大车和主、副钩，将铁水包运至炉口正中、高度恰当的位置。

（3）指挥吊车驾驶员开小车将铁水包移近炉口位置，必要时指挥吊车对铁水包位置进行微调。

（4）指挥吊车上升副钩，开始兑铁水。

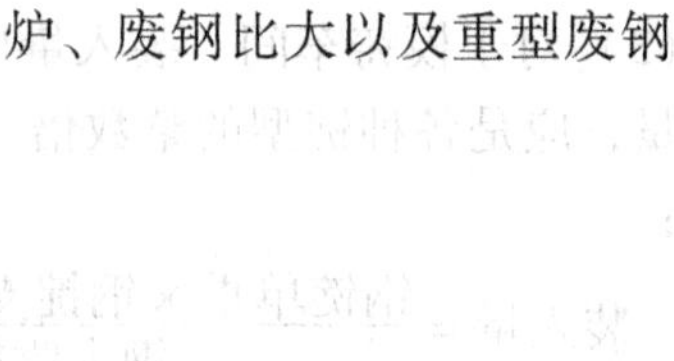

图 10－1　炉前指挥人员站位示意图

（5）随着铁水不断兑入炉内，要同时指挥炉口不断下降和吊车副钩不断上升，使铁水流逐步加大并全部进入炉内。而铁水包和炉口应保证互不相碰，铁水不可溅在炉外。

（6）兑完铁水后指挥吊车离开，至此，兑铁水完毕。

10.5.1.2 加废钢

A 准备工作

在废钢跨将废钢装入废钢斗，由吊车吊起并送至炉前平台，由炉前进料工将废钢斗尾部的钢丝绳从吊车主钩上松下，勾在吊车副钩上待用。

如逢雨天废钢斗中有积水，可在炉前平台起吊废钢斗时将废钢斗后部稍稍抬高或在兑铁水前进废钢。

B 加废钢操作

炉前指挥人员站立于转炉和转炉操作室中间靠近转炉的旁侧（同兑铁水位置）。待兑铁水吊车开走后，即指挥进废钢。

（1）指挥摇炉工将炉子倾动向前（正方向）至进废钢位置。

（2）指挥吊废钢的吊车驾驶员将吊车开至炉口正中位置。

（3）指挥吊车移动大、小车，将废钢斗口伸进转炉炉口。

（4）指挥吊车提升副钩，将废钢倒入炉内。如有废钢搭桥、轧死等，可指挥吊车将副钩稍稍下降再提起，使废钢松动一下，然后倒入炉内。

（5）加完废钢后即指挥吊车离开，指挥转炉摇正，至此，加废钢完毕。

10.5.1.3 向转炉兑铁水、加废钢时的注意事项

（1）炉前指挥人员必须注意站立的位置，以确保安全，绝不能站在正对炉口的前方。

（2）站位附近要有安全退路且无杂物，以保证当铁水溅出或进炉大喷时可以撤到安全地区。

（3）站位应保证摇炉工和吊车驾驶员都能清楚地看清指挥人员的指挥手势。

（4）指挥人员指挥进炉时，要眼观物料进炉口的情况和炉口喷出的火焰情况，如有异常现象发生，要及时采取有效措施，防止出现意外事故。

（5）兑铁水前，转炉内应无液态残渣，并应疏散周围人员，以防造成人员伤害和设备事故。如果没有二次除尘设备，兑铁水时转炉倾动角度应小些，尽量使烟尘进入烟道。

10.5.2 转炉装料作业要求

10.5.2.1 铁水兑入操作

（1）确认炉内无液态渣。

（2）确认是本炉次铁水。

（3）确认炉前无闲杂人员，挡火门开到位。

（4）确认渣罐车不在炉下。

（5）倾动炉体呈42°，指挥行车到兑入位置。

（6）根据指挥手势，配合铁水罐兑入，缓缓摇炉。

（7）兑铁完毕、确认铁水罐离开炉口后，方可摇炉。

10.5.2.2　废钢装入操作

（1）确认挡火门已开到位。
（2）确认是本炉次废钢。
（3）确认废钢不潮湿。
（4）倾动炉体呈 52°。
（5）提升炉前防护门。
（6）确认行车、废钢槽到达装入位置后，方可装入废钢。
（7）确认废钢槽已离开转炉炉口后，方可摇炉。

10.5.2.3　注意事项

（1）过程中禁止铁水罐碰撞炉体，防止铁水罐坠落。
（2）如遇铁水结壳情况，必须处理后再兑入。
（3）加入过程要缓慢进行。
（4）指挥的手势要清楚、正确。
（5）过程中禁止行车脱钩，防止废钢槽坠落。
（6）确认废钢中没有密封容器及爆炸物。

10.6　思考与练习

（1）如何确定装入量？
（2）如何指挥兑铁水、加废钢？

单元11　顶吹转炉冶炼操作

11.1　学习目标

（1）掌握转炉冶炼的基本原理；

（2）掌握转炉吹炼Q235钢的操作控制技能（以120t转炉的冶炼为例）；

（3）掌握转炉冶炼吹损的组成和减少吹损的措施；

（4）掌握转炉冶炼喷溅的种类、产生原因和控制方法；

（5）学会吹炼Q235钢的终点控制方法。

11.2　工作任务

（1）转炉炼钢工（班长）根据车间生产值班调度下达的生产任务计划工单上所要求的Q235钢种成分、出钢温度和车间提供的铁水成分、铁水温度，编制原料配比方案和工艺操作方案。

（2）组织本班组员工按照操作标准，安全地完成吹氧冶炼、取样测温、出钢合金化、溅渣护炉、出渣等一整套完整的冶炼操作。

（3）在进行冶炼操作这个关键环节时，与吹氧工配合，在熟练使用转炉炼钢系统设备的基础上，运用计算机操作系统控制转炉的散装料系统设备、供氧系统设备、除尘系统设备，及时、准确地调整氧枪高度、炉渣成分、冶炼温度、钢液成分，完成煤气回收任务和按Q235钢要求进行出钢合金化操作，保证炼出合格的钢水，并填写完整的冶炼记录。

（4）按计划做好炉衬的维护。

11.3　实践操作

11.3.1　吹炼操作方案、终点控制方案的编制

11.3.1.1　开吹枪位的确定

冶炼初期的任务是早化渣、多去磷，所以从原则上来讲，开吹时应适当高枪位操作，但必须综合考虑以下各种因素的影响：

（1）铁水成分。当铁水硅含量较高（大于1.0%）时，往往配加石灰和冷却剂（铁矿石或氧化铁皮）的数量较多，因此形成的炉渣量较大，容易造成喷溅，枪位应适当偏低一些。根据某厂操作的经验，此时的枪位比正常枪位低50～100mm，这样使（FeO）含量适当低些，减小喷溅的可能性。当铁水硅含量较低（小于0.5%）时，根据公式，每吨金属的石灰加入量应少些；但实际上为了保证有适量的炉渣，石灰的加入量减少得并不多，故枪位应适当提高些，使初期渣中有一定的（FeO）含量，促使石灰熔化，提高脱磷效果。如果此时采用低的开吹枪位，则初期渣不容易化好，不能做到早化渣、多去磷。

（2）铁水温度。转炉炼钢的铁水入炉温度一般应在1250～1350℃范围内。如果铁水温度偏低，一方面应缓加第一批渣料，另一方面应采用低枪位操作，经过短时间低枪位吹

炼后再加入第一批渣料，同时提枪到正常枪位进行吹炼；当铁水温度偏高、渣中（FeO）含量较少时，炉渣不容易化好，枪位可以稍高些以增加（FeO）含量，促使化渣去磷。

（3）装入量。装入量大（特别是炉役前期），熔池液面升高，如果不相应提高开吹枪位，则相当于低枪位开吹，炉渣化不好，会造成喷溅严重，同时还可能烧坏喷枪。即使炉役期的中、后期也应尽量避免过大超装。

（4）炉龄。炉役后期熔池面积增大，炉渣不好化，可以在短时间内采用高、低枪位交替操作，加强熔池搅拌，促使及早成渣。

（5）渣料。当用矿石、铁皮及萤石的数量较多时，因它们含（FeO）及 CaF_2，都有良好的化渣作用，炉渣流动性好，不需要再用提高枪位的办法来帮助化渣，所以枪位可适当低些；相反，当以上渣料用量较少时，为了及早成渣、多去磷，枪位应该高些。石灰是转炉炼钢的主要造渣材料。石灰用量多时枪位应高些，这样有利于石灰早化。但在使用时要充分考虑石灰的质量，如石灰粉末较多，加入后的熔化速度并不慢，枪位可以偏低些；当石灰中生烧石灰的比例较高时，由于其很难熔化，枪位应该提高以助熔，但要注意在后期一旦渣化开就易产生喷溅，故枪位不能过高；当使用活性石灰时，由于其化渣较快，整个过程的枪位可以稍低些。

11.3.1.2　过程枪位的确定

冶炼中期炉温较前期有所提高，碳氧反应开始激烈进行，使（FeO）和（MnO）的含量大量降低，许多含 MnO 和 FeO 的低熔点矿物的组成发生了变化，形成了高熔点物质；随着石灰的熔化，形成了高熔点的 C_2S 及一部分高熔点的 RO 相，再加上中期（MgO）的溶解度小，有氧化镁的晶体析出，因此有许多未熔的固体质点弥散在炉渣中，导致炉渣黏稠甚至成团结坨，出现炉渣返干现象。所以，确定过程枪位的关键是使炉渣中保持一定数量的（FeO），防止或减轻炉渣返干现象。当发现有返干预兆时，应及时适当提枪来促使化渣，减轻返干程度。

11.3.1.3　吹炼后期枪位的确定

进入后期，碳氧反应的速度已大为减慢，使（FeO）的数量有所增加，促使石灰熔化，形成了高碱度、有一定流动性的终渣，有利于钢水中硫、磷的去除。

后期枪位应不使（FeO）含量过高，而且一般在终点前降枪处理 30s 以上。降枪一方面可以使熔池均匀化，另一方面可以使（FeO）含量降低，以便提高金属收得率并使炉渣黏稠，保证终渣做黏，满足出钢挂渣或溅渣的要求，保护炉衬，有利于后期脱硫。FeO 是表面活性物质，可降低炉渣的表面张力，有利于泡沫渣的形成和稳定，降低了（FeO）数量也就降低了喷溅的可能性。

11.3.1.4　造渣方法的选择

在氧气顶吹转炉中，必须根据铁水的磷含量和冶炼钢种对磷的要求来确定造渣方法。

（1）$w[P] \leqslant 0.15\%$ 的低磷铁水采用单渣法操作。

（2）当铁水中 $w[P] = 0.6\% \sim 1.5\%$ 或 $w[Si] > 1.0\%$，或要求生产低磷的中、高碳钢时，采用双渣法操作。

（3）当铁水的磷含量高于1.5%时，即使采用双渣法也难以使磷含量降到规格范围以内，所以要采用双渣留渣法操作。

此外，为加快成渣速度、吹炼高磷铁水，可以采用喷吹石灰粉造渣方法。

11.3.1.5　渣料的加入量计算及加入

A　提取与计算有关的数据

与计算有关的数据包括：

（1）铁水的成分、温度及数量；

（2）石灰的成分、活性度、块度以及新鲜程度；

（3）其他渣料（生白云石、铁皮、萤石、矿石等）的成分与块度；

（4）废钢加入量及其轻重料搭配比、清洁程度；

（5）本炉次冶炼钢种及其要求的硫、磷含量；

（6）其他相关数据。

B　计算渣料用量

计算渣料用量所用的铁水条件和目标钢种成分见表11－1、表11－2。

表11－1　铁水条件

成　分	C	Si	Mn	P	S	温度/℃
含量/%	4.5	0.4	0.35	0.07	0.02	1270

表11－2　目标钢种成分

成　分	C	Si	Mn	P	S	目标温度/℃
含量/%	0.15～0.17	0.17～0.23	0.47～0.53	0～0.025	0～0.05	1660～1680

炉渣碱度按2.8～3.2控制，终渣氧化镁含量大于8%，开吹时加入石灰2500kg、镁球800kg、白云石1000kg，吹炼3～4min后加入石灰2000kg，吹炼时间大约为12min 45s。全程可根据化渣需要向炉内加入铁矿石1200kg或其他助熔剂，铁矿石加入宜小批多次，铁矿石加入量为300kg/批。

11.3.2　转炉吹炼中枪位的控制与调节

冶炼前期为满足化渣需要，一般枪位偏高，约为2m。但对铁水温度较低的炉次，则需先以较低枪位操作，以提高熔池温度。

冶炼中期主要脱碳，枪位较低，约1.6m。

冶炼末期调渣，枪位约为1.9m，终点前点吹枪位约为1.2m，在此过程中可依据实际条件调节枪位。

11.3.3　造渣材料的调整与加入

转炉渣料一般分为两批加入。第一批几乎在降枪吹氧的同时加入，数量约为全程渣料的1/2。随着铁水中硅、锰氧化的基本结束，炉温逐步升高，石灰进一步熔化，并出现碳氧化火焰，开始进入吹炼中期，此时可以开始加入第二批渣料。第二批渣料一般分成几小批数次加入，最后一小批必须在终点前3～4min加完。具体批数和每批加入量由摇炉工视冶炼实际情况而定。

冶炼末期脱碳反应速度下降，三相乳化现象减弱，温度升高较快，石灰继续熔化。此期间要密切观察火焰，根据炉况及时调节枪位（如有必要可补加所谓的第三批渣料），要求把炉渣化透。

11.3.4　温度的判断与控制

控制冶炼前期温度偏低，因为低温有利于去磷反应的进行。但前期温度也不能过低，必须保证化好前期渣所需温度范围的低限。

控制冶炼过程温度使之逐步升高，保证过程渣化透。

控制终点温度不过高。如已出现过高炉温，则必须加冷料降温，因为高温会使渣中的磷返回到钢中。所以后期温度高的炉次要求补加石灰。

11.3.5　化渣、喷溅情况的判断与调整

11.3.5.1　火焰及声响

（1）当发现火焰相对于正常火焰较暗，熔池温度较长时间升不上去，少量炉渣随着喷出的火焰被带出炉外时，表明炉渣化得不好，此时如果摇炉不当往往会发生低温喷溅。应及时降低枪位以求快速升温及降低（FeO）含量，同时延迟加入冷料，预防发生喷溅。

（2）当发现火焰相对于正常火焰较亮，火焰较硬、直冲，有少量炉渣随着火焰被带出炉外，且炉内发出刺耳的声音时，同样表明炉渣化得不好，大量气体不能均匀逸出，一旦有局部炉渣化好，声音由刺耳转为柔和，就有可能发生高温喷溅。应针对具体炉况采取必要的措施，或提枪促使（FeO）含量增加以加速化渣，或加冷料以降温，或两者兼用以防止和减少喷溅的发生。

11.3.5.2　音频化渣曲线

应用音频化渣仪上的音频曲线可预报喷溅。音频化渣是通过检测转炉炼钢过程中的噪声强弱来判断炉内化渣状况的，转炉中的噪声主要是由氧枪喷射出来的氧流与熔池作用而产生的。经试验和测定证明，炉内噪声的强弱与泡沫渣的厚度成反比，当炉内泡沫渣较薄时，氧气射流会产生强烈的啸叫噪声；而当炉内泡沫渣较厚时，乳化液的泡沫渣将噪声过滤后，噪声的强度大为减弱。因此，可以通过检测炉内的噪声强度来间接判断泡沫渣的厚度，即化渣的情况。操作者可以根据化渣曲线来判断分析是否会产生喷溅，当化渣曲线达到喷溅预警线时，就意味着将会发生喷溅，提示操作者应采取适当的措施，预防喷溅的发生。

11.3.5.3　调整措施

（1）控制熔池温度。

1）保证前期温度不过低，使碳氧反应正常进行，防止（FeO）过多积累。

2）控制中、后期温度不过高，保证碳氧反应不过分剧烈从而避免因（FeO）消耗太多而导致返干产生。

3）严禁过程温度突然下降，确保碳氧反应正常进行而不会突然抑制，防止（FeO）过分积累。

（2）控制（FeO）含量。保证（FeO）不出现过分积累的现象，防止炉渣过分发泡或在炉温突然下降以后再升高时发生爆发性的碳氧反应，减少喷溅发生的机会。

（3）第二批渣料不能加得太迟。如第二批渣料加得太迟，此时炉内碳氧反应已经非常剧烈，加入冷料后使炉温突然下降，抑制了强烈的碳氧反应并使（FeO）得到积累，当温度再度升高时就有可能发生喷溅。

11.3.6　吹炼终点的确定及拉碳

（1）炉口火焰。吹炼前期熔池温度较低，碳氧化得少，所以炉口火焰短，颜色呈暗红色。吹炼中期碳开始激烈氧化，生成CO量大，火焰白亮、长度增加，也显得有力，这时对碳含量进行准确的估计是困难的。当碳含量进一步降低到0.20%左右时，由于脱碳速度明显减慢，CO气体显著减少，火焰要收缩、发软、打晃，看起来也稀薄些。炼钢工根据自己的具体体会就可以掌握拉碳时机。

（2）供氧量。当喷嘴结构尺寸一定时，采用恒压变枪操作，单位时间内的供氧量是一定的。在装入量、冷却剂加入量和吹炼钢种等条件基本无变化时，吹炼1t金属所需要的氧气量也是一定的，因此吹炼一炉钢的供氧时间和耗氧量变化也不大，这样就可以将上几炉的供氧时间和耗氧量作为本炉拉碳的参考。当然，每炉钢的情况不可能完全相同，如果生产条件有变化，其参考价值就要降低。即使是生产条件完全相同的相邻炉次，也要与看火焰、火花等办法结合起来综合判断。

（3）副枪定碳。根据副枪准确测定碳含量。

11.3.7　补吹、终点的判断

取出具有代表性的钢样，刮去覆盖于表面的炉渣，从钢水颜色、火花分叉及弹跳力等方面来判断碳含量及温度的高低。通过观察钢样判断磷、硫含量，或者取样送化验室分析磷、硫、碳、锰及其他元素的含量，并结合渣样、炉膛情况、喷枪冷却水进出温差以及热电偶测温等来综合判断。

11.4　知识学习

11.4.1　炼钢的基本任务

从化学成分来看，钢和生铁都是铁碳合金，并含有Si、Mn、P、S等元素；但由于两者碳和其他元素的含量不同，所形成的组织不同，因而性能也不一样。根据Fe－C相图，碳含量在0.0218%～2.11%之间的铁碳合金为钢，碳含量在2.11%以上的铁碳合金是生铁（根据国家标准和国际标准规定，以碳含量2%为钢和铸铁的分界点），碳含量在0.0218%以下的铁碳合金称为工业纯铁（冶标规定碳含量在0.04%以下的为工业纯铁）。

若以生铁为原料炼钢，需氧化脱碳。若钢中P、S含量过高，会分别造成钢的冷脆性和热脆性，所以炼钢过程应脱除P、S。钢中的氧含量超过限度后会加剧钢的热脆性，并形成大量氧化物夹杂，因而要脱氧。钢中含有氢、氮会分别造成钢的氢脆和时效性，所以应该降低钢中有害气体含量。夹杂物的存在会破坏钢基体的连续性，从而降低钢的力学性能，也应该去除。炼钢过程应设法提高温度达到出钢要求，同时还要加入一定种类和数量的合金，使钢的成分达到所炼钢种的规格。

综上所述，炼钢的基本任务包括：脱碳、脱磷、脱硫、脱氧，去除有害气体和夹杂物，提高温度，调整成分。炼钢过程通过供氧、造渣、加合金、搅拌、升温等手段完成炼钢基本任务。氧气顶吹转炉炼钢过程主要是降碳、升温、脱磷、脱硫、脱氧以及合金化等高温物理化学反应的过程，其工艺操作则是控制供氧、造渣、温度及加入合金材料等，以获得所要求的钢液，并浇成合格钢锭或铸坯。

11.4.2　气体射流与熔池的相互作用

顶吹氧气转炉是将高压、高纯度（含 O_2 99.5%以上）的氧气通过水冷氧枪，以一定距离（喷头到熔池面的距离为 1～3m）从熔池上面吹入。为了使氧流有足够的能力穿入熔池，使用出口为拉瓦尔型的多孔喷头，氧气的使用压力为（10～15）$\times 10^5$Pa，氧流出口速度可达 450～500m/s。

11.4.2.1　转炉炉膛内氧气射流的特征

转炉炉膛是一个复杂的高温多相体系，喷吹入炉内的氧气射流离开喷头后，由于炉内周围环境性质变化，使射流的特性也变得有些不能确定了。开吹时，射流与熔池之间的炉内空间充满了热气体，主要由熔池内排出的 CO 和空气所组成。但是在吹氧几分钟后就开始形成炉渣，从熔池内排出 CO 气体的速度也很快增大，开始产生泡沫渣，不久即将喷枪淹没。在这种情况下，不可能在真实的转炉上直接测定射流特性，也无法找到合适的实验方法来推测炉内的情况；同时，喷吹入炉膛的氧射流与炉内介质存在着温度差、浓度差和密度差，还存在着反向流动的介质和化学反应。因此，炉膛内的氧气射流与在静止条件下研究的自由射流存在很大差异，它是处于反向流动介质条件下的具有伴随流的非等温紊流射流。

在顶吹转炉炉膛内，氧气射流的特征大致如下：

（1）氧枪经常在出口 $Ma \gg 1$ 的条件下工作，因此，喷孔出口的超声速射流与自由射流不同。在靠近喷孔产生激波的一段中，氧气射流与周围介质之间不进行传质，射流横截面的变化不明显，它只是射流的压力向周围介质的压力接近而使射流密度发生变化的结果。其后，当射流与周围介质的压力变为相等时，开始从周围介质向射流内部传质，射流的横截面逐渐扩大直至周围介质传递到轴心，而射流轴心速度仍保持为等于出口的速度，这一段称为初始段。此后，射流轴心速度逐渐降低到声速，这一段称为过渡段。过渡段以后的亚声速段称为基本段。通常顶吹氧气转炉内，在氧气射流到达熔池的路程中射流应具有超声速或声速。当氧气在喷孔内膨胀不足时，射流的射程比自由射流的射程大。

（2）在转炉炉膛内，氧气射流遭到与射流运动方向相反、以 CO 为主的相遇气流的作用，使射流的衰减加速。相遇气流作用的定量概念至今还不清楚，但可以推断，它的影响在吹炼的不同时期是不同的。其在强烈脱碳的吹炼中期影响最大，此时，在氧气射流下的一次反应区内进行着碳的强烈氧化，伴随着金属液从一次反应区向上剧烈翻腾，阻滞氧气射流向下穿透。在吹炼的初期和末期脱碳速度不大，相遇气流的影响较小。

(3) 氧气射流在转炉炉膛内向下流动的过程中，将从周围抽吸烟尘、金属滴和渣滴等密度很大的质点，使射流的速度降低，扩张角减小。此外，有时氧气射流还会受到熔池中喷溅出来的金属和炉渣的冲击。

(4) 转炉炉膛内的氧气射流，其初始温度比周围介质的温度低得多，当射流与从周围抽吸的高温介质混合时，射流被加热。同时，进入射流的CO和金属滴要在射流中燃烧放热，并使射流的黑度增大而接受周围介质的辐射热。氧气射流因被加热膨胀，使射程和扩张角增大，同时氧气的纯度降低。在热模拟实验中，将氧气射入1500℃的CO室中，在距喷孔15～20个孔径处，射流温度达1300～1800℃；在距喷孔35～40个孔径处，其温度则达2150～2300℃。显然，这样的高温会危及炉衬。

(5) 冷态实验表明，多孔喷头与单孔喷头的射流流动状况有重要区别。首先，在总喷出量相同的情况下，就绝对值而言，多孔喷头射流的速度衰减和全能衰减都较快，因而射程较短。这是由于每一喷孔的直径都大大减小，同时射流与周围介质的总接触面积显著增大，因而其与周围介质之间的传质加快。其次，对于无中心孔的喷头，就每一射流而言，其与周围环境是非轴对称的。冷态实验表明，在每一射流的内侧存在着高速射流的影响，内侧与介质之间的传质较外侧弱，因而射流内侧的速度衰减较外侧慢，造成射流横截面上的速度分布不对称，内侧速度偏高，射流轴心相应内移。可以推想，这在实际转炉内也是存在的。

(6) 氧枪出口处的氧气射流，其密度显著大于周围气相介质的密度，这应有利于射程的增大。当然，这种密度差将随远离喷孔而迅速减小。

综上所述，氧气射流在转炉炉膛内的流动规律与自由射流相比有相同的方面，也有重要的不同，这在运用自由射流的规律分析转炉内的状况时应当特别注意。

11.4.2.2　射流的状态

A　单孔喷头的射流状态

高压氧射流由喷头喷出后的运动规律为：氧射流由喷头喷出后，在向前运动时吸收了炉内气体，导致氧射流流量不断增加，流股各截面速度逐渐变小，边缘速度比中间速度降低得快，截面逐渐扩大。由于动压头与速度平方成正比，射流动压头也逐渐降低。氧射流由喷头喷出后流股的形状见图11－1。距喷头不同距离处氧射流截面上的压力变化见图11－2。

氧射流由喷头喷出后，由于是超声速气流，流股并不马上扩张，当射流速度降到声速后才扩张。射流展开角约为12°。

由图11－2可见，当供氧压力一定时，若喷头距液面较近，则对液面的冲击力较大，接触面积较小；相反，若喷头距液面较远，则对液面的冲击力减小，接触面积增大。当喷头至液面距离一定时，供氧压力增大，则氧射流动压头增大，对金属液面的冲击力也增大，接触面积减小。

B　多孔喷头的射流状态

多孔喷头的设计思想是增大流量，分散射流，增加流股与熔池液面的接触面积，使气体逸出更均匀，吹炼更平稳。然而，多孔喷头与单孔喷头的射流流动状态有重要差别，在总的喷出量相同的情况下，多孔喷头射流的速度衰减要快些，射程要短些，几股射流之间还存在相互影响。

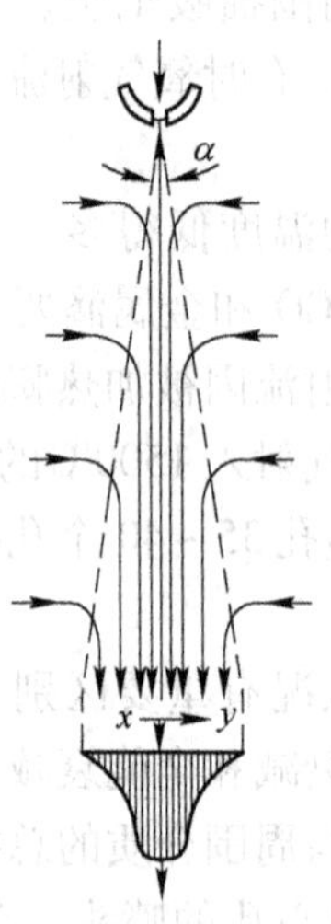

图 11－1　氧射流由喷头喷出后流股的形状

α—射流展开角

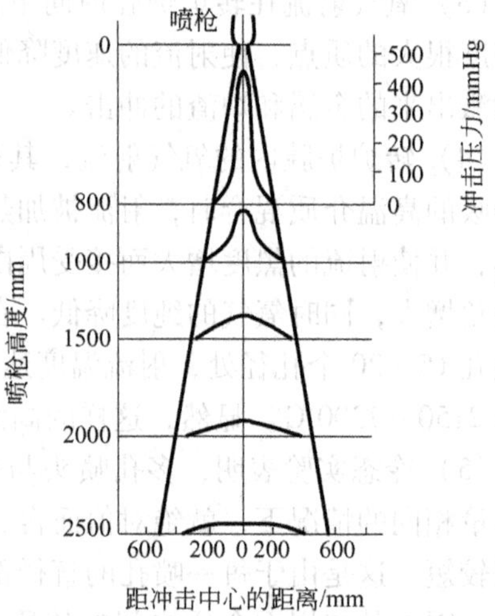

图 11－2　氧射流冲击压力与枪高的关系

（喷头尺寸 d＝45mm，1mmHg＝133.322Pa）

（1）多孔喷头的单孔轴线速度衰减。多孔喷头中的单孔轴线速度衰减规律与单孔喷头的衰减规律是相似的，只是速度衰减更快一些。图11－3所示为冷态条件下四孔喷头中某单孔轴线速度的测定结果。

（2）多孔喷头的速度分布。多孔喷头的速度分布是非对称的，受喷孔布置的影响。当喷头中心有孔时，其流股速度的最大值在氧枪中心线上；当喷头中心无孔时，其流股速度的最大值不在氧枪中心线上。多孔喷头的速度分布情况见图11－4、图11－5。

（3）射流间的相互作用。多孔喷头是从一个

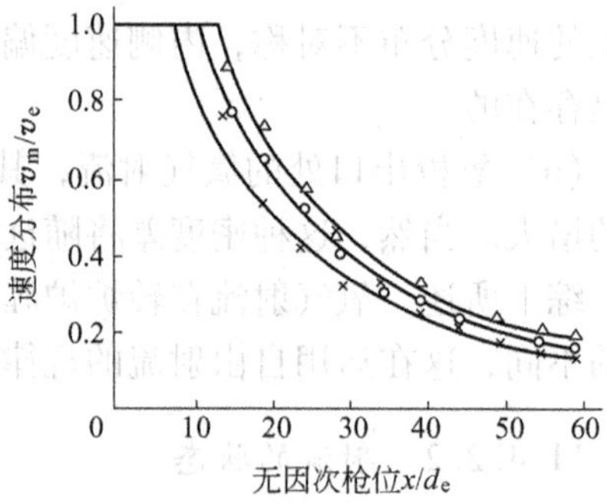

图 11－3　冷态条件下四孔喷头中某单孔轴线速度的测定结果

△—压力 0.95MPa；○—压力 0.85MPa；×—压力 0.75MPa

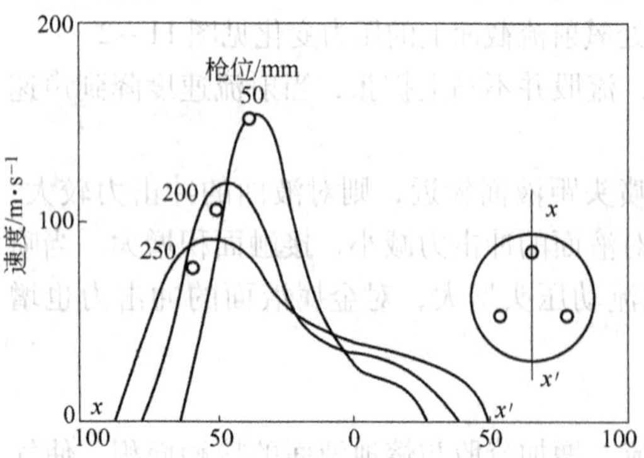

图 11－4　多孔喷头中心无孔的速度分布

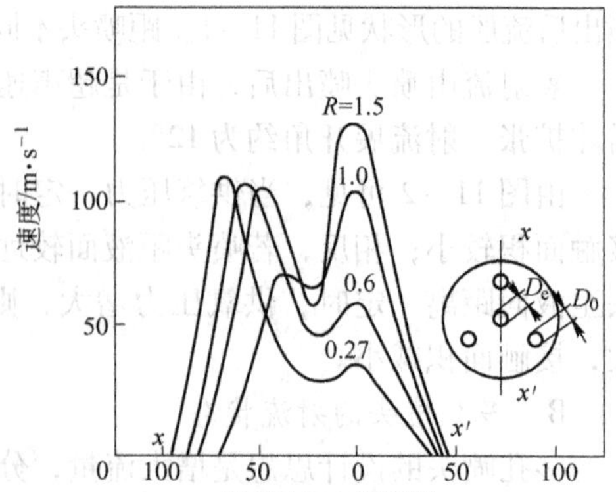

图 11－5　多孔喷头中心有孔的速度分布（$R = D_e/D_0$）

D_e—中心孔直径，mm；D_0—边孔直径，mm

喷头流出几股射流，而每一股射流都要从其周围的空间吸入空气。由于各射流围成的中心区域较外围空间小得多，使中心区域的压力下降，介质流速增大，从而倾向于各射流互相牵引。其结果是使各单独射流的特性参数变为非轴对称性，在靠近喷头中心线两侧速度明显偏高、压力明显偏低，见图11－6、图11－7。

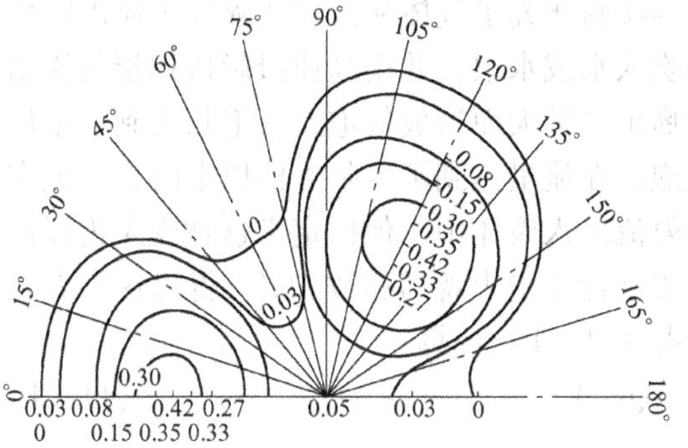

图11－6　三孔喷头射流的截面压力分布（10^5Pa）

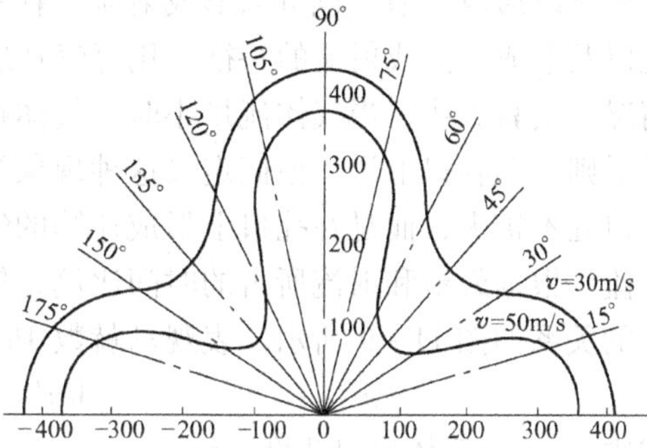

图11－7　四孔喷头射流的截面速度分布

喷头上各喷孔间的间隔距离或夹角减小，都会造成流股间相互牵引的增加。一股射流从喷孔喷出后，在一段距离内保持射流的刚性，但同时也吸入周围介质，由于中心区域压力降低，推动了各个流股向中心靠拢。喷孔夹角越小，流股靠拢的趋势越明显。当各个流股接触时开始混合，这种混合从中心区边缘向各流股中发展，最后形成多流股汇合。为使各个流股分开，国外研究结果表明，各喷孔夹角应在15°～18°之间，过大的夹角会使流股冲击力减小，也使冲击区接近炉壁。为了提高炉衬寿命，改善冶金效果和减少喷溅，有人提出多孔喷头的流股应有轻度的汇合。众多的研究指出，喷孔夹角与孔数有关，通常采用的喷孔夹角为：三孔喷头9°～12°，四孔喷头12°～15°，四孔以上喷头15°～20°。

另外，增加各喷孔间的距离与增加喷孔夹角具有同样的使射流分开的作用，而且增大各喷孔间距离不会减小射流的冲击力。三孔喷头典型的间距为一个喷孔的出口直径（即喷头中心线与各喷孔中心线之间的距离为一个喷孔的出口直径）。

多孔喷头所形成的多个流股喷出后，在行进中与周围气流渗混，横截面增大。当各流股外边界互相接触后彼此渗混，从而使流股的行进方向发生偏移，朝着喷头中心轴线一方移动，其偏移程度与喷孔夹角有关。图11－8所示为三孔喷头某喷孔流股的冷态测试结果，由图可见，喷孔夹角越小，偏移喷孔几何轴线越严重。

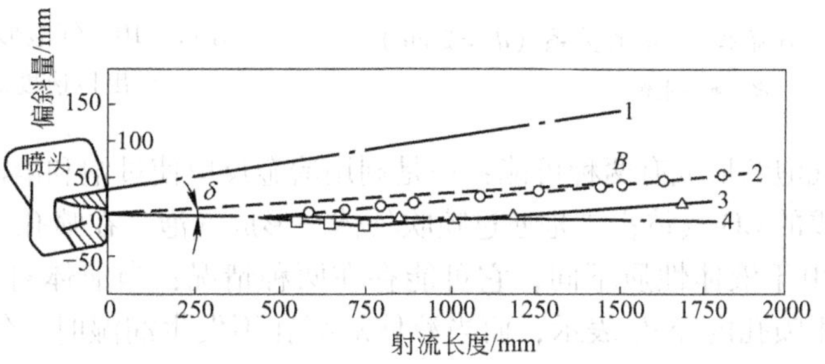

图11－8　三孔喷头某喷孔流股的偏移情况

1—氧枪喷头轴线；2—8°流股轴线；3—9°流股轴线；4—喷孔几何轴线

δ—喷孔夹角；B—偏移程度

11.4.2.3　底吹供气的射流

A　鼓泡与射流

气体从炉底吹入熔池属于浸没式射流运动，当气体通过浸没喷嘴流出时，气体在熔池中既可以形成气泡，也可以形成射流。森一美等实验研究了气体从浸没式喷嘴中流出的情况以及形成气泡或射流的特征，用氮气从底部吹入水或水银，并用高速摄影机拍摄其流出情况。实验表明，当气体流量小时，气体在喷嘴出口扩大而形成气泡，气泡长大到一定尺寸后则脱离孔口上浮，他们定义这种现象为鼓泡。在流量达到某一临界值以上时，气流在孔口处不扩大，而是在孔口上形成连续的气体射流进入液体中，他们定义这种现象为浸没射流。根据鼓泡和射流所占的时间比例，依据流量计算出表观马赫数 Ma'，得出这三者之间的关系如图 11－9 所示。表观马赫数 Ma'用式（11－1）计算：

$$Ma' = v/a = Q/aA \tag{11-1}$$

式中　v——气体出口速度，m/s；

a——室温声速，m/s；

Q——喷嘴流出的气体流量，m^3/s；

A——喷嘴截面积，m^2。

B　气泡的形成

当 $Ma' = 1$ 时，由鼓泡到射流达到临界值。这一结果与肖泽强所做的水模实验结果（见图 11－10）是一致的。由图 11－10 可见，当气体流速达到声速时，气泡形成频率达到最大值；气体流速大于声速后，气泡形成频率减小。

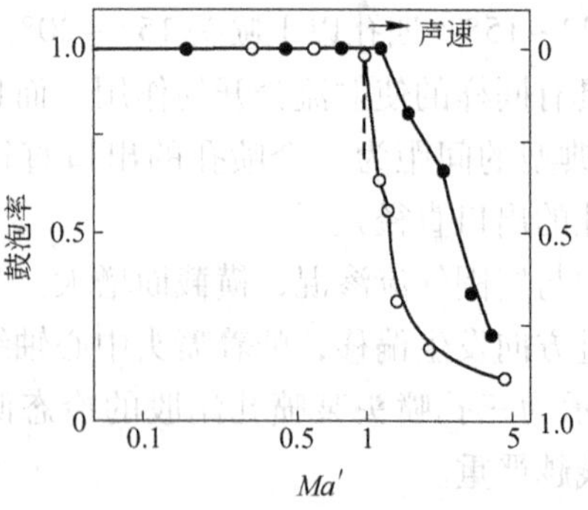

图 11－9　鼓泡率、射流率与 Ma'的关系（$d_e = 2$mm）

○—水；●—水银

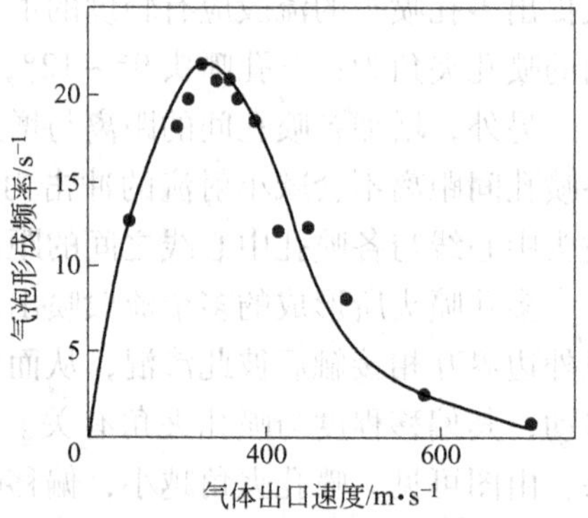

图 11－10　气泡形成频率与气体出口速度的关系

液体金属中气泡的形成有两种可能：一是利用冶金反应使过饱和溶液析出气体，如熔池中碳氧反应生成的 CO 气体；二是通过喷吹气体来形成气泡。在喷孔上形成气泡的示意图见图 11－11，由于液体性质不同，它可能存在两种情况：当液体对喷孔发生润湿时，气泡形成直径 d 用喷孔内径 d_1 表示；而当液体对喷孔不发生润湿时，气泡形成直径用喷孔外径 d_0 表示。

不同的实验研究表明，气泡形成频率在不同的体系中是不同的，其结果如表 11－3 所示。

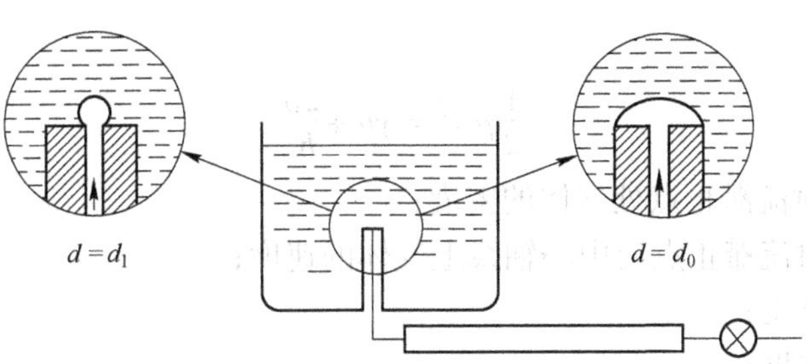

图 11－11　在喷孔上形成气泡的示意图

表 11－3　不同体系中气泡的形成频率

体　系	Ar－熔铝	Ar－铁水	Ar－水银	He－水银	He－水	空气－水
频率/s^{-1}	12～16	8～12	10～14	10	17～19	19～23

佐野等人实验测定了熔铁、熔银中的气泡直径，并考虑到喷孔尺寸和气体流量对气泡形成的影响，得知气泡形成主要受表面张力、浮力和惯性力的作用，其气泡直径的实验式为：

$$d = \left[\left(\frac{6\sigma d_e}{\rho_L g} \right)^2 + 0.0248 (Q^2 d_e)^{0.867} \right]^{1/6} \qquad (11-2)$$

式中　d——气泡直径，m；

σ——液体表面张力，N/m；

d_e——喷孔直径，m；

ρ_L——液体密度，kg/m^3；

g——重力加速度，m/s^2；

Q——气体流量，m^3/s。

11.4.2.4　氧气射流与熔池的相互作用

A　氧气射流与熔池的物理作用

氧气射流通过高温炉气冲击金属熔池，引起熔池内金属液的运动，起到机械搅拌作用。搅拌作用强且均匀，则化学反应快，冶炼过程平稳，冶炼效率高。

搅拌作用的强弱和均匀程度与氧气射流对熔池的冲击状况和熔池运动情况有关。一般以熔池中产生的凹坑深度（冲击深度）和凹坑面积（冲击面积）来衡量。由于氧气射流对熔池的冲击是在高温下进行的，实际测定有不少困难，目前通常用冷模型、热模型进行研究，也有在工业炉内直接进行测定研究的。

a　凹坑的形成

氧气射流冲击在熔池表面上，当这个冲击力大于维持液面静平衡状态的炉内压力时，就会将铁水挤开而形成凹坑。

（1）凹坑的特点。从凹坑处取样分析，发现该处金属液主要为铁的氧化物，大部分为 FeO（可达 85%～98%）。有人研究认为，在凹坑区紧邻液面上方的气相温度可高达 2000～2400℃（比熔池温度高出 500～800℃）。

（2）冲击深度。凹坑的最低点到熔池表面的距离称为冲击深度。冲击深度 h 取决于氧气射流冲击液面时的速度 V_s 和密度 ρ_s。滞止点（即凹坑的最低点）的压力平衡关系可用下列方程式表示：

$$\frac{1}{2}\rho_s v_s^2 = \gamma h + \frac{2\sigma}{R_0} \tag{11-3}$$

式中　ρ_s——氧气射流滞止点处气体的密度；

v_s——氧气射流滞止点处中心轴线上气体的速度；

γ——铁水密度；

h——冲击深度；

σ——铁水表面张力；

R_0——凹坑底部的曲率半径。

当喷头尺寸已定、使用枪位确定后，则可根据射流衰减的规律确定 v_s和ρ_s。若假定冲击凹坑剖面具有与射流速度剖面相似的形状，则可根据射流与铁水接触面位置的情况确定 R_0（σ 也有一定值），这样就可按式（11－3）求出冲击深度。但根据冷态测试的数据确定 v_s和ρ_s并不能真正反映炉内的实际情况，所以用式（11－3）计算时会遇到一定的困难。

目前国内外不少冶金工作者根据冷、热模型试验的结果，将冲击深度与氧枪使用的滞止压力、枪高等参数联系起来，得到了许多经验公式。其中，佛林（R. A. Flinn）经验公式应用得比较广泛，具体如下（适用于单孔喷头，用于多孔喷头时应做修正）：

$$h = 34.0\frac{p_0 d_t}{\sqrt{H}} + 3.81 \tag{11-4}$$

式中　h——冲击深度，cm；

p_0——喷头前压力，$\times 10^5$Pa；

d_t——喉口直径，cm；

H——喷头距液面高度，cm。

（3）有效冲击面积。有效冲击面积的计算比较困难，尚无精确的计算公式。

b　熔池内金属液在氧气射流作用下的运动过程

氧气射流冲击熔池液面后使其形成凹坑，凹坑中心部分被吹入气流所占据，排出的气体沿坑壁流出，排出的气流层一方面与吹入气流的边界相接触，另一方面与凹坑壁相接触。由于排出气体的速度比较快，对凹坑壁面有一种牵引作用。这样就会使邻近凹坑的液体层获得一定速度，沿坑底流向四周，随后沿坑壁向上和向外运动，往往沿凹坑周界形成一个“凸肩”，然后在熔池上层内继续向四周流动。从凹坑内流出的铁水为达到平衡，必须由四周给予补充，于是就引起熔池内液体的运动，其总趋势是朝向凹坑，这样熔池内铁水就形成了以射流滞止点为中心的环状流，起到对熔池的搅拌作用，见图11－12。

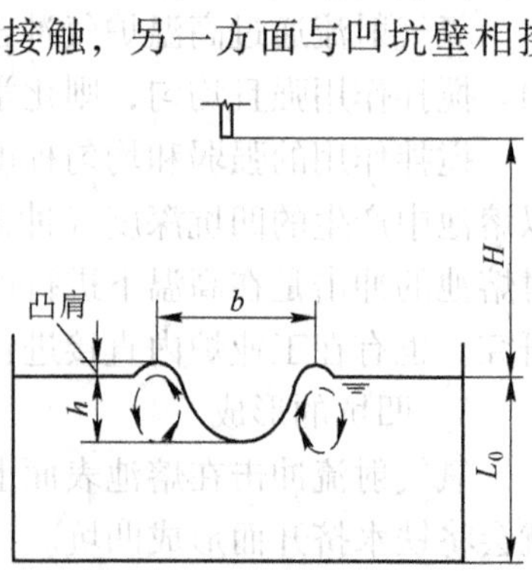

图11－12　熔池运动示意图

H—枪高；L_0—熔池深度；

h—凹坑深度；b—凹坑宽度

实践证明，喷头结构、枪位等对熔池内液体循环运动有着密切的影响。例如，在一定的供氧压力下，若提高枪位，冲击深度将减小，环状流较弱，不能拖动熔池底层铁水，不利于冶炼的正常进行；反之，若枪位过低，冲击深度过大，将会损伤炉底并影响氧枪寿命。所以从熔池获得良好的搅拌条件出发，必须有一个合适的枪位，以得到适当的冲击深度。一般认为冲击深度为熔池深度的 50% ~75% 时较适宜。不同枪位炉内熔池运动情况的模拟试验见图 11 - 13。

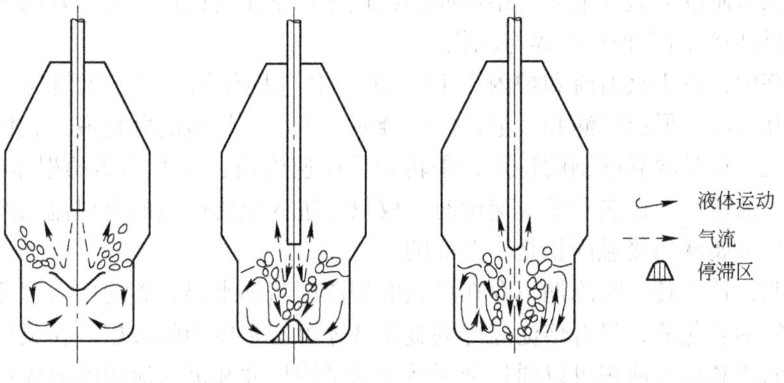

图 11 - 13　不同枪位炉内熔池运动情况的模拟试验

(a) 枪位较高时；(b) 枪位较低时，凹坑加深，仍有停滞区；(c) 枪位更低时，凹坑穿透到底部

对于熔池半径很大的大吨位转炉，单股射流产生的环流很难使整个熔池，特别是熔池外层铁水有良好的循环运动，所以必须增加射流流股，以增大搅拌作用。因此，通常采用多孔喷枪。

使用单孔和多孔喷枪时熔池循环运动情况，分别如图 11 - 14 及图 11 - 15 所示。

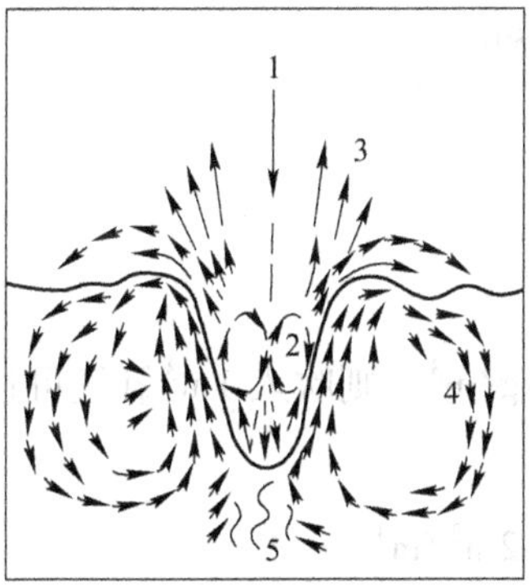

图 11 - 14　使用单孔喷枪时熔池循环运动情况

1—氧射流；2—氧流流股；3—喷溅；4—钢水的运动；5—停滞区

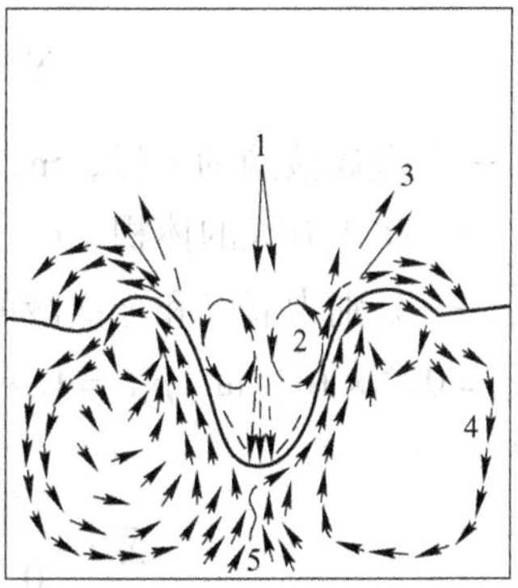

图 11 - 15　使用多孔喷枪时熔池循环运动情况（模拟试验）

1—氧射流；2—氧流流股；3—喷溅；4—钢水的运动；5—停滞区

应该指出，在氧气射流与熔池相遇处按非弹性体的碰撞进行研究，射流的动能主要消耗于非弹性碰撞的能量损失（占 70% ~80%）和克服浮力的能量损失（占 5% ~10%），用于搅动熔池的能量仅占 20%。因此，只靠氧射流约 20% 的能量搅动熔池，搅拌强度显然是不足的。这可由顶吹氧气转炉吹炼低碳钢的末期脱碳速度比底吹氧气转炉慢得多，而且熔池成分和温度不均匀的现象来说明。因此，顶吹氧气转炉搅动熔池的能量主要是由吹炼过程中脱碳反应产生的 CO 气体从熔池排出的上浮力提供的（忽略金属液各部分因成分和温度不同引起密度不同所产生的对流）。当然，脱碳反应速度及其反应的均匀性也和氧气射流与熔池的作用情况密切相关。例如，减小氧气射流的穿透深度而增大冲击面积，可

使 CO 气体沿熔池横截面分散析出；同样，增多喷孔数和增大喷孔倾角，能使 CO 气体呈多股形式在不同的地点分散析出，因而显著改善熔池中液体循环的速度场。所以，合理的喷头设计及供氧制度为氧气射流与熔池间的物理和化学作用创造了最良好的条件。

c　熔池与射流间的相互破碎与乳化

转炉吹炼中，由于氧射流和炉内产生的 CO 气体共同作用，引起氧射流与金属液和炉渣之间的相互破碎，形成液滴和气泡，产生金属－炉渣－气泡的乳化液，它们之间的接触面积剧烈增大。这是吹氧炼钢的特点，是转炉反应速度快、生产率高的根本原因。因此，在研究转炉内的传质、传热和反应速度时，仅仅把进入金属熔池的氧射流周围的凹坑表面积当作氧气与金属液的接触面积是不全面的。

研究表明，顶吹转炉吹炼期不存在单独的炉渣层与钢水层，熔池中大部分熔体可看成是钢－渣－气的乳化液，只有熔池底部的金属液才可能是单相的液层。在反应区中，气－液相的接触面积和比表面积可以通过金属液滴的平均尺寸和进入流股的液体量来计算。关于转炉液滴生成的研究资料很多，但数据各有差异。一般认为，金属液量为炉渣量的 26%～65%，它随不同的吹炼时期而变化，并在脱碳速度最大时渣中铁珠量最多。多数研究报告中认为，金属液滴中直径为 0.15～2mm 的粒级占 90% 以上。6t 转炉实验指出，大部分铁珠尺寸是 0.3～0.5mm，而 200t 转炉中发现的铁珠尺寸主要是 0.05～2mm。

在一般生产条件下，氧枪浸没在泡沫渣中，进入氧气射流的金属料为吹入氧气质量的 3 倍，则吹入 $1m^3$ 氧气产生的气－液接触比表面 $\sum S$ 可按式（11－5）计算（设液滴为球形）：

$$n(4\pi r_m^3 \rho_m/3) = 3V_{O_2}\rho_{O_2}$$

$$\sum S = n4\pi r_m^2 = \frac{3\times 3V_{O_2}\rho_{O_2}}{r_m \rho_m} \tag{11-5}$$

式中　r_m——金属液滴的半径，m；

V_{O_2}——吹入氧气的体积，m^3；

ρ_{O_2}，ρ_m——分别为氧气和金属液的密度，kg/m^3。

取 $r_m = 0.2\times10^{-3}m$，$\rho_{O_2} = 1.43kg/m^3$，$\rho_m = 7000kg/m^3$，则吹入 $1m^3$ 氧气可达到的比表面积为：

$$\sum S = \frac{3\times3\times1\times1.43}{0.2\times10^{-3}\times7000} \approx 9.2m^2/m^3$$

若 $r_m = 0.1mm$，则可达到的比表面积为 $37m^2/m^3$。

在射流冲击的熔池中，了解金属液与炉渣的接触面积也是很重要的。在熔池强烈搅拌的运动状况下，炉渣也被破碎成渣滴，当熔池平均对流速度为 0.3～0.5m/s 时，相对应的渣滴尺寸为 1.5～4.0mm。根据装入炉内的渣量和渣滴尺寸，就可计算出其单位质量的渣滴总表面积：

$$\sum S_s = \frac{3W_s}{r_s \rho_s} \tag{11-6}$$

式中　W_s——1t 金属的渣量；

r_s——渣滴的半径；

ρ_s——渣滴的密度。

通常，渣量为金属量的 10%～15%，取渣量为 12%，$\rho_s = 3000kg/m^3$，$r_s = 2mm$，则

1t 金属中渣滴总表面积为：

$$\sum S_s = \frac{3 \times 1000 \times 12\%}{2 \times 10^{-3} \times 3000} = 60\text{m}^2/\text{t} \tag{11-7}$$

以上计算虽然是粗略的，但可看出气－液、渣－钢间接触表面的数量级关系。因此，在转炉吹炼中，应使气－渣－钢间发生乳化，以增大反应界面积。而在吹炼快结束阶段，则希望金属与炉渣分离，以减少渣中铁的损失。

关于金属与炉渣间的乳化是金属与炉渣互相掺混和弥散的过程，归纳有关研究资料表明，促使金－渣乳化形成和稳定的因素有：适当提高黏度，炉渣中存在稳定的固体质点，降低金－渣间的界面张力，创造稳定的吸附膜。研究结果还表明，增大炉渣黏度，使金属液滴在炉渣中的沉降速度大为减小，因而使乳化的稳定性提高；当固体质点附着在金属液滴和气泡表面时，可以阻碍乳化液的破坏；增加渣中 FeO、SiO_2、P_2O_5等表面活性物质，可使金－渣间界面张力降低，有利于金属液与炉渣互相掺混和弥散，实现乳化液的形成和稳定。

B　氧气射流与熔池的化学作用

这里主要叙述射流中的氧是如何传给金属和炉渣，进行杂质氧化和促进石灰溶解的。近年来，这方面有许多实验和理论研究。В·И·巴普基兹曼斯基认为最可能的传氧机理是：进入熔池的高速氧气射流在开始的一段里，将射流周围坑穴中的金属表面层以及卷入射流中的金属滴表面层氧化成 Fe_2O_3。由于液滴的表面积很大，卷入射流的金属滴中的任何元素在强氧化性气氛下氧化都极迅速，因而液滴是将氧传给熔池的基本载体。载氧液滴随射流急速前进，参与熔池的循环运动，并在熔池中进行二次氧化，将氧传给金属。同时，由于它的密度比金属液小而逐渐上浮。在高枪位或低氧压“软吹”的情况下，射流穿透深度小，熔池搅拌微弱，载氧液滴中的 Fe_2O_3 向熔池传氧较慢而上浮路程较短，其将载有较多的氧上浮进入炉渣，使炉渣的氧化性提高；相反，在低枪位或高氧压“硬吹”的情况下，则载氧液滴将载有较少的氧进入炉渣，而使炉渣的氧化性降低。

射流被熔池反作用击散产生的氧气气泡同样参与熔池的循环，并在循环过程中进行金属的氧化。

此外，射流中的部分氧直接与炉渣接触，将氧直接传给炉渣，反应如下：

$$\frac{1}{2}\{O_2\} + 2(FeO) = (Fe_2O_3)$$

枪位越高或氧压越低时，射流直接传给炉渣的氧量越多。

无论是载氧液滴带入炉渣的 Fe_2O_3，还是射流直接氧化炉渣产生的 Fe_2O_3，由于熔池的搅拌，它们都迅速将氧传给金属和进行杂质的氧化反应：

$$(Fe_2O_3) + [Fe] = 3(FeO)$$

$$(FeO) = [Fe] + [O]$$

$$[O] + [C] = \{CO\}$$

氧射流直接与金属接触将金属中杂质氧化的机理有以下三种不同的观点：

（1）“直接氧化”或“一步氧化”，认为金属中的杂质被气态氧直接氧化：

$$x[R] + \frac{y}{2}\{O_2\} = R_xO_y$$

（2）“间接氧化”或“二步氧化”，认为氧气与金属接触首先将铁元素氧化：

$$2[Fe] + \{O_2\} = 2(FeO)$$

生成的（FeO）溶解到金属中再氧化金属中的杂质：

$$(FeO) = [FeO]$$

$$y[FeO] + x[R] = (R_xO_y) + y[Fe]$$

在这种情况下，可将熔池划分为两个反应区：在“一次反应区”内，射流中的氧与金属直接接触，首先将铁氧化；在“二次反应区”内，即熔池的其余部分，主要是氧化铁中的氧氧化其他杂质。

（3）第三种观点实际上是上述两种观点的综合，认为在吹炼时既有直接氧化，也有间接氧化。

杂质（如碳）的氧化过程处于非平衡状态时，

$$q_{O_2} = q_C = \beta_C \Delta w[C]_\% \tag{11-8}$$

$$\Delta w[C]_\% = \frac{q_{O_2}}{\beta_C} \tag{11-9}$$

式中 q_{O_2}——通过单位相间表面的氧气的扩散流；

q_C——通过单位相间表面的碳的扩散流；

β_C——碳的传质系数；

$\Delta w[C]_\%$——金属内部与反应表面之间碳的浓度梯度。

由式（11－8）可见，氧射流运动速度很大时，q_{O_2}很大，故$\Delta w[C]_\%$很大，说明此时碳的氧化过程受碳从金属内部向反应表面的扩散限制。其他杂质的传质系数比碳还小，可见在q_{O_2}很大时，任何杂质都来不及到达反应表面，最有可能的是完全氧化的金属表面被一层以Fe_2O_3为主的氧化膜所覆盖。在这种情况下，杂质的氧化必然是间接氧化。

实验室的研究表明，当氧气在与金属相遇处的速度大于1～4m/s时就产生氧化膜。由式（11－9）可见，当氧流的速度很小（小于1～4m/s）时，$\Delta w[C]_\%$也很小，杂质的氧化过程受供氧速度限制，在金属表面上来不及形成氧化膜，氧气直接氧化杂质是可能的。由此看来，部分被击碎的射流产生的氧气气泡进入循环区，由于气泡的运动速度很小，氧气直接氧化杂质是很有可能的。

综上所述，在顶吹转炉吹炼过程中，射流与熔池直接接触的一次反应区内，杂质主要是间接氧化；而在二次反应区内，含氧的气泡可能直接氧化杂质。

11.4.2.5 底吹气体对熔池的作用

A 浸没式射流的行为特征

从底部喷入炉内的气体一般属于亚声速。气体喷入熔池的液相内，除在喷孔处可能存在一段连续流股外，喷入的气体将形成大小不一的气泡，气泡在上浮过程中将发生分裂、聚集等情况而改变气泡的体积和数量。特克多根描述了垂直浸没射流的特征，提出如图11－16所示的定性图案。他认为，在喷孔上方较低的区域内，由于气流对液滴的分裂作用和不稳定的气－液表面对液体的剪切作用，使气流带入的绝大多

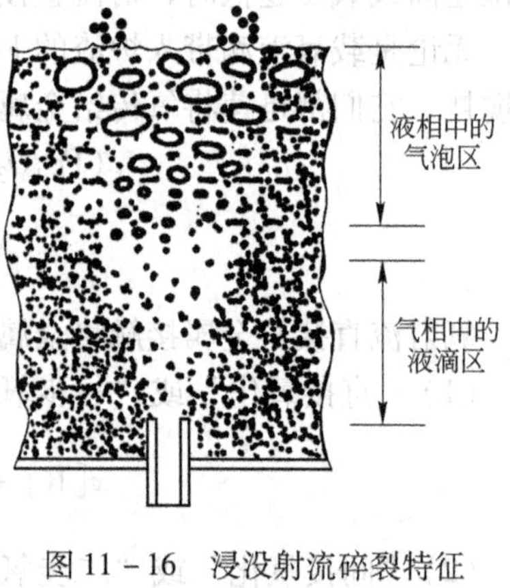

图11－16 浸没射流碎裂特征

数动能都消耗掉了。射流中的液滴沿流动方向逐渐聚集，直至形成液相中的气泡区。

肖泽强等人在底吹小流量气体的情况下描述了底吹气体搅拌时的流股特征，如图 11－17 所示。他认为，气流进入熔池后立即形成气泡群而上浮，在上浮过程中造成湍流扰动，全部气泡的浮力都驱动金属液向上运动，同时也抽引周围液体。液体的运动主要依靠气泡群的浮力，而喷吹的动量几乎可以忽略不计。

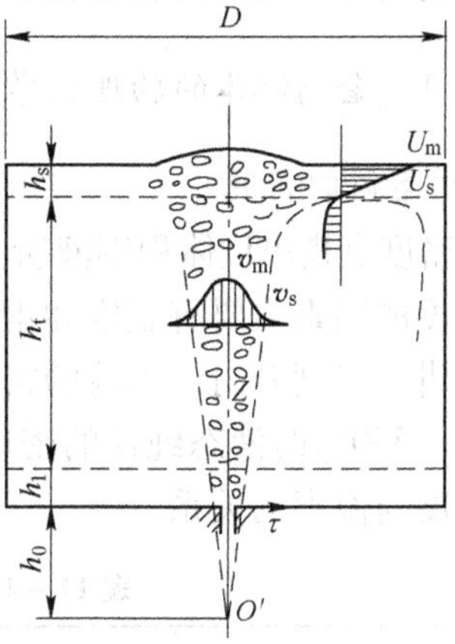

图 11－17　底吹气体搅拌时的流股特征
O'—喷嘴出口处；U_m—喷嘴出口处射流的平均速度；U_s—距离喷嘴出口某段的平均速度；H—喷头距液面高度，cm；D—炉底直径；τ—混匀时间，s；h_0—势流核心区；h_1—起始段；h_t—过渡段；h_s—基本段；v_m—射流中心速度；v_s—射流轴向速度；Z—喷吹量

B　气泡对喷孔的影响

喷入熔池内的气体分散形成气泡时，残余气体在距喷孔两倍于其直径的距离处，受到液体的挤压而断裂，气相内回流压向喷孔端面，这个现象称为气泡对喷孔的后座，图 11－18 所示为这种现象的示意图。

池田隆果研究测定出气泡后座力可达 1MPa。李远洲经测定和分析认为，这样大的反推力包括气体射流的反作用力和后座力两部分，实际后座力只有 0.01 ~ 0.024MPa，但后座的氧化性气体对炉衬仍有很大的破坏作用。由此可见，气泡后座现象不论是后座力还是氧化气氛，都可能给喷孔和炉衬带来不良影响。目前的研究认为，采用缝隙型和多金属管型底吹供气元件能有效地消除后座现象。

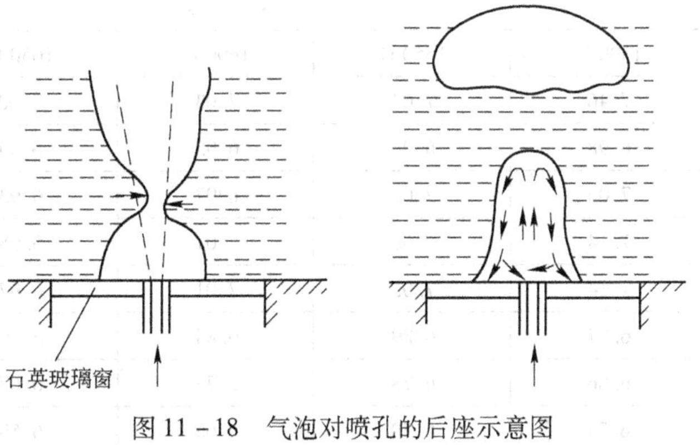

图 11－18　气泡对喷孔的后座示意图

11.4.2.6　复合吹炼供气对熔池的搅拌

在转炉复吹供气时，有效地把熔池搅拌和炉渣氧化性统一起来。顶吹氧枪承担向熔池供氧的任务，而底吹气体则发挥搅拌熔池的功能。在转炉复合吹炼中，熔池的搅拌能由顶吹和底吹气体共同提供。

Tomokatsu 等人的研究认为，顶吹气体提供的能量大部分消耗于熔池液面变形和喷溅等，而用于搅拌熔池的能量只有顶吹能量的 10%。

11.4.3　金属熔体和熔渣的物理化学性质

11.4.3.1　金属熔体的物理化学性质

A　金属熔体的密度

钢液的密度是指单位体积钢液所具有的质量，常用符号 ρ 表示，单位通常采用 kg/m^3。影响钢液密度的因素主要有温度和钢液的化学成分。

总的来讲，温度升高，钢液的密度降低，原因在于原子间距增大。固态纯铁的密度为 $7880kg/m^3$，1550℃时液态纯铁的密度为 $7040kg/m^3$，钢的变化与纯铁类似。表 11－4 示出纯铁的密度与温度的关系。

表 11－4　纯铁的密度与温度的关系

温度/℃	20	600	912	912	1394	1394	1538	1538	1550	1600
状　态	α－Fe	α－Fe	α－Fe	γ－Fe	γ－Fe	δ－Fe	δ－Fe	液体	液体	液体
$\rho/kg\cdot m^{-3}$	7880	7870	7570	7630	7410	7390	7350	7230	7040	7030

钢液密度随温度的变化可用式（11－10）计算：

$$\rho = 8523 - 0.8358(t + 273) \tag{11-10}$$

各种金属元素和非金属元素对钢液密度的影响不同，其中碳的影响较大且比较复杂。表 11－5 示出了铁碳熔体的密度变化情况。成分对钢液密度的影响可用下述经验式计算：

$$\rho_{1600} = \rho_{1600}^{0} - 210w[C]_{\%} - 164w[Al]_{\%} - 60w[Si]_{\%} - 550w[Cr]_{\%} - 7.5w[Mn]_{\%} + 43w[W]_{\%} + 6w[Ni]_{\%}$$

表 11－5　铁碳熔体的密度变化情况　（kg/m^3）

$w[C]_{\%}$	密　度				
	1500℃	1550℃	1600℃	1650℃	1700℃
0.00	7.46	7.04	7.03	7.00	6.93
0.10	6.98	6.96	6.95	6.89	6.81
0.20	7.06	7.01	6.97	6.93	6.81
0.30	7.14	7.06	7.01	6.98	6.82
0.40	7.14	7.05	7.01	6.97	6.83
0.60	6.97	6.89	6.84	6.80	6.70
0.80	6.86	6.78	6.73	6.67	6.57
1.00	6.78	6.70	6.65	6.59	6.50
1.20	6.72	6.64	6.61	6.55	6.47
1.60	6.67	6.57	6.54	6.52	6.43

B　金属熔体的熔点

钢的熔点是指钢完全转变成均一液体状态时的温度，或是冷凝时开始析出固体的温度。钢的熔点是确定冶炼和浇注温度的重要参数。纯铁的熔点约为 1538℃，当某元素溶入后，纯铁原子之间的作用力减弱，铁的熔点就降低。降低的程度取决于加入元素的浓度、相对原子质量和凝固时该元素在熔体与析出固体之间的分配。钢的熔点（单位为℃）可由下述经验式进行计算：

$$t_{熔}=1538-90w[C]_{\%}-28w[P]_{\%}-40w[S]_{\%}-17w[Ti]_{\%}-6.2w[Si]_{\%}-2.6w[Cu]_{\%}-1.7w[Mn]_{\%}-2.9w[Ni]_{\%}-5.1w[Al]_{\%}-1.3w[V]_{\%}-1.5w[Mo]_{\%}-1.8w[Cr]_{\%}-1.7w[Co]_{\%}-1.0w[W]_{\%}-1300w[H]_{\%}-90w[N]_{\%}-100w[B]_{\%}-65w[O]_{\%}-5w[Cl]_{\%}-14w[As]_{\%} \quad (11-11)$$

C　金属熔体的黏度

黏度是钢液的一个重要性质，它对冶炼温度参数的制定、元素的扩散、非金属夹杂物的上浮和气体的去除以及钢的凝固结晶都有很大影响。黏度是指以各种不同速度运动的液体各层之间所产生的内摩擦力。

黏度有两种表示方法：一种为动力黏度，用符号 μ 表示，单位为 Pa · s；另一种为运动黏度，用符号 ν 表示，单位为 m^2/s，即：

$$\nu=\frac{\mu}{\rho} \quad (11-12)$$

钢液的黏度比正常熔渣的黏度要小得多，1600℃时其值为 0.002 ~ 0.003Pa · s，纯铁液 1600℃时的黏度为 0.0005Pa · s。

影响钢液黏度的因素主要是温度和成分。温度升高，黏度降低。钢液中的碳对黏度的影响非常大，这主要是因为碳含量使钢的密度和熔点发生变化，从而引起黏度的变化。

当 $w[C]<0.15\%$ 时，黏度随着碳含量的增加而大幅度下降，主要原因是钢的密度随碳含量的增加而降低；当 $0.15\%\leqslant w[C]<0.40\%$ 时，黏度随碳含量的增加而增加，原因是此时钢液中同时存在 δ - Fe 和 γ - Fe 两种结构，密度是随碳含量的增加而增加的，而且钢液中生成的 Fe_3C 体积较大；当 $w[C]\geqslant 0.40\%$ 时，钢液的结构近似于 γ - Fe 排列，钢液密度下降，钢的熔点也下降，故钢液的黏度随着碳含量的增加继续下降。生产实践表明，同一温度下，高碳钢钢液的流动性比低碳钢钢液的好。因此，一般在冶炼低碳钢时，温度要控制得略高一些。温度高于液相线 50℃时碳含量对钢液黏度的影响，见图 11 - 19。

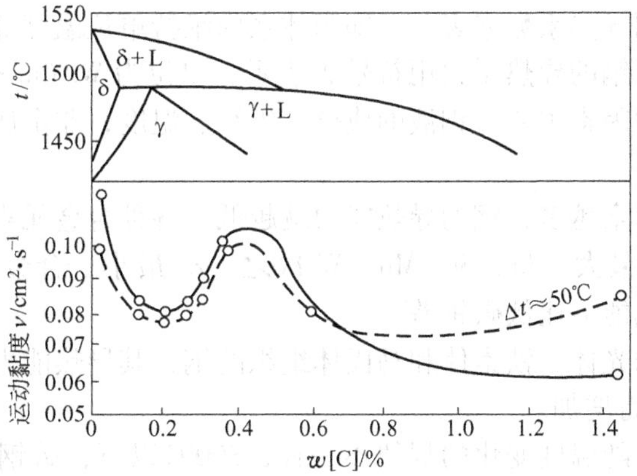

图 11 - 19　温度高于液相线 50℃时碳含量对钢液黏度的影响

除了 C 对钢的熔点有影响之外，Si、Mn、Ni 使钢的熔点降低，所以 Si、Mn、Ni 的含量增加，钢液的黏度降低；尤其是这些元素的含量很高时，降低更显著。但 Ti、W、V、

Mo、Cr 的含量增加则使钢液的黏度增加，原因是这些元素易生成高熔点、大体积的各种碳化物。

钢液中非金属夹杂物含量增加，钢液黏度增加，流动性变差。钢液中的脱氧产物对流动性的影响也很大，当钢液分别用 Si、Al 或 Cr 脱氧时，初期由于脱氧产物生成，夹杂物含量高，黏度增大；但随着夹杂物不断上浮或形成低熔点夹杂物，黏度又下降。因此，如果脱氧不良，钢液的流动性一般不好。实际应用中常用流动性来表示钢液的黏稠状况，黏度的倒数即为流体的流动性。

D 金属熔体的表面张力

任何物质的分子之间都有吸引力。钢液因原子或分子间距非常小，它们之间的吸引力较强，而且钢液表面层和内部所引起的这种吸引力的变化是不同的。内部每一质点所受到的吸引力的合力等于零，质点保持平衡状态；而表面层质点受内部质点的吸引力大于气体分子对表面层质点的吸引力，这样表面层质点所受的吸引力不等于零，且方向指向钢液内部。这种使钢液表面产生自发缩小倾向的力称为钢液的表面张力，用符号 σ 表示，单位为 N/m。实际上，钢液的表面张力就是指钢液和它的饱和蒸气或空气界面之间的一种力。

钢液的表面张力不仅对新相的生成（如 CO 气泡的产生）、钢液凝固过程中结晶核心的形成等有影响，而且对相间反应（如脱氧产物、夹杂物和气体从钢液中排除）、渣钢分离、钢液对耐火材料的侵蚀等也有影响。

影响钢液表面张力的因素很多，但主要有温度、钢液成分及钢液的接触物。

钢液的表面张力是随着温度的升高而增大的，原因之一是温度升高时表面活性物质（如 C、O 等）的热运动增强，使钢液表面过剩浓度减少或浓度均匀化，从而引起表面张力增大。

1550℃时，纯铁液的表面张力为 1.7 ~ 1.9N/m。溶质元素对纯铁液表面张力的影响程度取决于它与铁的性质差别的大小。如果溶质元素的性质与铁相近，则其对纯铁液的表面张力影响较小，反之则较大。一般来讲，金属元素的影响较小，非金属元素的影响较大。

E 金属熔体的导热能力

钢的导热能力可用导热系数来表示，即当体系内维持单位温度梯度时，在单位时间内流经单位面积的热量。钢的导热系数用符号 λ 表示，单位为 W/(m · ℃)。

影响钢导热系数的因素主要有钢液的成分、组织、温度，非金属夹杂物含量以及钢中晶粒的细化程度等。

通常，钢中合金元素越多，钢的导热能力就越低。各种合金元素对钢导热能力的影响的次序为：C、Ni、Cr 最大，Al、Si、Mn、W 次之，Zr 最小。合金钢的导热能力一般比碳钢差，高碳钢的导热能力比低碳钢差。

一般来讲，具有珠光体、铁素体和马氏体组织的钢，其导热能力在加热时都降低，但在临界点 A_{c3} 以上加热将增加。

各种钢的导热系数随温度变化的规律不一样，800℃以下，碳钢的导热系数随温度的升高而下降；800℃以上，则略有升高。

11.4.3.2 熔渣的物理化学性质

炼好钢首先要炼好渣，所有炼钢任务的完成几乎都与熔渣有关。熔渣的结构决定着熔渣的物理化学性质，而熔渣的物理化学性质又影响着炼钢的化学反应平衡及反应速率。因此，在炼钢过程中必须控制和调整好炉内熔渣的物理化学性质。

A　熔渣在炼钢过程中的作用、来源、分类与组成

a　熔渣在炼钢过程中的作用

熔渣在炼钢过程中的作用主要体现在以下几个方面：

（1）去除铁水和钢水中的磷、硫等有害元素，同时能将铁和其他有用元素的损失控制在最低限度；

（2）保护钢液不过度氧化、不吸收有害气体，保温，减少有益元素烧损；

（3）防止热量散失，以保证钢的冶炼温度；

（4）吸收钢液中上浮的夹杂物及反应产物。

熔渣在炼钢过程中也有不利作用，主要表现在：侵蚀耐火材料，降低炉衬寿命，特别是低碱度熔渣对炉衬的侵蚀更为严重；熔渣中夹带小颗粒金属及未被还原的金属氧化物，降低了金属的回收率。

因此，造好渣是炼钢的重要条件，应造出成分合适、温度适当并适宜于某种精炼目的的炉渣，发挥其积极作用，抑制其不利作用。

b　熔渣的来源

熔渣的来源主要有：

（1）炼钢过程有目的加入的造渣材料，如石灰、石灰石、萤石、硅石、铁矾土及火砖块；

（2）钢铁材料中 Si、Mn、P、Fe 等元素的氧化产物；

（3）冶炼过程被侵蚀的炉衬耐火材料。

c　熔渣的分类与组成

不同炼钢方法采用不同的渣系进行冶炼，造不同成分的炉渣，可达到不同的冶炼目的。例如，转炉炼钢造碱性氧化渣，而电炉炼钢造碱性还原渣，它们在物理化学性质和冶金反应特点上有明显的差别。碱性氧化渣因碱性氧化物 CaO 和 FeO 含量较高，具有脱磷、脱硫能力；碱性还原渣因含有 CaC_2，不仅具有脱硫能力，而且具有脱氧能力。表 11－6 所示为转炉和电炉的炉渣成分及性质。

表 11－6　转炉和电炉的炉渣成分及性质

类　别	化学成分	转炉中组成/%	电炉中组成/%	冶金反应特点
酸性氧化渣	CaO + FeO + MnO	50	50	（1）[C]、[Si]、[Mn] 氧化缓慢； （2）不能脱 P、脱 S； （3）钢水中 w[O] 较低
	SiO_2	50	50	
	P_2O_5	1～4		
碱性氧化渣	CaO/SiO_2	3.0～4.5	2.5～3.5	（1）[C]、[Si]、[Mn] 迅速氧化； （2）能较好脱 P； （3）能脱去 50% 的 S； （4）钢水中 w[O] 较高
	CaO	35～55	40～50	
	FeO	7～30	10～25	
	MnO	2～8	5～10	
	MgO	2～12	5～10	

续表 11－6

类　别	化学成分	转炉中组成/%	电炉中组成/%	冶金反应特点
碱性还原渣（白渣）	CaO/SiO_2		2.0～3.5	(1)脱 S 能力强；(2)脱 O 能力强；(3)钢水易增 C；(4)钢水易回 P；(5)钢水中 $w[H]$ 增加；(6)钢水中 $w[N]$ 增加
	CaO		50～55	
	CaF_2		5～8	
	Al_2O_3		2～3	
	FeO		<0.5	
	MgO		<10	
	CaC_2		<1	

B　熔渣的熔点

通常，炼钢过程要求熔渣的熔点低于所炼钢种的熔点 50～200℃。除 FeO 和 CaF_2 外，其他简单氧化物的熔点都很高，它们在炼钢温度下难以单独形成熔渣，实际上它们是形成多种低熔点的复杂化合物。熔渣的熔化温度是固态渣完全转化为均匀液态时的温度；同理，液态炉渣开始析出固体成分时的温度为熔渣的凝固温度。熔渣的熔化温度与熔渣的成分有关，一般来说，熔渣中高熔点组元越多，熔化温度越高。熔渣中常见的氧化物的熔点见表 11－7。

表 11－7　熔渣中常见的氧化物的熔点　（℃）

化合物	熔　点	化合物	熔　点
CaO	2600	$MgO \cdot SiO_2$	1557
MgO	2800	$2MgO \cdot SiO_2$	1890
SiO_2	1713	$CaO \cdot MgO \cdot SiO_2$	1390
FeO	1370	$3CaO \cdot MgO \cdot 2SiO_2$	1550
Fe_2O_3	1457	$2CaO \cdot MgO \cdot 2SiO_2$	1450
MnO	1783	$2FeO \cdot SiO_2$	1205
Al_2O_3	2050	$MnO \cdot SiO_2$	1285
CaF_2	1418	$2MnO \cdot SiO_2$	1345
$CaO \cdot SiO_2$	1550	$CaO \cdot MnO \cdot SiO_2$	>1700
$2CaO \cdot SiO_2$	2130	$3CaO \cdot P_2O_5$	1800
$3CaO \cdot SiO_2$	>2065	$CaO \cdot Fe_2O_3$	1220
$3CaO \cdot 2SiO_2$	1485	$2CaO \cdot Fe_2O_3$	1420
$CaO \cdot FeO \cdot SiO_2$	1205	$CaO \cdot 2Fe_2O_3$	1240
$Fe_2O_3 \cdot SiO_2$	1217	$CaO \cdot 2FeO \cdot SiO_2$	1205
$MgO \cdot Al_2O_3$	2135	$CaO \cdot CaF_2$	1400

C　熔渣的黏度

黏度是熔渣重要的物理性质，对元素的扩散、渣－钢间反应、气体逸出、热量传递、铁损及炉衬寿命等均有很大的影响。影响熔渣黏度的因素主要有熔渣的成分、熔渣中的固体熔点和温度。

一般来讲，在一定的温度下，凡是能降低熔渣熔点的成分，在一定范围内增加其浓度，可使熔渣黏度降低；反之，则使熔渣黏度增大。在酸性渣中提高 SiO_2 含量时，导致熔渣黏度升高；相反，在酸性渣中提高 CaO 含量，会使黏度降低。

碱性渣中，CaO 含量超过 50% 后，其黏度随 CaO 的增加而增加。SiO_2 在一定范围内增加，能降低碱性渣的黏度；但 SiO_2 含量超过一定值形成 $2CaO \cdot SiO_2$ 时，则使熔渣变稠，原因是 $2CaO \cdot SiO_2$ 的熔点高达 2130℃。FeO（熔点为 1370℃）和 Fe_2O_3（熔点为 1457℃）有明显降低熔渣熔点的作用，增加 FeO 含量使熔渣的黏度显著降低。MgO 在碱性渣中对黏度的影响很大，当 MgO 含量超过 10% 时，会破坏熔渣的均匀性，使熔渣变黏。Al_2O_3 能降低熔渣的熔点，从而具有稀释碱性渣的作用。CaF_2 本身熔点较低，它能降低熔渣的黏度。

炼钢过程中希望造渣材料完全溶解，形成均匀相的熔渣。但实际上，炉渣中往往悬浮着石灰颗粒、MgO 质颗粒、熔渣自身析出的 $2CaO \cdot SiO_2$ 和 $3CaO \cdot P_2O_5$ 固体颗粒以及 Cr_2O_3 等，这些固体颗粒的状态对熔渣的黏度产生不同影响。少量尺寸大的颗粒（直径达数毫米），对熔渣黏度影响不大；尺寸较小（$10^{-3} \sim 10^{-2}$mm）、数量多的固体颗粒呈乳浊液状态，使熔渣黏度增加。

对酸性渣而言，温度升高，聚合的 Si—O 离子键易破坏，黏度下降；对碱性渣而言，温度升高有利于消除没有熔化的固体颗粒，因而黏度下降。总之，温度升高，熔渣的黏度降低。在 1600℃ 炼钢温度下，熔渣黏度在 0.02 ~ 0.1Pa · s 之间。表 11 - 8 所示为熔渣和钢水的黏度。

表 11 - 8　熔渣和钢水的黏度

物　质	温度/℃	黏度/Pa · s
水	25	0.00089
铁水	1425	0.0015
钢水	1595	0.0025
稀熔渣	1595	0.0020
黏度中等渣	1595	0.020
稠熔渣	1595	0.20
FeO	1400	0.030
CaO	接近熔点	<0.050
SiO_2	1942	1.5×10^4
Al_2O_3	2100	0.05

D　熔渣的密度

熔渣的密度决定熔渣所占据的体积大小及钢液液滴在渣中的沉降速度。

固体炉渣的密度可近似用式（11 - 13）计算：

$$\rho_{渣} = \sum \rho_i w(i) \tag{11-13}$$

式中　ρ_i——各化合物的密度；

$w(i)$——渣中各化合物的质量分数,%。

1400℃ 时熔渣密度与组成的关系为：

$$\frac{1}{\rho_{渣}^{0}} = [0.45w(SiO_2) + 0.286w(CaO) + 0.204w(FeO) + 0.35w(Fe_2O_3) + 0.237w(MnO) + 0.367w(MgO) + 0.48w(P_2O_5) + 0.402w(Al_2O_3)] \times 10^{-3}$$

熔渣的温度高于1400℃时，可表示为：

$$\rho_{渣} = \rho_{渣}^{0} + 0.07 \times \frac{1400 - t}{100}$$

一般液态碱性渣的密度为3000kg/m³，固态碱性渣的密度为3500kg/m³，$w(FeO) > 40\%$的高氧化性渣的密度为4000kg/m³，酸性渣的密度为3000kg/m³。

E 熔渣的表面张力

熔渣的表面张力主要影响渣－钢间的物化反应及熔渣对夹杂物的吸附等。转炉熔渣的表面张力普遍低于钢液，电炉熔渣的表面张力一般高于转炉。

氧化渣（35%～45% CaO，10%～20% SiO_2，3%～7% Al_2O_3，8%～30% FeO，2%～8% P_2O_5，4%～10% MnO，7%～15% MgO）的表面张力为0.35～0.45N/m，还原渣（55%～60% CaO，20% SiO_2，2%～5% Al_2O_3，8%～10% MgO，4%～8% CaF_2）的表面张力为0.35～0.45N/m，钢包处理的合成渣（55% CaO，20%～40% Al_2O_3，2%～15% SiO_2，2%～10% MgO）的表面张力为0.4～0.5N/m。

影响熔渣表面张力的因素有温度和成分。熔渣的表面张力一般是随着温度的升高而降低的，但高温冶炼时温度的变化范围较小，因而影响也就不明显。

SiO_2和P_2O_5具有降低FeO熔体表面张力的功能，而Al_2O_3则相反。CaO一开始能降低熔渣的表面张力，但后来则是起到提高的作用，原因是复合阴离子在相界面的吸附量发生了变化。MnO的作用与CaO类似。

可以用表面张力因子近似计算熔渣体系的表面张力，即：

$$\sigma_{渣-气} = \sum x_i \sigma_i \quad (11-14)$$

式中 $\sigma_{渣-气}$——熔渣的表面张力，N/m；

x_i——熔渣组元的摩尔分数；

σ_i——熔渣组元的表面张力因子。

F 熔渣的碱度

熔渣中碱性氧化物含量总和与酸性氧化物含量总和之比称为熔渣碱度，常用符号R表示。熔渣碱度的大小直接对渣－钢间的物理化学反应（如脱磷、脱硫、去气等）产生影响。由于碱性氧化物和酸性氧化物种类很多，为方便起见，规定当炉料中$w[P] < 0.30\%$时，$R = \frac{w(CaO)}{w(SiO_2)}$；当$0.30\% \leqslant w[P] < 0.60\%$时，$R = \frac{w(CaO)}{w(SiO_2) + w(P_2O_5)}$。

熔渣$R < 1.0$时为酸性渣，由于SiO_2含量高，高温下可拉成细丝，称为长渣，冷却后呈黑亮色玻璃状。熔渣$R > 1.0$时为碱性渣，称为短渣。炼钢熔渣$R \geqslant 3.0$。

炼钢熔渣中含有不同数量的碱性、中性和酸性氧化物，它们酸、碱性的强弱可排列如下：

$$CaO > MnO > FeO > MgO > CaF_2 > Fe_2O_3 > Al_2O_3 > TiO_2 > SiO_2 > P_2O_5$$

G 熔渣的氧化性

熔渣的氧化性也称为熔渣的氧化能力，它是熔渣的一个重要的化学性质。熔渣的氧化性是指在一定的温度下，单位时间内熔渣向钢液供氧的数量。在其他条件一定的情况下，熔渣的氧化性决定了脱磷、脱碳以及夹杂物的去除等。由于氧化物分解压不同，只有（FeO）和（Fe_2O_3）才能向钢中传氧，而（Al_2O_3）、（SiO_2）、（MgO）、（CaO）等不能传氧。

熔渣的氧化性通常采用渣中氧化铁（FeO 和 Fe_2O_3）含量的多少来表示。把渣中的 Fe_2O_3 折算成 FeO 有以下两种方法：

（1）全氧折合法。

$$\sum w(\mathrm{FeO})_{\%}=w(\mathrm{FeO})_{\%}+1.35w(\mathrm{Fe_2O_3})_{\%}$$

（2）全铁折合法。

$$\sum w(\mathrm{FeO})_{\%}=w(\mathrm{FeO})_{\%}+0.9w(\mathrm{Fe_2O_3})_{\%}$$

通常按全铁折合法将 Fe_2O_3 折算成 FeO。其原因是取出的渣样在冷却过程中，其表面的低价铁有一部分被空气氧化成高价铁，即 FeO 氧化成 Fe_3O_4，因而使分析得出的 Fe_2O_3 量偏高，用全铁折合法折算时可抵消此误差。

熔渣氧化性在炼钢过程中的作用，体现在对熔渣自身、对钢水和对炼钢操作工艺有影响三个方面。

（1）影响化渣速度和熔渣黏度。渣中 FeO 能促进石灰溶解，加速化渣，改善炼钢反应动力学条件，加速传质过程。渣中 Fe_2O_3 和碱性氧化物反应生成铁酸盐，降低熔渣熔点和黏度，避免炼钢渣返干。

（2）影响熔渣向熔池传氧、脱磷和钢液的氧含量。低碳钢水氧含量明显受熔渣氧化性的影响，当钢水碳含量相同时，熔渣氧化性强，则钢液氧含量高，而且有利于脱磷。

（3）影响铁合金和金属收得率及炉衬寿命。熔渣氧化性越强，铁合金和金属收得率越低，同时降低炉衬寿命。

11.4.4　氧气转炉内的基本反应

在通常的氧气转炉炼钢过程中，总要根据冶炼钢种的要求，将铁水中的 C、Si、Mn、P、S 去除至规定范围内。虽然从热力学的平衡条件来看，不论各种炼钢方法之间的差异如何，其气－渣－金属相之间的反应平衡都是相同的，但是由于各种炼钢方法所处环境的动力学条件不同，在冶炼过程中对反应平衡的偏差程度也各不相同。本章主要阐述氧气转炉内各炼钢过程中的基本反应。

11.4.4.1　一炉钢的操作过程

要想找出吹炼过程中金属成分和炉渣成分的变化规律，首先就必须熟悉一炉钢的操作过程。图 11－20 示出氧气顶吹转炉吹炼一炉钢的操作实例。

由图 11－20 可以清楚地看出，氧气顶吹转炉炼钢的工艺操作过程可分为以下几步进行：

（1）上炉钢出完并倒完炉渣后，迅速检查炉体，必要时进行补炉，然后堵好出钢口，及时加料。

（2）在装入废钢和兑入铁水后，把炉体摇正。在下降氧枪的同时，由炉口上方的辅助材料溜槽向炉中加入第一批渣料（石灰、萤石、氧化铁皮、铁矿石），加入量为总量的

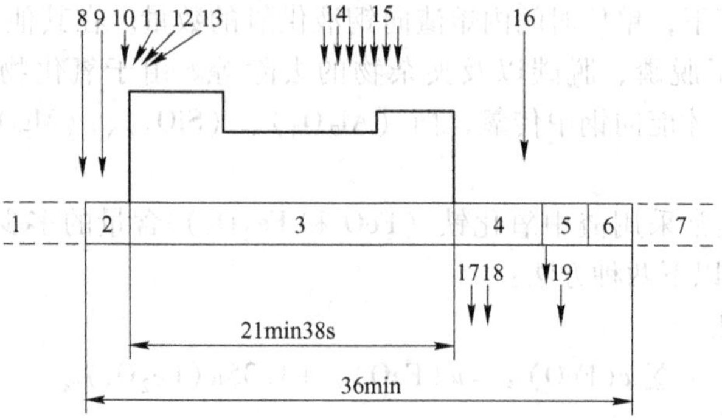

图 11-20 氧气顶吹转炉吹炼一炉钢的操作实例

1—上炉排渣；2—装料；3—吹炼；4—出钢准备；5—出钢；6—排渣；7—下炉装料；8—废钢（15000kg）；9—铁水（72500kg）；10—石灰石（4200kg）；11—铁皮（700kg）；12—萤石（180kg）；13—铁矿石（600kg）；14—铁矿石（200kg×7 次）；15—石灰（200kg×5 次）；16—锰铁；17—取样；18—测温；19—铝、硅铁、锰铁

1/2~2/3。当氧枪降至规定的枪位时，吹炼过程正式开始。当氧气流与熔池面接触时，碳、硅、锰开始氧化，称为点火。点火后约几分钟，炉渣形成并覆盖于熔池面上。随着 Si、Mn、C、P 的氧化，熔池温度升高，火焰亮度增加，炉渣起泡，并有小铁粒从炉口喷溅出来，此时应当适当降低氧枪高度。

（3）吹炼中期脱碳反应剧烈，渣中氧化铁含量降低，致使炉渣的熔点增高和黏度增大，并可能出现稠渣（即返干）现象。此时应适当提高氧枪枪位，并可分批加入铁矿石和第二批造渣材料（其余的 1/3），以提高炉渣中的氧化铁含量及调整炉渣。第三批造渣料为萤石，用以调整炉渣的流动性。但是否加入第三批造渣材料，其加入量如何，要视各厂生产的情况而定。

（4）吹炼后期由于熔池金属中碳含量大大降低，使脱碳反应减弱，炉内火焰变得短而透明。最后根据火焰状况、供氧数量和吹炼时间等因素，按所炼钢种的成分和温度要求确定吹炼终点，并且提高氧枪停止供氧（称为拉碳），倒炉，经测温、取样后，根据分析结果决定出钢或补吹时间。

（5）当钢水成分和温度均已合格时，打开出钢口，即可倒炉出钢。在出钢过程中，向钢包内加入铁合金，进行脱氧和合金化（有时可在打开出钢口前向炉内投入部分铁合金）。出钢完毕，将炉渣倒入渣罐。

通常将相邻两炉之间的间隔时间（即从装入钢铁材料到倒渣完毕）称为冶炼周期或冶炼一炉钢的时间，一般为 20~40min。其中吹入氧气的时间称为供氧时间或纯吹炼时间。它与炉子吨位和工艺有关。

11.4.4.2 吹炼过程状况

氧气转炉炼钢是在十几分钟内进行供氧和供气操作的，在这短短的时间内要完成造渣、脱碳、脱磷、脱硫、去夹杂物、去气和升温的任务，其吹炼过程的反应状况是多变的。图 11-21 所示为顶吹转炉吹炼过程中金属液成分、温度和炉渣成分的变化实例，图 11-22 所示为复合吹炼转炉吹炼过程中各成分的变化实例。

在吹炼过程中金属液成分、温度和炉渣成分都是变化的，具有以下一些基本规律：

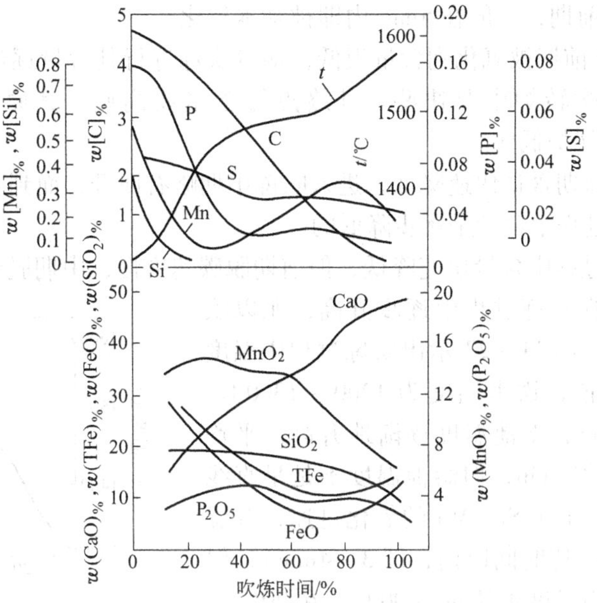

图 11－21　顶吹转炉吹炼过程中金属液成分、温度和炉渣成分的变化

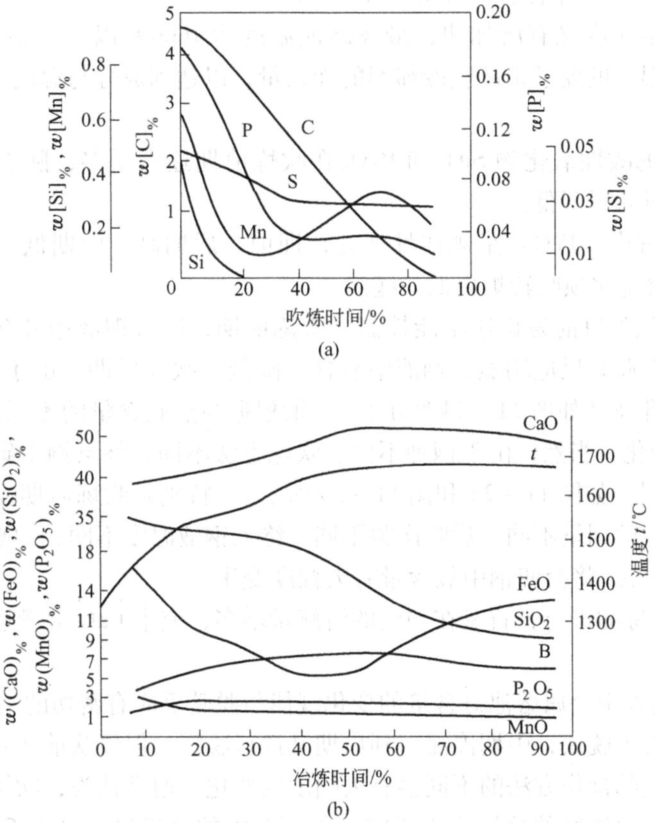

图 11－22　复合吹炼转炉吹炼过程中各成分的变化

（1）Si 在吹炼前期，一般在 5min 内即被基本氧化。

（2）Mn 在吹炼前期被氧化到含量很低，随着吹炼进行其含量逐步回升。复吹转炉中锰的回升趋势比顶吹转炉中要快些，其终点锰含量要高些。其原因是复吹转炉渣中（FeO）含量比顶吹转炉低些。

（3）P 在吹炼前期含量快速降低，进入吹炼中期略有回升，而到吹炼后期再度降低。

（4）S 在吹炼过程中含量是逐步降低的。

（5）C 在吹炼过程中含量快速降低，但前期脱碳速度慢，中期脱碳速度快。

（6）熔池温度在吹炼过程中逐步升高，尤以吹炼前期升温速度快。图 11－23 示出吹炼过程中温度的变化。吹炼开始前，铁水温度为 1200～1300℃。随着吹炼过程的进行，熔池温度逐渐地升高，平均升温速度为 20～30℃/min，但熔池温度不是呈直线上升的，吹炼前期，由于 Si、Mn 的氧化迅速，升温较快（约在 20% 的吹炼时间以内，即 3～4min），但吹炼前期熔池的平均温度不超过 1400℃。在 20%～70% 的吹炼时间内，熔池升温稍缓，从 1400℃ 逐渐升到 1500℃ 以上。到吹炼后期，即在 70%～100% 的吹炼时间内，升温速度又有所加快，最终熔池温度达 1600℃ 以上。要控制好吹炼温度，就应根据钢种对温度的要求来调整冷却剂的加入量，以达到成分与温度同时达到出钢要求的目的。

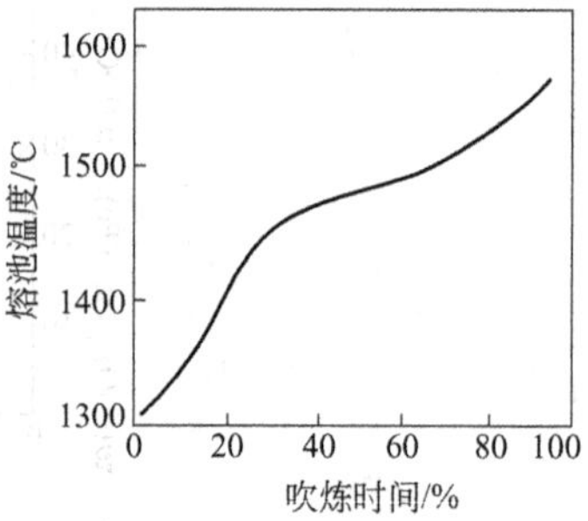

图 11－23　吹炼过程中温度的变化

（7）炉渣中的酸性氧化物 SiO_2 和 P_2O_5 在吹炼前期逐渐增多，随着石灰溶解量的增加，渣量增大，其含量降低。

（8）吹炼过程中（FeO）呈规律性变化，即前、后期高，中期低。而复吹转炉冶炼后期的（FeO）含量比顶吹转炉更低一些。

（9）钢中的氧到目前为止还不能控制。吹炼前期，随着钢液中硅含量的降低，氧含量升高。吹炼中期脱碳反应剧烈，钢液中氧含量降低。吹炼后期，由于钢中碳含量降低，钢中氧含量显著升高（如图 11－24 所示）。一般根据终点碳含量的不同，氧含量在 $(6 \sim 10) \times 10^{-4}$ 之间变化。当然，由于钢种不同、吹炼方法不同，终点钢中碳含量与氧含量的关系会有很大差别（如图 11－25 和图 11－26 所示）。特别是吹炼后期操作不同（如吹炼后期采用萤石调渣的用量不同、后吹次数不同、终点钢液温度不同、炉龄长短不同以及是否采用硅铁提温等），将会使钢中氧含量有大幅度变化。

（10）随着吹炼的进行，石灰在炉内的溶解量增多，渣中 CaO 含量逐渐增高，炉渣碱度也随之变大。

（11）吹炼过程中金属熔池氮含量的变化规律与脱碳反应有密切的关系。由图 11－24 可知，吹炼前期发生脱氮，中期停滞，到后期又进行脱氮，但停吹前 2～3min 起氮含量上升。这个脱氮曲线随操作方法的不同会有大幅度的变化。通常认为，吹炼时熔池内脱碳反应产生的 CO 气泡中氮气的分压力近于零，因而钢中的氮析出并进入 CO 气泡中，和 CO 气体一起被排出炉外。因此，脱碳速度越快，终点氮含量也越低。图 11－27 所示为平均脱碳速度与终点钢中氮含量的关系。冶炼中期脱氮停滞的原因是：此时脱碳是在冲击区附近进行的，该处气泡形成的氧化膜使钢中氮的扩散减慢；同时熔池内部产生的 CO 气泡减少，相应地减少了脱氮量。吹炼后期，由于脱碳效率显著降低，废气量减少，所以从炉口卷入的空气量增多，炉气中氮的分压增大，因而停吹前 2 ~ 3min 时出现增氮现象。

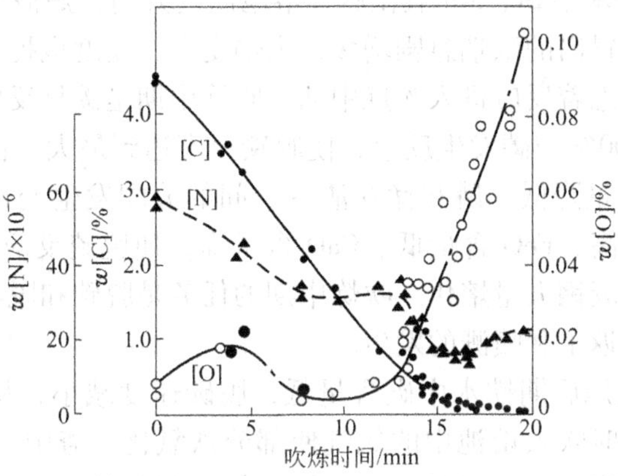

图 11－24　转炉吹炼过程中［C］、［O］、［N］的变化

（炉数 3，氧流量（标态）470m^3/h，枪高 1400mm，喷嘴直径 35.4mm × 4）

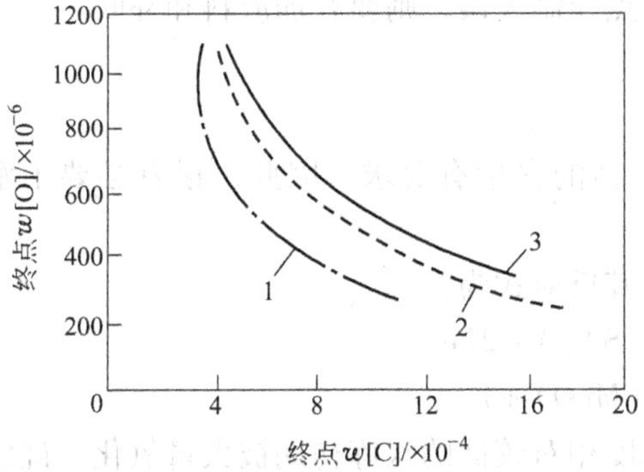

图 11－25　不同钢种终点 w[C]与 w[O]的关系

1—连铸 Al 镇静钢；2—普通模铸镇静钢；3—连铸热轧材

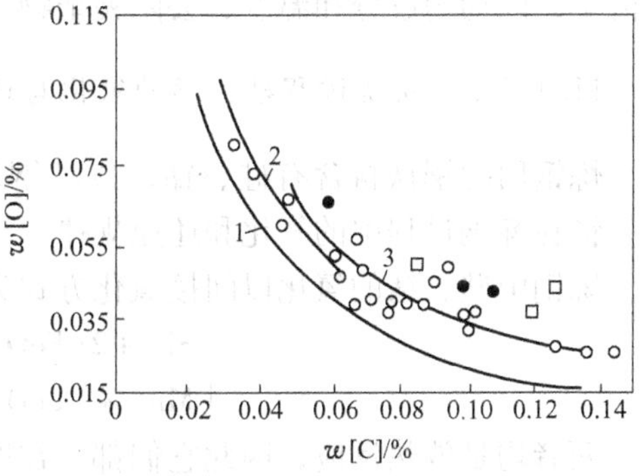

图 11－26　各种炼钢方法 w[C]与 w[O]的关系

1—平衡值；2—LD 转炉；3—碱性平炉

○—卡尔度法；□—罗托法；●—电弧炉

根据一炉钢冶炼过程中炉内成分的变化情况，通常把冶炼过程分为三个阶段：

（1）吹炼前期。吹炼前期由于铁水温度不高，Si、Mn 的氧化速度比 C 快，开吹 2 ~ 4min 时 Si、Mn 已基本上被氧化。同时，Fe 也被氧化形成 FeO 进入渣中，石灰逐渐熔解，使 P 也氧化进入渣中。Si、Mn、P、Fe 的氧化放出大量热，使熔池迅速升温。吹炼初期炉口出现黄褐色的烟尘，随后燃烧成火焰，这是由带出的铁尘和小铁珠在空气中燃烧而形成的。开吹时，由于渣料未熔化，氧气射流直接冲击在金属液

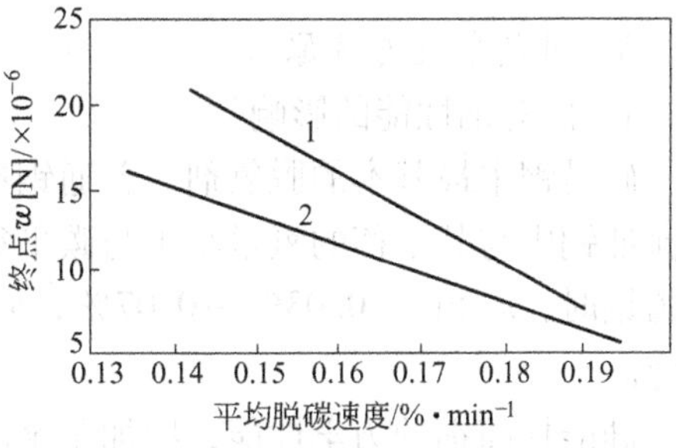

图 11－27　平均脱碳速度与终点 w[N]的关系

1—顶吹；2—复吹

面上，产生的冲击噪声较刺耳。随着渣料熔化，炉渣乳化形成，噪声变得温和。吹炼前期的任务是化好渣、早化渣，以利于磷和硫的去除；同时也要注意造渣，以减少炉渣对炉衬材料的侵蚀。

（2）吹炼中期。铁水中 Si、Mn 氧化后，熔池温度升高，炉渣也基本化好，C 的氧化速度加快。此时从炉口冒出的浓烟急剧增多，火焰变大，亮度也提高；同时炉渣起泡，炉口有小渣块溅出，这标志着反应进入吹炼中期。吹炼中期是碳氧反应剧烈时期，此期间供入熔池中的氧气几乎 100% 与碳发生反应，使脱碳速度达到最大。由于碳氧剧烈反应，使炉温升高，渣中 FeO 含量降低，磷和锰在渣－金间的分配发生变化，产生回磷和回锰现象。但此期间由于温度高、FeO 含量低、CaO 含量高，使脱硫反应得以大量进行。同时，由于熔池温度升高，使废钢大量熔化。吹炼中期的任务是脱碳和脱硫，因此应控制好供氧和底气搅拌，防止炉渣返干和喷溅的发生。

（3）吹炼后期。吹炼后期铁水中碳含量低，脱碳速度减小，从炉口排出的火焰逐渐收缩，透明度增加。这时吹入熔池中的氧气使部分铁氧化，渣中（FeO）和钢水中［O］的含量增加。同时，温度达到出钢要求，钢水中磷、硫得以脱除。吹炼后期要做好终点控制，保证温度以及 C、P、S 的含量达到出钢要求。此外，还要根据所炼钢种要求控制好炉渣的氧化性，使钢水中氧含量合适，以保证钢的质量。对于复吹转炉，则应增大底吹供气流量，以均匀成分和温度、去除夹杂物。若终点控制失误，则要补加渣料和补吹。

11.4.4.3　吹炼过程硅、锰的氧化与还原

炼钢用的钢铁料含有硅、锰，成品钢对硅、锰的含量有要求。因此，很有必要了解硅、锰在炼钢过程中的氧化和还原规律。

炼钢中硅、锰的氧化以间接氧化方式为主，其反应式为：

$$[Si]+2(FeO)═══(SiO_2)+2Fe$$

$$[Mn]+(FeO)═══(MnO)+Fe$$

两者均是放热反应，因此它们都是在熔池温度相对较低的吹炼初期被大量氧化。硅的氧化产物是酸性的 SiO_2，而锰的氧化产物是碱性的 MnO。因此在目前的碱性操作中，硅氧化得很彻底，即使后期温度升高后也不会被还原；而锰则氧化得不彻底，而且冶炼后期熔池温度升高后还会发生还原反应，即吹炼结束时钢液中还有一定数量的锰存在，称为“余锰”。

A　硅的氧化与还原

a　硅对钢性能的影响

硅是钢中最基本的脱氧剂。普通钢中硅含量为 0.17%～0.37%，1450℃下钢凝固时，能保证钢中与其平衡的氧量小于与碳平衡的氧量，抑制凝固过程中 CO 气泡的产生。生产沸腾钢时，$w[Si]=0.03\%\sim0.07\%$，$w[Mn]=0.25\%\sim0.70\%$，它只能微弱控制 C－O 反应。

硅能提高钢的力学性能，增加了钢的电阻和导磁性。

b　硅的氧化与还原反应

硅的氧化与还原反应表示如下：

$$[Si]+2[O]═══(SiO_2)$$

$$[Si]+2(FeO)=\!=\!=(SiO_2)+2[Fe]$$
$$[Si]+\{O_2\}=\!=\!=(SiO_2)$$
$$[Si]+2(FeO)+2(CaO)=\!=\!=(Ca_2SiO_4)+2[Fe]$$
$$2[C]+(SiO_2)=\!=\!=[Si]+2\{CO\}$$

上面的反应式表明，硅的氧化与还原反应的影响因素有温度、炉渣成分、金属液成分和炉气氧分压。温度低有利于硅的氧化；降低炉渣中 SiO_2 的含量（如增加 CaO、FeO 含量），有利于硅的氧化；炉渣氧化能力越强，越有利于硅的氧化；增加金属液中硅元素的含量，有利于硅的氧化；炉气氧分压越高，越有利于硅的氧化。

硅氧化是用氧炼钢的主要热源之一。在转炉吹炼前期，由于硅大量氧化，熔池温度升高，进入碳氧化期。在钢液脱氧过程中，由于含硅脱氧剂的氧化，可补偿一些钢包的散热损失。总之，硅的氧化有利于保持或提高钢液的温度。

硅氧化反应受炉渣成分影响，同样硅氧化反应产物影响炉渣成分，如 SiO_2 降低炉渣碱度，不利于钢液脱磷、脱硫，侵蚀炉衬耐火材料，降低炉渣氧化性，增加造渣消耗。

金属液中硅氧化使 $w[Si]$ 降低，从而影响金属液中其他成分（[C]、[Mn]、[P]、[S] 等）的活度及热力学条件。可见，硅氧化反应平衡是非稳态。

B　锰的氧化与还原

a　锰对钢性能的影响

锰是一种非常弱的脱氧剂，在碳含量非常低、氧含量很高时，可以显示出其脱氧作用，协助脱氧，提高脱氧合金的脱氧能力；锰可以消除钢中硫的热脆倾向，改变硫化物的形态和分布，以提高钢质；锰还可以略微提高钢的强度，并可提高钢的淬透性能，稳定并扩大奥氏体区，常作为合金元素生成奥氏体不锈钢、耐热钢等。

b　锰的氧化与还原反应

$$[Mn]+[O]=\!=\!=(MnO)$$
$$[Mn]+(FeO)=\!=\!=(MnO)+[Fe]$$
$$2[Mn]+\{O_2\}=\!=\!=2(MnO)$$
$$[C]+(MnO)=\!=\!=[Mn]+\{CO\}$$

与硅的氧化和还原一样，影响锰的氧化和还原反应的因素有温度、炉渣成分、金属液成分、炉气氧分压。温度低有利于锰的氧化；炉渣碱度高，使（MnO）的活度提高，在大多数情况下，（MnO）基本以游离态存在，如果 $a_{(MnO)}>1.0$，则不利于锰的氧化；炉渣氧化性强，有利于锰的氧化；能增加 Mn 元素活度的元素，其含量增加，有利于锰的氧化；炉气氧分压越高，越有利于锰的氧化。

在碱性转炉炼钢过程中，当脱碳反应激烈进行时，炉渣中（FeO）大量减少，温度升高，这样使钢液中 $w[Mn]$ 回升，这就是产生了所谓的锰还原。在酸性渣中，锰的氧化较为完全。

锰的氧化也是吹氧炼钢的热源之一，但不是主要的。在转炉吹炼前期，锰氧化生成 MnO 可帮助化渣，并减轻前期渣中 SiO_2 对炉衬耐火材料的侵蚀。在炼钢过程中，应尽量控制锰的氧化，以提高钢水残锰量，发挥残锰的作用。钢液中残锰的作用有：

（1）防止钢水的过氧化或避免钢水中含有过多的过剩氧，以提高脱氧合金的收得率，减少钢中氧化物夹杂；

（2）可作为钢液温度高低的标态，炉温高有利于（MnO）的还原，残锰含量高；

（3）能确定脱氧后钢水的锰含量达到所炼钢种的规格，并节约 Fe－Mn 用量。

11.4.4.4　吹炼过程的脱碳

C－O 反应是炼钢过程中的重要反应，这不仅是由于可脱除铁水中多余的碳，而且也是因为 C－O 反应生成的 CO 气体造成了熔池搅拌，使炉渣泡沫化，促使传热和传质过程加速、钢水中有害气体和夹杂物去除、金属液成分和温度均匀，并且碳的氧化还是转炉炼钢的重要热源之一。

A　吹炼过程碳的氧化

氧气转炉炼钢过程中，碳的氧化按下列反应进行：

$$[C]+[O]=\!=\!=CO \qquad \lg\frac{p_{CO}}{a_{[C]}a_{[O]}}=\frac{1168}{T}+2.07 \tag{11-15}$$

$$[C]+\frac{1}{2}O_2=\!=\!=CO \qquad \lg\frac{p_{CO}}{a_{[C]}\sqrt{p_{O_2}}}=\frac{7200}{T}+2.22 \tag{11-16}$$

$$[C]+CO_2=\!=\!=2CO \qquad \lg\frac{p_{CO}^2}{a_{[C]}p_{CO_2}}=-\frac{6400}{T}+6.175 \tag{11-17}$$

$$[C]+2[O]=\!=\!=CO_2 \qquad \lg\frac{p_{CO_2}}{a_{[C]}a_{[O]}^2}=\frac{10175}{T}-2.88 \tag{11-18}$$

一般认为，在熔池中金属液内的 C－O 反应以式（11－15）为主，只有当熔池金属液中 $w[C]<0.05\%$ 时，式（11－17）才比较显著。表 11－9 中的试验结果说明了这个问题。

表 11－9　不同温度下平衡气相中 CO_2 的浓度　　　（%）

$w[C]$	1500℃	1550℃	1600℃	1650℃	1700℃
0.01	20.1	16.7	13.8	11.5	9.5
0.05	5.6	4.3	3.3	2.7	2.1
0.10	2.8	2.2	1.7	1.3	1.1
0.50	0.44	0.34	0.26	0.21	0.16
1.00	0.16	0.12	0.034	0.07	0.06

在氧气射流冲击区，碳的反应以式（11－16）为主，即铁水中的碳与吹入的氧气直接反应；而底吹 CO_2 气体时，则发生式（11－17），即 CO_2 成为供气体，直接参加反应。

研究认为，所有这些脱碳反应的动力学过程都是复杂的，其过程的控制环节大都受物质扩散控制；只有当气相与金属间传质很快时，反应的限制环节才取决于化学反应。

B　吹炼过程的脱碳速度

氧气转炉吹炼过程中，金属熔池脱碳速度的变化可由图 11－28 和图 11－29 表示。脱碳速度的变化在整个吹炼过程中分为三个阶段：

（1）第一阶段。吹炼前期以 Si、Mn 氧化为主，脱碳速度由于温度升高而逐步加快。

（2）第二阶段。吹炼中期以碳的氧化为主，脱碳速度达到最大，几乎为常数。

（3）第三阶段。吹炼后期随着金属熔池中碳含量的减少，脱碳速度逐渐降低。由此可见，整个冶炼过程中脱碳速度的变化曲线近似于梯形。根据这种梯形模型，可以对氧气转炉炼钢过程各阶段的脱碳速度写出下列表达式：

第一阶段 $$-\frac{dw[C]}{dt}=K_1t$$

第二阶段 $$-\frac{dw[C]}{dt}=K_2$$

第三阶段 $$-\frac{dw[C]}{dt}=K_3w[C]$$

式中　$K_1 \sim K_3$——系数，分别受各阶段主要因素影响；

t——吹炼时间，min；

$w[C]$——熔池碳含量，%。

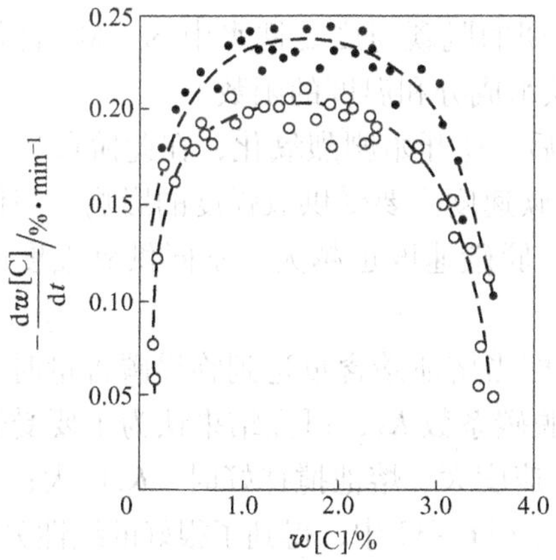

图 11－28　转炉炼钢脱碳速度随熔池碳含量的变化（标态）

●—2.2m³/（t · min）　○—1.9m³/（t · min）

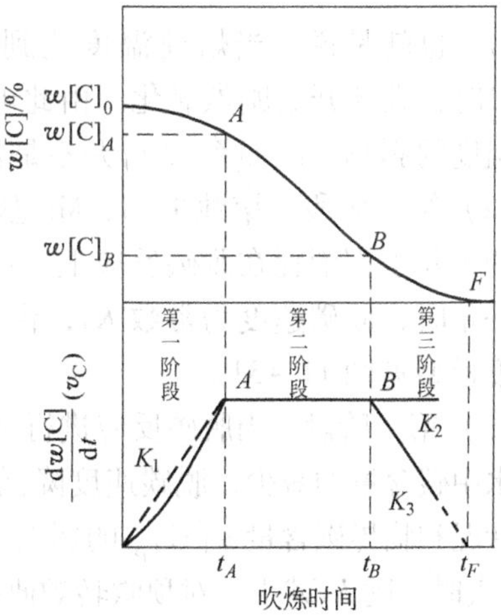

图 11－29　脱碳速度与吹炼时间关系的模拟图

各阶段脱碳速度估计如下：

（1）第一阶段。吹炼一开始，Si、Mn、P 首先迅速氧化，同时 Fe、C 也逐步氧化。碳的氧化反应受铁水中 Si、Mn 含量的影响很大，图 11－30 中分析说明了这一点。当铁水中硅当量 $w[Si]_{\%}+0.25w[Mn]_{\%}>1$ 时，脱碳速度趋于零。随着铁水中 Si、Mn 氧化而含量降低，脱碳反应速度加快。

另外，温度对 Si、Mn、C 的选择性氧化也有较大影响，尤以对 Si 的影响为重。C 与 Si 的选择性氧化可由式（11－19）确定：

$$(SiO_2)+2[C]=2CO+[Si]\qquad \Delta G^{\ominus}=131100-73.8T \tag{11-19}$$

在实际生产条件下，

$$\Delta G=\Delta G^{\ominus}+RT\ln\frac{p_{CO}^2a_{[Si]}}{a_{[C]}^2a_{(SiO_2)}}$$

吹炼前期，$p_{CO}=0.1$MPa，$w[C]=4\%$，$w[Si]=0.6\%$，碱度为 1～1.5，$a_{(SiO_2)}=0.1$，$w(FeO)=20\%$，并忽略 Mn、P 对活度的影响。把以上数据代入式（11－19）中得到：$\Delta G^{\ominus}=131100-70.87T$。令 $\Delta G=0$，求出 C→Si 氧化反应的转换温度为 $t_{转}=1641K=$

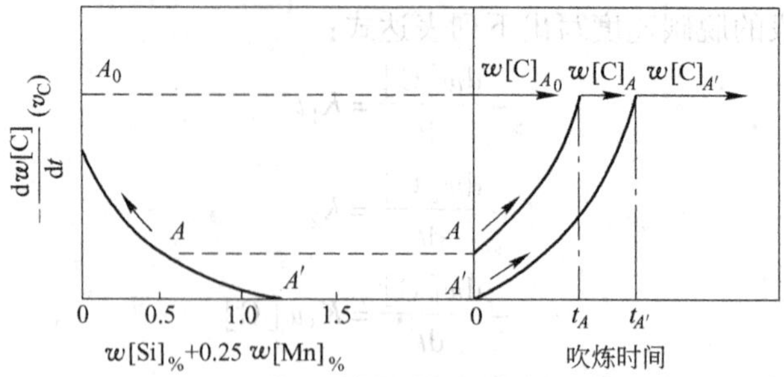

图 11 - 30　供氧强度对脱碳速度的影响

A_0—冶炼前期供氧强度；A—冶炼中期供氧强度；A'—冶炼后期供氧强度；t_A—冶炼中期；$t_{A'}$—冶炼后期；$w[C]_{A_0}$—冶炼前期碳含量；$w[C]_A$—冶炼中期碳含量；$w[C]_{A'}$—冶炼后期碳含量

1368℃。也就是说，当熔池温度达到 1368℃后，碳才开始氧化；直到熔池温度升高到 1480℃时，碳才开始剧烈氧化。由此可见，吹炼前期的脱碳速度受铁水中 Si、Mn 含量和熔池温度的影响，因而系数 K_1 并不是常数，而是铁水成分和温度的函数。

（2）第二阶段。熔池中 Si、Mn 基本氧化结束后，C 开始剧烈氧化，在此阶段，氧枪供给的氧几乎都消耗在脱碳反应上。这个阶段的脱碳速度主要受供氧强度的影响。当供氧强度一定时，脱碳速度为常数 K_2，供氧强度越大，脱碳速度也越大。不同供氧强度的脱碳速度模型见图 11 - 31。

（3）第三阶段。当脱碳反应进行到一定程度，即当熔池碳含量达到临界碳含量时，随着钢水中碳含量的减少，脱碳速度降低。第三阶段脱碳系数 K_3，研究结果认为主要受熔池运动状况和临界碳含量 $w[C]_\beta$ 的影响最大。当脱碳速度大、熔池搅拌好时，K_3 增大；当 $w[C]_\beta$ 大时，则 K_3 减小。对顶吹转炉研究的结果示于图 11 - 32 中，得到了很好的线性关系：

$$K_3 = 0.996 \times \frac{K_2^2}{2w[C]_\beta} - 0.0002 \qquad (11-20)$$

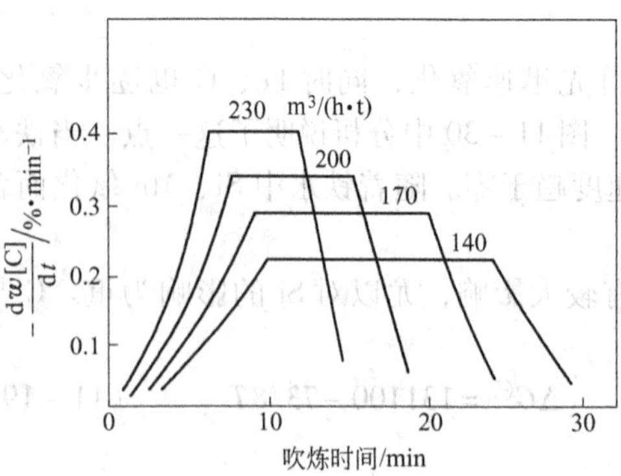

图 11 - 31　不同供氧强度的脱碳速度模型

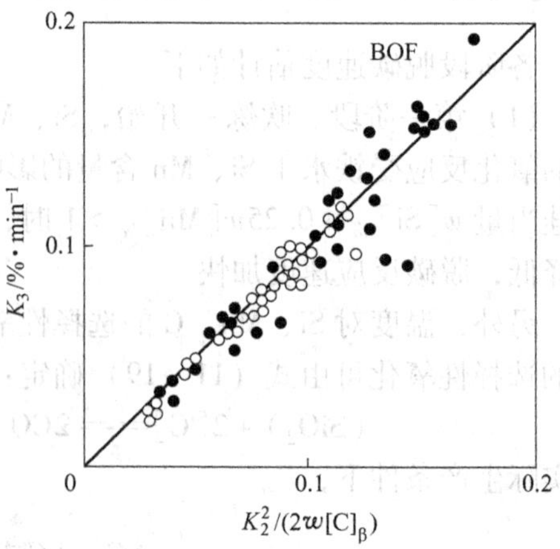

图 11 - 32　K_3 与 $K_2^2/(2w[C]_\beta)$ 的关系

关于第二阶段向第三阶段过渡时的 $w[C]_\beta$ 问题，有多种研究和观点，差别很大。通常在实验室条件下得出的 $w[C]_\beta$ 为 0.1% ~0.2% 或 0.07% ~0.1%，而在实际生产中则为0.1% ~0.2%或0.2% ~0.3%，甚至高达1.0% ~1.2%。$w[C]_β$根据供氧速度和供氧方式、熔池搅拌强弱和传质系数的大小而定。川合保治指出，随着单位面积供氧强度的加大或熔池搅拌的减弱，$w[C]_β$有所增高。

11.4.4.5 吹炼过程的脱磷

磷是钢中有害杂质之一。它使钢具有冷脆性，增加钢对脆性断裂的倾向及提高冷脆温度，即提高冲击韧性显著降低的温度。钢中允许最大磷含量是0.02% ~0.05%，而对某些优质钢种则要求磷含量在0.008% ~0.015%范围内。

高炉冶炼不能控制铁水的磷量，矿石中的磷几乎全部进入生铁，致使生铁的磷含量高达0.1% ~2.0%。生铁中的磷主要是在炼钢过程中利用高碱度氧化渣的作用除去的。

磷是易氧化元素，在转炉吹炼前期发生氧化反应：

$$2[P]+5(FeO)=\!=\!=(P_2O_5)+5Fe$$

然后再与渣中（CaO）反应，生成稳定化合物：

$$(P_2O_5)+n(CaO)=\!=\!=(nCaO\cdot P_2O_5)$$

则冶炼中磷的氧化去除反应为：

$$2[P]+5(FeO)+n(CaO)=\!=\!=(nCaO\cdot P_2O_5)+5Fe$$

式中，n一般为4。炉渣中（FeO）和（CaO）越多，则越有利于磷的去除。

在金属与炉渣平衡的情况下，

$$w[P]_{\%}=\sqrt{\frac{a_{(4CaO\cdot P_2O_5)}}{K_P a^5_{(FeO)} a^4_{(CaO)}}} \qquad (11-21)$$

由式（11-21）可见，促进炉渣对金属脱磷的热力学因素有：

（1）加入固体氧化剂（铁矿石、铁皮）或用高枪位向熔池吹氧以增大$a_{(FeO)}$；

（2）加入石灰和促进石灰在碱性渣中迅速溶解的物质以增大$a_{(CaO)}$，亦即增大自由CaO（不与酸性氧化物结合的CaO）的浓度；

（3）用更新与金属接触的渣相的方法，亦即用放渣和加入CaO与FeO造新渣的方法来减小$a_{(4CaO\cdot P_2O_5)}$；

（4）保持适当的低温，因为温度从1673K升至1873K时使反应的平衡常数K_P减小到1/370。

成品钢的磷含量往往比冶炼终点钢水磷含量高。在冶炼过程中如果炉温过高，碱度、$\Sigma w(FeO)$过低，磷含量也有回升现象，这些现象称为“回磷”。出钢后的回磷量一般为0.01% ~0.02%，有时更高。

吹炼到达终点时，由于钢水温度升高，钢液中碳含量不同，对渣中（FeO）含量有影响，因而影响终点磷含量。在工业生产中为了减少回磷现象，通常的办法是保证冶炼后期炉渣为高碱度并化好渣，适当保持一定的（FeO）含量，以稳定脱磷效果。

总之，为了脱磷，吹炼过程中应根据脱磷反应的热力学条件，首先在冶炼前期化好渣，尽快形成高氧化性炉渣，以利于在吹炼前期低温脱磷。若铁水磷含量高，还可在化好渣的情况下倒掉部分高磷炉渣，以提高脱磷效果。而在吹炼后期，则要控制好炉渣碱度和渣中（FeO）含量，保证磷被稳定在渣中而不发生回磷现象。

11.4.4.6　吹炼过程的脱硫

硫使钢材产生热脆性，脱硫反应表示如下：

$$[FeS] + (CaO) = (CaS) + (FeO) \qquad (11-22)$$

渣中（CaO）含量高、(FeO）含量低，有利于脱硫反应进行。但在氧气转炉炼钢中，由于熔池供氧，使炉内呈氧化气氛，故渣中（FeO）含量不低，因而使转炉的脱硫能力受到限制。

转炉吹炼过程中，金属液中硫的去除分为两部分。一部分为气化脱硫，其反应为：

$$[S] + 2[O] = SO_2 \qquad (11-23)$$

$$(S^{2-}) + \frac{3}{2}O_2 = SO_2 + (O^{2-}) \qquad (11-24)$$

$$(S^{2-}) + 6(Fe^{3+}) + 2(O^{2-}) = SO_2 + 6(Fe^{2+}) \qquad (11-25)$$

对以上三个反应，热力学的分析表明，式（11-23）中反应平衡时的 SO_2 分压为 0.02Pa，反应很容易达到平衡，故可以认为钢液中硫的氧化去除作用不大。而渣中硫的气化反应是主要的，由式（11-24）、式（11-25）可见，渣中的硫向气相转移与渣中硫的活度和氧势有关。硫在渣中的活度与炉渣碱度有关，碱度越高，硫的活度越低。因此，高碱度对气化脱硫不利，但对炉渣脱硫有利。在氧气转炉炼钢中，一般认为金属液硫含量的10%左右是通过气化脱硫去除的。

另一部分为炉渣脱硫，其反应见式（11-22）。要实现炉渣脱硫，必须化好渣，没有良好的石灰溶解，脱硫就会变成一句空话。图 11-33 示出不同石灰成渣时金属液中硫含量的变化情况，图中转炉 A 吹炼过程中石灰成渣快，因而金属液中 $w[S]$ 一直降低；而转炉 B 吹炼过程中石灰成渣慢，直到吹炼后期石灰成渣增多以后，金属液中 $w[S]$ 才得以降低。因此要想去除硫，做好吹炼过程中的石灰溶解成渣操作是至关重要的。当金属液中硫含量较高时，可以在吹炼过程中依靠提高碱度或增大渣量的办法，采取倒渣操作来提高脱硫效果。

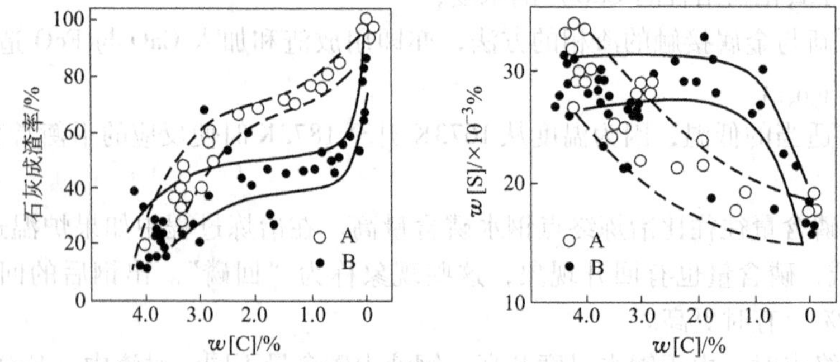

图 11-33　成渣与硫变化

总之，在氧气转炉炼钢中为了脱硫，应充分应用脱硫的热力学条件，实现高温状况下化好渣，利用吹炼过程中后期高温、高碱度、低氧化性的有利条件脱硫。

11.4.4.7　吹炼过程的脱氧

氧是在钢的凝固过程中偏析倾向最严重的元素之一，在钢凝固和随后的冷却过程中，由于溶解度急剧降低，钢中原来溶解的绝大部分氧以铁氧化物、氧硫化物等微细夹杂物形式在奥氏体或铁素体晶界处富集存在。氧化物、氧硫化物等微细夹杂物会造成晶界脆化，在钢的加工和使用过程中容易成为晶界开裂的起点，导致钢材发生脆性破坏。此外，钢中氧含量增加会降低钢材的延性、冲击韧性和抗疲劳破坏性能，提高钢材的韧－脆转换温度，降低钢材的耐腐蚀性能等。

A　脱氧的方式

不管是哪种炼钢方法，都需要在熔池中供氧去除C、Si、Mn、P等杂质元素，氧化精炼结束后，钢液达到了一定成分和温度，其含量一般超过C－O平衡线。

如果钢水不进行脱氧，连铸坯就得不到正确的凝固组织结构。钢中氧含量高还会产生皮下气泡、疏松等缺陷，并加剧硫的危害作用；而且还会生成过多的氧化物夹杂，降低钢的塑性、冲击韧性等力学性能。因此，必须除去钢中的过剩氧。

在出钢或浇注过程中，加脱氧剂适当减少钢液氧含量的操作称为脱氧。按脱氧原理，脱氧方法可分为三种，即沉淀脱氧法、扩散脱氧法和真空脱氧法。

（1）沉淀脱氧法。沉淀脱氧法是指将脱氧剂加到钢液中，它直接与钢液中的氧反应生成稳定的氧化物，即直接脱氧。沉淀脱氧效率高，操作简单，成本低，对冶炼时间无影响，但沉淀脱氧的脱氧程度取决于脱氧剂的能力和脱氧产物的排出条件。

（2）扩散脱氧法。扩散脱氧法是根据氧分配定律建立起来的，一般用于电炉还原期或钢水炉外精炼。随着钢水中的氧向炉渣中扩散，炉渣中（FeO）逐渐增多，为了使（FeO）含量保持在低水平，需在渣中加脱氧剂还原渣中的（FeO），这样可以保证钢水中的氧不断向渣中扩散。扩散脱氧的产物存在于熔渣中，这样有利于提高钢水的洁净度，但扩散脱氧的速度慢、时间长，可以通过吹氩搅拌或钢渣混冲等方式加速脱氧进程。另外，进行扩散脱氧操作前需换新渣，以防止回磷。

（3）真空脱氧法。真空脱氧法是将钢包内钢水置于真空条件下，通过抽真空打破原有的C－O平衡，促使碳与氧反应，达到通过钢中碳去除氧的目的。此法的优点是脱氧比较彻底，脱氧产物为CO气体，不污染钢水，而且在排出CO气体的同时还具有脱氢、脱氮的作用。

B　脱氧剂及其脱氧能力

炼钢常用的脱氧元素有硅、锰和铝。

（1）硅。硅具有较强的脱氧能力，随温度降低其脱氧能力增强。硅被绝大多数钢种所采用。

（2）锰。锰的脱氧能力很弱，局部锰含量高，可局部脱氧。随温度降低，锰的脱氧能力增强。锰与硅、铝同时使用，可增强硅、锰的脱氧能力。它常用于沸腾钢脱氧。

（3）铝。铝有非常强的脱氧能力，随温度降低其脱氧能力增强。铝被大多数钢种所采用。

（4）复合脱氧剂。复合脱氧剂是由两种或多种脱氧元素制成的脱氧剂，如硅锰、硅钙、硅锰铝等，其优点是：

1）可以提高脱氧元素的脱氧能力；

2）利于形成液态脱氧产物，便于分离与上浮；

3）利于提高易挥发元素的溶解度，减少元素的损失，提高脱氧元素的脱氧效率。

C　脱氧合金化

目前冶炼和连铸的钢种主要是镇静钢，各种牌号的合金钢、高碳钢、中碳钢和低碳钢优质钢都属于镇静钢。镇静钢脱氧比较完全，一般脱氧后的钢水氧含量小于 0.002%。镇静钢的脱氧可分为两种类型，即钢包内脱氧；炉内预脱氧，钢包内终脱氧。

脱氧和合金化操作不能截然分开，而是紧密相连。合金化操作的关键问题是合金化元素的加入次序，一般的原则是：

(1) 脱氧元素先加，合金化元素后加；

(2) 脱氧能力比较强且比较贵重的合金，应在钢水脱氧良好的情况下加入；

(3) 熔点高、不易氧化的元素，可加在炉内。

脱氧元素被钢水吸收的部分与加入总量之比，称为脱氧元素收得率（η）。在生产碳素钢时，如知道终点钢水成分、钢水量、钢合金成分及其收得率，可根据成品钢成分计算脱氧加入量。

准确判断和控制脱氧元素收得率，是达到预期脱氧程度和提高成品钢成分命中率的关键。

冶炼一般合金钢和低合金钢时，合金加入量的计算方法与脱氧剂基本相同；而冶炼高合金钢时，合金加入量大，必须考虑加入的合金量对钢水重量和钢水终点成分的影响。

11.4.4.8　吹炼过程的去气

钢液中的气体会显著降低钢的性能，而且容易造成钢的许多缺陷。钢中气体主要是指氢与氮，它们可以溶解于液态、固态的纯铁和钢中。

A　氢和氮对钢性能的影响

氢在固态钢中的溶解度很小，在钢水凝固和冷却过程中，氢会和 CO、N_2 等气体一起析出，形成皮下气泡中心缩孔、疏松，造成白点和发纹。

钢热加工过程中，钢中含有氢气的气孔会沿加工方向被拉长形成发裂，进而引起钢材的强度、塑性和冲击韧性降低，即发生“氢脆”现象。

在钢材的纵向断面上，呈现出圆形或椭圆形的银白色斑点称为“白点”，实为交错的细小裂纹。白点产生的主要原因是钢中氢在小孔隙中析出的压力和钢相变时产生的组织应力的综合力，超过了钢的强度。一般白点产生的温度低于200℃。

钢中的氮是以氮化物的形式存在，它对钢质量的影响体现出双重性。

氮含量高的钢种长时间放置将会变脆，这一现象称为“老化”或“时效”。其原因是钢中氮化物的析出速度很慢，逐渐改变着钢的性能。低碳钢中氮产生的脆性比磷还严重。

钢中氮含量高时，在 250～450℃温度范围内，其表面发蓝，钢的强度升高，冲击韧性降低，称为“蓝脆”。氮含量增加，钢的焊接性能变坏。

钢中加入适量的铝可生成稳定的 AlN，能够抑制 Fe_4N 生成和析出，不仅可以改善钢的时效性，还可以阻止奥氏体晶粒的长大。氮可以作为合金元素，起到细化晶粒的作用。在冶炼铬钢、镍铬系钢或铬锰系钢等高合金钢时，加入适量的氮能够改善其塑性和高温加工性能。

B　金属液中氢和氮的溶解度

氢在纯铁液中的溶解度是指在一定的温度下和 100kPa 气压时，氢在纯铁液中溶解的数量。它服从西华特定律，即：

$$\frac{1}{2}H_{2(g)} \rightleftharpoons [H]$$

$$w[H]_{\%} = K_H\sqrt{p_{H_2}}$$

式中　$w[H]_{\%}$——纯铁液中氢的溶解度；

p_{H_2}——纯铁液外面的氢气分压，kPa；

K_H——氢分压为100kPa时，纯铁液中氢溶解反应的平衡常数。

氮在纯铁液的溶解度与氢类似，也服从西华特定律，即：

$$\frac{1}{2}N_{2(g)} \rightleftharpoons [N]$$

$$w[N]_{\%} = K_N\sqrt{p_{N_2}}$$

1873K下金属液中氢和氮的溶解度见图11－34。

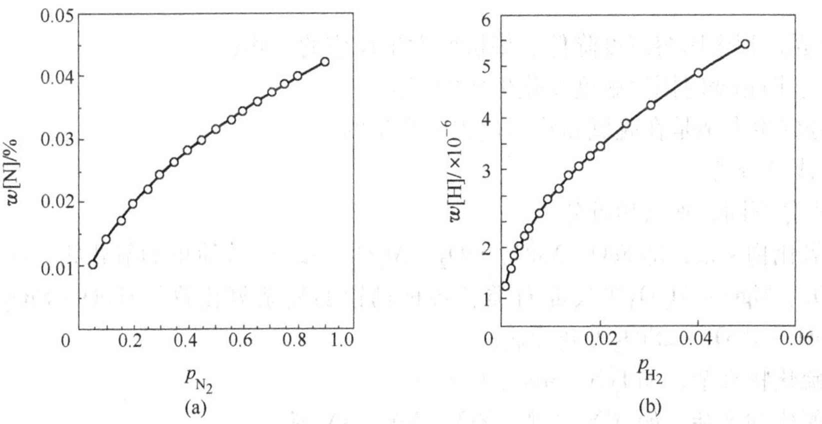

图11－34　1873K下金属液中氢和氮的溶解度

（a）金属液中氮的溶解度；（b）金属液中氢的溶解度

C　影响氢和氮在钢中溶解度的因素

气体在钢中的溶解度取决于温度、相变、金属成分以及与金属相平衡的气相中该气体的分压。

（1）氢和氮在液态纯铁中的溶解度随温度的升高而增加。

（2）固态纯铁中气体的溶解度低于液态。

（3）氮在固态纯铁中的溶解度随温度的升高而降低，原因是有氮化物析出。

（4）在910℃时发生α－Fe向γ－Fe的转变，1400℃时发生γ－Fe向δ－Fe的转变，溶解度也发生突变。在奥氏体中因晶格常数大，能溶解更多的气体。

D　钢液的脱氢和脱氮

钢液脱氢和脱氮的方法有：

（1）利用脱碳反应脱除［H］、［N］。脱碳可以强烈搅拌熔池，加速［H］、［N］向液－气反应界面的传递；脱碳反应生成大量CO气泡，在CO气泡内氢、氮的分压近似为零，而且CO气泡可成为H_2、N_2的核心。

（2）在钢包内吹氩脱除［H］、［N］。

（3）钢水经真空精炼脱除［H］、［N］。

11.4.4.9　吹炼过程夹杂物的去除

A　夹杂物的分类

a　按来源分类

钢中非金属夹杂按来源可以分为外来夹杂和内生夹杂。

（1）外来夹杂，是指冶炼和浇注过程中带入钢液中的炉渣和耐火材料以及钢液被大气氧化所形成的氧化物。

（2）内生夹杂，包括：

1）脱氧时的脱氧产物；

2）钢液温度下降时，硫、氧、氮等杂质元素溶解度下降而以非金属夹杂形式出现的生成物；

3）凝固过程中因溶解度降低、偏析而发生反应的产物；

4）固态钢相变时因溶解度变化生成的产物。

钢中大部分内生夹杂是在脱氧和凝固过程中产生的。

b　按成分分类

根据成分不同，夹杂物可分为：

（1）氧化物夹杂，即 FeO、MnO、SiO_2、Al_2O_3、Cr_2O_3等简单的氧化物，$FeO-Fe_2O_3$、$FeO-Al_2O_3$、$MgO-Al_2O_3$等尖晶石类和各种钙铝的复杂氧化物；$2FeO-SiO_2$、$2MnO-SiO_2$、$3MnO-Al_2O_3-2SiO_2$等硅酸盐。

（2）硫化物夹杂，如 FeS、MnS、CaS 等。

（3）氮化物夹杂，如 AlN、TiN、ZrN、VN、BN 等。

c　按加工性能分类

按加工性能，夹杂物可分为：

（1）塑性夹杂，是在热加工时沿加工方向延伸成条带状的夹杂物。

（2）脆性夹杂，是完全不具有塑性的夹杂物，如尖晶石类型的夹杂物、熔点高的氮化物。

（3）点状不变形夹杂，如 SiO_2含量超过70%的硅酸盐、CaS、钙的铝硅酸盐等。

由于非金属夹杂对钢的性能产生严重的影响，在炼钢、精炼和连铸过程中应最大限度地降低钢液中夹杂物的含量，控制其形状和尺寸。

B　夹杂物对钢材性能的影响

非金属夹杂在钢中以独立相存在，破坏了钢基体的连续性，使钢的组织不均匀，强度、塑性、冲击韧性、抗疲劳性能等力学性能减弱，铸造性能、切削性能等工艺性能降低。

C　夹杂物的去除

夹杂物的去除方法有以下几种：

（1）提高原材料的质量和清洁度，最大限度地减少外来夹杂；

（2）完善和强化冶炼、浇注操作，提高从钢液中排除的数量；

（3）出钢过程或出钢后采用炉外处理措施，强化排除过程；

（4）提高耐火材料的质量；

（5）采用保护浇注措施，防止或减少钢液的二次氧化。

11.4.5 炼钢工艺制度

11.4.5.1 造渣制度

造渣是转炉炼钢的一项重要操作。许多炼钢任务是通过炉渣完成的，所以有“炼钢就是炼渣”之说。可以说，渣造好了，钢也就炼好了。所谓造渣，是指通过控制入炉渣料的种类和数量，使炉渣具有某些性质，以满足熔池内有关炼钢反应需要的工艺操作要求。

转炉冶炼对炉渣的要求是，具有一定的碱度、合适的氧化性和流动性以及适度的泡沫化。

造渣制度是确定合适的造渣方法、渣料的种类、渣料的加入数量和时间以及加速成渣的措施。

转炉炼钢造渣的目的是：去除磷硫，减少喷溅，保护炉衬，减少终点氧；核心是快速成渣；原则是：初渣早化，过程化透，终渣做黏，出钢挂上，溅渣黏住。

A 炉渣的形成和石灰的溶解

氧气转炉炼钢过程时间很短，必须做到快速成渣，使炉渣尽快具有适当的碱度、氧化性和流动性，以便迅速地把铁水中的磷、硫等杂质去除到所炼钢种的要求以下。

a 炉渣的形成

炉渣一般是由铁水中的Si、P、Mn、Fe氧化以及加入的石灰溶解而形成的另外还有少量的其他渣料（白云石、萤石等）、带入转炉内的高炉渣和侵蚀的炉衬等。炉渣的氧化性和化学成分在很大程度上控制了吹炼过程中的反应速度。如果吹炼要在脱碳的同时脱磷，则必须控制（FeO）含量在一定范围内，以保证石灰不断溶解，形成一定碱度、一定数量的泡沫化炉渣。

开吹后，铁水中Si、Mn、Fe等元素氧化生成FeO、SiO_2、MnO等氧化物并进入渣中，这些氧化物相互作用生成许多矿物质。吹炼前期渣中主要的矿物组成为各类橄榄石（Fe，Mn，Mg，Ca）SiO_4和玻璃体SiO_2。随着炉渣中石灰的溶解，由于CaO与SiO_2的亲和力比其他氧化物大，CaO逐渐取代橄榄石中的其他氧化物，形成硅酸钙。随碱度增加，进而形成$CaO \cdot SiO_2$、$3CaO \cdot 2SiO_2$、$2CaO \cdot SiO_2$、$3CaO \cdot SiO_2$，其中最稳定的是$2CaO \cdot SiO_2$。到吹炼后期，C－O反应减弱，（FeO）含量有所提高，石灰进一步溶解，渣中可能产生铁酸钙。表11－10列出炉渣中的化合物及其熔点。

表11－10 炉渣中的化合物及其熔点

化合物	矿物名称	熔点/℃	化合物	矿物名称	熔点/℃
$CaO \cdot SiO_2$	硅酸钙	1550	$CaO \cdot MgO \cdot SiO_2$	钙镁橄榄石	1390
$MnO \cdot SiO_2$	硅酸锰	1285	$CaO \cdot FeO \cdot SiO_2$	钙铁橄榄石	1205
$MgO \cdot SiO_2$	硅酸镁	1557	$2CaO \cdot MgO \cdot 2SiO_2$	镁黄长石	1450
$2CaO \cdot SiO_2$	硅酸二钙	2130	$3CaO \cdot MgO \cdot SiO_2$	镁蔷薇辉石	1550
$FeO \cdot SiO_2$	铁橄榄石	1205	$2CaO \cdot P_2O_5$	磷酸二钙	1320
$2MnO \cdot SiO_2$	锰橄榄石	1345	$CaO \cdot Fe_2O_3$	铁酸钙	1230
$2MgO \cdot SiO_2$	镁橄榄石	1890	$2CaO \cdot Fe_2O_3$	正铁酸钙	1420

b　石灰的溶解

石灰的溶解在成渣过程中起着决定性的作用，图 11－35 示出吹炼过程中渣量和石灰溶解量的变化情况。由图可见，在 25% 的吹炼时间内，渣主要靠元素 Si、Mn、P 和 Fe 的氧化形成。在此后的时间里，成渣主要是靠石灰的溶解。特别是在 60% 的吹炼时间以后，由于炉温升高，石灰溶解加快，使渣大量形成。

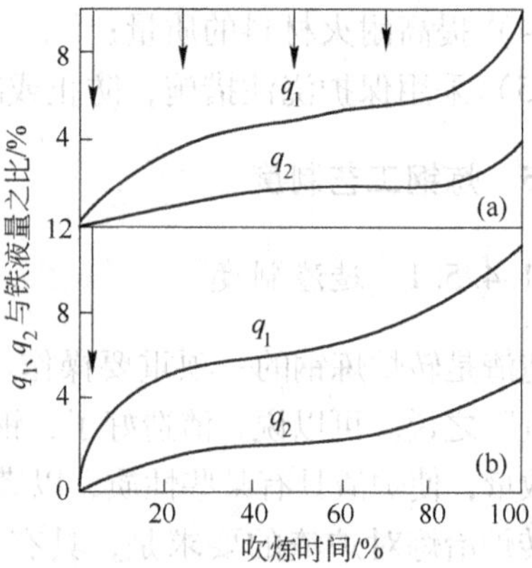

图 11－35　吹炼过程中渣量 q_1 和石灰溶解量 q_2 的变化（"↓"表示加石灰的时间和批数）

（a）废钢冷却；（b）矿石冷却

石灰在炉渣中的溶解是复杂的多相反应，其过程分为以下三步。

第一步，液态炉渣经过石灰块外部扩散边界层向反应区迁移，并沿气孔向石灰块内部迁移。

第二步，炉渣与石灰在反应区进行化学反应，形成新相。该反应不仅在石灰块外表面进行，而且在内部气孔表面上进行。其反应式为：

$$(FeO)+(SiO_2)+CaO \longrightarrow (FeO_x)+(CaO \cdot FeO \cdot SiO_2)$$

$$(Fe_2O_3)+2CaO = (2CaO \cdot Fe_2O_3)$$

$$(CaO \cdot FeO \cdot SiO_2)+CaO = (2CaO \cdot SiO_2)+(FeO)$$

第三步，反应产物离开反应区向炉渣熔体中转移。炉渣由表及里逐渐向石灰块内部渗透，表面有反应产物形成。通常在顶吹转炉和底吹转炉吹炼前期，从炉内取出的石灰块表面存在着高熔点、致密坚硬的 $2CaO \cdot SiO_2$ 外壳，它阻碍石灰的溶解。但在复吹转炉中，从炉内取出的石灰块样均没有发现 $2CaO \cdot SiO_2$ 外壳，其原因可认为是底吹气体加强了熔池搅拌，避免了顶吹转炉中渣料被吹到炉膛四周的不活动区，从而加快了（FeO）向石灰的渗透。

由以上分析可知，影响石灰溶解的主要因素有：

（1）炉渣成分。实践证明，炉渣成分对石灰溶解速度有很大影响。有研究表明，石灰溶解速度与炉渣成分之间的统计关系为：

$$v_{CaO}=k[w(CaO)+1.35w(MgO)+2.75w(FeO)+1.90w(MnO)-39.1] \qquad (11-26)$$

式中　v_{CaO}——石灰在渣中的溶解速度，$kg/(m^2 \cdot s)$；

k——比例系数；

$w(i)$——渣中氧化物含量，%。

由式（11－26）可见，（FeO）对石灰溶解速度影响最大，它是石灰溶解的基本熔剂。其原因是：

1）（FeO）能显著降低炉渣黏度，加速石灰溶解过程的传质。

2）（FeO）能改善炉渣对石灰的润湿和向石灰孔隙中的渗透。

3）（FeO）的离子半径不大（$r_{Fe^{2+}}=0.083nm$，$r_{Fe^{3+}}=0.067nm$，$r_{O^{2-}}=0.132nm$），且与 CaO 同属于立方晶系，这些都有利于其向石灰晶格中迁移并生成低熔点物质。

4）（FeO）能减少石灰块表面 $2CaO \cdot SiO_2$ 的生成，并使生成的 $2CaO \cdot SiO_2$ 变疏松，

有利于石灰溶解。

渣中（MnO）对石灰溶解速度的影响仅次于（FeO），故在生产中可在渣料中配加锰矿。向炉渣中加入6%左右的（MgO）也对石灰溶解有利，因为 $CaO-MgO-SiO_2$ 系化合物的熔点都比 $2CaO \cdot SiO_2$ 低。

(2) 温度。熔池温度高（高于炉渣熔点以上），可以使炉渣黏度降低，加速炉渣向石灰块内的渗透，使生成的石灰块外壳化合物迅速熔融而脱落成渣。转炉冶炼的实践已经证明，在熔池反应区，由于温度高且（FeO）多，使石灰的溶解加速进行。

(3) 熔池的搅拌。加快熔池的搅拌可以显著改善石灰溶解的传质过程，增加反应界面，提高石灰溶解速度。复吹转炉的生产实践也已证明，由于熔池搅拌加强，使石灰溶解和成渣速度都比顶吹转炉提高。

(4) 石灰的质量。表面疏松、气孔率高、反应能力强的活性石灰，有利于炉渣向石灰块内渗透，也扩大了反应界面，加速了石灰溶解过程。目前在世界各国转炉炼钢中都提倡使用活性石灰，以利于快成渣、成好渣。

由此可见，炉渣的成渣过程就是石灰的溶解过程。石灰熔点高，（FeO）含量高、温度高和搅拌激烈是加快石灰溶解的必要条件。

B　泡沫渣

在吹炼过程中，由于氧气流股对熔池的作用，产生了许多金属液滴。这些金属液滴落入炉渣后，与FeO作用生成大量的CO气泡并分散于熔渣之中，形成了气-熔渣-金属密切混合的乳浊液。分散在熔渣中的小气泡的总体积往往超过熔渣本身的体积。熔渣成为薄膜，将气泡包住并使其隔开，引起熔渣发泡膨胀，形成泡沫渣。在正常情况下，泡沫渣的厚度一般为1~2m甚至3m。

由于炉内的乳化现象大大发展了气-熔渣-金属界面，加快了炉内化学反应速度，从而达到了良好的吹炼效果。若控制不当，严重的泡沫渣也会导致事故。

a　影响泡沫渣形成的因素

氧气顶吹转炉吹炼过程中，泡沫渣内气体来源于供给炉内的氧气和碳氧化生成的CO气体，而且主要是CO气体。这些气体能否稳定地存在于熔渣中，还与熔渣的物理性质有关。

SiO_2 或 P_2O_5 都是表面活性物质，能够降低熔渣的表面张力，它们生成的吸附薄膜常常成为稳定泡沫的重要因素。但单独的 SiO_2 或 P_2O_5 对稳定气泡的作用不大，若两者同时存在，效果最好。因为 SiO_2 能增加薄膜的黏性，而 P_2O_5 能增加薄膜的弹性，这都会阻碍小气泡的聚合和破裂，有助于气泡稳定在熔渣中。FeO、Fe_2O_3 和 CaF_2 含量的增加也能降低熔渣的表面张力，有利于泡沫渣的形成。

熔渣中固体悬浮物对稳定气泡也有一定作用。当熔渣中存在着 $2CaO \cdot SiO_2$、$3CaO \cdot P_2O_5$、CaO 和 MgO 等固体微粒时，它们附着在小气泡表面上，能使气泡表面薄膜的韧性增强、黏性增大，也阻碍了小气泡的聚合和破裂，从而使泡沫渣的稳定期延长。当熔渣中析出大量的固体颗粒时，气泡膜变脆而破裂，熔渣就出现了返干现象。所以熔渣的黏度对熔渣的泡沫化有一定影响，但也不是说熔渣越黏越利于泡沫化。另外，低温有利于熔渣泡沫的稳定。

总之，影响熔渣泡沫化的因素是多方面的，不能单独强调某一方面，而应综合各方面因素加以分析。

b　吹炼过程中泡沫渣的形成及控制

吹炼前期熔渣碱度低，并含有一定数量的 FeO、SiO_2、P_2O_5等，主要是这些物质的吸附作用稳定了气泡。

吹炼中期碳激烈氧化，产生大量的 CO 气体，由于熔渣碱度提高，形成了硅酸盐及磷酸盐等化合物，SiO_2和 P_2O_5的活度降低，SiO_2和 P_2O_5的吸附作用逐渐消失，稳定气泡主要依靠固体悬浮微粒。此时如果能正确操作，避免或减轻熔渣的返干现象，就能控制合适的泡沫渣。

吹炼后期脱碳速度降低，只要熔渣碱度不过高，稳定泡沫的因素就会大大减弱，一般不会产生严重的泡沫渣。

若吹炼过程中氧压低、枪位过高，渣中 TFe 含量大量增加，使泡沫渣发展，严重的还会产生泡沫性喷溅或溢渣；相反，若枪位过低，尤其是在碳氧化激烈的中期，渣中 TFe 含量低，又会导致熔渣的返干而造成金属喷溅。所以，只有控制得当才能够保持正常的泡沫渣。

C　造渣方法

在生产实践中，一般根据铁水成分及吹炼钢种的要求来确定造渣方法。常用的造渣方法有单渣操作、双渣操作、留渣操作等。

(1) 单渣操作。单渣操作就是在冶炼过程中只造一次渣，中途不倒渣、不扒渣，直到终点出钢。当铁水 Si、P、S 含量较低或者钢种对 P、S 含量要求不严格以及冶炼低碳钢种时，均可以采用单渣操作。单渣操作工艺比较简单，吹炼时间短，劳动条件好，易于实现自动控制。单渣操作的脱磷率在 90% 左右，脱硫率在 35% 左右。

(2) 双渣操作。在冶炼中途分一次或几次除去 1/2 ~ 2/3 的熔渣，然后加入渣料重新造渣的操作方法称双渣法。在铁水硅含量较高或磷含量大于 0.5%，或虽然磷含量不高但吹炼优质钢，或吹炼中、高碳钢种时，一般采用双渣操作。最早采用双渣操作是为了脱磷，现在除了冶炼低锰钢外已很少采用。但当前有的转炉终点不能一次拉碳，需多次倒炉并添加渣料后吹，这是一种变相的双渣操作，实际上对钢的质量、消耗以及炉衬都十分不利。

(3) 留渣操作。留渣操作就是将上炉终点熔渣的一部分或全部留给下炉使用。终点熔渣一般有较高的碱度和 (FeO) 含量，而且温度高，对铁水具有一定的脱磷和脱硫能力。将其留到下一炉有利于初期渣及早形成，并且能提高前期去除 P、S 的效率，有利于保护炉衬，节省石灰用量。在留渣操作时，兑铁水前首先要加石灰稠化熔渣，避免兑铁水时产生喷溅而造成事故。溅渣护炉技术在某种程度上可以看作是留渣操作的特例。

根据以上的分析比较，单渣操作是简单稳定的，有利于自动控制。因此，对于 Si、S、P 含量较高的铁水，最好经过铁水预处理，使其在进入转炉之前就符合炼钢要求。这样生产才能稳定，有利于提高劳动生产率，实现过程自动控制。

D　渣料加入量的确定

加入炉内的渣料主要指石灰和白云石，还有少量助熔剂。

a　石灰加入量的确定

石灰加入量主要根据铁水中 Si、P 含量和炉渣碱度来确定。

（1）炉渣碱度的确定。碱度高低主要根据铁水成分而定，一般来说，P、S含量低的铁水，炉渣碱度控制在2.8~3.2；P、S含量中等的铁水，炉渣碱度控制在3.2~3.5；P、S含量较高的铁水，炉渣碱度控制在3.5~4.0。

（2）石灰加入量的计算。

1）铁水 $w[P]<0.30\%$ 时，石灰加入量 W(kg/t) 可用式（11-27）计算：

$$W=\frac{2.14w[Si]}{w(CaO)_{有效}}\cdot R\times1000 \tag{11-27}$$

式中　2.14——SiO_2 的相对分子质量与Si的相对原子质量之比；

$w(CaO)_{有效}$——石灰中有效CaO含量，$w(CaO)_{有效}=w(CaO)_{石灰}-R\cdot w(SiO_2)_{石灰}$,%；

R——碱度，$R=w(CaO)/w(SiO_2)$。

2）铁水 $w[P]>0.30\%$ 时，$R=\dfrac{w(CaO)}{w(SiO_2)+w(P_2O_5)}$，则石灰加入量用式（11-28）计算：

$$W=\frac{2.2(w[Si]+w[P])}{w(CaO)_{有效}}\cdot R\times1000 \tag{11-28}$$

式中　2.2——相对分子质量之比的平均值，$2.2=\frac{1}{2}\times\left(\frac{M_{SiO_2}}{M_{Si}}+\frac{M_{P_2O_5}}{M_P}\right)$。

3）其次，根据冷却剂用量计算应补加的石灰量。矿石含有一定数量的 SiO_2，1kg矿石需补加石灰的数量 $W_{补}$(kg/kg)按式（11-29）计算：

$$W_{补}=\frac{w(SiO_2)_{矿石}\cdot R}{w(CaO)_{有效}} \tag{11-29}$$

b　白云石加入量的确定

白云石加入量根据炉渣中所要求的MgO含量来确定，一般炉渣中MgO含量控制在6%~8%。炉渣中的MgO含量由石灰、白云石和炉衬侵蚀所带入，故在确定白云石加入量时要考虑它们的相互影响。

（1）白云石应加入量 $W_{白}$（kg/t）。计算如下：

$$W_{白}=\frac{Z\cdot w(MgO)}{w(MgO)_{白}}\times1000 \tag{11-30}$$

式中　Z——渣量，%；

$w(MgO)_{白}$——白云石中MgO含量，%。

（2）白云石实际加入量 $W'_{白}$。白云石实际加入量中，应减去石灰中带入的MgO量所折算的白云石数量 $W_{灰}$ 和炉衬侵蚀进入渣中的MgO量所折算的白云石数量 $W_{衬}$：

$$W'_{白}=W_{白}-W_{灰}-W_{衬} \tag{11-31}$$

下面通过实例计算说明其应用。设渣量为金属装入量的12%，炉衬侵蚀量为装入量的1%，炉衬中含MgO 40%。渣中MgO含量为8%，碱度 $R=3.5$。铁水成分为：Si 0.7%，P 0.2%，S 0.05%，石灰成分为：CaO 90%，MgO 3%，SiO_2 2%，白云石成分为：MgO 35%，CaO 40%。

1）白云石应加入量：

$$W_{白}=\frac{12\%\times8\%}{35\%}\times1000=27.4\text{kg/t}$$

2）炉衬侵蚀进入渣中的MgO所折算的白云石数量：

$$W_{衬} = \frac{1\% \times 40\%}{35\%} \times 1000 = 11.4\text{kg/t}$$

3）石灰中带入的MgO所折算的白云石数量：

$$W_{灰} = \frac{w(\text{MgO})_{灰}}{w(\text{MgO})_{白}} = \frac{2.14 \times 0.7\%}{90\% - 3.5 \times 2\%} \times 3.5 \times 1000 \times \frac{3\%}{35\%} = 5.4\text{kg/t}$$

4）白云石实际加入量：

$$W'_{白} = 27.4 - 11.4 - 5.4 = 10.6\text{kg/t}$$

（3）白云石带入渣中的CaO所折算的石灰数量。计算如下：

白云石带入渣中的CaO所折算的石灰数量 = 10.6 × 40%/90% = 4.7kg/t

（4）石灰实际加入量。计算如下：

$$石灰实际加入量 = W - 白云石折算的石灰量 = \frac{2.14 \times 0.7\%}{90\% - 3.5 \times 2\%} \times 3.5 \times 1000 - 4.7$$

$$= 58.5\text{kg/t}$$

（5）白云石与石灰入炉比例。计算如下：

白云石实际加入量/石灰实际加入量 = 10.6/58.5 = 0.18

在工厂生产实际中，由于石灰质量不同，白云石与石灰入炉量之比可达0.20～0.30。

c　助熔剂加入量的确定

转炉造渣中常用的助熔剂是氧化铁皮和萤石。萤石化渣快，效果明显，但用量过多对炉衬有侵蚀作用；另外，我国萤石资源短缺，价格较高，所以应尽量少用或不用。原冶金部转炉操作规程中规定，萤石用量应小于4kg/t。

氧化铁皮或铁矿石也能调节渣中FeO含量，起到化渣作用，但它对熔池有较大的冷却效应，应视炉内温度高低确定其加入量。一般铁矿石或氧化铁皮的加入量为装入量的2%～5%。

E　渣料加入时间

渣料的加入数量和加入时间对化渣速度有直接的影响，因而应根据各厂原料条件来确定。通常情况下，渣料分两批或三批加入。第一批渣料在兑铁水前或开吹时加入，加入量为总渣量的1/2～2/3，并将白云石全部加入炉内。第二批渣料加入时间是在第一批渣料化好，铁水中硅、锰氧化基本结束后分小批加入，其加入量为总渣量的1/3～1/2。若是双渣操作，则是倒渣后加入第二批渣料。第二批渣料通常是分小批多次加入，多次加入对石灰溶解有利，也可用小批渣料来控制炉内泡沫渣的溢出。第三批渣料视炉内磷、硫的去除情况来决定是否加入，其加入数量和时间均应根据吹炼实际情况而定。无论加几批渣，最后一小批渣料必须在拉碳倒炉前3min加完，否则来不及化渣。所以单渣操作时，渣料一般都是分两批加入，具体数量各厂不同。首钢一炼钢厂和上钢一厂渣料的加入数量和加入时间列于表11－11中。

如果炉渣熔化得好，炉内CO气泡排出受到金属液和炉渣的阻碍，发出的声音比较闷；而当炉渣熔化不好时，CO气泡从石灰块的缝隙穿过排出，声音比较尖锐。采用声纳装置接收这种声音信息可以判断炉内炉渣的熔化情况，并将信息送入计算机处理，进而指导枪位的控制。

表 11－11　渣料的加入数量和加入时间

厂名	批数	渣料加入量占总加入量的比例					加入时间
		石灰	矿石	萤石	铁皮	生白云石	
首钢一炼钢厂	一	1/2～2/3	1/3	1/3		2/3～1	开吹时加入
	二	1/3～1/2	2/3	2/3		0～1/3	开吹3～6min加完
	三	根据情况调整					终点前3min加完
上钢一厂	一	1/2	全部	1/2	1/2	全部	开吹前一次加入
	二	1/2	0	1/2	1/2	0	开吹后5～6min开始加入，11～12min加完
	三	根据需要调整					终点前3～4min加完

人工判断炉渣化好的特征是：炉内声音柔和，喷出物不带铁、无火花、呈片状，落在炉壳上不黏附。否则噪声尖锐，火焰散，喷出石灰和金属粒并带火花。

第二批渣料加得过早和过晚均对吹炼不利。若加得过早，炉内温度低，第一批渣料还没有化好又加入冷料，熔渣就更不容易形成，有时还会造成石灰结坨，影响炉温的提高；若加得过晚，正值碳的激烈氧化期，TFe 含量低，当第二批渣料加入后炉温骤然降低，不仅渣料不易熔化，还抑制了碳氧反应，会产生金属喷溅，当炉温再度提高后就会造成大喷溅。

第三批渣料的加入时间要根据炉渣化得好坏及炉温的高低而定。炉渣化得不好时，可适当加入少量萤石进行调整。炉温较高时，可加入适量的冷却剂调整。

11.4.5.2　供氧制度

将0.7～1.5MPa的高压氧气通过水冷氧枪从炉顶上方送入炉内，使氧气流股直接与钢水熔池作用，完成吹炼任务。供氧制度是指在供氧喷头结构一定的条件下，使氧气流股最合理地供给熔池，创造炉内良好的物理化学条件。因此，制订供氧制度时应考虑喷头结构、供氧压力、供氧强度和氧枪高度控制等因素。

A　氧枪喷头

转炉供氧的射流特征是通过氧枪喷头来实现的，因此，喷头结构的合理选择是转炉供氧的关键。氧枪喷头有单孔、多孔和双流道等多种结构。对喷头的选择要求为：

（1）应获得超声速流股，有利于氧气利用率的提高；

（2）应获得合理的冲击面积，使熔池液面化渣快，对炉衬冲刷少；

（3）有利于提高炉内的热效率；

（4）便于加工制造，有一定的使用寿命。

B　供氧工艺参数

a　氧气流量

氧气流量 Q 是指在单位时间内向熔池供氧的数量（常用标准状态下的体积量度）。氧气流量是根据吹炼每吨金属料所需要的氧气量、金属装入量、供氧时间等因素来确定的，即：

$$Q=\frac{V}{t} \tag{11-32}$$

式中　Q——氧气流量（标态），m^3/min 或 m^3/h；

V——一炉钢的氧耗量（标态），m^3；

t——供氧时间，min 或 h。

一般供氧时间为 14～22min，大转炉吹氧时间稍长些。

【例 11-1】 转炉装入量为 132t，吹炼 15min，氧耗量为 6068m^3，此时氧气流量为多少？

解　$V = 6068m^3$，$t = 15min$

$$Q = \frac{V}{t} = \frac{6068}{15} = 404.53m^3/min = 24272m^3/h$$

答：此时氧气流量为 24272m^3/h。

b　供氧强度

供氧强度 I 是指单位时间内每吨金属的氧耗量，可由式（11-33）确定：

$$I = \frac{Q}{T} \tag{11-33}$$

式中　I——供氧强度（标态），$m^3/(t \cdot min)$；

Q——氧气流量（标态），m^3/min；

T——一炉钢的金属装入量，t。

【例 11-2】 根据例 11-1 的条件，求此时的供氧强度。若将供氧强度提至 3.6$m^3/(t \cdot min)$，每炉钢吹炼时间可缩短多少？

解　$V = 6068m^3$；$T = 132t$；$t = 15min$

$$I = \frac{Q}{T} = \frac{V}{t \cdot T} = \frac{6068}{15 \times 132} = 3.06m^3/min$$

$$t = \frac{V}{I \cdot T} = \frac{6068}{3.6 \times 132} = 12.769min$$

每炉钢吹炼时间缩短值　$\Delta t = 15 - 12.769 = 2.231min = 2min14s$

答：此时供氧强度为 3.06$m^3/(t \cdot min)$。提高供氧强度后，每炉吹炼时间可缩短 2min14s。

顶吹转炉炼钢的氧气流量和供氧强度主要取决于喷溅情况，通常应在基本上不产生喷溅的情况下控制在高限。目前国内 30～50t 转炉的供氧强度为 2.8～4.0$m^3/(t \cdot min)$，120～150t 转炉的供氧强度为 2.3～3.5$m^3/(t \cdot min)$，大于 150t 转炉的供氧强度一般为 2.5～4.0$m^3/(t \cdot min)$。如日本 300t 转炉采用五孔喷嘴，供氧强度达到 4.44$m^3/(t \cdot min)$；前西德 350t 转炉采用七孔喷嘴，供氧强度为 4.29$m^3/(t \cdot min)$；有个别转炉可达 5～6$m^3/(t \cdot min)$。

c　1t 金属氧耗量

吹炼 1t 金属料所需要的氧气量可以通过计算求出来。其步骤是：首先计算出熔池各元素氧化所需的氧气量和其他氧耗量，然后再减去铁矿石或氧化铁皮带给熔池的氧量。现举例说明。

【例 11-3】 金属装入量中铁水占 90%，废钢占 10%。吹炼钢种是 Q235B，渣量是金属装入量的 7.777%。吹炼过程中，金属料中 90% 的碳氧化生成 CO，10% 的碳氧化生

成 CO_2。求 100kg 金属料 $w[C]=1\%$ 时氧化消耗的氧气量。

解　12g 的 C 生成 CO 消耗 16g 氧气，生成 CO_2 消耗 32g 氧气。设 100kg 金属料 $w[C]=1\%$ 时生成 CO 消耗的氧气量为 x，生成 CO_2 消耗的氧气量为 y。

$$[C]+\frac{1}{2}\{O_2\}=\!=\!=\{CO\}$$

$$12g \qquad 16g$$

$$1\%\times100\times90\%\,kg \qquad x$$

$$x=\frac{1\%\times100\times90\%\times16}{12}=1.200kg$$

$$[C]+\{O_2\}=\!=\!=\{CO_2\}$$

$$12g \qquad 32g$$

$$1\%\times100\times10\%\,kg \qquad y$$

$$y=\frac{1\%\times100\times10\%\times32}{12}=0.267kg$$

则 $w[C]=1\%$ 时的氧耗量 $=1.200+0.267=1.467kg$

答：100kg 金属料 $w[C]=1\%$ 时氧化消耗的氧气量为 1.467kg。

同理可以算出 100kg 金属料 $w[Si]=1\%$、$w[Mn]=1\%$、$w[P]=1\%$、$w[S]=1\%$、$w[Fe]=1\%$ 时的氧耗量。渣中 $w(FeO)=9\%$，$w(Fe_2O_3)=3\%$。吹炼过程中被氧化进入炉渣的 Fe 元素数量为：FeO 中 $w[Fe]=0.544kg$，Fe_2O_3 中 $w[Fe]=0.163kg$。100kg 金属料各元素氧化量和氧耗量见表 11－12。

表 11－12　100kg 金属料各元素氧化量和氧耗量

项　目	质量分数/%						
	C	Si	Mn	P	S	Fe	
铁　水	4.3	0.50	0.30	0.04	0.04		
废　钢	0.10	0.25	0.40	0.02	0.02		
平　均	3.88	0.475	0.31	0.038	0.038		
终　点	0.15	痕迹	0.124	0.004	0.025	FeO	Fe_2O_3
烧损量/kg	3.73	0.475	0.186	0.034	0.013	0.544	0.163
每 1% 元素消耗的氧气量/kg	1.467	1.143	0.291	1.290	1/3①	0.286	0.429

①气化脱硫量占总脱硫量的 1/3。

这样，

$$\text{每 100kg 金属料需氧量}=1.467\times\Delta w[C]_{\%}+1.143\times\Delta w[Si]_{\%}+0.291\times\Delta w[Mn]_{\%}+1.290\times\Delta w[P]_{\%}+\frac{1}{3}\times\Delta w[S]_{\%}+0.286\times\Delta w[Fe]_{\%(FeO)}+0.429\times\Delta w[Fe]_{\%(Fe_2O_3)}$$

式中，$\Delta w[C]_{\%}$、$\Delta w[Si]_{\%}$、$\Delta w[Mn]_{\%}$、$\Delta w[P]_{\%}$、$\Delta w[S]_{\%}$、$\Delta w[Fe]_{\%}$ 分别是钢中 C、Si、Mn、P、S、Fe 的氧化量，用质量百分数表示。

已知铁水 $w[C]=4.3\%$，占装入量的 90%；废钢 $w[C]=0.1\%$，占装入量的 10%，则：

平均碳含量 = 4.3% × 90% + 0.1% × 10% = 3.88%

同样可以算出 Si、Mn、P、S 的平均含量，见表 11 - 12。将表 11 - 12 中数据代入上式得：

$$\begin{aligned}每 100kg 金属料氧耗量 &= 1.467\times3.73+1.143\times0.475+0.291\times0.186+1.290\times0.034\\&\quad+\frac{1}{3}\times0.013+0.286\times0.544+0.429\times0.163\\&=6.343kg\end{aligned}$$

这是氧耗量的主要部分。另外还有一部分氧耗量随着生产条件的变化而有差异，如炉气中部分 CO 燃烧生成 CO_2 所需要的氧气量、炉气中含有的一部分自由氧，还有烟尘中的氧含量以及喷溅物中的氧含量等。其数量随枪位、氧压、供氧强度、喷嘴结构、转炉炉容比、原材料条件等的变化而波动，波动范围较大，例如，炉气中 CO_2 含量的波动范围是 $\varphi(CO_2)=5\%\sim30\%$；自由氧含量 $\varphi(O_2)=0.1\%\sim2.0\%$。这部分的氧耗量是无法精确计算的，因此用一个氧气的利用系数加以修正。根据生产经验认为，氧气的利用系数一般在 80% ~ 90% 范围内。

$$综上，每 100kg 金属料的氧耗量 = \frac{6.343}{80\%\sim90\%} = 7.929\sim7.048kg。$$

当采用铁矿石或氧化铁皮为冷却剂时，将带入熔池一部分氧，这部分氧量与矿石的成分和加入的数量有关。若矿石用量是金属量的 0.418%，根据矿石成分计算，每 100kg 金属料由矿石带入熔池的氧量为 0.096kg，若全部用来氧化杂质，则每 100kg 金属料的氧耗量是：

$$(7.929\sim7.048)-0.096=7.833\sim6.952kg$$

氧气纯度为 99.6%，其密度为 $1.429kg/m^3$，则每吨金属料的氧耗量（标态）是：

$$\frac{(7.833-6.952)}{99.6\%\times1.429}\times\frac{1000}{100}=55.03\sim48.84m^3/t$$

平均为 $51.94m^3/t$。计算的结果与各厂实际氧耗量（标态）$50\sim60m^3/t$ 大致相同。

d 供氧时间

供氧时间是根据经验确定的，主要考虑转炉吨位大小、原料条件、造渣制度、吹炼钢种等情况来综合确定。小型转炉单渣操作供氧时间一般为 12 ~ 14min；大、中型转炉单渣操作供氧时间一般为 18 ~ 22min。

e 氧压

供氧制度中规定的工作氧压是测定点的氧压，以 $p_{用}$ 表示，它不是喷嘴前氧压，更不是出口氧压，测定点到喷嘴前还有一段距离，有一定的氧压损失（如图 11 - 36 所示）。一般允许 $p_{用}$ 偏离设计氧压 ±20%，目前国内一些小型转炉的工作氧压为 $(5\sim8)\times10^5Pa$，一些大型转炉则为 $(8.5\sim11)\times10^5Pa$。

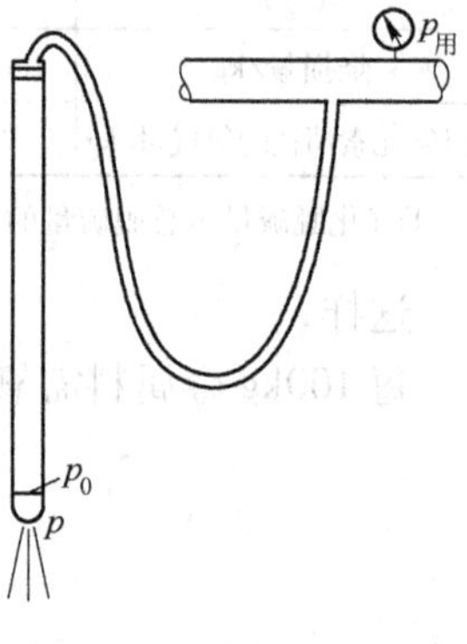

图 11 - 36 氧枪氧压测定点示意图

喷嘴前氧压用 p_0 表示，出口氧压用 p 表示。p_0 和 p 都是喷嘴设计的重要参数。出口氧压应稍高于或等于周围炉气的气压。如果出口氧压小于或高出周围气压很多，出口后的氧气流股就会收缩或膨胀，使得氧流很不稳定，并且能量损失较大，不利于吹炼。所以，通常选用 $p=0.118\sim0.123MPa$。

喷嘴前氧压 p_0 值的选用应考虑以下因素：

（1）氧气流股出口速度要达到超声速（450～530m/s），即 $Ma = 1.8 \sim 2.1$。

（2）出口氧压应稍高于炉膛内气压。从图 11－37 中可以看出，当 $p_0 > 0.784$MPa 时，随氧压的增加，氧流出口速度显著增加；当 $p_0 > 1.176$MPa 以后，氧压增加，氧流出口速度增加得不多。所以，通常喷嘴前氧压选择为 0.784～1.176MPa。

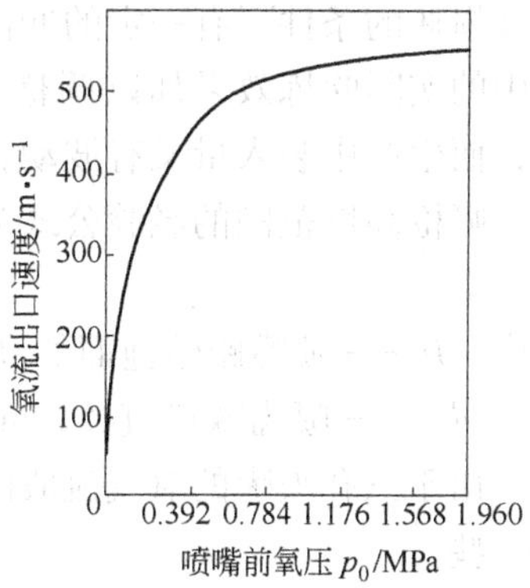

图 11－37　喷嘴前氧压与氧流出口速度的关系

喷嘴前氧压与流量有一定关系，若已知氧气流量和喷嘴尺寸，p_0 是可以根据经验公式计算出来的。当喷嘴结构及氧气流量确定以后，氧压也就确定了。

f　枪位

枪位是指由氧枪喷头出口到静止熔池表面之间的距离。

枪位的高低与炉内反应密切相关。根据氧气射流的特性可知，当氧压一定时，枪位越低，氧气射流对熔池的冲击动能越大，熔池搅拌越强，氧气利用率越高，其结果是加速了炉内脱硅、脱碳反应，使渣中（FeO）含量降低，表 11－13、表 11－14 中的数据说明了这种结果。同时，由于脱碳速度快，缩短了反应时间，热损失相对减少，使熔池升温迅速。但枪位过低则不利于成渣，也可能冲击炉底；而枪位过高将使熔池的搅拌能力减弱，造成熔池表面铁的氧化，使渣中（FeO）含量增加，导致炉渣严重泡沫化而引起喷溅。由此可见，只有合适的枪位才能获得良好的吹炼效果。

表 11－13　不同枪位时渣中（FeO）含量　　（%）

时间/min		<4	4～12	12～15
枪位/m	0.7	15～36	7～15	10～15
	0.8	25～35	11～25	11～20
	0.9	27～43	13～27	13～25

表 11－14　不同枪位时的脱碳速度　　（%/min）

吹炼时间/min		3	5	7	9	11	13
枪位高度/m	0.90	0.312				0.294	0.330
	0.95						
	1.00	0.294		0.376	0.414		0.285
	1.05		0.320				
	1.10	0.298		0.323	0.364		0.226
	1.15					0.246	
	1.20			0.253	0.418		0.145
	1.25		0.310			0.200	

在确定合适的枪位时主要考虑两个因素：一是要有一定的冲击面积；二是在保证炉底

不被损坏的条件下有一定的冲击深度。氧枪高度可按经验确定一个控制范围，然后根据生产中的实际吹炼效果加以调整。由于喷嘴在加工过程中临界直径的尺寸很难做到非常准确，而生产中装入量又有波动，所以过分地追求氧枪高度的精确计算是没有意义的。

喷枪高度范围的经验公式为：

$$H=(25\sim55)d_{喉} \tag{11-34}$$

式中　H——喷嘴距熔池面的高度，mm；

$d_{喉}$——喷嘴喉口直径，mm。

由于三孔喷嘴的氧气流股的铺散面积比单孔喷嘴要大，三孔喷枪的枪位可比单孔喷枪低一些。

喷枪高度范围确定后，常用流股的穿透深度来核算所确定的喷枪高度。为了保证炉底不受损坏，要求氧气流股的穿透深度 $h_{穿}$ 与熔池深度 $h_{熔}$ 之比小于一定的比值。对单孔喷枪，$h_{穿}/h_{熔}\leqslant0.70$；对多孔喷枪，$h_{穿}/h_{熔}\leqslant0.25\sim0.40$。

（1）枪位确定原则。枪位的确定通常遵循“高－低－高－低”的原则。

1）前期高枪位化渣，但应防喷溅。吹炼前期，铁水中的硅迅速氧化，渣中的（SiO_2）含量较高而熔池的温度尚低，为了加速头批渣料的熔化（尽早脱磷并减轻炉衬侵蚀），除加入适量萤石或氧化铁皮助熔外，应采用较高的枪位，保证渣中（FeO）含量达到并维持在25%～30%的水平；否则，石灰表面生成 C_2S 外壳，阻碍石灰溶解。当然，枪位也不可过高，以防发生喷溅。合适的枪位是使液面到达炉口而又不溢出。

2）中期低枪位脱碳，但应防返干。吹炼中期主要是脱碳，枪位应低些。但此时不仅吹入的氧几乎全部用于碳的氧化，而且渣中的（FeO）也被大量消耗，易出现返干现象而影响S、P的去除，故枪位不应太低，使渣中的（FeO）含量保持在10%～15%以上。

3）后期提枪调渣、控终点。吹炼后期，C－O反应已弱，产生喷溅的可能性不大。此时的基本任务是调好炉渣的氧化性和流动性，继续去除硫、磷，并准确控制终点碳（较低），因此枪位应适当高些。

4）终点前点吹破坏泡沫渣。接近终点时降枪点吹一下，均匀钢液的成分和温度，同时降低炉渣（FeO）含量并破坏泡沫渣，以提高金属及合金的收得率。

（2）实际枪位确定需考虑的因素。

1）吹炼的不同时期。由于吹炼各时期的炉渣成分、金属成分和熔池温度明显不同，它们的变化规律也不同，因此枪位应相应地有所不同。

①吹炼前期的特点是硅迅速氧化，渣中（SiO_2）含量大，熔池温度不高。此时要求快速溶化加入的石灰，尽快形成碱度不低于1.5～1.7的活跃炉渣，以免酸性渣严重侵蚀炉衬，并尽量增加前期的脱磷、脱硫率。所以在温度正常时，除适当加入萤石或氧化铁皮等助熔剂外，一般应采用较高的枪位，使渣中 $\sum w(\mathrm{FeO})$ 稳定在25%～30%的水平。如果枪位过低，渣中 $\sum w(\mathrm{FeO})$ 低，则会在石灰块表面形成高熔点（2130℃）的 $2CaO\cdot SiO_2$，阻碍石灰的溶解；还会因熔池未能被炉渣良好覆盖，产生金属喷溅。当然，前期枪位也不应过高，以免产生严重喷溅。加入的石灰化完后，如果不继续加入石灰，就应适当降枪，使渣中 $\sum w(\mathrm{FeO})$ 适当降低，以免在硅、锰氧化结束和熔池温度上升后强烈脱碳时产生严重喷溅。

②吹炼中期的特点是强烈脱碳。这时不仅吹入的氧全部消耗于碳的氧化，而且渣中的

氧化铁也被消耗于脱碳。渣中$\sum w(FeO)$降低将使渣的熔点升高，使炉渣显著变黏，影响磷、硫的继续去除，甚至发生回磷。这种炉渣变黏的现象称为炉渣返干。为防止中期炉渣返干而又不产生喷溅，枪位应控制在使渣中$\sum w(FeO)$保持在10%～15%的范围内。最佳枪位应当是使炉渣刚到炉口而又不喷出。

③吹炼后期因脱碳减慢，产生喷溅的威胁较小，这时的基本任务是要进一步调整好炉渣的氧化性和流动性，继续去除磷和硫，准确控制终点。吹炼硅钢等碳含量很低的钢种时，还应注意加强熔池搅拌，以加速后期脱碳、均匀熔池温度和成分以及降低终渣$\sum w(FeO)$。为此，在过程化渣不太好或中期炉渣返干较严重时，后期应首先适当提枪化渣，而在接近终点时再适当降枪，以加强熔池搅拌，均匀熔池温度和成分，降低镇静钢和低碳钢的终渣$\sum w(FeO)$，提高金属及合金收得率，并减轻对炉衬的侵蚀。吹炼沸腾钢和半镇静钢时，则应按要求控制终渣的$\sum w(FeO)$。

2）熔池深度。熔池越深，相应的渣层越厚，吹炼过程中熔池面上涨越高，故枪位也应在不致引起喷溅的条件下相应提高，以免化渣困难和使枪龄缩短。因此，影响熔池深度的各种因素发生变化时，都应相应改变枪位。通常，在其他条件不变时，装入量增多，枪位应相应提高；随着炉龄的增长，熔池变浅，枪位应相应降低；随着炉容量的增大，熔池深度增加，枪位应相应提高（同时氧压也要提高）等。

3）造渣材料的加入量及其质量。当铁水中磷、硫含量高，或吹炼低硫钢，或石灰质量低劣、加入量很大时，不但由于渣量增大使熔池面显著上升，而且由于化渣困难，化渣时枪位应相应提高。相反，在铁水中硫、磷含量很低，加入的渣料很少以及采用合成造渣材料等情况下，化渣时枪位可以降低，甚至可以采用不变枪位的恒枪操作。

4）铁水温度和成分。在铁水温度低或开新炉时，开吹后应先低枪提温，然后再提枪化渣，以免使渣中积聚过多的（FeO）而导致强烈脱碳时发生喷溅。为了避免严重喷溅，铁水硅含量很高（高于1.2%）时，前期枪位不宜过高。

5）喷头结构。在一定的氧气流量下增多喷孔数目，使射流分散，穿透深度减小，冲击面积相应增大，因而枪位应相应降低。通常，三孔氧枪的枪位为单孔氧枪的55%～75%。直筒型喷头的穿透深度比拉瓦尔型小，因而枪位应低些。

此外，枪位还与工作氧压有关，增大氧压使射流的射程增长，因而枪位应相应提高。

C　氧枪操作

目前氧枪操作有两种类型：一种是恒压变枪操作，即在一炉钢的吹炼过程中保持供氧压力基本不变，通过氧枪枪位的高低变化来改变氧气流股与熔池的相互作用，以控制吹炼过程；另一种是恒枪变压操作，即在一炉钢的吹炼过程中保持氧枪枪位基本不动，通过调节供氧压力来控制吹炼过程。目前，我国大多数工厂是采用分阶段恒压变枪操作，但由于各厂的转炉吨位、喷嘴结构、原材料条件及所炼钢种等情况不同，氧枪操作也不完全一样。下面以恒压变枪操作为例介绍几种氧枪操作的方式。

（1）高-低-高的六段式操作。图11-38表明，六段式操作开吹枪位较高，及早形成初期渣；二批料加入后适时降枪，吹炼中期炉渣返干时又提枪化渣；吹炼后期先提枪化渣后降枪；终点拉碳出钢。

（2）高-低-高的五段式操作。五段式操作的前期与六段式操作基本一致，熔渣返干时可加入适量助熔剂调整熔渣的流动性，以缩短吹炼时间，见图11-39。

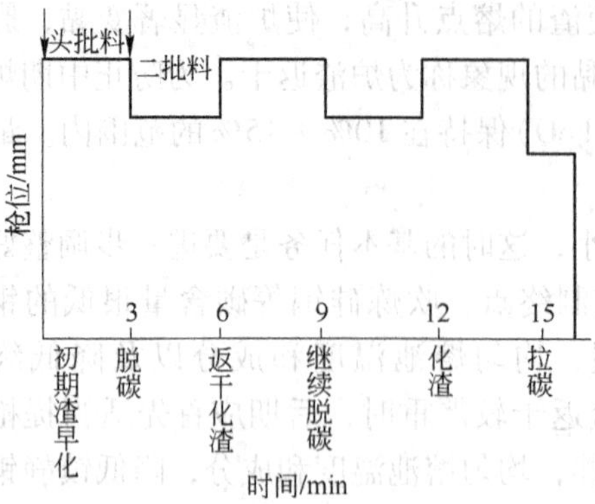

图11－38　六段式氧枪操作示意图

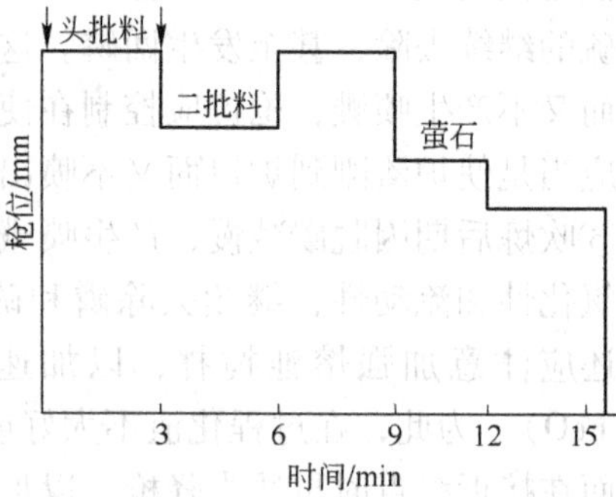

图11－39　五段式氧枪操作示意图

（3）高－低－高－低的四段式操作。在铁水温度较高或渣料集中在吹炼前期加入时，可采用四段式枪位操作。开吹时采用高枪位化渣，使渣中（FeO）含量达25%～30%，促进石灰溶化，尽快形成具有一定碱度的炉渣，增大前期脱磷、脱硫率，同时也避免了酸性渣对炉衬的侵蚀。在炉渣化好后降枪脱碳，为避免在碳氧化剧烈反应期出现返干现象，适时提高枪位，使渣中（FeO）含量保持在10%～15%，以利于磷、硫继续去除。在接近终点时再降枪加强熔池搅拌，继续脱碳和均匀熔池成分和温度，降低终渣（FeO）含量。

11.4.5.3　温度制度

温度制度是指吹炼的过程温度和终点温度控制。

过程温度控制的意义在于，温度对于转炉吹炼过程既是重要的热力学参数，又是重要的动力学参数；它既对各个化学反应的反应方向、反应程度和各元素之间的相对反应速度有重大影响，又对熔池的传质和传热速度有重大影响。因此，为了快而多地去除钢中的有害杂质、保护或提取某些有益元素、加快吹炼过程成渣速度、加快废钢熔化、减少喷溅、提高炉龄等，必须控制好吹炼过程温度。

此外，吹炼任何钢种都有其要求的出钢温度。出钢温度过低，会造成回炉、包底凝钢、水口冻结及铸坯（或钢锭）的各种低温缺陷和废品；出钢温度过高，则会增加钢中气体、非金属夹杂物的含量，还会增加铁的烧损，影响钢的质量，造成铸坯的各种高温缺陷和废品，甚至导致漏钢事故的发生，同时也会影响炉衬和氧枪的寿命。因此，终点温度控制是炼钢操作的关键性环节，而过程温度控制则是终点温度控制的基础。

由于氧气转炉采用纯氧吹炼，大大减少了废气量及其所带走的显热，因而具有很高的热效率。铁水所带入的物理热和化学热除了把金属加热到出钢温度外，还有大量的富余热量。因此，在吹炼过程中需要加入一定数量的冷却剂，以便把终点温度控制在出钢温度的范围内；同时还要求在吹炼过程中使熔池温度均衡地升高，并在到达终点时使钢液温度和化学成分同时进入钢种所规定的范围内。

A　出钢温度的确定

出钢温度的高低受钢种、铸坯断面大小和浇注方法等因素的影响，其依据原则是：

（1）保证浇注温度高于所炼钢种凝固温度50～100℃（小炉子偏上限，大炉子偏下限）；

（2）考虑出钢过程和钢水运输、镇静时间、钢液吹氩时的温降，一般为40～80℃；

（3）考虑浇注过程的温降。

出钢温度$t_{出}$可用式（11－35）计算：

$$t_{出}=t_{凝}+\Delta t_1+\Delta t_2+\Delta t_3 \tag{11-35}$$

式中　$t_{凝}$——钢水凝固温度，可用式（11－36）计算；

Δt_1——钢水过热度；

Δt_2——出钢、运输、镇静、吹氩过程的温降；

Δt_3——浇注过程的温降。

$$t_{凝}=1539-\sum w[i]_{\%}\Delta t_i \tag{11-36}$$

式中　$w[i]_{\%}$——钢水中元素i的质量百分数；

Δt_i——1%的i元素使纯铁凝固温度降低的值，其数据见表11－15。

表11－15　1%的i元素使纯铁凝固温度降低的值

元　素	适用范围/%	Δt_i/℃	元　素	适用范围/%	Δt_i/℃
C	<1.0	65	V	<1.0	2
Si	<3.0	8	Ti		18
Mn	<1.5	5	Cu	<0.3	5
P	<0.7	30	H_2	<0.003	1300
S	<0.08	25	N_2	<0.03	80
Al	<1.0	3	O_2	<0.03	90

现以Q235F钢为例来计算出钢温度。成品钢水成分为：C 0.2%，Si 0.02%，Mn 0.4%，P 0.03%，S 0.02%，钢水中气体降温7℃，则：

$$t_{凝}=1539-(0.2\times65+0.02\times8+0.4\times5+0.03\times30+0.02\times25+7)=1515℃ \tag{11-37}$$

取$\Delta t_1=70℃$、$\Delta t_2=50℃$、$\Delta t_3=30℃$，则：

$$t_{出}=1515+70+50+30=1665℃$$

B　热量来源与热量支出

铁水带入炉内的物理热和化学热，除能满足出钢温度的要求（包括吹炼过程中使金属升温300～400℃的热量、将造渣材料和炉衬加热到出钢温度的热量、高温炉气和喷溅物带走的热量以及其他热损失）外，还有富余。因此，需要加入一定数量的冷却剂才能将终点温度控制在规定的范围内。为了确定冷却剂的加入数量，应先知道富余热量，为此，应先计算热量的收入与支出。

a　热量来源

氧气转炉炼钢的热量来源主要是铁水的物理热和化学热。物理热是指铁水带入的热量，它与铁水温度有直接关系；化学热是指铁水中各种元素氧化后放出的热量，它与铁水化学成分直接相关。

在炼钢温度下，各元素氧化放出的热量各不相同，它可以通过各元素氧化放出的热效应来计算确定。例如，铁水温度为1200℃，吹入的氧气温度为25℃，碳氧反应生成CO时：

$$[C]_{1473}+\frac{1}{2}\{O_2\}_{298}=\!=\!=\{CO\}_{1473}\quad \Delta H_{1473K}=-135600\text{J/mol}$$

则 1kg［C］氧化生成 CO 时放出的热量为 135600/12≈11300kJ。

元素氧化放出的热量不仅用于加热熔池的金属液和炉渣，同时也用于炉衬的吸热升温。现以 100kg 金属料为例，计算各元素的氧化放热使熔池升温的数值。设炉渣量为金属料装入量的 15%，受熔池加热的炉衬为金属料装入量的 10%，计算热平衡的公式如下：

$$Q=\sum(Mc)\cdot\Delta t \tag{11-38}$$

式中　Q——1kg 元素氧化放出的热量，kJ；

M——受热金属液、炉衬和炉渣的质量，kg；

c——各物质的比热容，已知钢液的比热容 $c_L=0.84\sim1.0$kJ/(kg·℃)，炉渣和炉衬的比热容 $c_S=1.23$kJ/(kg·℃)；

Δt——1kg 元素氧化放热使熔池升温的数值，℃。

根据式（11－38）计算在 1200℃下 C－O 反应生成 CO 时，氧化 1kg［C］可使熔池温度升高的数值为：

$$\Delta t=\frac{11300}{100\times1.0+15\times1.23+10\times1.23}=84℃$$

1kg 元素是 100kg 金属料的 1%，因此，根据同样的道理和假设条件，可以计算出其他元素氧化 1% 时使熔池升温的数值，计算结果见表 11－16。

表 11－16　氧化 1kg 元素熔池吸收的热量（kJ）及氧化 1%元素使熔池升温的数值（℃）

反　应	氧气吹炼时的温度/℃		
	1200	1400	1600
$[C]+O_2=\!=\!=CO_2$	244/33022	240/32480	236/31935
$[C]+\frac{1}{2}O_2=\!=\!=CO$	84/11300	83/11161	82/11035
$[Fe]+\frac{1}{2}O_2=\!=\!=(FeO)$	31/4067	30/4013	29/3963
$[Mn]+\frac{1}{2}O_2=\!=\!=(MnO)$	47/6333	47/6320	47/6312
$[Si]+O_2+2(CaO)=\!=\!=(2CaO\cdot SiO_2)$	152/20649	142/19270	132/17807
$2[P]+\frac{5}{2}O_2+4(CaO)=\!=\!=(4CaO\cdot P_2O_5)$	190/25707	187/24495	173/23324

注：分母表示氧化 1kg 元素熔池吸收的热量，分子表示氧化 1% 元素使熔池升温的数值。

由表 11－16 可见，碳的发热能力随其燃烧完全程度的不同而不同，碳完全燃烧的发热能力比硅、磷高。但在氧气转炉中，一般只有 15% 左右的碳完全燃烧生成 CO_2，而大部分的碳没有完全燃烧。由于铁水中的碳含量高，碳仍然是重要热源。

发热能力大的元素是硅和磷，因为磷是入炉铁水中的控制元素，所以硅是转炉炼钢的主要发热元素。而锰和铁的发热能力不大，不是主要热源。

从高炉生产来看，铁水中碳、锰和磷的含量波动不大，最容易波动的是硅，而硅又是转炉炼钢的主要发热元素。因此，要正确地控制温度就必须注意铁水硅含量的变化。

b　富余热量的计算

富余热量是全部用铁水吹炼时，热量总收入与用于将系统加热到规定温度和在不加冷却剂的情况下补偿转炉热损失所必需的热量之差。为了正确控制转炉的终点温度，需要知道富余热量有多少以及这些热量需要加入多少冷却剂。

下面以某厂条件为例进行计算。铁水成分为：C 4.2%，Si 0.7%，Mn 0.4%，P 0.14%，铁水温度为 1250℃；终点成分为：C 0.2%，Mn 0.16%，P 0.03%，Si 痕迹，终点温度为 1650℃。

（1）计算 1250℃时各元素氧化反应的发热量。例如碳氧化生成 CO_2，从表 11－16 中可以看出，1200℃下碳氧化 1kg 时熔池的吸热量为 33022kJ，1400℃时为 32480kJ。1250℃与 1200℃时的热量差 x 可由下式求得：

$$(1400-1200):(33022-32480)=(1250-1200):x$$

$$x=\frac{50\times 542}{200}=135.5\text{kJ}$$

所以 1250℃时碳氧化成 CO_2 的发热量约为 32886（33022－135.5）kJ/kg。用同样的方法可以计算出其他元素在 1250℃下每氧化 1kg 熔池所吸收的热量，具体如下：

$C\rightarrow CO_2$　　32886kJ

$C\rightarrow CO$　　11255kJ

$Fe\rightarrow FeO$　　4055kJ

$Mn\rightarrow MnO$　　6312kJ

$Si\rightarrow 2CaO\cdot SiO_2$　　20304kJ

$P\rightarrow 4CaO\cdot P_2O_5$　　25320kJ

（2）根据各元素的烧损量计算熔池吸收热量（100kg 铁水时）。熔池所吸收的热量为 78116kJ，见表 11－17。除了考虑将炉气、炉渣加热到 1250℃所消耗的热量外，在吹炼过程中炉子也有一定的热损失，如炉子辐射和对流的热损失以及喷溅引起的热损失等。因此，真正吸收的热量比上面计算的值要小。上述几项热损失一般占 10% 以上，则熔池吸收的热量为：

$$78116\times 90\%=70304\text{kJ}$$

表 11－17　吹炼过程中各元素氧化被熔池吸收的热量

元素和氧化产物	氧化量/kg	被熔池吸收的热量/kJ	备　注
$C\rightarrow CO_2$	0.40	13138	10% 的 C 氧化成 CO_2
$C\rightarrow CO$	3.60	40794	90% 的 C 氧化成 CO
$Si\rightarrow 2CaO\cdot SiO_2$	0.70	14226	
$Mn\rightarrow MnO$	0.24	1519	
$Fe\rightarrow FeO$	1.40	5648	$15\times 12\%\times 56/72=1.40$
$P\rightarrow 4CaO\cdot P_2O_5$	0.11	2791	
总　计		78116	

（3）计算熔池从 1250℃升温到 1650℃所需的热量。熔池从 1250℃到 1650℃需要升温 400℃，将钢水和熔渣加热 400℃以及将炉气加热到 1450℃所需的热量为：

$$400\times 0.837\times 90+400\times 1.247\times 15+200\times 1.13\times 10=39874\text{kJ}$$

式中 0.837，1.247，1.13——分别为钢液、熔渣和炉气的比热容，kJ/(kg · ℃)；

90，15，10——分别为钢液、熔渣和炉气的质量，kg；

200——炉气的温升，假定炉气的平均温度为 1450℃，则温升为 1450 - 1250 = 200℃。

(4) 计算富余热量。根据以上计算，富余热量应为：

$$70304 - 39874 = 30430\text{kJ}$$

若以废钢为冷却剂，废钢的加入量为：

$$\frac{30430}{0.70 \times (1500 - 25) + 272 + 0.837 \times (1650 - 1500)} = 21.3\text{kg}$$

式中 0.70，0.837——分别为固体废钢和钢液的比热容，kJ/(kg · ℃)；

1500——钢的熔点，℃；

272——钢的熔化潜热，kJ/kg。

如果装入 30t 铁水，则可加废钢 6.39t，或者加 3t 废钢和 1t 多铁矿。

以上是简单的计算方法，决定其准确程度的关键是确定热损失的大小。

c 冷却剂的种类及特点

常用的冷却剂有废钢、铁矿石、氧化铁皮等。这些冷却剂可以单独使用，也可以搭配使用。当然，加入的石灰、生白云石、菱镁矿等也能起到冷却剂的作用。

(1) 废钢。废钢杂质少，用废钢作冷却剂时，渣量少，喷溅小，冷却效应稳定，因而便于控制熔池温度，可以减少渣料消耗量，降低成本。但加废钢必须用专门设备，占用装料时间，不便于过程温度的调整。

(2) 铁矿石。与废钢相比，使用铁矿石作冷却剂不需要占用装料时间，能够增加渣中 TFe，有利于化渣，同时还能降低氧气和钢铁料的消耗，吹炼过程调整方便。但是以铁矿石为冷却剂使渣量增大，操作不当时易喷溅，同时铁矿石的成分波动会引起冷却效应的波动。如果采用全矿石冷却时，加入时间不能过晚。

(3) 氧化铁皮。与铁矿石相比，氧化铁皮成分稳定、杂质少，因而冷却效果也比较稳定。但氧化铁皮的密度小，在吹炼过程中容易被气流带走。

由此可见，欲准确控制熔池温度，用废钢作为冷却剂效果最好。但为了促进化渣，提高脱磷效率，可以搭配一部分铁矿石或氧化铁皮。目前我国各厂采用定矿石调废钢或定废钢调矿石两种冷却制度。

d 冷却剂的冷却效应

在一定条件下，加入 1kg 冷却剂所消耗的热量即为冷却剂的冷却效应。

冷却剂消耗的热量包括使冷却剂提高温度所消耗的物理热和冷却剂参加化学反应所消耗的化学热两部分，即：

$$Q_{冷} = Q_{物} + Q_{化} \tag{11-39}$$

$Q_{物}$ 取决于冷却剂的性质以及熔池的温度：

$$Q_{物} = c_{固}(t_{熔} - t_0) + \lambda_{熔} + c_{液}(t_{出} - t_{熔}) \tag{11-40}$$

式中 $c_{固}$，$c_{液}$——分别为冷却剂在固态和液态时的比热容，kJ/(kg · ℃)；

$t_{熔}$——冷却剂的熔化温度，℃；

t_0——室温，℃；

$t_{出}$——给定的出钢温度，℃；

$\lambda_{熔}$——冷却剂的熔化潜热，kJ/kg。

$Q_{化}$ 不仅与冷却剂本身的成分和性质有关，而且与冷却剂在熔池内参加的化学反应有关。不同条件下，同一冷却剂可以有不同的冷却效应。

（1）铁矿石的冷却效应。铁矿石的物理冷却吸热是指铁矿石从常温加热至熔化后直至达到出钢温度所吸收的热量，化学冷却吸热是指铁矿石分解吸收的热量。铁矿石的冷却效应 $Q_{矿}$ 可以通过式（11－41）计算：

$$Q_{矿}=m_{矿}\left(c_{矿}\cdot\Delta t+\lambda_{熔}+w(Fe_2O_3)\times\frac{112}{160}\times6459+w(FeO)\times\frac{56}{72}\times4249\right)\quad(11-41)$$

式中 $m_{矿}$——铁矿石的质量，kg；

$c_{矿}$——铁矿石的比热容，$c_{矿}=1.016$kJ/(kg·℃)；

Δt——铁矿石加入熔池后的温升，℃；

$\lambda_{熔}$——铁矿石的熔化潜热，$\lambda_{熔}=209$kJ/kg；

112——两个铁原子的相对原子质量之和；

160——Fe_2O_3 的相对分子质量；

6459，4249——分别为在炼钢温度下，由液态 Fe_2O_3 和 FeO 还原出 1kg 铁时吸收的热量，kJ/kg。

设铁矿石成分为 $w(Fe_2O_3)=81.4\%$，$w(FeO)=0$。铁矿石一般是在吹炼前期加入的，所以温升取 1325℃。则 1kg 铁矿石的冷却效应是：

$$Q_{矿}=1\times\left[1.016\times(1350-25)+209+81.4\%\times\frac{112}{160}\times6459\right]=5236\text{kJ/kg}$$

由上述计算可知，Fe_2O_3 的分解热所占比重很大，铁矿石冷却效应随 Fe_2O_3 含量的变化而变化。

（2）废钢的冷却效应。废钢的冷却作用主要靠吸收物理热，即其从常温加热到全部熔化并提高到出钢温度所需要的热量。废钢的冷却效应 $Q_{废}$ 可用式（11－42）计算：

$$Q_{废}=m_{废}[c_{固}\cdot(t_{熔}-t_0)+\lambda_{熔}+c_{液}(t_{出}-t_{熔})]\quad(11-42)$$

式中 $m_{废}$——废钢的质量，kg；

$t_{熔}$——废钢的熔化温度，$t_{熔}=1500$℃；

t_0——室温，$t_0=25$℃；

$\lambda_{熔}$——废钢的熔化潜热，$\lambda_{熔}=272$kJ/kg；

$t_{出}$——出钢时钢水温度，$t_{出}=1680$℃；

$c_{固}$，$c_{液}$——分别为固态钢和液态钢的比热容，取 0.699kJ/(kg·℃) 和 0.837kJ/(kg·℃)。

1kg 废钢在出钢温度为 1680℃时的冷却效应是：

$$Q_{废}=1\times[0.699\times(1500-25)+272+0.837\times(1680-1500)]=1454\text{kJ/kg}$$

（3）氧化铁皮的冷却效应。氧化铁皮的冷却效应与铁矿石的计算方法基本一样。如果氧化铁皮的成分是 $w(FeO)=50\%$，$w(Fe_2O_3)=40\%$，w(其他氧化物)$=10\%$，则 1kg 氧化铁皮的冷却效应 $Q_{皮}$ 是：

$$Q_{皮}=1\times\left[1.016\times(1350-25)+209+40\%\times\frac{112}{160}\times6459+50\%\times\frac{56}{72}\times4249\right]=5016\text{kJ/kg}$$

可见，氧化铁皮的冷却效应与铁矿石相近。

用同样的方法可以计算出生白云石、石灰等材料的冷却效应。如果规定废钢的冷却效应为1.0时，则铁矿石的冷却效应为5236/1454 = 3.60，氧化铁皮的冷却效应为5016/1454 = 3.45。由于冷却剂的成分有变化，冷却效应也在一定的范围内波动。从以上计算可知，1kg铁矿石的冷却效应大约相当于3kg废钢的冷却效应。为了使用方便，将各种常用冷却剂的冷却效应换算值列于表11－18中。

表11－18 常用冷却剂的冷却效应换算值

冷却剂	重废钢	轻薄废钢	压 块	铸铁件	生铁块	金属球团
冷却效应	1.0	1.1	1.6	0.6	0.7	1.5
冷却剂	无烟煤	焦炭	Fe－Si	菱镁矿	萤 石	烧结矿
冷却效应	－2.9	－3.2	－5.0	1.5	1.0	3.0
冷却剂	铁矿石	铁 皮	石灰石	石 灰	白云石	
冷却效应	3.0～4.0	3.0～4.0	3.0	1.0	1.5	

e 冷却剂的加入时间

冷却剂的加入时间因吹炼条件不同而略有差别。由于废钢在吹炼过程中加入不方便，影响吹炼时间，通常是在开吹前加入。利用铁矿石或者氧化铁皮作冷却剂时，由于它们同时又是化渣剂，加入时间往往与造渣同时考虑，多采用分批加入的方式。其中关键是选好二批料加入时间，即必须在初期渣已化好、温度适当时加入。

C 温度控制一般原则

按照上述的计算结果加入冷却剂，即可保证终点温度。但是，吹炼过程中还应根据炉内各个时期冶金反应的需要及炉温的实际情况调整熔池温度，保证冶炼的顺利进行。

在吹炼前期结束时，温度应为1450～1550℃，大炉子、低碳钢取下限，小炉子、高碳钢取上限；中期的温度应为1550～1600℃，中、高碳钢取上限，因后期挽回温度时间少；后期的温度应为1600～1680℃，取决于所炼钢种。

（1）吹炼前期。如果碳火焰上来得早（之前是硅、锰氧化的火焰，发红），表明炉内温度已较高，头批渣料也已化好，可适当提前加入二批渣料；反之，若碳火焰迟迟上不来，说明开吹以来温度一直偏低，则应适当降枪，加强各元素的氧化，提高熔池温度，而后再加二批渣料。

（2）吹炼中期。吹炼中期可根据炉口火焰的亮度及冷却水（氧枪进出水）的温差来判断炉内温度的高低，若熔池温度偏高，可加少量矿石；反之，降枪提温，一般可挽回10～20℃。

（3）吹炼后期。接近终点（根据氧耗量及吹氧时间判断）时，停吹测温，并进行相应调整。当吹炼后期出现温度过低时，可加适量的Fe－Si或Fe－Al提温。加Fe－Si提温需配加一定量的石灰，防止钢水回磷。当吹炼后期出现温度过高时，可加适量的氧化铁皮或铁矿石降温。如铁水温度低，碳量也低，可兑适量铁水再吹炼。在兑铁水前倒渣，并加Fe－Si防止产生喷溅。另外，冶炼终点钢液温度偏高时，通常加适量石灰或白云石降温。

D 生产实际中的温度控制

在生产实际中，温度的控制主要是根据所炼钢种、出钢后间隔时间的长短、补炉材料的消耗等因素来考虑废钢的加入量。对一个工厂来说，由于所用的铁水成分和温度变化不大，渣量变化也不大，故吹炼过程的热消耗较为稳定。若所炼钢种发生改变，出钢后炉子等待铁水、吊运和修补炉衬使间隔时间延长和炉衬降温，必然引起吹炼过程中热消耗发生变化，因而作为冷却剂的废钢加入量也应做相应调整。

a　影响终点温度的因素

在生产条件下影响终点温度的因素很多，必须经综合考虑后再确定冷却剂加入的数量。

（1）铁水成分。铁水中 Si、P 是强发热元素，当其含量过高时可以增加热量，但也会给冶炼带来诸多问题，因此如果有条件，应进行铁水预处理脱 Si、P。据 30t 转炉测定，当 $w[Si]$ 增加 0.1% 时，可升高炉温 15℃。

（2）铁水温度。铁水温度的高低关系到带入物理热的多少，所以在其他条件不变的情况下，入炉铁水温度的高低影响终点温度的高低。当铁水温度每升高 10℃ 时，钢水终点温度可提高 6℃。

（3）铁水装入量。由于铁水装入量的增加或减少均使其物理热和化学热有所变化，在其他条件一定的情况下，铁水比越高，终点温度也越高。30t 转炉铁水量每增加 1t，终点温度可提高 8℃。

（4）炉龄。转炉新炉衬温度低且出钢口小，炉役前期终点温度要比正常吹炼炉次高 20 ~ 30℃，这样才能获得相同的浇注温度，所以冷却剂用量要相应减少。炉役后期炉衬薄，炉口大，热损失多，所以除应适当减少冷却剂用量外，还应尽量缩短辅助时间。

（5）终点碳含量。碳是转炉炼钢重要的发热元素。根据某厂的经验，当终点碳含量在 0.24% 以下时，每增减碳含量 0.01%，则出钢温度也相应减增 2 ~ 3℃。因此，吹炼低碳钢时应考虑这方面的影响。

（6）炉与炉的间隔时间。炉与炉的间隔时间越长，炉衬散热越多。在一般情况下，炉与炉的间隔时间为 4 ~ 10min。间隔时间在 10min 以内时，可以不调整冷却剂用量；超过 10min 时，要相应减少冷却剂的用量。另外，由于补炉而空炉时，应根据补炉料的用量及空炉时间来考虑减少冷却剂用量。据 30t 转炉测定，空炉 1h 可降低终点温度 30℃。

（7）枪位。如果采用低枪位操作，会使炉内化学反应速度加快（尤其是使脱碳速度加快），供氧时间缩短，单位时间内放出的热量增加，热损失相应减少。

（8）喷溅。喷溅会增加热损失，因此对喷溅严重的炉次要特别注意调整冷却剂的用量。

（9）石灰用量。石灰的冷却效应与废钢相近，石灰用量大则渣量大，造成吹炼时间长，影响终点温度。所以当石灰用量过大时，要相应减少其他冷却剂用量。据 30t 转炉测算，每多加 100kg 石灰，降低终点温度 5.7℃。

（10）出钢温度。可根据上一炉钢出钢温度的高低来调节本炉的冷却剂用量。

b　确定冷却剂用量的经验数据

通过物料平衡和热平衡计算来确定冷却剂加入数量的方法比较准确，但很复杂，很难快速计算。若采用电子计算机，则可以依据吹炼参数的变化快速进行物料平衡和热平衡计算，准确地控制温度。目前多数厂家都是根据经验数据进行简单的计算，以确定冷却剂调整数量。

知道了各种冷却剂的冷却效应和影响冷却剂用量的主要因素以后，就可以根据上炉情况和对本炉温度有影响的各个因素的变动情况综合考虑来进行调整，确定本炉冷却剂的加入数量。表 11－19 和表 11－20 分别列出 30t 和 120t 氧气顶吹转炉温度控制的经验数据。

表 11－19　30t 氧气顶吹转炉温度控制的经验数据

因　素	变 动 量	终点温度变化量/℃	调整矿石量/kg
w[C]	±0.10%	±9.74	±65
w[Si]	±0.10%	±15	±100
w[Mn]	±0.10%	±6.14	±41
铁水温度	±10℃	±6	±40
废钢加入量	±1t	∓47	∓310
铁水加入量	±1t	±8	±53
停吹温度	±10℃	±10	±66
终点 w[C]（小于 0.2%）	±0.01%	∓3	∓20
石灰加入量	±100kg	∓5.7	∓38
硅铁加入量	±100kg/炉	±20	±133
铝铁加入量	±7kg/t	±50	±333
合金（硅铁除外）加入量	±7kg/t	±10	±67

表 11－20　120t 氧气顶吹转炉温度控制的经验数据

名　称	冷　却　剂		名　称	提　温　剂	
	1t 钢加入量/kg	降温数/℃		1t 钢加入量/kg	升温数/℃
废　钢	1	1.27	硅　铁	1	6
矿　石	1	4.50	焦　炭	1	4.8
铁　皮	1	4.0	铝　块	1	15
生铁块	1	0.9～1.0			
萤　石	1	10			
石　灰	1	1.9			
石灰石	1	2.8			

例如，计算废钢加入量时应考虑以下几方面因素：

（1）由于铁水成分变化引起废钢加入量的变化。

w[C]变化 a =[（本炉铁水 w[C]－参考炉铁水 w[C]）/0.1%]×0.53%

w[Si]变化 b =[（本炉铁水 w[Si]－参考炉铁水 w[Si]）/0.1%]×1.33%

w[Mn]变化 c =[（本炉铁水 w[Mn]－参考炉铁水 w[Mn]）/0.1%]×0.21%

（2）由于铁水温度变化引起废钢加入量的变化。

d =[（本炉铁水温度－参考炉铁水温度）/10]×0.88%

（3）由于铁水加入量变化引起废钢加入量的变化。

e =[（本炉铁水比－参考炉铁水比）/1%]×0.017%

f =[（本炉目标停吹温度－参考炉目标停吹温度）/10]×0.55%

故　　本炉废钢加入量 = 上炉废钢加入量 + a + b + c + d + e + …

除表 11－19 和表 11－20 所列数据以外，还有其他情况（如铁水入炉后等待吹炼、终点停吹等待出钢、钢包黏钢等）下温度控制的修正值，这里就不再一一列举了。但在出钢前若发现温度过高或过低时，应及时在炉内处理，决不能轻易出钢。

各转炉炼钢厂都总结了一些根据炉况控制温度的经验数据，一般冷却剂降温的经验数据见表11－21。

表11－21　冷却剂降温的经验数据

加入1%冷却剂	废　钢	矿　石	铁　皮	石　灰	白云石	石灰石
熔池降温/℃	8～12	30～40	35～45	15～20	20～25	28～38

11.4.5.4　终点控制

终点控制主要是指终点温度和成分的控制。

A　终点的标志

转炉兑入铁水后，通过供氧、造渣等操作，经过一系列物理化学反应，钢水达到所炼钢种的成分和温度要求的时刻，称为终点。到达终点的具体标志是：

（1）钢中碳含量达到所炼钢种的控制范围；

（2）钢中P、S含量达到低于规格下限的一定范围；

（3）出钢温度能保证顺利进行精炼、浇注；

（4）对于沸腾钢，钢水具有一定氧化性。

终点控制是转炉吹炼后期的重要操作。因为硫、磷的脱除通常比脱碳复杂，所以总是尽可能地使硫、磷提早脱除到终点要求的范围。根据到达终点的基本条件可以知道，终点控制实际上是指终点碳含量和终点钢水温度的控制。终点停止吹氧也俗称“拉碳”。

终点控制不当会造成如下一系列危害：

（1）拉碳偏高时，需要补吹（也称后吹），造成渣中TFe含量高，金属消耗增加，降低了炉衬寿命，首钢曾对47炉补吹操作进行统计，发现补吹后的熔渣中TFe和MgO含量都有所增加，如表11－22所示；拉碳偏低时，不得不改变钢种牌号或增碳，这样既延长了吹炼时间，也打乱了车间的正常生产秩序，并会影响钢的质量。

表11－22　补吹前后$w(FeO)$、$w(Fe_2O_3)$和$w(MgO)$的变化　（%）

增加量＼炉渣成分	$w(FeO)_{补吹后}-w(FeO)_{补吹前}$	$w(Fe_2O_3)_{补吹后}-w(Fe_2O_3)_{补吹前}$	$w(MgO)_{补吹后}-w(MgO)_{补吹前}$
平均增加量	1.20	0.81	1.07
最大增加量	6.25	2.79	5.58
平均增加百分数	14.80	28.78	18.28

（2）终点温度偏低时，也需要补吹，这样会造成碳含量偏低，必须增碳，渣中TFe含量高，对炉衬不利；终点温度偏高时，会使钢水气体含量增高，浪费能源，侵蚀耐火材料，增加夹杂物含量和回磷量，造成钢质量降低。

温度的控制已包含在温度制度中，所以准确拉碳是终点控制的一项基本操作。

B　终点控制方法

终点控制实质上就是对碳含量的控制，目前终点碳含量控制的方法有三种，即一次拉碳法、增碳法和高拉补吹法。

a 一次拉碳法

一次拉碳法是指按出钢要求的终点碳含量和终点温度进行吹炼，当达到要求时提枪。

这种方法要求终点碳含量和温度同时到达目标，否则需补吹或增碳。一次拉碳法要求操作技术水平高，其优点颇多，归纳如下：

（1）终点渣 TFe 含量低，钢水收得率高，对炉衬侵蚀量小；

（2）钢水中有害气体少，不加增碳剂，钢水洁净；

（3）余锰高，合金消耗少；

（4）氧耗量小，节约增碳剂。

b 增碳法

增碳法是指吹炼平均碳含量不低于0.08%的钢种，均吹炼到 $w[C]=0.05\%\sim0.06\%$ 时提枪，按钢种规范要求加入增碳剂。

增碳法所用炭粉要求纯度高、硫和灰分含量很低，否则会污染钢水。采用这种方法的优点如下：

（1）终点容易命中，与拉碳法相比，省去了中途倒渣、取样、校正成分及温度的补吹时间，因而生产率较高；

（2）吹炼结束时炉渣 $\sum w(FeO)$ 高，化渣好，脱磷率高，吹炼过程的造渣操作可以简化，有利于减少喷溅、提高供氧强度和稳定吹炼工艺；

（3）热量收入较多，可以增加废钢用量。

采用增碳法时应严格保证增碳剂的质量，推荐采用 $w(C)>95\%$、粒度不大于10mm的沥青焦。增碳量超过0.05%时，应经过吹 Ar 等处理。

c 高拉补吹法

当冶炼中、高碳钢时，将钢液的碳含量脱除至高于出钢要求 $0.2\%\sim0.4\%$ 时停吹，取样、测温后再按分析结果进行适当补吹的控制方式，称为高拉补吹法。

由于在中、高碳（$w[C]>0.40\%$）钢的碳含量范围内，脱碳速度较快，火焰没有明显变化，从火花上也不易判断，终点人工一次拉碳很难准确判断，所以采用高拉补吹的方法。用高拉补吹法冶炼中、高碳钢时，根据火焰和火花的特征，参考供氧时间及氧耗量，按照比所炼钢种碳规格要求稍高一些的标准来拉碳，采用结晶定碳和钢样化学分析，再按这一碳含量范围内的脱碳速度补吹一段时间，以达到要求。高拉补吹方法只适用于中、高碳钢的吹炼。根据某厂30t转炉吹炼的经验数据，补吹时的脱碳速度一般为0.005%/s。当生产条件变化时，其数据也有变化。

C 终点判断方法

目前我国钢厂还没有全部使用电子计算机控制终点，部分转炉厂家仍然凭借经验操作，人工判断终点。

a 碳含量的判断

（1）看火焰。转炉开吹后，熔池中的碳不断地被氧化，金属液中的碳含量不断降低。碳氧化时生成大量的 CO 气体，高温的 CO 气体从炉口排出时与周围的空气相遇，立即氧化燃烧，形成了火焰。炉口火焰的颜色、亮度、形状、长度是熔池温度及单位时间内 CO 排出量的标志，也是熔池中脱碳速度的量度。在一炉钢的吹炼过程中，脱碳速度的变化是有规律的，所以能够从火焰的外观来判断炉内的碳含量。吹炼前期熔池温度较低，碳氧化得少，所以炉口火焰短，颜色呈暗红色。吹炼中期碳开始激烈氧化，生成CO的量大，火焰白亮、长度增加，也显得有力，这时对碳含量进行准确的估计是困难的。当碳含量进一步降低到0.20%左右时，由于脱碳速度明显减慢，CO气体显著减少，这时火焰会收缩、发软、打晃，看起来也稀薄些。炼钢工根据自己的具体体会就可以掌握拉碳时机。生产中有许多因素影响观察火焰和做出正确的判断，主要有如下几方面：

1）温度。温度高时，碳氧化速度较快，火焰明亮有力，看起来碳含量好像还很高，但实际上已经不太高，要防止拉碳偏低。温度低时，碳氧化速度缓慢，火焰收缩较早；另外，由于温度低，钢水流动性不够好，熔池成分不易均匀，看上去碳含量好像不太高，但实际上还较高，要防止拉碳偏高。

2）炉龄。炉役前期炉膛小，氧气流股对熔池的搅拌力强，化学反应速度快，并且炉口小，火焰显得有力，要防止拉碳偏低。炉役后期炉膛大，搅拌力减弱了，同时炉口变大，火焰显得软，要防止拉碳偏高。

3）枪位和氧压。枪位低或氧压高时，碳的氧化速度快，炉口火焰有力，此时要防止拉碳偏低；反之，枪位高或氧压低时，火焰相对软些，拉碳容易偏高。

4）炉渣情况。若炉渣化得好，能均匀覆盖在钢液面上，气体排出时有阻力，因此火焰发软；若炉渣没化好或者有结团，不能很好地覆盖钢液面，气体排出时阻力小，火焰有力。若渣量大，气体排出时阻力也大，火焰发软。

5）炉口黏钢量。炉口黏钢时，炉口变小，火焰显得硬，要防止拉碳偏低；反之，要防止拉碳偏高。

6）氧枪情况。喷嘴蚀损后，氧流速度降低，脱碳速度减慢，要防止拉碳偏高。

总之，在判断火焰时，要根据各种影响因素综合考虑，这样才能准确判断终点碳含量。

（2）看钢样。在倒炉时提取有代表性的钢样，取样姿势和取样要求可参阅下文取样、测温部分，将已取到代表性钢样的样瓢平稳地搁置在平台上，然后快速刮去表面炉渣，对钢样进行仔细观察和估碳。人工判断终点取样时应注意：样勺要烘烤，黏渣要均匀，钢水必须有渣覆盖，取样部位要有代表性，以便准确判断碳含量。

1）观察碳花溅出的高度，即碳花溅出时的弹跳强度。一般来讲，钢水中碳含量越高，则碳花弹跳的强度越大，碳花飞溅得越高；反之，钢水中碳含量越低，则碳花弹跳的强度越小，碳花飞溅得越低。

2）根据经验对飞溅出来的碳花的分叉情况进行判断，分叉越多，钢水中碳含量越高。

①当$w[C]=0.22\%\sim0.25\%$时，刮去钢样表面炉渣后，钢水表面有红膜；

②当$w[C]=0.18\%\sim0.20\%$时，碳花分为三叉，如呈“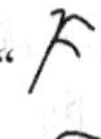”形状；

③当$w[C]=0.15\%\sim0.16\%$时，碳花分为两叉，如呈“”形状；

④当$w[C]<0.14\%$时，碳花基本不分叉且为尖型，如呈“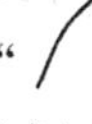”形状；

⑤当$w[C]$很低，即不大于0.10%时，碳花几乎消失，从钢水表面跳出来的是小火星与流线。

以碳花判断碳含量时，必须与钢水温度结合起来。如果钢水温度高，在碳含量相同的条件下，碳花分叉比温度低时多。因此，在炉温较高时，估计的碳含量可能高于实际碳含量；情况相反时，判断的碳含量会比实际值偏低些。

3）观察样勺内钢样冷却后的表面状况。

①当 $w[C]$ 较高（$w[C]>0.30\%$）时，钢样表面较光滑，带有粒状小黑点；

②当 $w[C]$ 较低（$0.10\% \leqslant w[C] \leqslant 0.20\%$）时，钢样表面较毛糙，高低不平；

③当 $w[C]$ 很低（$w[C]<0.05\%$）时，钢样表面光滑，但无粒状小黑点并呈馒头状。

（3）结晶定碳。终点钢水中的主要元素是Fe与C，碳含量影响着钢水的凝固温度；反之，根据凝固温度也可以判断碳含量。如果在钢水凝固过程中连续地测定钢水温度，当到达凝固点时，因为凝固潜热补充了钢水降温散发的热量，所以温度随时间变化的曲线出现了一个水平段，这个水平段所处的温度就是钢水的凝固温度，根据凝固温度可以反推出钢水的碳含量。因此，吹炼中、高碳钢时终点控制采用高拉补吹法，就可使用结晶定碳来确定碳含量。

（4）其他判断方法。当喷嘴结构尺寸一定时，采用恒压变枪操作，单位时间内的供氧量是一定的。在装入量、冷却剂加入量和吹炼钢种等条件均无变化时，吹炼1t金属所需要的氧气量也是一定的，因此吹炼一炉钢的供氧时间和氧耗量变化也不大。这样就可以将上几炉的供氧时间和氧耗量作为本炉拉碳的参考。当然，每炉钢的情况不可能完全相同，如果生产条件有变化，其参考价值就要降低；即使是生产条件完全相同的相邻炉次，也要与看火焰、看碳花等办法结合起来综合判断。随着科学技术的进步，应用红外、光谱等成分快速测定手段，可以验证由经验判断碳含量的准确性。

b　硫含量的判断

根据化渣情况（样勺表面覆盖的炉渣状况以及取样勺上凝固的炉渣情况）和熔池温度可间接判断硫含量的高低。根据渣况判断的方法为：如果化渣不良，渣料未化好（结块或结坨）或未化透，渣层发死，流动性差，说明炉渣碱度较低，反应物和反应产物的传递速度慢，脱硫反应不能迅速进行，可以判断硫含量较高；反之，如果炉渣化好、化透，泡沫化适度，流动性良好，脱硫效果必然很好，硫含量较低。

c　磷含量的判断

（1）根据钢水颜色判断。一般来讲，如果钢水中磷含量高，则钢水颜色发白、发亮，有时呈银白色（似一层油膜）或者发青；如果钢水颜色暗淡发红，则说明钢水中磷含量可能较低。

（2）根据钢水特点判断。钢水中有时出现近似米粒状的小点。在碳含量较低时，钢样表面有水泡眼呈白亮的小圈出现，此种小圈俗称磷圈。一般来讲，小点和磷圈多，说明钢水中磷含量高；反之，磷含量较低。

（3）根据钢水温度判断。脱磷反应是在钢－渣界面上进行的放热反应。如果钢水温度高，不利于放热的脱磷反应进行，钢中磷含量容易偏高；如果钢水温度偏低，脱磷效果好，磷含量可能较低。

d　锰含量的判断

锰含量可根据钢水颜色判断。如果钢水颜色较红，跳出的火花中有红色小颗粒伴随而出，说明钢水中锰含量较高。

e　温度的判断

判断温度的最好方法是连续测温并自动记录熔池温度的变化情况，以便准确地控制炉温，但实践起来比较困难。目前常用的方法是采用插入式热电偶并结合经验来判断终点温度。

（1）热电偶测定。目前我国各厂均使用钨－铼插入式热电偶，到达吹炼终点时将其直接插入熔池钢水中，从电子电位差计上得到温度的读数。此法迅速可靠，其测量原理如图11－40所示。两种不同的导体或半导体A和B分别称为热电极，将两个热电极的一端连接在一起，称为热端，插入钢水中。由于金属中的自由电子数不同，受热后随温度的升高，自由电子的运动速度上升，在两个热电极的另一端（即冷端）产生一个电动势，温度越高，电动势越大。热电偶冷端通过导线与电位差计相连，通过测量电动势的大小来判定温度的高低。当热电极的材料确定以后，热电势的大小仅与热、冷两端点的温度差有关，与线的粗细、长短以及接点处以外的温度无关。

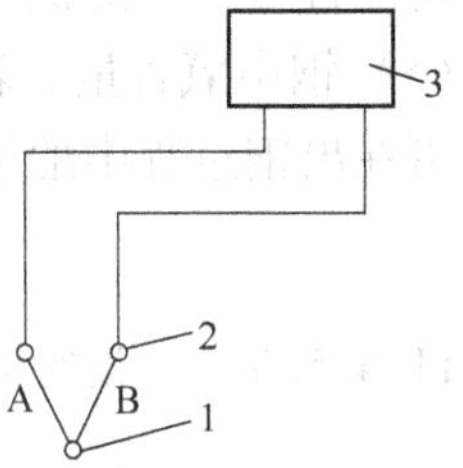

图11－40　热电偶测温原理
1—热端；2—冷端；3—电位差计

（2）火焰判断。熔池温度高时，炉口的火焰白亮且浓厚有力，火焰周围有白烟；熔池温度低时，火焰透明淡薄且略带蓝色，白烟少，火焰形状有刺无力，喷出的炉渣发红，常伴有未化的石灰粒；熔池温度再低时，火焰发暗，呈灰色。

（3）取样判断。取出钢样后，如果样勺内覆盖渣很容易拨开，样勺周围有青烟，钢水白亮，倒入样模内钢水活跃，结膜时间长，说明钢水温度高；如果覆盖渣不容易拨开，钢水呈暗红色，浑浊发黏，倒入样模内钢水不活跃，结膜时间短，说明钢水温度低。另外，也可以通过秒表计算样勺内钢水的结膜时间，以此来判断钢水温度的高低。但是取样时样勺需要烘烤合适，黏渣要均匀，样勺中钢水要有熔渣覆盖，同时取样的位置应有代表性。

（4）通过氧枪冷却水温差判断。在吹炼过程中，可以根据氧枪冷却水出口与进口的温差来判断炉内温度的高低。当相邻炉次枪位相仿、冷却水流量一定时，氧枪冷却水出口与进口的温差和熔池温度有一定的对应关系。若温差大，反映熔池温度较高；若温差小，则反映熔池温度低。例如，在首钢30t转炉的生产条件下，当冷却水温差为8～10℃时，出钢温度在1640～1680℃范围内，这对于Q235B钢是比较合适的；若温差小于8℃，出钢温度偏低；若温差大于10℃，出钢温度偏高。

（5）根据炉膛情况判断。倒炉时观察炉膛情况可以帮助判断炉温。温度高时，炉膛发亮，往往还有泡沫渣涌出；如果炉内没有泡沫渣涌出，熔渣不活跃，同时炉膛不是特别白亮，说明炉温低。

根据以上几方面温度判断的经验及热电偶的测温数值，可综合确定终点温度。

D　终点判断后的控制方法

（1）温度。若温度偏高，应补加适量的冷却剂并调节枪位（一般提高枪位）；若温度偏低，应适当减少冷却剂的加入量并调节枪位（一般降低枪位）。

（2）钢中碳含量。碳含量偏高的处理方法一般采用高拉补吹法，降枪补吹合适时间，同时补加适量的冷却剂；碳含量偏低的处理方法是向炉内补兑铁水或补加生铁块增碳，并补吹适当时间，出钢时向钢包内添加适量的增碳剂。

（3）钢中磷含量。若钢中磷含量偏高，处理方法只有放掉部分渣，造高氧化铁、高碱度渣。如碳含量低而磷含量高，可补加少量生铁。但这些措施脱磷有限，钢水温度损失过少，所以要在前期化好渣。铁水磷含量高时，可在加二批料之前放掉部分渣。

（4）钢中硫含量。若钢中硫含量偏高，处理方法是多次倒渣并造新渣，有时可加锰铁，使硫含量逐步降低。但这将破坏生产工艺流程，必须避免。

（5）钢中氧含量。若钢中氧含量偏高，对高质量钢种必须进行炉内预脱氧，对一般钢种可在出钢过程中酌情增加脱氧剂量；若氧含量偏低，应在出钢过程中酌情减少脱氧剂量。

11.4.5.5　吹损及喷溅

A　吹损的组成及分析

顶吹转炉的出钢量比装入量少，这说明在吹炼过程中有一部分金属损耗，这部分损耗的数量即为吹损，一般用其占装入量的百分比来表示：

$$吹损 = \frac{装入量 - 出钢量}{装入量} \times 100\% \qquad (11-43)$$

如果装入量为 33t，出钢量为 29.7t，则吹损 $= \frac{33-29.7}{33} \times 100\% = 0.1\%$。在物料平衡计算中，吹损值常以每千克铁水（或金属料）的吹炼损失表示。

氧气顶吹转炉主要是以铁水为原料。把铁水吹炼成钢，要去除碳、硅、锰、磷、硫等杂质；另外，还有一部分铁被氧化。铁被氧化生成的氧化铁，一部分随炉气排走，另一部分留在炉渣中。吹炼过程中金属和炉渣的喷溅也会损失一部分金属。吹损就是由这些部分组成的。

下面用实例来说明吹损的几种形式。

（1）化学烧损。以吹炼 BD3F 沸腾钢为例，化学烧损为 5.12%，见表 11－23。

表 11－23　BD3F 沸腾钢的化学损失　（%）

样　品	成　分					
	C	Si	Mn	P	S	共　计
铁　水	4.30	0.60	0.45	0.13	0.03	5.51
终　点	0.13	—	0.20	0.02	0.02	0.39
烧　损	4.17	0.58	0.25	0.11	0.01	5.12

（2）烟尘损失。每 100kg 铁水产生烟尘 1.16kg，其中 Fe_2O_3 占 70%，FeO 占 20%，折合成金属铁损失为：

$$1.16 \times \left(0.70 \times \frac{112}{160} + 0.20 \times \frac{56}{72}\right) = 0.75\text{kg}$$

式中　112——Fe_2O_3 中两个铁原子的相对原子质量（铁的相对原子质量为 56）；

160——Fe_2O_3 的相对分子质量；

72——FeO的相对分子质量。

（3）渣中金属铁损失。按渣量占铁水量的13%、渣中金属铁含量为10%计算，则渣中金属铁损失为：

$$100 \times 13\% \times 10\% = 1.3\text{kg}$$

（4）渣中FeO和Fe_2O_3损失。如果渣中含FeO 11%、Fe_2O_3 2%，折合成金属铁损失为：

$$100 \times 13\% \times \left(11\% \times \frac{56}{72} + 2\% \times \frac{112}{160}\right) = 1.3\text{kg}$$

（5）机械喷溅损失。按1.5%考虑。

综上，顶吹转炉吹损=5.12%+0.75%+1.3%+1.3%+1.5%=9.97%。

由计算可知，化学烧损是吹损组成的主要部分，占总吹损的70%～90%；而C、Si、Mn、P、S的氧化烧损又是化学烧损的主要部分，占总吹损的40%～80%。机械喷溅损失只占10%～30%。化学损失往往是不可避免的，而且一般也不易控制；但机械喷溅损失只要操作得当，是完全可以尽量减少的。应该强调指出，在顶吹转炉吹炼过程中，机械喷溅损失与其他损失（特别是化学烧损）相比，虽然仅占次要地位，但其不仅导致吹损增加，引起对炉衬的冲刷加剧，对提高炉龄不利，还会引起黏枪事故，且减弱了脱磷、脱硫的作用，影响炉温，限制了顶吹转炉进一步强化操作的稳定性，所以防止喷溅是十分重要的问题。

B　喷溅的类型、产生原因、预防与控制

喷溅是氧气顶吹转炉吹炼过程中经常发生的一种现象，通常将随炉气逸出、从炉口溢出或喷出炉渣与金属的现象称为喷溅。喷溅的产生造成大量的金属和热量损失，引起对炉衬的冲刷加剧，甚至造成黏枪、烧枪，使炉口和烟罩挂渣，增大了清渣处理的劳动强度。首钢6t转炉的分析数据（见表11－24）表明，大喷溅时金属损失为3.6%，小喷溅时金属损失为1.2%，若能避免喷溅发生，则相当于增加钢产量1.2%～3.6%。对于一个年产100万吨钢的转炉炼钢车间，这意味着增产1.2～3.6万吨钢。因此在转炉操作过程中，预防喷溅是十分重要的。

表11－24　首钢6t转炉的分析数据

炉龄/炉	化学烧损/%	渣中铁损/%	烟尘损失/%	喷溅损失/%	合计/%	喷溅情况
26	4.99	2.16	1	3.57	11.72	大　喷
79	4.97	1.86	1	1.17	9.00	小　喷
208	5.07	2.08	1	0.54	8.69	微　喷

a　喷溅的类型

吹炼时期存在以下几种喷溅情况：

（1）金属喷溅。吹炼初期炉渣尚未形成或吹炼中期炉渣返干时，固态或高黏度炉渣被顶吹氧气射流和从反应区排出的CO气体推向炉壁。在这种情况下，金属液面裸露，由于氧气射流冲击力的作用，使金属液滴从炉口喷出，这种现象称为金属喷溅。

（2）泡沫渣喷溅。吹炼过程由于炉渣中表面活性物质较多，使炉渣泡沫化严重，在炉内CO气体大量排出时，从炉口溢出大量泡沫渣的现象称为泡沫渣喷溅。

（3）爆发性喷溅。吹炼过程中，当炉渣内 FeO 积累较多时，由于加入渣料或冷却剂过多，造成熔池温度降低；或是由于操作不当，使炉渣黏度过大而阻碍 CO 气体排出，一旦温度升高，熔池内碳、氧即剧烈反应，产生大量 CO 气体急速排出，同时也使大量金属和炉渣喷出炉口，这种突发的现象称为爆发性喷溅。

（4）其他喷溅。在某些特殊情况下，由于处理不当也会产生喷溅。例如，在采用留渣操作时，渣中氧化性强，兑铁水时如果兑入速度过快，可能使铁水中的碳与炉渣中的氧发生反应，引起铁水喷溅；又如，在吹炼后期，采用补兑铁水时也可能造成喷溅。

b　产生喷溅的原因

产生喷溅是两种力作用的结果：一种是脱碳反应生成的 CO 气泡在熔池内的上浮力和气泡到达熔池表面时的惯性力，它们造成熔池面的上涨及对熔池上层的挤压；另一种是重力和摩擦力，它们阻碍熔池向上运动。在熔池内部，摩擦力并不起主要作用，主要是重力起作用。

氧气射流对喷溅的影响是复杂的。氧气射流对熔池的冲击造成熔池上层的波动和飞溅，而且液相也被反射气流及 O_2 和 CO 气泡向上推挤，促使产生喷溅；但在炉渣严重泡沫化时，短时间提高枪位，借助射流的冲击作用破坏泡沫渣，又可以减少产生喷溅的可能性。

总之，在熔池液面上涨的情况下，熔池中局部的飞溅、气体的冲出、波浪的生成等都容易造成钢-渣乳状液从炉口溢出或喷溅。

在 30t 转炉上进行试验的结果表明，吹炼过程中脱碳速度、液面高度及喷溅强度的变化如图 11-41 所示。

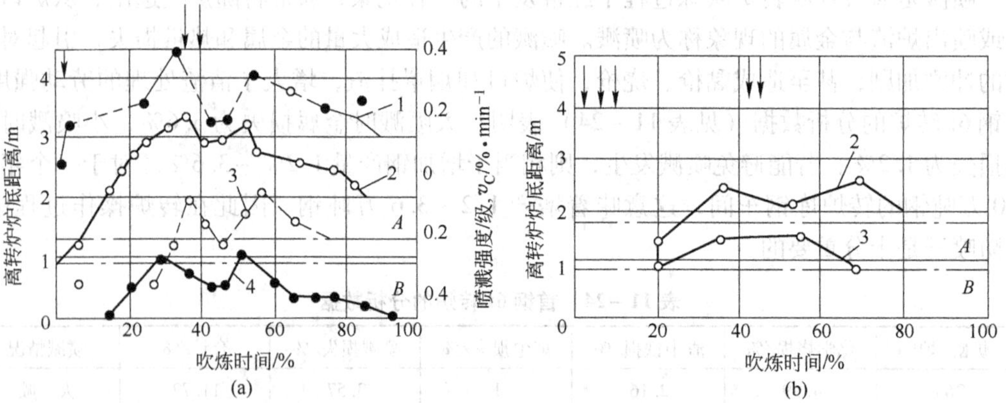

图 11-41　30t 转炉吹炼过程中脱碳速度 v_C、液面高度及喷溅强度的变化

（"↓"表示加入散状料）

（a）单孔喷头；（b）三孔喷头

1—脱碳速度；2—渣-金属乳状液液面高度；3—金属液面高度；4—喷溅强度

A—喷孔水平；B—静止熔池液面

c　喷溅的预防与控制

吹炼过程中，通常在吹炼中期加二批料前及加二批料后不久，有 2 次或 3 次强烈的喷溅。此时恰好脱碳速度最大，熔池液面上涨最高，炉渣的泡沫化最强。在加二批料后的一段时间内，由于脱碳速度减小，渣料对泡沫渣的机械破坏作用使熔池液面暂时下降，喷溅强度相应减小。

比较图11-41（a）和（b）可见，采用三孔喷头使吹炼过程中的液面高度显著降低，其变化显著减小。所以，采用多孔喷头将使喷溅显著减少。在一定范围内增大喷孔夹角，使氧流分散，也可以减少喷溅。

综上所述，为了防止喷溅，总的方向是要采取措施促使脱碳反应在吹炼时间内均匀地进行，减轻熔池的泡沫化，降低吹炼过程中的液面高度并减小其波动。具体措施如下：

（1）采用合理的炉型。如转炉应有适当的高度和炉容比，采用对称的炉口和接近于球状的炉型。

（2）限制液面高度。在炉容比一定的条件下，应限制渣量和造渣材料的加入量，尽量减小渣层厚度。可加入防喷剂或采用其他方法破坏泡沫渣，也可以在吹炼中期倒渣。此外，还应避免转炉的过分超装。

（3）加入散状材料时，要增多批数、减少批量。尤其是铁矿石，不仅要分批加入，而且应限制其用量。用废钢作冷却剂，可使吹炼过程比用铁矿石时平稳。

（4）正确控制前期温度。如果前期温度低，炉渣中积累大量氧化铁，随后在元素氧化、熔池被加热时，往往突然引起碳的激烈氧化，容易造成爆发性喷溅。

（5）减小炉渣的泡沫化程度，将泡沫化的高峰前移，尽量移至吹炼前期。可以采用快速造渣和向渣中加入氧化锰等方法，使泡沫渣的稳定性降低。

（6）在发生喷溅时，加入散状材料（如石灰石）可以抑制喷溅。如在强烈脱碳时发生喷溅，还可以暂时降低供氧强度，随后再逐渐恢复正常供氧。这种方法在生产中被广泛采用。

（7）在炉渣严重泡沫化时，短时间提高枪位，使氧枪超过泡沫化的熔池液面，借助氧气射流的冲击作用破坏泡沫渣，可减少喷溅。

C　返干的产生原因、对冶炼的影响、预防与控制

返干一般在冶炼中期（碳氧化期）的后半阶段发生，是化渣不良的一种特殊表现形式。

冶炼中期后半阶段正常的火焰特征是：白亮，刺眼，柔软性稍微变差。但如果发生返干，其火焰特征为：由于气流循环不正常而使正常的火焰（有规律、柔和地一伸一缩）变得直窜、硬直，火焰不出烟罩；同时，由于返干炉渣结块成团而未能化好，氧流冲击到未化的炉渣上面会发出刺耳的怪声，有时还可看到有金属颗粒喷出。一旦发生上述现象，即说明熔池内炉渣已经返干。

a　产生返干的一般原因

石灰的熔化速度影响成渣速度，而成渣速度一般可以通过吹炼过程中成渣量的变化来体现。从图11-42中可见，吹炼前期和后期的成渣速度较快，而中期成渣速度缓慢。

（1）吹炼前期。由于（FeO）含量高，虽然炉温偏低，仍有一部分石灰被熔化，成渣较快。

（2）吹炼中期。炉温已经升高，石灰得到了进一步的熔化，（CaO）量增加，（CaO）与（SiO_2）结合成高熔点的$2CaO \cdot SiO_2$；又由于碳的激烈氧化，（FeO）被大量消耗，炉渣成分发生了

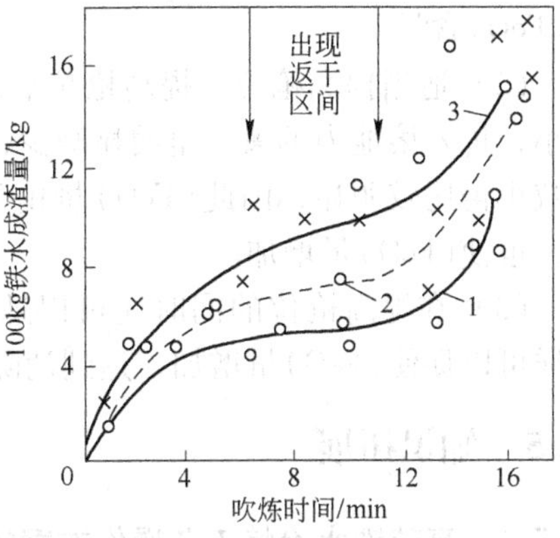

图11-42　吹炼过程中渣量变化

1—底吹转炉；2—复吹转炉；3—顶吹转炉

变化，含有 FeO 的一些低熔点物质（如 $2FeO \cdot SiO_2$，1205℃）转变为高熔点物质（$2CaO \cdot SiO_2$，2130℃）；同时还会形成一些高熔点的 RO 相；此外，由于吹炼中期渣中溶解 MgO 的能力降低，促使 MgO 部分析出，而这些未熔的固体质点大量析出并弥散在炉渣中，致使炉渣黏稠、成团结块，气泡膜变脆而破裂，出现了返干现象。

（3）吹炼后期。随着脱碳速度的降低，（FeO）又有所积累，而且炉温上升，促使炉渣熔化，石灰的溶解量（成渣量）急剧增大。同时，后期渣中低熔点的（$CaO \cdot 2Fe_2O_3$）、（$CaFeSiO_4$）等矿物较多，炉渣流动性较好，只要碱度不过高，一般不会产生返干。相反，需控制（FeO）含量不过高，否则难以做到终渣符合溅渣护炉的要求。

综上所述，吹炼中期由于产生大量的各种未熔固体质点，其弥散在炉渣之中就可能导致炉渣返干。

b　返干对冶炼的影响

在正常的吹炼过程中总会产生程度不同的返干现象，随着冶炼的进行，返干一般是比较容易消除的。

如果由于操作不当造成严重的返干现象，黏稠的炉渣会阻碍氧气流股与熔池的接触，严重影响熔池中的反应和成渣。如不及时处理消除，到达终点时渣料团块仍不熔化，将会极大地降低脱硫、脱磷效果；或者在后期渣料团块虽然熔化，但却消耗了大量热量，会使熔池温度骤然下降，影响出钢温度的控制，还会产生金属喷溅，降低了炉产量。所以，返干不仅会严重影响正常冶炼，也会因之造成质量问题。

c　返干的预防与控制

返干的预防措施有：

（1）在冶炼过程中应严格遵守工艺操作规程（特别是枪位操作和造渣操作），在冶炼中期要保持渣中有适当的(FeO)含量，预防炉渣过黏、结块而产生返干。

（2）在冶炼过程中要密切注意火焰的变化，当有返干趋势时，要及时、适当地提高枪位或加入适量的氧化铁皮以增加(FeO)含量，促使迅速化渣，改善炉渣状况，预防返干的产生。

（3）学会采用音频化渣仪对返干进行有效的预报，并采取措施将返干消除。

产生返干后的处理方法有：

（1）补加一定量的氧化铁皮。铁皮中(FeO)含量在 90% 以上，加入后能迅速增加渣中(FeO)含量。

（2）适当提高枪位。提高枪位后，由于接触熔池液面的氧气流股动能减少、冲击深度小，传入熔池内的氧气量明显减少，致使熔池内的化学反应速度减慢，(FeO)的消耗速度减小得比较明显，因此(FeO)量由于积累而增加。同时，提高枪位使冲击面积相对扩大，也使(FeO)量增加。

（3）在提高枪位的同时还可以适当调低吹炼氧压，延长吹炼时间，降慢脱碳速度，同样可以促使(FeO)量增加，达到消除返干的目的。

11.5　知识拓展

11.5.1　高硫铁水冶炼工艺操作方案的编制及操作控制

（1）铁水预脱硫处理。铁水预脱硫的方法有铁流搅拌法、摇包法、机械搅拌法、喷吹气体搅拌法、镁焦脱硫法、气体提升法等，应根据对脱硫的要求和现有设备状况选用一种预脱硫方法。

（2）搭配使用高硫铁水。在优良低硫铁水中掺入部分高硫铁水，能使用一般方法进行冶炼，终点硫含量可在合适的范围内。此法适用于没有铁水预脱硫设备的转炉炼钢厂。

11.5.2 高磷铁水冶炼工艺操作方案的编制及操作控制

吹炼高磷铁水时，要充分利用前期熔池温度较低的有利时机，及早形成碱度高、氧化性高、流动性适当的炉渣，在保证铁水中有足够碳的同时，要脱去铁水中绝大部分的磷。

（1）造渣。吹炼高磷铁水一般采用双渣留渣法。留渣法有利于前期成渣，可加速脱磷反应的进行。双渣法是把磷含量高的炉渣倒掉，使熔池中的磷总量降低，从而降低金属液中的磷含量；而且倒渣有利于第二次造渣，可造成高碱度、高氧化铁含量的炉渣，进一步降低金属液中的磷含量。造双渣的关键是选择一个倒去前期渣的合适时间。此时间一般选择在前期渣已经化好，金属中的磷含量已下降到指定范围，而金属液中的碳又刚刚开始发生激烈氧化反应的时候。此时前期的脱磷已比较完全，渣中的氧化铁含量已显著下降，在这时倒渣既能保证得到磷含量较高的炉渣（可作磷肥使用），又能避免后期因熔池温度升高而发生回磷现象。

（2）温度。选择倒去前期渣的合适时间也可用温度来控制，选择在温度为1500～1550℃时倒渣较为合适。这样既保证了石灰的熔化和脱磷反应所需要的温度条件，又保证了碳氧反应的顺利进行。选择合适的温度也是为了控制终点温度。终点温度是控制终点磷含量的重要一环，随着终点温度的升高，终点磷含量也会增加。为此，应根据所冶炼的钢种精确控制终点温度，在满足浇注要求的基础上，尽可能地靠近温度下限出钢。

（3）供氧。在冶炼前期适当提高枪位，采用高枪位操作，以提高炉渣中氧化铁含量。这样既能加速石灰的熔化，又有利于磷的氧化，可加速脱磷反应的进行。但枪位不能过高，需防止大喷。

（4）搭配使用高磷铁水。优质低磷铁水中掺入部分高磷铁水，能使其用一般方法进行冶炼。此法用于需要回收煤气、不能采用双渣法的情况。

（5）铁水预处理。用高磷铁水冶炼虽然能得到合格的钢水和磷肥，但从经济效益上来看并不合算。据资料介绍，吹炼高磷铁水与吹炼低磷铁水相比，1t钢金属消耗增加30～100kg，石灰消耗增加40～100kg。合理的办法是高磷铁水先经铁水预处理，脱磷后的铁水再兑入转炉冶炼。

11.5.3 测温与取样操作

11.5.3.1 测温

A 目的

能掌握正确的测温方法，熟练进行测温操作，测出的温度有代表性。

B 技能实施

（1）准备测温棒。将新的纸套管从测温棒前端插入，将测温热电偶插入测温棒前端部，要插紧，无松动。

（2）测温前，要暂时提枪倒炉（LD）或停止通电加热（LF炉）。

（3）测温时，一只手满把握住测温棒后端的圆环，另一只手握住测温棒杆身，将测温棒前端热电偶插入钢水内，保持1～2s，测温部位与取样部位相同。

（4）从显示屏上读出温度值后，立即将测温棒从钢水中抽出。

（5）迅速将已烧坏的纸套管和热电偶清除，换上新的备用。

C　注意事项

（1）使用测温棒前，要检查补偿导线是否完好、接通，检查电位差计是否与热电偶接通，并要校正零位。

（2）测温棒不能被碰撞、受潮，要有规定的安放位置。

（3）在进行测温操作时，热电偶不能碰撞任何物品，以免受损导致测温失灵。

（4）测温热电偶应插入钢水中一定深度，确保测出的温度具有代表性。

（5）测温时，既要使测温头在钢水中停留一定时间，又要求动作迅速而准确。测温棒在钢水内不能停留过久，以防烧坏测温棒。

D　知识点

（1）冶炼过程温度控制是否正确将影响钢的质量和冶炼操作。对钢包精炼炉而言，调整钢水的温度只能在加热工位进行，在脱气工位钢水温度有明显下降，所以在钢水的精炼过程中，对钢水测温更显得十分重要；而对LD来说，测温是为了时刻掌握炉内熔池温度的提升情况，对终点准确定温有很大帮助。

（2）常用的测温方法有热电偶插入式和样勺目测式两种，但样勺目测式受各种因素的影响准确性较差，所以目前广泛使用热电偶插入式进行测温。

（3）转炉有副枪时，也可以用副枪测温。

11.5.3.2　取样

A　目的

根据工艺要求，按规定取出具有代表性的钢样。

B　技能实施

（1）准备好样勺及片样板或光谱样杯。

（2）将样勺伸入炉渣中，在样勺的内外及与样勺连接的杆部黏好炉渣。

（3）取出样勺，观察黏渣是否符合要求，必须要保证炉渣全部覆盖样勺。

（4）黏渣完全后，将样勺迅速伸入钢水内（位置为：精炼钢包内氩气翻动钢水处，熔池1/3～1/2深的地方，即在钢－渣界面以下200～300mm处），舀取钢水并在钢水面上完整覆盖炉渣，然后迅速、平稳地取出样勺。

（5）倒样勺钢水前，沿样勺边沿刮去少量炉渣，以便于倒出钢水。

（6）如果是取转炉钢样，则在倒出钢水前要插入少许铝丝。

（7）均匀倒出钢水，取片样或圆杯样。

（8）样勺内多余钢水及炉渣就地倒在炉前生铁平台上，冷却后及时处理。

（9）将样勺上黏住的炉渣及时敲碎，清理干净。

（10）使用过的样勺应及时敲直，如黏有冷钢则要去除，然后放在指定位置备用。

C　注意事项

（1）取样工具在使用前要检查，样勺上不准黏有冷钢残渣，片样板上及圆杯模内不准黏有水、油垢和铁锈，也不准黏有炭粉、硅铁粉等脱氧剂。

（2）对于转炉，必须待炉子停稳，炉口无钢、渣溅出，炉内熔池较平静时方可走近炉口进行取样操作，否则可能会喷渣、钢伤人。

（3）取样前样勺黏渣要均匀且完全覆盖样勺，以免样勺熔化而影响分析结果。

（4）取出样勺时，要避免碰撞、倾翻或掉入杂物。

（5）取出的钢水表面必须覆盖炉渣，以免降温过快或影响化学成分。

D　知识点

（1）转炉人工取样的要求。

1）满。样勺内钢水体积至少应占勺内体积的 2/3 以上。

2）准。取样位置要准确，要求尽量取到熔池中间、炉渣以下一定深度的钢水。

3）深。样勺取样深度以钢水面位置为准，取熔池深度 1/3 ~ 1/2 处的钢水才有代表性。

4）快。整个取样过程动作要连贯、迅速，否则样勺受热时间长，易弯曲甚至熔化。

5）盖。钢样上面要有较厚渣层覆盖，以免钢水降温或被氧化而影响成分。

6）稳。从炉内取出钢样一直到操作完毕，动作要稳，做到不碰撞、不泼出钢水。

（2）精炼炉取样的要求。精炼炉取样部位在钢包内氩气翻动钢水处，即钢水面以下 200 ~ 300mm 处。

（3）使用样勺的正确姿势应为一只手紧握样勺尾端的圆环，另一只手满把握住勺杆，用力要均匀，要掌握好平衡。

（4）将样勺放入渣内黏渣时应左右旋转摇晃，确保炉渣均匀黏满样勺。黏好炉渣的样勺亮度应均匀，如有较暗的部位则说明该处尚未黏有炉渣或黏渣太薄，要继续黏渣直到符合要求为止。但黏渣也不能太厚，以免取出的钢水量太少而达不到取样分析要求。

（5）样勺插入钢水内要尽量快，不要在渣层停留，插入深度要足够，以免取不出钢水。

（6）取出钢水后在渣层略做停留，以保证钢水面上能覆盖炉渣。

（7）取片样和倒圆杯样要符合要求。

11.6　思考与练习

（1）控制过程温度的根本方法是什么？

（2）如何确定石灰、萤石、白云石的加入量？

（3）渣料何时加入为宜，误操作有何不良后果？

（4）什么是供氧制度？

（5）供氧操作有哪几种类型？

（6）为了达到全程化渣，冶炼三期的枪位如何确定和调节？

（7）如何根据火焰特征来判断钢水温度的高低？

（8）当钢水温度偏高或偏低时应如何处理？

（9）如何提取钢样？

（10）如何根据钢样判温？

（11）有哪些辅助方法可以判断钢水温度？

（12）对判断成分用的钢样有何要求？
（13）如何根据钢样判断钢中碳、硫、磷、锰的含量？
（14）估计钢水温度有哪些方法？
（15）估计钢水温度应注意哪些事项？
（16）取样有哪些操作步骤？
（17）取样时要注意什么问题？
（18）取样需要哪些工具？
（19）为什么取样时样勺要先黏渣，如何判断黏渣是否合适？
（20）对取样的部位有什么要求？
（21）如何进行测温操作？
（22）测温前要做哪些准备工作？
（23）测温中要注意什么问题？
（24）判断冶炼终点的内容是什么？
（25）判断终点碳含量有哪几种方法？
（26）判断终点温度有哪几种方法？
（27）炉渣发生返干和喷溅的原因是什么？
（28）预防和处理炉渣返干和喷溅的措施有哪些？

单元12　出钢及脱氧合金化操作

12.1　学习目标

（1）熟练掌握摇炉出钢操作，并能准确判断是否下渣；

（2）熟练掌握挡渣出钢和对出钢过程降温进行判断的技能；

（3）熟练掌握脱氧合金化原理、合金加入量计算，并能判断合金回收率，完成脱氧合金化操作。

12.2　工作任务

转炉炼钢工（班长）组织本班组员工按照操作标准，安全地完成出钢合金化、溅渣护炉、出渣等完整的冶炼操作。按Q235钢要求进行出钢合金化操作，保证炼出合格的钢水，并填写完整的冶炼记录，按计划做好炉衬的维护。工作内容具体如下：

（1）摇炉出钢并判断下渣情况，适时结束出钢操作。

（2）进行合金加入量的计算与调整，并在规定时间完成脱氧合金化操作。

12.3　实践操作

12.3.1　摇炉出钢操作

（1）将炉倾地点选择开关的手柄置于“炉后”位置，摇炉工进入炉后操作房。

（2）按动钢包车进退按钮，试动钢包车。若无故障，则等待炉前出钢命令；若有故障，立即通知炉长及炉下操作工暂停出钢，并立即处理钢包车故障，力争准时出钢。

（3）接到炉长出钢的命令后，向后摇炉至开出钢口位置，由操作工用短撬棒捅几下出钢口即可捅开，使钢水能正常流出。如发生捅不开的出钢口堵塞事故，则可以根据堵塞程度不同采取不同的排除方法：

1）如为一般性堵塞，可由数人共握长撬棍合力冲撞出钢口，强行捅开出钢口。

2）如堵塞比较严重，可由一名操作工用一短撬棍对准出钢口，另一人用榔头敲打短撬棍冲击出钢口，一般也能捅开出钢口保证顺利出钢。

3）如堵塞更严重，则应使用氧气烧开出钢口。

4）如出钢过程中有堵塞物（如散落的炉衬砖或结块的渣料等）堵塞出钢口，则必须将转炉从出钢位置摇回到开出钢口位置，使用长撬棍凿开堵塞物使孔道畅通，再将转炉摇至出钢位置继续出钢。这在生产上称为二次出钢，会增加下渣量和回磷量，并使合金元素的回收率很难估计，对钢质造成不良后果。

（4）摇炉工面对钢包和转炉的侧面，一只手操纵摇炉开关，另一只手操纵钢包车开关。

（5）开动钢包车将其定位在估计钢流的落点处，摇动转炉开始出钢。开始时转炉要快速下降，使出钢口很快冲过前期下渣区（钢水表面渣层），尽量减少前期下渣量。

（6）见钢后可停顿一下，以后再根据钢流情况逐步压低炉口，使钢水正常流出。炉口的位置应该尽可能低，以提高液层的高度。但出钢炉口的低位有限制，必须保证大炉口不下渣，钢流不冲坏钢包和溅在包外。

（7）压低炉口的同时不断地移动钢包车，保证钢水流入钢包中。

（8）钢流（亮、白、稳、重）见渣（暗、红、漂、轻）即说明出钢完毕，快速摇起转炉，尽量减少后期下渣进入钢包的量。一般出钢完毕见渣时炉长会发出命令，所以出钢后期要一边自己密切观察钢流变化，一边注意听炉长命令。

（9）出钢完毕，摇起转炉至堵出钢口位置，进行堵出钢口操作。

（10）摇炉工返回炉前操作室，将炉倾地点选择开关置于“炉前”位置。

（11）摇正转炉，然后可能进行下列几种操作：

1）加少量生白云石护炉后，进行前倒渣操作。此时因炉内无钢水加入，倒渣角度可较大，直至倒净炉渣为止。然后摇炉加料，开始下一炉钢的操作。

2）加炉渣稠化剂，进行一系列溅渣护炉操作。

3）进行前倒渣、后补炉操作。

12.3.2 合金加入量的计算

（1）熟悉所炼钢种的化学成分要求（参阅各厂制订的工艺操作规程中所列的钢种标准）。

（2）掌握所用合金的成分（见表12－1），并根据炉况确定合金元素回收率。

（3）根据生产实际情况正确估计钢水量。

（4）熟练应用合金加入量计算公式，正确计算出各种合金的加入量。

（5）将欲加合金置于小推车中或加入称量斗内，以备使用。

（6）一般在出钢量为1/4～3/4时将小推车中或称量斗内的合金加至钢包内。

表12－1 常用合金的种类及其成分 （%）

种类 \ 成分（质量分数）		C	Mn	Si	S	P	其他
高碳锰铁	FeMn78	≤8.0	75.0～82.0	≤1.5	≤0.20	≤0.03	—
	FeMn68	≤7.0	65.0～72.0	≤2.5	≤0.25	≤0.03	—
中碳锰铁	FeMn78	≤2.0	75.0～82.0	≤1.5	≤0.20	≤0.03	—
	FeMn82	≤1.0	78.0～85.0	≤1.5	≤0.20	≤0.03	—
低碳锰铁	FeMn84	≤0.7	80.0～87.0	≤1.0	≤0.20	≤0.02	—
	FeMn88	≤0.2	85.0～92.0	≤1.0	≤1.0	≤0.02	—
硅铁	FeSi75A	≤0.1	≤0.4	74.0～80.0	≤0.035	≤0.02	—
	FeSi75B	≤0.1	≤0.4	74.0～80.0	≤0.04	≤0.02	—
	FeSi75C	≤0.2	≤0.5	72.0～80.0	≤0.04	≤0.02	—
硅钙合金	Ca28Si60	≤1.0	—	55～65	≤0.04	≤0.05	Ca≥28，Al≤2.4

续表 12 - 1

种类	成分（质量分数）	C	Mn	Si	S	P	其他
硅锰合金	Mn68Si22	≤1.2	65.0 ~ 72.0	20.0 ~ 23.0	≤0.10	≤0.04	—
	Mn64Si18	≤1.8	60.0 ~ 67.0	17.0 ~ 20.0	≤0.10	≤0.04	—
铬铁	FeCr69C0.03	≤0.03	—	≤1.0	≤0.03	≤0.025	Cr 63.0 ~ 75.0
	FeCr69C1.0	≤1.0	—	≤1.5	≤0.03	≤0.025	Cr 63.0 ~ 75.0
	FeCr67C9.5	≤9.5	—	≤3.0	≤0.03	≤0.04	Cr 62.0 ~ 72.0
钒铁	FeV40A	≤0.75	—	≤2.0	≤0.10	≤0.06	V≥40，Al≤1.0
	Fe75B	≤0.30	≤0.50	≤2.0	≤0.10	≤0.05	V≥75，Al≤3.0
钼铁	FeMo55	≤0.20	—	≤1.0	≤0.8	≤0.10	Sb≤0.05，Sn≤0.06，Mo≥60，Cu≤0.5
	FeMo60	≤0.15	—	≤2.0	≤0.5	≤0.10	Sb/Sn≤0.04，Mo≥55，Cu≤0.5
硼铁	FeB23	≤0.05	—	≤2.0	≤0.015	≤0.01	B20.0 ~ 25.0
	FeB16	≤1.0	—	≤4.0	≤0.2	≤0.01	B15.0 ~ 17.0
钛铁	FeTi40A	≤0.10	≤2.5	≤3.0	≤0.03	≤0.03	Ti35.0 ~ 45.0
	FeTi40B	≤0.15	≤2.5	≤4.0	≤0.04	≤0.01	Ti35.0 ~ 45.0
铌铁	FeNb70	≤0.04	≤0.8	≤1.5	≤0.04	≤0.01	Nb + Ta 70 ~ 80
	FeNb50	≤0.05	—	≤2.5	≤0.05	≤0.05	Nb + Ta 50 ~ 60
磷铁	FeP24	≤1.0	≤2.0	≤3.0	23 ~ 25	≤0.5	—
硅钙钡铝合金	Al16Ba9Si30	≤0.4	≤0.40	≥30.0	≤0.04	≤0.02	Ca≥12，Ba≥9，Al≥12
硅钡铝合金	Al26Ba9Si30	≤0.20	≤0.30	≥30.0	≤0.03	≤0.02	Ba≥9，Al≥26
硅铝合金	Al27Si30	≤0.40	≤0.40	≥30.0	≤0.03	≤0.03	Al≥27.0
钨铁	FeW80A	≤0.10	≤0.25	≤0.5	≤0.03	≤0.03	W75 ~ 85
硅钙钡	Ba - Ca - Si	—	—	52 ~ 56	≤0.05	≤0.15	Ca≥14，Ba≥14，Ca + Ba≥28
铝锰铁	Fe - Mn - Al	1.30	30.8	1.58	0.070	0.006	Al24.4
氮钒铁	FeV - N	6.45	—	0.09	0.02	0.10	V79.06，N12.6

12.3.3 脱氧合金化操作

12.3.3.1 钢包内脱氧合金化

目前大多数钢种（包括普碳钢和低合金钢）均采用钢包内脱氧合金化，即在出钢过程中将全部合金加入到钢包内，同时完成脱氧与合金化两项任务。

此法操作简单，转炉生产率高，炉衬寿命长，而且合金元素收得率高；但钢中残留的夹杂物较多，炉后配以吹氩装置后这一情况大为改善。

钢包内脱氧合金化的操作要点是：

（1）合金应在出钢 1/3 时开始加入，在出钢 2/3 时加完，并应加在钢流的冲击处，以利于合金的熔化和均匀；

（2）出钢过程中尽量减少下渣，并向包内加适量石灰，以减少回磷和提高合金收得率。

12.3.3.2　钢包内脱氧，精炼炉内合金化

冶炼一些优质钢种时，钢液必须经过真空精炼以控制气体含量，此时多采用转炉出钢时钢包内初步脱氧，而后在精炼炉内进行脱氧合金化。

精炼炉内脱氧合金化的操作要点是：

（1）W、Ni、Cr、Mo 等难熔合金应在真空处理开始时加入，以保证其熔化和均匀，并降低气体含量；

（2）B、Ti、V、RE 等贵重的合金元素应在处理后期加入，以减少挥发损失。

除此以外，一些钢厂采用了钢包喂丝技术进行合金化。

12.3.4　合金加入量的调整

在计算合金加入量时，式中只有收得率是没有现成数据可用的。合金元素收得率是调整合金加入量的主要依据，影响合金元素收得率的因素有钢水中氧含量（主要取决于终点［C］和（FeO）的含量）、下渣量、钢包中渣黏度、终点余锰量、出钢口情况、钢水温度、钢水脱氧情况、合金加入方法以及合金加入总量和块度等。确定合金元素收得率需要有丰富的经验，其一般范围在操作规程上有规定。表 12－2 所示为 30t 氧气顶吹转炉常见合金元素收得率。

表 12－2　30t 氧气顶吹转炉常见合金元素收得率　　（%）

合金元素	收得率/%
Mn	85
Si	75
C	90
Al	100

12.4　知识学习

12.4.1　常炼钢种的成分范围

顶吹转炉常炼的钢种有碳素结构钢和优质碳素结构钢，其具体化学成分分别见表 12－3、表 12－4。

12.4.2　出钢要求

12.4.2.1　出钢持续时间

在转炉出钢过程中，为了减少钢水吸气和有利于合金加入钢包后的搅拌均匀，需要有

表12-3　碳素结构钢化学成分（GB/T 700—2006）

牌号	等级	化学成分/%					脱氧方法
		C	Si	Mn	P	S	
		≤					
Q195	—	0.12	0.30	0.50	0.035	0.040	F、Z
Q215	A	0.15	0.35	1.20	0.045	0.050	F、Z
	B					0.045	
Q235	A	0.22	0.35	1.40	0.045	0.050	F、Z
	B	0.20				0.045	
	C	0.17			0.040	0.040	Z
	D				0.035	0.035	TZ
Q275	A	0.24	0.35	1.50	0.045	0.050	F、Z
	B	0.21			0.045	0.045	Z
		0.22					
	C	0.20			0.040	0.040	Z
	D				0.035	0.035	TZ

注：F表示沸腾钢，Z表示镇静钢，TZ表示特殊镇静钢。

表12-4　优质碳素结构钢的化学成分（GB/T 699—1999）

牌号	化学成分/%				
	C	Si	Mn	P	S
				≤	
08F	0.05~0.11	≤0.03	0.25~0.50	0.035	0.035
10F	0.07~0.13	≤0.07	0.25~0.50	0.035	0.035
15F	0.12~0.18	≤0.07	0.25~0.50	0.035	0.035
08	0.05~0.11	0.17~0.37	0.35~0.65	0.035	0.035
10	0.07~0.13	0.17~0.37	0.35~0.65	0.035	0.035
15	0.12~0.18	0.17~0.37	0.35~0.65	0.035	0.035
20	0.17~0.23	0.17~0.37	0.35~0.65	0.035	0.035
25	0.22~0.29	0.17~0.37	0.50~0.80	0.035	0.035
30	0.27~0.34	0.17~0.37	0.50~0.80	0.035	0.035
35	0.32~0.39	0.17~0.37	0.50~0.80	0.035	0.035
40	0.37~0.44	0.17~0.37	0.50~0.80	0.035	0.035
45	0.42~0.50	0.17~0.37	0.50~0.80	0.035	0.035
50	0.47~0.55	0.17~0.37	0.50~0.80	0.035	0.035
55	0.52~0.60	0.17~0.37	0.50~0.80	0.035	0.035
60	0.57~0.65	0.17~0.37	0.50~0.80	0.035	0.035
65	0.62~0.70	0.17~0.37	0.50~0.80	0.035	0.035
70	0.67~0.75	0.17~0.37	0.50~0.80	0.035	0.035

续表 12 - 4

牌号	化学成分/%				
	C	Si	Mn	P	S
				≤	
75	0.72 ~ 0.80	0.17 ~ 0.37	0.50 ~ 0.80	0.035	0.035
80	0.77 ~ 0.85	0.17 ~ 0.37	0.50 ~ 0.80	0.035	0.035
85	0.82 ~ 0.90	0.17 ~ 0.37	0.50 ~ 0.80	0.035	0.035
15Mn	0.12 ~ 0.19	0.17 ~ 0.37	0.70 ~ 1.00	0.035	0.035
20Mn	0.17 ~ 0.24	0.17 ~ 0.37	0.70 ~ 1.00	0.035	0.035
25Mn	0.22 ~ 0.30	0.17 ~ 0.37	0.70 ~ 1.00	0.035	0.035
30Mn	0.27 ~ 0.35	0.17 ~ 0.37	0.70 ~ 1.00	0.035	0.035
35Mn	0.32 ~ 0.40	0.17 ~ 0.37	0.70 ~ 1.00	0.035	0.035
40Mn	0.37 ~ 0.45	0.17 ~ 0.37	0.70 ~ 1.00	0.035	0.035
45Mn	0.42 ~ 0.50	0.17 ~ 0.37	0.70 ~ 1.00	0.035	0.035
50Mn	0.48 ~ 0.56	0.17 ~ 0.37	0.70 ~ 1.00	0.035	0.035
60Mn	0.57 ~ 0.65	0.17 ~ 0.37	0.70 ~ 1.00	0.035	0.035
65Mn	0.62 ~ 0.70	0.17 ~ 0.37	0.90 ~ 1.20	0.035	0.035
70Mn	0.67 ~ 0.75	0.17 ~ 0.37	0.90 ~ 1.20	0.035	0.035

适当的出钢持续时间。我国转炉操作规范规定，小于50t的转炉出钢持续时间为1 ~4min，50 ~100t的转炉为3 ~6min，大于100t的转炉为4 ~8min。出钢持续时间受出钢口内径尺寸的影响很大，同时，出钢口内径尺寸变化也会影响挡渣出钢效果。为了保证出钢口尺寸稳定，减少更换和修补出钢口的时间，近年来广泛采用了镁碳质出钢口套砖或整体出钢口。镁碳质出钢口套砖的应用减轻了出钢口的冲刷侵蚀，使出钢口内径变化减小；稳定了出钢持续时间，减少了出钢时的钢流发散和吸气；同时也提高了出钢口的使用寿命，减轻了工人修补和更换出钢口时的劳动强度。

12.4.2.2 红包出钢

出钢过程中，钢流受到冷空气的强烈冷却并向空气中散热，同时受到钢包耐火材料吸热以及加入铁合金熔化时耗热，使得钢水在出钢过程中的温度总是降低的。

红包出钢就是指在出钢前对钢包进行有效的烘烤，使钢包内衬温度达到300 ~1000℃，以减少钢包内衬的吸热，从而达到降低出钢温度的目的。我国某厂使用的70t钢包，经过煤气烘烤使包衬温度达到800℃左右，取得了如下显著的效果：

（1）采用红包出钢可降低出钢温度15 ~20℃，因而可增加废钢15kg/t。

（2）出钢温度的降低有利于提高炉龄。实践表明，出钢温度降低10℃，可提高炉龄100炉次左右。

（3）红包出钢可使钢包中钢水的温度波动小，从而稳定浇注操作，提高锭、坯质量。

12.4.2.3 挡渣出钢

转炉炼钢中钢水的合金化大都在钢包中进行，而转炉内的高氧化性炉渣流入钢包会导致钢液与炉渣发生氧化反应，造成合金元素收得率降低，并使钢水产生回磷和夹杂物增多，同时炉渣也对钢包内衬产生侵蚀。特别是在钢水进行吹氩等精炼处理时，要求钢包中炉渣（FeO）含量低于2%，这样才有利于提高精炼效果。

挡渣出钢的目的是为了准确地控制钢水成分，有效地减少回磷，提高合金元素收得率，减少合金消耗。采用钢包作为炉外精炼容器，有利于减轻钢包耐火材料的侵蚀，可明显提高钢包寿命，也可提高转炉出钢口耐火材料的寿命。

A 挡渣出钢的方法

挡渣出钢的方法有挡渣球法、挡渣棒法、挡渣塞法、挡渣帽法、挡渣料法、气动挡渣器法等多种，图12－1所示为其中几种方法的示意图。

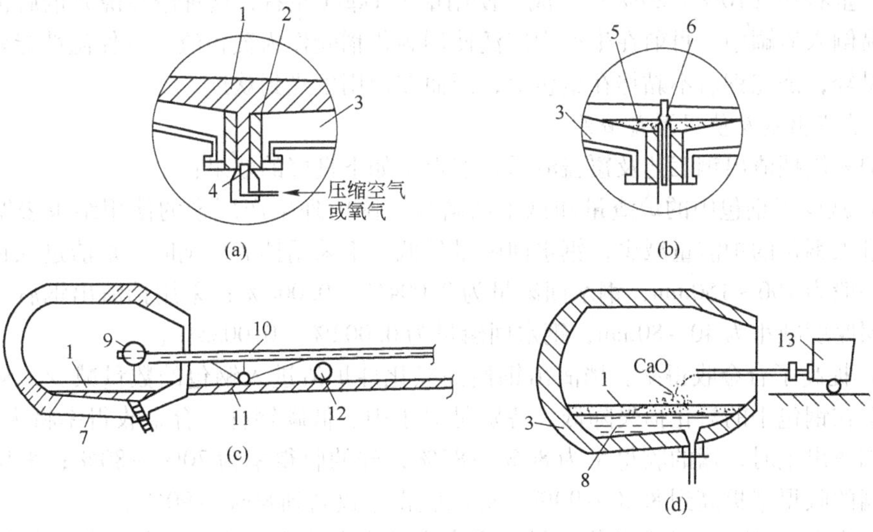

图12－1 几种挡渣方法的示意图

（a）气动挡渣器；（b）挡渣棒；（c）挡渣球加入示意图；（d）石灰挡渣料挡渣

1—炉渣；2—出钢口砖；3—炉衬；4—喷嘴；5—钢－渣界面；6—锥形浮动塞棒；7—炉体；8—钢水；9—挡渣球；10—挡渣小车；11—操作平台；12—平衡球；13—石灰喷射装置

（1）挡渣球。挡渣球法是日本新日铁公司研制成功的挡渣方法。挡渣球的构造如图12－2所示，球的密度介于钢水与熔渣的密度之间。临近出钢结束时将其投放到炉内出钢口附近，随钢水液面的降低，挡渣球下沉而堵住出钢口，避免了随之而出的熔渣进入钢包。挡渣球的合理密度一般为4.2～4.5g/cm^3。挡渣球的形状为球形，其中心一般用铸铁块、生铁屑压合块、小废钢坯等材料作骨架，外部包砌耐火泥料，可采用高铝质耐火混凝土、以耐火砖粉为掺和料的高铝矾土耐火混凝土或镁质耐火泥料。只要满足挡渣的工艺要求，应力求结构简单、成本低廉。考虑到出钢口因受侵蚀而变大的问题，挡渣球直径应比出钢口直径稍大，以起到挡渣作用。挡渣球一般在出钢量达1/2～2/3时投入，挡渣命中率高。熔渣过黏可能会影响挡渣球的挡渣效果。熔渣黏度大时，适当提前投入挡渣球，可提高挡渣命中率。

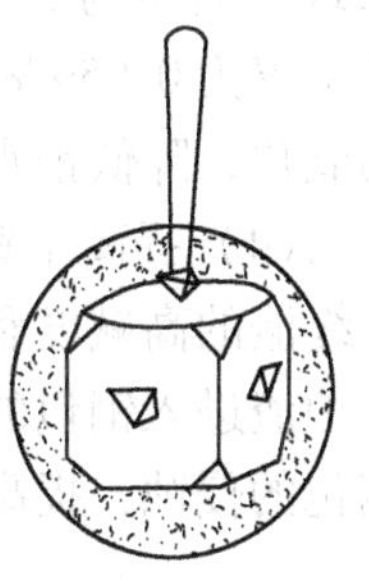

图12－2 挡渣球的构造示意图

（2）挡渣塞和挡渣棒。挡渣塞、挡渣棒的结构和作用与挡渣球一致，只不过外形不同而已。

（3）挡渣帽。在出钢口外堵以由薄钢板制成的锥形挡渣帽，可挡住出钢开始时的一次渣。武钢、邯钢均采用这种方法。

（4）气动挡渣器。气动挡渣器的原理是：在出钢临近结束时，用机械装置从转炉外部用挡渣塞堵住出钢口，并向炉内吹气，防止熔渣流出。此法已被奥钢联等厂以及我国上钢五厂和首钢采用。

（5）覆盖渣。挡渣出钢后为了使钢水保温和有效处理钢水，应根据需要配制钢包覆盖渣，在出完钢后将其加入钢包中。钢包覆盖渣应具有保温性能良好，磷、硫含量低的特点。如某厂使用的覆盖渣由铝渣粉（30%～35%）、处理木屑（15%～20%）、膨胀石墨、珍珠岩、萤石粉（10%～20%）组成，使用量为1kg/t左右，这种渣在浇完钢后仍呈液体状态，易倒入渣罐中。目前在生产中广泛使用碳化稻壳作为覆盖渣，其保温性能好，密度小，重量轻，浇完钢后不黏挂在钢包上，因而在使用中受到欢迎。

B　挡渣出钢及使用覆盖渣的效果

转炉采用挡渣出钢工艺及覆盖渣后，取得了如下良好的效果：

（1）减少了钢包中的炉渣量和钢水回磷量。国内外生产厂家的使用结果表明，挡渣出钢后进入钢包的炉渣量减少，钢水回磷量降低。不采用挡渣出钢时，炉渣进入钢包的渣层厚度一般为100～150mm，钢水回磷量为0.004%～0.006%；采用挡渣出钢后，进入钢包的渣层厚度减小为40～80mm，钢水回磷量为0.002%～0.0035%。

（2）提高了合金收得率。挡渣出钢使高氧化性炉渣进入钢包的数量减少，从而使加入的合金在钢包中的氧化损失降低。特别是对于中、低碳钢种，合金收得率将大大提高。不采用挡渣出钢时，锰的收得率为80%～85%，硅的收得率为70%～80%；采用挡渣出钢后，锰的收得率提高到85%～90%，硅的收得率提高到80%～90%。

（3）降低了钢水中的夹杂物含量。钢水中的夹杂物大多来自脱氧产物，特别是对于转炉炼钢在钢包中进行合金化操作的情况更是如此。攀钢对钢包渣中（TFe）含量与夹杂废品情况进行了调查，其结果是：不采用挡渣出钢时，钢包渣中（TFe）含量为14.50%，经吹氩处理后渣中（TFe）含量为2.60%，这说明渣中11.90%（TFe）的氧将合金元素氧化生成大量氧化物夹杂，使废品率达2.3%；采用挡渣出钢后，钢包中加入覆盖渣的（TFe）含量为3.61%，吹氩处理后渣中（TFe）含量为4.01%，基本无太大变化，其废品率仅为0.059%。由此可见，防止高氧化性炉渣进入包内，可有效减少钢水中合金元素的氧化，降低钢水中的夹杂物含量。

（4）提高了钢包使用寿命。目前我国的钢包内衬多采用黏土砖和铝镁材料，由于转炉终渣的高碱度和高氧化性将侵蚀钢包内衬，钢包使用寿命降低。采用挡渣出钢后，减少了炉渣进入钢包的数量，同时还加入了低氧化性、低碱度的覆盖渣，这样便减轻了炉渣对钢包的侵蚀，提高了钢包的使用寿命。

12.4.3　脱氧合金化原理

在转炉炼钢过程中不断地向金属熔池吹氧，到吹炼终点时金属中残留有一定量的溶解氧，如果不将这些氧脱除到一定程度，就不能顺利地进行浇注，也不能得到结构合理的铸坯。而且，残留在固体钢中的氧还会促使钢老化，增加钢的脆性，提高钢的电阻，影响钢的磁性等。

在出钢前或者在出钢、浇注过程中，加入一种或者几种与氧的亲和力比铁强的元素，使金属中的氧含量降低到钢种所要求的范围，这一操作过程称为脱氧。通常在脱氧的同时，使钢中硅、锰以及其他合金元素的含量达到成品钢的规格要求，完成合金化。

12.4.3.1 吹炼终点金属氧含量的影响因素

A 金属成分

对于吹炼过程中，特别是接近吹炼终点时金属中氧含量的变化，国内外做了大量的研究工作。研究的结果表明，转炉熔池中氧含量的控制元素是分解压 $p_{O_2(MO)}$ 最低而与氧的浓度积 $w[M]\cdot w[O]$ 最小的元素M。在氧气顶吹转炉的吹炼前期这一元素是硅，而在大部分时间里则是碳。

炼钢炉内金属中的实际氧含量 $w[O]_{实}$ 与碳平衡时氧含量 $w[O]_C$ 的差值 $\Delta w[O]$（$=w[O]_{实}-w[O]_C$）称为金属的氧化性，如图12-3所示。在氧气顶吹转炉中，低碳范围内 $\Delta w[O]$ 与 $w[C]$ 之间的关系可能如图12-4所示。当 $w[C]=0.05\%\sim0.10\%$ 时，$\Delta w[O]$ 一般会出现最大值；进一步降低 $w[C]$ 时，$\Delta w[O]$ 又会有所下降；在 $w[C]$ 极低的情况下，$\Delta w[O]$ 可能会出现负值，即 $w[O]_{实}<w[O]_C$。

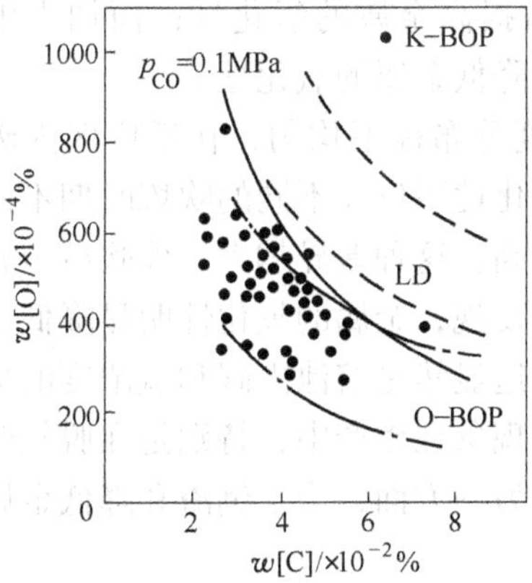

图12-3 各种炼钢法熔池中的 $w[C]$ 与 $w[O]$ 的关系

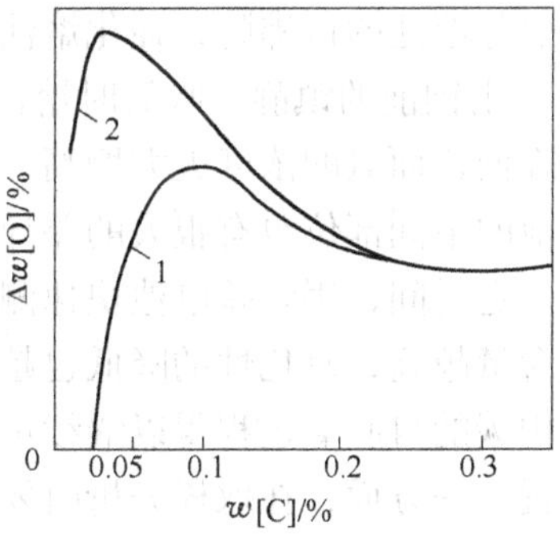

图12-4 不同锰含量时金属中 $\Delta w[O]$ 与 $w[C]$ 的关系

1—0.6%；2—0.4%

造成上述金属氧化性复杂变化规律的可能原因是：当碳含量降低到0.15%～0.20%时，$\Delta w[O]$ 最初的增长可能与脱碳速度的急剧下降有关。而当碳含量降低到0.1%以下时，由于 $w[Mn]>w[C]$，反应 $[Mn]+(FeO)=(MnO)+[Fe]$ 得到发展，脱锰速度 v_{Mn} 可能大于脱碳速度 v_C，所以在熔池的大部分区域里锰逐步取代碳成为 $\Delta w[O]$ 的控制者。金属中的余锰越高，熔池温度越低，锰开始代替碳控制 $\Delta w[O]$ 的时间越早，因而 $\Delta w[O]$ 开始减小时所对应的金属碳含量也就越高。在碳含量极低（通常为0.05%）的情况下，$w[O]_{Mn}$ 比 $w[O]_C$ 小很多，从而可能使 $\Delta w[O]$ 变为负值，此时金属中的碳氧反应仅限于在一次反应区附近的局部高温区进行，而在熔池的大部分地区 $\Delta w[O]$ 受锰的控制。

B 熔池温度

在碳含量不同的条件下，温度对于金属氧化性的影响显示出不同的特征。当金属的碳含量高于 0.2% 时，提高温度可以改善脱碳反应的动力学条件，如降低金属黏度、提高碳反应区的传质速度等，从而使反应区的耗氧速度增大，故能降低金属的氧化性；当金属的碳含量低于 0.1% 时，脱碳速度已经很小，锰开始控制金属的氧化性，提高温度将减弱锰的抑制作用，增强渣中氧化铁向金属中的传输，故将使金属的氧化性增加。

C 工艺因素

(1) 供氧。

1) 提高枪位（或降低氧压）会增大渣中 $\sum w(FeO)$，但因对熔池的搅拌减弱，熔池中碳和氧的传质减慢，使消耗金属中氧的脱碳反应速度降低，从而导致金属氧化性增加。

2) 增加氧枪喷头孔数，即实行分散供氧，可以促使对熔池的搅拌更加均匀，促进氧在熔池中均匀分布并控制其较少地转入熔渣，因而有助于在到达终点时得到氧化性较低的金属。

3) 供氧强度的影响也随金属碳含量的高低而有所不同。当金属碳含量高时，提高供氧强度可使脱碳速度增大，从而使金属的氧化性降低；当碳含量较低（$w[C] < 0.12\%$）时，碳的扩散成为脱碳反应的限制性环节，提高供氧强度并不能加速脱碳过程，反而会使 $\sum w(FeO)$ 增高，从而使金属的氧化性增加。

(2) 冶炼低碳钢时的冷却方式。如果在临近终点时加铁矿，会增大熔渣的氧化性（即 $\sum w(FeO)$），强化氧向金属熔池的传输，因而可提高金属的氧化性；而加入生铁块时，能引起熔池的再沸腾，强化熔池的搅拌，从而会降低金属的氧化性。

(3) 出钢前的镇静。吹氧时熔池中碳和氧的浓度分布极不均匀，在反应区内碳的浓度明显降低，而氧的浓度大大增高。所以，金属的氧化性不仅在不同的吹炼时期不同，而且在熔池的不同部位也有很大的差异，熔池碳含量越高，这种差异越大。停吹后金属在炉内镇静一定时间，用浓差电池快速测定金属中氧含量发现，金属的氧化性明显降低，而且终点碳含量越高，氧化性的降低也越发迅速和显著，这显然是熔池内碳和氧浓度的均匀化使金属中碳的自脱氧过程得以继续进行的结果。这一现象在生产中，特别是在脱氧时应该加以重视。一方面，在取样分析时要考虑其代表性；另一方面，为了倒渣和降低金属的氧化性，可在炉内稍作镇静。

综合上述可以看出，脱氧前金属的氧含量主要取决于碳含量，但其一般都高于与碳平衡时的氧含量 $w[O]_C$，且有较宽的波动范围。为了获得正常结构的铸坯和提高钢的质量，必须进行脱氧，使钢中实际残余氧含量 $w[O]_{实}$ 达到各类钢所要求的正常氧含量范围。

12.4.3.2 脱氧

A 脱氧的定义

在氧气顶吹转炉炼钢过程中，需要供入一定的氧来氧化铁液中的杂质元素以完成炼钢任务，在冶炼终点时钢水中碳等元素的含量已经调整到合适范围，但却含有较多的溶解氧。根据碳氧积的概念，钢水中的碳含量越低，与之相平衡的氧含量便越高；而在生产实际中，钢水中溶解氧的含量要远远高于平衡氧含量。如果钢水中存在过多的氧，在浇注中会产生冒涨及气泡缺陷，在轧制时会产生“热脆”现象，降低钢的塑性及其他力学性能。为此，必须向钢水中加入某些元素，使之与氧反应生成不溶于钢水的氧化产物，达到去除钢水中氧的目的，这种工艺称为脱氧，此类元素称为脱氧元素。

B　脱氧方法

炼钢中的脱氧方法有扩散脱氧、真空脱氧和沉淀脱氧，而在转炉炼钢中主要采用沉淀脱氧。

a　扩散脱氧

扩散脱氧时将脱氧剂加到熔渣中，通过降低熔渣中的（TFe）含量使钢水中的氧向熔渣中扩散转移，达到降低钢水中氧含量的目的。在钢水平静的状态下，扩散脱氧的时间较长，脱氧剂消耗较多，但钢中残留的有害夹杂物较少。渣洗及钢渣混冲均属于扩散脱氧，其脱氧效率较高，但必须有足够的时间使夹杂物上浮。若配有吹氩搅拌装置，扩散脱氧的效果非常好。

b　真空脱氧

真空脱氧的原理是：将钢水置于真空条件下，通过降低外界 CO 分压打破钢水中的碳氧平衡，使钢中残余的碳和氧继续反应，达到脱氧的目的。这种方法不消耗合金，脱氧效率也较高，钢水比较洁净，但需要专门的真空设备。随着炉外精炼技术的应用，根据钢种的需要，转炉炼钢也可采用真空脱氧。

c　沉淀脱氧

沉淀脱氧也称直接脱氧，是指将脱氧剂直接加入钢水中，与氧结合生成稳定的氧化物，氧化物沉淀出来与钢水分离并上浮进入炉渣，以达到降低钢中氧及氧化物含量的目的。

（1）沉淀脱氧的原理。钢中氧可看作以 FeO 的形态存在。凡是与氧的亲和力大于铁与氧亲和力的元素都能够从 FeO 中把氧置换出来，即都可以作为脱氧剂使用。如果某元素 M 与氧的亲和力大于 Fe 与 O 的亲和力，那么向钢水中加入元素 M 后即可还原钢中的 FeO，生成不溶于钢水的稳定氧化物 M_xO_y，其从钢水中分离出来并上浮到渣中，最后成为（M_xO_y）离开钢液而起到脱氧作用。

（2）沉淀脱氧的特点。沉淀脱氧具有如下特点：

1）此种方法是将脱氧剂直接加入钢水中，其反应式为：

$$x[M]+y[O] = (M_xO_y)$$

式中　[M]——某一种脱氧元素；

（M_xO_y）——脱氧产物。

脱氧产物（M_xO_y）在钢水中先形成小核心，凝固长大后再从钢水中上浮到渣中去。少量脱氧产物滞留在钢水中即成为钢中的氧化物夹杂，为此，沉淀脱氧希望其脱氧产物熔点尽可能低、易于凝聚且密度小，有利于从钢水排入炉渣而被去除。

2）铝脱氧产物 Al_2O_3 虽然是固体，但其表面张力大，容易离开钢液而被去除，称为疏铁性氧化物。

3）常用的沉淀脱氧方法是将脱氧剂（铁合金）加入钢包内。这种脱氧操作工艺简单、成本低、脱氧效率高，因而在转炉上得到广泛的使用。

12.4.3.3　合金化

A　合金化的定义

为了使钢获得一定的物理、化学性能，不同钢种对其所含成分的种类和数量都有一定要求。但到冶炼终点时，钢水中的实际成分一般都会与钢种所要求的成分有一定差异，在出钢过程中需要向钢水中加入适量的各种有关的合金元素以调整钢水成分，使之符合所炼钢种成分的要求，从而保证获得所需要的物理、化学性能，这种工艺操作称为合金化。

B　合金的加入方法

(1) 炉内预脱氧、合金化。

在冶炼终点，先在炉内加入部分脱氧剂进行预脱氧（预脱氧前必须倒掉大部分终点渣，并加入石灰稠化炉内剩下的部分炉渣，以减少回磷），然后在钢包内进行终脱氧。而合金化元素（主要是熔点高、不易氧化的元素，如铬铁、钼铁、镍铁等）基本加在炉内，其他加于钢包内。这种方法的优点是钢水中氧含量较低，使钢包合金元素收得率高且稳定。其缺点是延长了冶炼时间，脱氧剂耗量大，而且容易产生回磷。

(2) 钢包内脱氧合金化。冶炼普碳钢及低合金结构钢时，一般将合金加于钢包中进行脱氧合金化。此种方法的明显优点是缩短冶炼时间，合金元素收得率较高。

(3) 合金成分微调。二次精炼时，在保护气氛或真空下向钢水中补加一些合金，可使钢成分的波动范围更窄，性能更稳定。

C　合金的加入顺序

(1) 先加脱氧能力弱的合金，后加脱氧能力强的合金。一般顺序为 Fe - Mn→Fe - Si→Al。

(2) 以脱氧为目的的合金元素先加，而以合金化为目的的合金元素后加，保证合金元素有高而稳定的收得率。

(3) 易氧化、贵重的合金元素应在脱氧良好的情况下加入。例如，Fe - V、Fe - Nb、Fe - B 等合金应在 Fe - Mn、Fe - Si、铝等脱氧剂加入后，钢水已经良好脱氧时加入，可以提高这些贵重元素的收得率。但也不可加入得太迟，以免造成成分不均匀。

(4) 难熔及不易氧化的合金，如 Fe - Cr、Fe - W、Fe - Mo、Fe - Ni 等，可以先加。

12.4.3.4　合金加入量的计算

A　脱氧剂的加入量及收得率

加入钢液中的脱氧元素，一部分与溶解在金属中和熔渣中的氧（甚至空气中的氧）发生脱氧反应，变成脱氧产物而消耗掉（统称烧损）；剩余部分被钢液所吸收，满足成品钢规格对该元素的要求。脱氧元素被钢液吸收的部分与加入总量之比，称为脱氧元素的收得率 η(%)。在生产碳素钢时，如果已知终点钢液成分、钢液量、铁合金成分及其收得率，便可根据成品钢成分计算脱氧剂的加入量，即：

$$\text{脱氧剂加入量 (kg/炉)} = \frac{w[\mathrm{M}]_{\text{规格中限}} - w[\mathrm{M}]_{\text{终点残余}}}{w[\mathrm{M}]_{\text{脱氧剂}} \cdot \eta} \times \text{出钢量} \quad (12-1)$$

生产实践表明，准确地判断和控制脱氧元素收得率，是达到预期脱氧程度和提高成品命中率的关键。然而，脱氧元素收得率受许多因素影响。脱氧前钢液氧含量越高，终渣的氧化性越强，元素的脱氧能力越强，则该元素的烧损量越大、收得率越低。在生产中还必须结合具体情况综合分析，例如，用拉碳法吹炼中、高碳钢时，终点钢液的氧化性低，脱氧元素烧损少、收得率高，如果钢液温度偏高，则收得率更高；反之，吹炼低碳钢时，脱氧元素收得率就低，如果钢液温度偏低，则收得率更低。

终点 $\sum w(\mathrm{FeO})$ 高时，钢液氧含量也高，使脱氧元素收得率偏低。如果将脱氧剂加入炉内，必然要有一部分消耗于熔渣脱氧，则收得率降低得更多。

钢液成分不同，脱氧元素收得率也不同。成品钢规格中脱氧元素含量越高，则脱氧剂加入量越大，烧损部分所占的比例就越小，因此收得率越高。如硅钢脱氧合金化时，硅的收得率可以达到85%，比一般钢种提高10%以上。同时使用几种脱氧剂脱氧时，强脱氧剂用量越大，弱脱氧剂的收得率将越高。如硅钢脱氧时，锰的收得率可由一般钢种的约80%提高到约90%。显然，加铝量增加时，锰、硅的收得率都将有所提高。

出钢时炉口或出钢口下渣越早，下渣量越多，渣中$\sum w(FeO)$越高，则脱氧元素收得率降低得越明显；反之，如果采用还原性合成渣进行渣洗，人为地增大钢流的高度，使之与合成渣强烈地搅拌，由于钢液与熔渣的接触面积大大增加，加强了钢液的扩散脱氧，不仅能明显地提高元素收得率，还会使钢液氧含量和非金属夹杂物的含量进一步降低。

此外，脱氧剂的块度、密度、加入时间和加入顺序等也对其收得率有一定的影响。影响收得率的因素虽然很多，但在生产中经常变动很大的因素并不多，一般只要控制好终点碳含量、出钢下渣时间和下渣量，便可以使收得率相对稳定。

B　合金剂的加入量及收得率

实际上在多数情况下，脱氧和合金化是同时进行的。加入钢中的脱氧剂一部分消耗于钢的脱氧，转化为脱氧产物而排出；另一部分则被钢水所吸收，起合金化作用。而加入钢中的大多数合金元素，因其与氧的亲和力比铁强，也必然起到一定的脱氧作用。可见，在实践中往往不太可能将脱氧与合金化、脱氧元素与合金元素截然分开。

冶炼一般合金钢或低合金钢时，合金加入量的计算方法与脱氧剂基本相同。但由于加入的合金种类较多，必须考虑各种合金带入的合金元素量，计算公式为：

$$\text{合金加入量(kg/炉)} = \frac{w[M]_{\text{规格中限}} - (w[M]_{\text{终点残余}} + w[M]_{\text{其他合金带入}})}{w[M]_{\text{合金}} \times \eta} \times \text{出钢量} \quad (12-2)$$

冶炼高合金钢时，合金加入量较大，加入的合金量对钢水重量和终点成分的影响不能忽略，计算时也应给予考虑。

各种合金元素应根据它们与氧的亲和力、熔点、密度以及热物理性能等，决定其合理的加入时间、地点和必须采取的助熔或防氧化措施。

对于不氧化的元素，如镍、钼、铜等，其与氧的亲和力均比铁小，在转炉吹炼过程中不会被氧化，而它们熔化时吸热又较多，因此，可在加料时或在吹炼前期作为冷却剂加入。钼虽然不氧化，但易蒸发，最好在初期渣形成以后再加入。这些元素的收得率可按95%～100%考虑。

对于弱氧化元素，如钨、铬等，总是以铁合金的形式加入。Fe－W密度大、熔点高，含钨80%的Fe－W密度为16.5g/cm^3，熔点高达2000℃以上。Fe－Cr的熔点也较高，根据碳含量的不同，其熔点为1520～1640℃。因此，为了既便于熔化又避免氧化，它们都应在出钢前加入炉内，同时加入一定量的Fe－Si或铝吹氧助熔。钨和铬的收得率一般在80%～90%范围内波动。

对于易氧化元素，如铝、钛、硼、硅、钒、铌、锰、稀土金属等，大多加入包内。

12.5　知识拓展

12.5.1　镇静钢的脱氧

当前镇静钢的脱氧操作有两种方法：一种是炉内加Mn－Si和铝（或Fe－Al）预脱

氧，包内加 Fe－Mn 等补充脱氧；另一种是钢包内脱氧。

12.5.1.1 炉内加 Mn－Si 和铝（或 Fe－Al）预脱氧，包内加 Fe－Mn 等补充脱氧

在炉内脱氧，由于脱氧产物容易上浮，残留在钢中的夹杂物较少，故钢的洁净度较高；而且预脱氧后钢中氧含量显著降低（见表 12－5），可以提高和稳定包内所加合金的收得率，特别是对于易氧化的贵重元素（如钒、钛等）更具重要意义，还可以减少包内合金加入量。其缺点是占用炉子作业时间、炉内脱氧元素收得率低、回磷量较大等。

表 12－5 炉内插铝前后钢液氧含量的变化

炉 次	1986	1989	1992	1994	2016
预脱氧前 $w[O]/\%$	0.0272	0.0285	0.0523	0.0304	0.0241
预脱氧后 $w[O]/\%$	0.0178	0.0223	0.0345	0.0192	0.0126
$\Delta w[O]/\%$	0.0094	0.0062	0.0178	0.0112	0.0115

在吹炼优质合金钢时采用这种脱氧方法，其操作要点是：到达终点后倒出大部分熔渣，再加入少量石灰使炉渣稠化，以提高合金收得率并防止回磷。加入脱氧剂后可摇炉助熔，加入难熔合金时可配加 Fe－Si 和铝等吹氧助熔。包内所加脱氧剂应在出钢量达 1/4～1/3 时开始加入，到 2/3～3/4 时加完，以利于钢液成分和温度的均匀化，并稳定合金元素收得率。

12.5.1.2 钢包内脱氧

目前大多数镇静钢是把全部脱氧剂在出钢过程中加入到钢包内。此法脱氧元素收得率高，回磷量较少，而且有利于提高炉子的生产率和延长炉龄。未脱氧的钢液在出钢过程中，因降温而引起钢液中碳的脱氧，产生的还原性气体 CO 对钢流起保护作用，可以防止钢液的二次氧化并减少钢液吸收的气体量。采用此法时，对于一般加入量的易熔合金，可以直接以固态加入；而对于难熔和需要大量加入的合金，则可预先在电炉内将其熔化，然后以液态加入包内，这样可以获得更稳定的脱氧效果。

钢包内脱氧的操作要点是：Fe－Mn 加入量大时，应适当提高出钢温度；而 Fe－Si 加入量大时，则应相应降低出钢温度。脱氧剂应力求在出钢中期均匀加入（加入量大时，可将 1/2 的合金在出钢前加在包底）。其加入顺序一般提倡先弱后强，即先加 Fe－Mn，后加 Mn－Si、Fe－Si 和铝，这样有利于快速形成低熔点脱氧产物而加速其上浮。但如需要加入易氧化元素（如钒、钛、硼等），则应先加入强脱氧剂（如铝、Fe－Si 等），以减少钒、钛等的烧损，提高和稳定其收得率。出钢时避免过早下渣，特别是对于磷含量有严格限制的钢种，要在包内加入少量石灰以防止回磷。

应当指出，生产实践和一些研究结果表明，对脱氧产物上浮速度起决定性作用的不是产物的自身性质，而是钢液的运动状态。向包内加入脱氧剂时产生的一次脱氧产物，在钢流强烈搅拌的情况下，绝大多数都能在 2～3min 内顺利上浮排除。

此外，各种炉外精炼技术都可看成是包内脱氧的继续和发展，它们可在一定程度上综合地完成脱氧、除气、脱碳（或增碳）和合金化的任务。

12.5.2　沸腾钢的脱氧

沸腾钢的碳含量一般为 0.05% ~0.27%，锰含量为 0.25% ~0.70%。为了保证钢液在模内正常地沸腾，要求根据锰、碳含量把钢中的氧含量控制在适宜范围内。钢中锰、碳含量高，终点钢液的氧化性应该相应地强些，反之则宜弱些。

沸腾钢主要用 Fe－Mn 脱氧，脱氧剂全部加在包内。出钢时需加入适量的铝，以调节氧化性。沸腾钢碳含量越低，则加铝量越多，当 $w[C]<0.1\%$ 时，一般加铝量约为 100g/t。

应该注意的是，所用 Fe－Mn 的硅含量不应大于 1%。否则，钢中硅含量增加将使模内钢液的沸腾微弱，降低钢锭质量。

生产碳含量较高的沸腾钢（$w[C]=0.15\% \sim 0.22\%$）时，为了保证钢液的氧化性，可采取先吹炼至低碳（$w[C]=0.08\% \sim 0.10\%$），出钢时再于包内增碳的生产工艺。

12.6　思考与练习

（1）摇炉倒渣的操作步骤有哪些?
（2）摇炉倒渣为何不能溢出钢水?
（3）如何进行摇炉出钢操作?
（4）摇炉操作在安全上要注意哪些问题?
（5）如何开、堵出钢口?
（6）如何维护、保护出钢口?
（7）什么是脱氧及合金化?
（8）合金的加入方法及加入顺序是什么?
（9）如何计算合金加入量?

学习情境 5

炉衬维护操作

单元 13　炉衬维护操作

13.1　学习目标

（1）了解转炉炉衬结构、所用耐火材料及炉衬侵蚀机理；

（2）掌握根据仪器测量和目测结果判定炉衬侵蚀情况的判断方法；

（3）掌握在不同侵蚀情况下的人工投补、喷补、更换出钢口等操作及溅渣护炉操作。

13.2　工作任务

（1）转炉每炼完一炉钢以后，炼钢工都要检查炉衬侵蚀情况，决定是否需要进行补炉操作。

（2）转炉进入中期炉，要隔一炉进行一次溅渣护炉操作；进入后期炉，每炉都要进行溅渣护炉操作。

（3）对侵蚀严重而又难补的耳轴部位，视侵蚀程度还可进行喷补和人工贴补。

（4）对侵蚀严重的出钢口部位、装料侧部位，可进行人工投补。

（5）对侵蚀严重的出钢口，要整体更换。

13.3　实践操作

13.3.1　炉衬侵蚀情况的判断

冶炼操作过程中要随时观察和检查炉壳外表面情况，注意炉壳有否发红、发白，有否冒火花甚至漏渣、钢，这些都是炉衬已损坏、要漏钢的先兆。所以，出钢后应认真检查炉膛，内容包括：

（1）检查炉衬表面是否有颜色较深甚至发黑的部位；

（2）检查炉衬是否有凹坑和硬洞以及该部位的损坏程度；

（3）检查炉衬有哪些部位已经见到保护砖；

（4）检查熔池前后肚皮部位炉衬的凹陷深度；

（5）检查炉身和炉底接缝处是否发黑和凹陷；

（6）检查炉口水箱内侧的炉衬砖是否已损坏；

（7）检查左右耳轴处炉衬损坏的情况；

（8）检查出钢口内外侧是否圆整；

（9）检查出钢口长度是否符合规格要求；

（10）除了检查以上容易损坏的主要部位外，还要检查全部炉衬内表面，以防遗漏。

13.3.2 人工投补、喷补操作

开始补炉的炉龄一般规定为200～400炉，这段时间也称为一次性炉龄。根据炉衬损坏情况，补炉可以做相应的变动。补炉前的准备工作有：根据炉衬损坏情况拟定补炉方案，准备好补炉工具、材料，并组织好参加补炉操作的人员。

13.3.2.1 补炉底

（1）用焦油白云石料。补炉料入炉后，将转炉摇至大面“+95°”，然后摇至小面“-60°”，再摇至大面“+95°”待补炉料无大块后，将转炉摇至小面“-30°”，然后摇至大面“+20°”，再摇直。将氧气改为氮气，流量设定为$1.6\times10^4 m^3/h$，降枪，枪位控制在1.7m，吹30s提枪。将氮气改为氧气，流量设定为$(0.5\sim0.8)\times10^3 m^3/h$，降枪，枪位控制在1.3～1.5m，每次吹1min，间歇停5min，共降枪3～5次，保证纯烧结时间不小于30min。在正式兑铁前应向炉内先兑3～5t铁水，将转炉摇直进行烧结，待炉口无黑烟冒出后再进行兑铁。

（2）用自流式补炉料。将补炉料兑进转炉后，将转炉摇至小面“-30°”，然后摇至大面“+20°”，再摇直，保证纯烧结时间不小于30min。待补炉料已在炉底处黏结后，缓慢将转炉摇到大面位，继续用煤-氧枪烧结10min。在兑铁水前，先向炉内兑3～5t铁水，将转炉摇直进行烧结，待炉口无黑烟冒出后再进行兑铁水。

（3）摇动转炉至加废钢位置。

（4）用废钢斗装补炉砂加入炉内，补炉砂量一般为1～2t。

（5）往复摇动转炉，一般不少于3次，转动角度在5°～60°之间或为炉口摇出烟罩的角度。

（6）降枪。开氧吹开补炉砂，一般枪位在0.5～0.7m，氧压为0.6MPa左右，开氧时间为10s左右。

（7）烘烤。要求烘烤40～60min。

若炉衬蚀损不严重，可以只进行倒砂或喷补的操作；若炉衬蚀损严重，则必须进行倒砂、贴补砖和喷补操作，且顺序不能颠倒。

13.3.2.2 补大面

一般对前后大面（前后大面也称为前墙和后墙）交叉补。

（1）补大面的前一炉，终渣黏度应适当偏大些，不能太稀。如果炉渣中（FeO）含量偏高，炉壁太光滑，补炉砂不易黏在炉壁上。

（2）补大面的前一炉出钢后，由摇炉工摇炉，使转炉大炉口向下，倒净炉内的残钢、残渣。

（3）摇炉至补炉所需的工作位置。

（4）倒砂。根据炉衬损坏情况向炉内倒入1～3t补炉砂（具体数量要根据转炉吨位大小、炉衬损坏的面积和程度而确定，另外，前期炉子的补炉砂量可以适当少些），然后摇动转炉，使补炉砂均匀地铺展到需要填补的大面上。

（5）贴砖。选用补炉瓢（长瓢补炉身，短瓢补炉帽），由一人或数人握瓢，最后一人握瓢把掌握方向，决定贴砖安放的位置。补炉瓢置于炉口挡火水箱口的滚筒上，由其他操作人员在瓢板上放好贴补砖，然后送补炉瓢进炉口，到位后转动补炉瓢，使瓢板上的贴补砖贴到需要修补的部位。贴补操作要求贴补砖排列整齐、砖缝交叉，避免漏砖、隔砖，做到两侧区和接缝贴满。

（6）喷补。在确认喷补机完好正常后，将喷补料装入喷补机容器内，接上喷枪待用。贴补好贴补砖后，将喷补枪从炉口伸入炉内，开机试喷。正常后将喷补枪口对准需要修补的部位，均匀地喷射喷补砂。

（7）烘烤。喷好喷补砂后使转炉保持静止不动，依靠炉内熔池温度对补炉料进行自然烘烤，要求烘烤40～100min。烘烤前期最好在炉口插入两支吹氧管进行吹氧助燃，以利于补炉料的烘烤烧结。

13.3.2.3　补小面

（1）用焦油白云石料。待补炉料装入炉子后，将转炉摇至小面“-60°”，下进出钢口管，然后将转炉摇至小面“-90°”，再摇至大面“+90°”。待补炉料无大块时，将转炉摇至小面“-90°”。用煤-氧枪进行烧结，保证纯烧结时间不小于30min。在兑铁水前先将转炉摇至小面“-100°”进行控油，待无油后再进行兑铁水操作。

（2）用外进补炉料。先下进出钢口管，后加入补炉料，将转炉摇至小面“-100°”，然后摇至小面“-60°”，再摇至小面“-90°”。用煤-氧枪进行烧结，保证纯烧结时间不小于30min。在兑铁前先将转炉摇至小面“-100°”进行控油，待无油后再进行兑铁操作。

13.3.2.4　喷补

将喷补枪置于炉口附近，调节水料配比，以喷到炉口不流水为宜。在调料时，避免水喷入炉内。

调节好料流后，立即将喷补枪置于喷补位。喷补时上下摆动喷头，使喷补部位平滑、无明显台阶。喷补完后，经过5～10min烧结。

13.3.2.5　补炉记录

每次补炉后要做补炉记录，记录补炉部位、补炉料用量、烘烤时间、补炉效果及补炉日期、时间、班次等。

13.3.3　溅渣护炉及出渣操作

13.3.3.1　溅渣护炉操作

（1）转炉出钢完毕后迅速将转炉摇至“0”位，视渣况决定是否加入改质剂或轻烧白云石（共计不大于500kg）进行调渣。如果时间允许，转炉出钢温度高于1680℃，应适当前后摇动转炉进行降温后再溅渣。

（2）如果出钢后进行调渣，必须前后摇动转炉各一次，角度不小于45°。

（3）由操枪工检查并确认各项要求符合溅渣条件后，可以下枪进行吹氮操作。

（4）氮气流量为14000～15500m^3/h（参考工作压力为0.85～0.9MPa）。

（5）吹氮枪位为0～2.0m。若计划溅渣在耳轴以上部位，枪位在0.8～2.0m之间；若计划溅渣在耳轴以下部位，枪位在0～1.2m之间。

13.3.3.2 出渣操作

吹炼结束后提枪，使炉子处于垂直位置，摇炉手柄处于“0”位。

A 开始倒渣

（1）将摇炉手柄缓慢拉至“0～+90°”之间的小挡位置，使转炉慢速向前倾动。

（2）当炉口出烟罩后，拉动手柄至“+90°”位，使转炉快速前倾。

（3）当转炉倾动至“+60°”位时，将手柄拉至“0”位，使转炉停顿一下。

（4）然后将摇炉手柄拉至“0～+90°”之间的小挡位置，逐步慢速将转炉摇平（直至炉渣少量流出为止），然后立即将手柄放回“0”位。

（5）此时看清炉长指挥手势，或指挥炉口要高一点（即前倾已过位），或指挥炉口要低一点（即前倾不足）。操作时按要求的倾动方向点动（即快速拉小挡和“0”位数次）到位。应注意，转炉倾动到位后立即将摇炉手柄放回“0”位。这时转炉保持在流渣的角度上，保持缓慢的正常流渣状态。流渣过程中还需根据炉长手势向下点动一两次转炉。

B 倒渣结束

（1）将摇炉手柄由“0”位拉至“-90°”，使炉口向上回正。

（2）当炉子回到“+45°”时，摇炉手柄拉向“0”位，使炉子停顿一下，再将手柄拉向“0～-90°”之间的小挡位置，使转炉慢速进烟罩。

（3）当转炉转到垂直位置时（即转炉零位），将手柄拉至“0”位。在转炉“0”位处倾动机构设有限位装置，以帮助达到正确的“0”位。至此，摇炉倒渣操作结束。

13.4 知识学习

转炉从开新炉到停炉整个炉役期间炼钢的总炉数，称为炉衬寿命，简称炉龄。它是炼钢生产一项重要的技术经济指标。炉龄，特别是平均炉龄，在很大程度上反映出炼钢车间的管理水平和技术水平。炉龄延长可以增加钢的产量和降低耐火材料消耗，并有利于提高钢的质量。但对于生产条件和技术水平一定的车间，存在着一个技术经济效果最好的最佳炉龄，图13-1所示为日本某厂生产率、成本与炉龄的关系。因此，应该努力

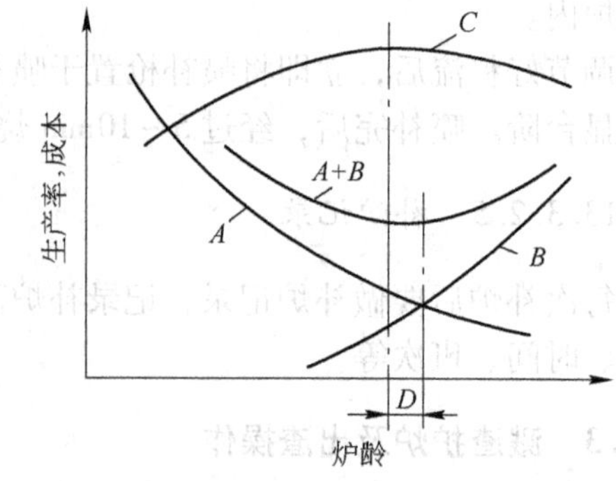

图13-1 日本某厂生产率、成本与炉龄的关系

A—炉衬费用；B—喷补费用；A+B—综合成本；C—转炉生产率；D—最佳炉龄

改善生产条件和提高技术水平，将最佳炉龄不断提高到新的水平，同时应该反对不顾技术经济效果而盲目追求最高炉龄的倾向。

13.4.1 转炉用耐火材料

13.4.1.1 转炉用耐火材料的演变

自氧气转炉问世以来，其炉衬的工作层都是用碱性耐火材料砌筑的。曾经用白云石质耐火材料制成焦油结合砖，在高温条件下砖内的焦油受热分解，残留在砖体内的碳石墨化，形成碳素骨架。它可以支撑和固定白云石材料的颗粒，增强砖体的强度，同时还能填充耐火材料颗粒间的空隙，提高了砖体的抗渣性能。为了进一步提高炉衬砖的耐化学侵蚀性和高温强度，也曾使用过高镁白云石砖和轻烧油浸砖，炉衬寿命均有所提高，炉龄一般为几百炉。直到20世纪70年代，兴起了以死烧或电熔镁砂和碳素材料为原料，用各种碳质结合剂制成的镁炭砖。镁炭砖兼备了镁质和碳质耐火材料的优点，克服了传统碱性耐火材料的缺点，其性能如图13－2所示。镁炭砖的抗渣性强，导热性能好，可避免镁砂颗粒产生热裂；同时由于有结合剂固化后形成的碳网络，将氧化镁颗粒紧密牢固地连接在一起。用镁炭砖砌筑转炉内衬大幅度提高了炉衬使用寿命，再配合适当的维护方式，炉衬寿命可达到万炉以上。

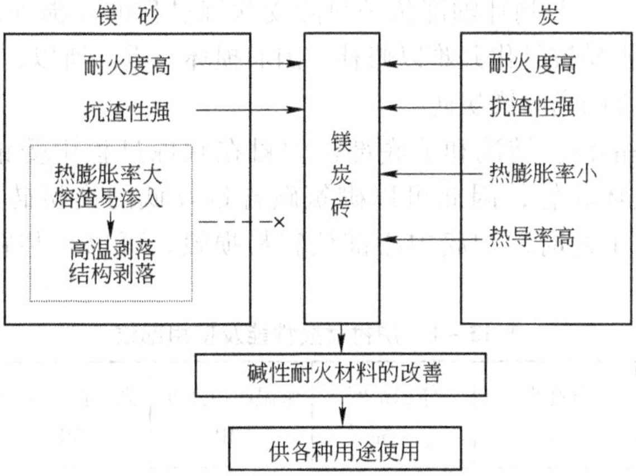

图13－2 镁炭砖的性能

13.4.1.2 转炉内衬用砖

转炉的内衬是由绝热层、永久层和工作层组成的。绝热层一般用石棉板或耐火纤维砌筑，永久层用焦油白云石砖或者低档镁炭砖砌筑，工作层都是用镁炭砖砌筑的。转炉的工作层与高温钢水和熔渣直接接触，受高温熔渣的化学侵蚀，受钢水、熔渣和炉气的冲刷，还受到加废钢时的机械冲撞等，工作环境十分恶劣。在冶炼过程中由于各个部位的工作条件不同，因而工作层各部位的蚀损情况也不一样。针对这一情况，应视其损坏程度砌筑不同的耐火砖，容易损坏的部位砌筑高档镁炭砖，损坏较轻的地方可以砌筑中档或低档镁炭砖，这样整个炉衬的蚀损情况较为均匀，这就是所谓的综合砌炉。炉衬材质性能及使用部位如表13－1所示。转炉内衬砌砖情况如下：

（1）炉口部位。炉口部位温度变化剧烈，熔渣和高温废气的冲刷比较厉害，在加料和清理残钢、残渣时炉口受到撞击。因此，用于炉口的耐火砖必须采用具有较高抗热震性和抗渣性、耐熔渣和高温废气的冲刷且不易黏钢，即便黏钢也易于清理的镁炭砖。

（2）炉帽部位。炉帽部位是受熔渣侵蚀最严重的部位，同时还受热震的影响和含尘废气的冲刷，故应使用抗渣性强和抗热震性好的镁炭砖。此外，当炉帽部位不便砌筑绝热层时，可在永久层与炉壳钢板之间填筑镁砂树脂打结层。

（3）炉衬装料侧。炉衬装料侧除受吹炼过程熔渣和钢水喷溅的冲刷、化学侵蚀外，还受到装入废钢和兑入铁水时的直接撞击与冲蚀，给炉衬带来严重的机械性损伤。因此，该部位应砌筑具有高抗渣性、高强度、高抗热震性的镁炭砖。

（4）炉衬出钢侧。炉衬出钢侧基本上不受装料时的机械冲撞损伤，热震影响也小，主要是受出钢时钢水的热冲击和冲刷作用，损坏速度低于装料侧。当与装料侧砌筑同样材质的镁炭砖时，其砌筑厚度可稍薄些。

（5）渣线部位。渣线部位是在吹炼过程中，炉衬与熔渣长期接触受到严重侵蚀而形成的。在出钢侧，渣线的位置随出钢时间的长短而变化，大多情况下并不明显。但在排渣侧就不同了，其受到熔渣的强烈侵蚀，再加上吹炼过程中其他作用的共同影响，衬砖损毁较为严重，需要砌筑抗渣性能良好的镁炭砖。

（6）两侧耳轴部位。两侧耳轴部位炉衬除受吹炼过程的蚀损外，其表面又无保护渣层覆盖，砖体中的碳极易被氧化并难以修补，因而损坏严重。所以，此部位应砌筑抗渣性能良好、抗氧化性能强的高级镁炭砖。

（7）熔池和炉底部位。熔池和炉底部位炉衬在吹炼过程中受钢水强烈的冲蚀，但与其他部位相比其损坏较轻，因此可以砌筑碳含量较低的镁炭砖或者焦油白云石砖。当采用顶底复合吹炼工艺时，炉底中心部位容易损毁，可以与装料侧砌筑相同材质的镁炭砖。

表13－1 炉衬材质性能及使用部位

炉衬材质	气孔率 /%	体积密度 /g·cm^{-3}	常温耐压强度 /MPa	高温抗折强度 /MPa	使用部位
优质镁炭砖	2	2.82	38	10.5	耳轴、渣线
普通镁炭砖	4	2.76	23	5.6	耳轴、炉帽液面以上
复吹供气砖	2	2.85	46	14	复吹供气砖及保护砖
高强度镁炭砖	10～15	2.85～3.0	>40		炉底及钢液面以下
合成高钙镁砖	10～15	2.85～3.1	>50		装料侧
高纯镁砖	10～15	2.95	>60		装料侧
镁质白云石烧成砖	2.8	2.8	38.4		装料侧

综合砌炉可以达到炉衬蚀损均衡，提高转炉内衬整体的使用寿命，有利于改善转炉的技术经济指标。图13－3和图13－4所示为日本两个厂家转炉综合砌筑炉衬的实例。

图13－4所示转炉的操作温度为1650～1710℃，除了冶炼普通钢外，还可冶炼低碳

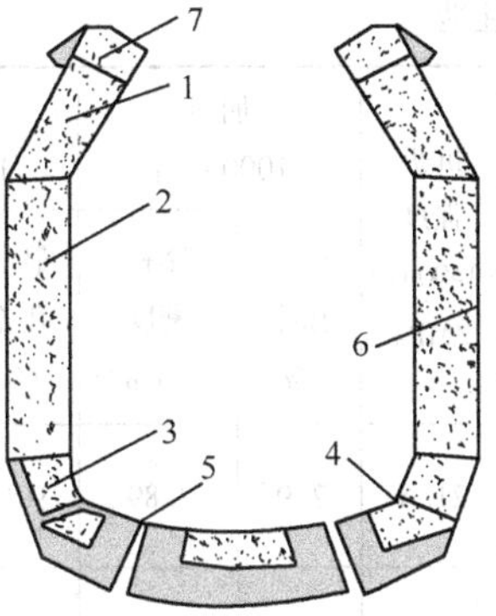

图13－3　日本大分厂顶底复合吹炼转炉综合砌砖图

1—不烧镁炭砖（w(C)＝20%，高纯度石墨，烧结镁砂）；
2—不烧镁炭砖（w(C)＝18%，高纯石墨，烧结镁砂）；
3，4—不烧镁炭砖（w(C)＝15%，普通石墨，烧结镁砂）；
5—烧成镁炭砖（w(C)＝20%，高纯石墨，电熔镁砂）；
6—永久层为烧成镁砖；7—烧成 Al_2O_3－SiC－C砖

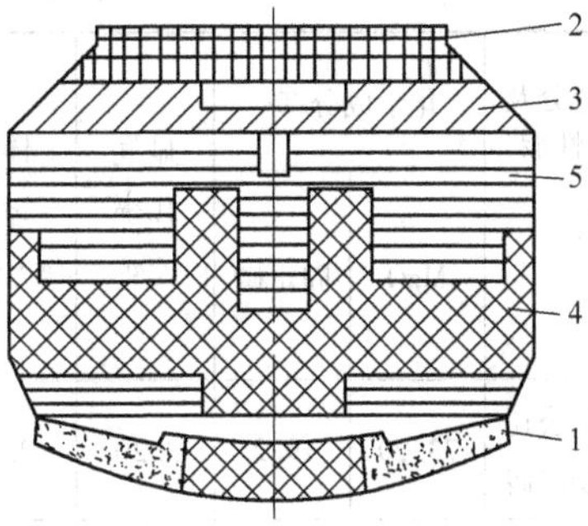

图13－4　日新钢铁公司氧气转炉砌砖图
（图中1～5分别与表13－2中的材质编号相对应）

钢和一些特殊钢，每日出钢35～45炉次，装入95%的铁水，钢水全部连铸，炉龄为5113炉次。

13.4.1.3　转炉出钢口用砖

转炉的出钢口除了受高温钢水的冲刷外，还受热震的影响，蚀损严重，其使用寿命与炉衬砖不能同步，经常需要热修理或更换，影响冶炼时间。改用等静压成型的整体镁炭砖出钢口后，由于是整体结构，更换方便多了，而且材质改用镁炭砖，寿命得到大幅度提高；但仍不能与炉衬寿命同步，只是更换次数减少而已。出钢口用砖材质性能见表13－2、表13－3。

表13－2　出钢口用砖材质性能

成分及性能 \ 材质编号		1	2	3	4①	5	供气砖①
化学成分/%	MgO	65.8	70.8	75.5	72.5	74.5	
	CaO	13.3	0.9	1.0	0.2	1.5	
	固定碳	19.2	14.2	20.2	20.2	20.5	25
	主要添加物			金属粉	金属粉	金属粉	金属粉，BN
体积密度/g·cm^{-3}		2.82	2.86	2.84	2.87	2.85	2.88
显气孔率/%		4.7	3.7	3.7	3.0	3.0	1.0
抗折强度（1400℃）/MPa		4.8	4.4	12.9	15.2	14.6	17.7
回转抗渣试验蚀损指数（1700℃）		100	117	98	59	79	81

①使用了部分电熔镁砂为原料。

表 13-3　出钢口用镁炭砖性能

成分及性能 / 试样	化学成分/%		显气孔率/%	体积密度/g·cm^{-3}	常温耐压强度/MPa	常温抗折强度/MPa	抗折强度(1400℃)/MPa	加热1000℃后		加热1500℃后	
	MgO	固定碳						显气孔率/%	体积密度/g·cm^{-3}	显气孔率/%	体积密度/g·cm^{-3}
日本品川公司改进的镁炭砖	73.20	19.2	3.20	2.92	39.2	17.7	21.6	7.9	2.89	9.9	2.80
武汉钢铁学院整体出钢口砖	76.83	12.9	5.03	2.93							

13.4.2　炉衬寿命及其影响因素

13.4.2.1　炉衬的损坏

A　炉衬损坏的规律

氧气转炉在使用过程中，炉衬的损坏程度由重到轻依次排列为耳轴区、渣线、两个装料面、炉帽部位、熔池及炉底部位。在采用单一材质的合成高钙镁砖砌筑时，耳轴、渣线部位最先损坏而造成停炉，其次是装料侧。在采用镁炭砖砌筑时，炉役前期是以装料侧损毁最快，炉役后期则是耳轴区和渣线部位损毁得快。在炉底上涨严重时，耳轴侧炉帽部位也极易损坏，往往造成停炉。在耳轴出现的V形蚀损、装料侧出现的O形侵蚀都是造成停炉的原因。

B　炉衬损坏的特点

炉衬损坏具有如下特点：

(1) 观察镁炭砖与烧成砖在开新炉后的状态可知，其工作面的状态是不一样的。开新炉后镁炭砖的工作面有一层10～20mm厚的“脱皮”蚀损，随着吹炼炉数的增加，炉衬表面逐渐光滑平整，砖缝密合严紧。烧成砖则棱角清晰，砖缝明显，在开炉温度高时（高于1700℃）出现大面积剥落、断裂损坏。采用铁水-焦炭烘炉法开新炉时，镁炭砖炉衬未出现过塌炉及大面积剥落和断裂现象，开炉是安全可靠的。

(2) 随着吹炼炉数的增加，镁炭砖经高温碳化作用形成碳素骨架后，其强度大大提高，抗侵蚀能力越来越强。因此，在装料侧应采用镁炭砖砌筑，有利于装料侧炉衬寿命的提高。

(3) 由于镁炭砖炉衬表面光滑，炉渣的涂层作用及补炉料的黏合作用欠佳。

(4) 镁炭砖有气化失重现象，炉役末期，倾倒面（炉帽）易“抽签”，造成塌落穿钢，因此必须认真观察维护。

(5) 由于镁炭砖表面光滑，砌完砖后频繁摇炉会导致倾倒面下沉，与炉壳间有30～100mm的间隙，容易发生熔化和粉化，造成出钢口不好，容易漏钢，炉壳黏钢严重，拆炉困难。

(6) 镁炭砖不易水化，采用水泡炉衬拆炉时，倾倒面砌易水化砖可不必用拆炉机。

C　炉衬损坏的原因

在高温恶劣条件下工作的炉衬，其损坏的原因是多方面的，主要有以下几个：

（1）机械磨损。加废钢和兑铁水时对炉衬的激烈冲撞及钢液、炉渣的强烈搅拌均造成机械磨损。

（2）化学侵蚀。渣中的酸性氧化物及（FeO）对炉衬产生化学侵蚀作用，炉衬氧化脱碳，结合剂消失，炉渣侵入砖中。

（3）结构剥落。炉渣侵入砖内与原砖层反应形成变质层，强度下降。

（4）热剥落。温度急剧变化或局部过热产生的应力引起砖体崩裂和剥落。

（5）机械冲刷以及钢液、炉渣、炉气在运动过程中对炉衬产生机械冲刷作用。

在吹炼过程中，炉衬的损坏是由上述各种原因综合作用引起的，各种作用相互联系。例如，机械冲刷把炉衬表面上的低熔点化合物冲刷掉，因而加速了炉渣对炉衬的化学侵蚀，而低熔点化合物的生成又为机械冲刷提供了易被冲刷掉的低熔点化合物；又如，高温作用既加速了化学侵蚀，又降低了炉衬在高温作用下承受外力作用的能力，而炉内温度急剧变化所造成的热应力又容易使炉衬产生裂纹，从而加速了炉衬的熔损与剥落。

D　镁炭砖炉衬的损坏机理

根据对使用后残砖的结构分析认为，首先，镁炭砖的损坏是由于工作炉衬的热面中碳氧化，并形成一层很薄的脱碳层。碳的氧化消失是由于不断地被渣中铁氧化物和空气中氧气氧化所造成的，而且碳溶解于钢液中，砖中的MgO对碳产生气化作用。其次，在高温状态下炉渣侵入脱碳层的气孔、低熔点化合物被熔化后形成的孔洞以及由于热应力变化而产生的裂纹之中。侵入的炉渣与MgO反应生成低熔点化合物，致使表面层发生质变并造成强度下降，在强大的钢液、炉渣搅拌冲击力的作用下逐渐脱落，从而造成了镁炭砖的损坏。

从操作实践中观察到，凡是高温过氧化炉次（温度高于1700℃，$w(FeO)>30\%$），不仅炉衬表面上挂的渣全部被冲刷掉，而且进而侵蚀到炉衬的变质层上，炉衬就像脱掉一层皮一样，这充分说明高温熔损、渣中（FeO）侵蚀是镁炭砖损坏的重要原因。

图13－5是镁炭砖损坏示意图。提高镁炭砖使用寿命的关键是提高砖制品的抗氧化性能。研究认为，镁炭砖出钢口是由于气相氧化、组织结构恶化、磨损侵蚀而被蚀损的。

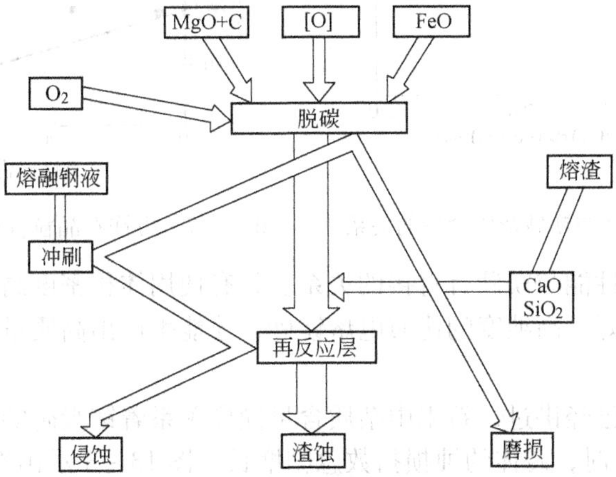

图13－5　镁炭砖损坏示意图

13.4.2.2　影响炉衬寿命的因素

A　炉衬砖的材质

a　镁砂

镁炭砖的质量直接关系着炉衬使用寿命，而原材料的纯度是砖质量的基础。镁砂中MgO含量高、杂质少，可以降低方镁石晶体被杂质分割的程度，能够阻止熔渣对镁砂的渗透熔损。如果镁砂中杂质含量多，尤其是B_2O_3多，会形成$2MgO \cdot B_2O_3$等化合物，其熔点很低，只有1350℃。由于低熔点相存在于方镁石晶粒中会将其分割成单个小晶体，从而促使方镁石向熔渣中流失，这样就会大幅度地降低镁砂颗粒的耐火度和高温性能。为此，用于制作镁炭砖的镁砂一定要严格控制$w(B_2O_3)$在0.7%以下。我国的天然镁砂基本上不含B_2O_3，因此在制作镁炭砖方面具有先天的优越性。

此外，从图13-6可以看出，随镁砂中$w(SiO_2)+w(Fe_2O_3)$的增加，镁炭砖的失重率也增大。研究认为，在1500~1800℃下，镁砂中的SiO_2先于MgO与C起反应，留下的孔隙使镁炭砖的抗渣性变差。试验指出，在1500℃以下，镁砂与石墨中的杂质向MgO与C的界面聚集，随温度的升高，所生成的低熔点矿物层增厚；在1600℃以上时，聚集于界面的杂质开始挥发，使砖体的组织结构松动恶化，从而降低了砖的使用寿命。

如果镁砂中$w(CaO)/w(SiO_2)$过低，就会出现低熔点的含镁硅酸盐CMS、C_3MS_2等，并进入液相，从而增加了液相量，影响了镁炭砖的使用寿命。所以，保持$w(CaO)/w(SiO_2)>2$是非常必要的。

镁砂的体积密度和方镁石晶粒的大小，对镁炭砖的耐侵蚀性也具有十分重要的影响。将方镁石晶粒大小不同的镁砂制成镁炭砖，置于高温还原气氛中测定砖体的失重情况。试验表明，方镁石的晶粒直径越大，砖体的失重率越小，在冶金炉内的熔损速度也越慢，如图13-7所示。

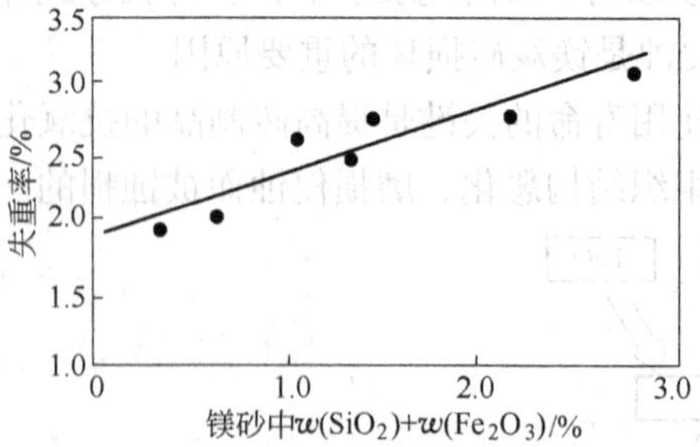

图13-6　镁炭砖失重率与镁砂杂质含量的关系

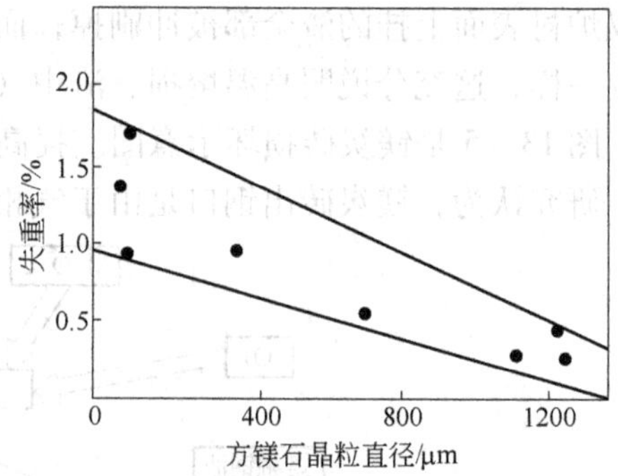

图13-7　方镁石晶粒直径与砖体失重率的关系

实践表明，砖体性能与镁砂有直接的关系。只有使用体积密度高、气孔率低、方镁石晶粒大、晶粒发育良好、高纯度的优质电熔镁砂，才能生产出高质量的镁炭砖。

b　石墨

在制砖的原料中已经讲过，石墨中杂质含量同样关系着镁炭砖的性能。研究表明，当石墨中$w(SiO_2)>3\%$时，砖体的蚀损指数急剧增长。图13-8示出石墨中SiO_2含量与镁炭砖蚀损指数的关系。

c 其他材料

树脂及其加入量对镁炭砖也有影响。学者们用80%的烧结镁砂和20%的鳞片石墨为原料，以树脂碳为结合剂制成试样进行实验。结果表明，随树脂加入量的增加，砖体的显气孔率降低；当树脂加入量为5% ~6%时，显气孔率急剧降低。而体积密度则随树脂加入量的增加而逐渐降低。其规律如图13 -9所示。

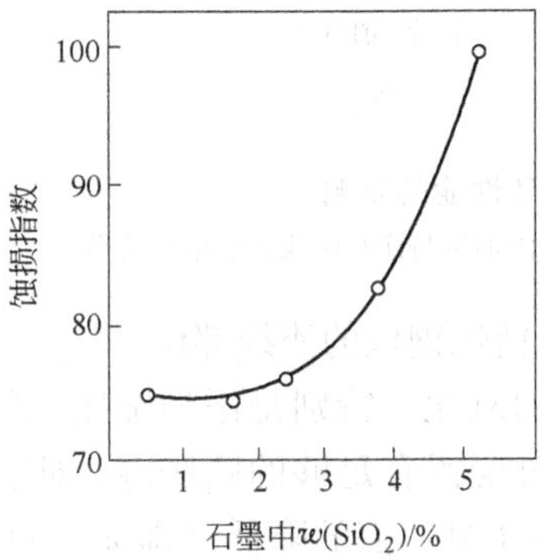

图13 -8 石墨中SiO_2含量与镁炭砖蚀损指数的关系

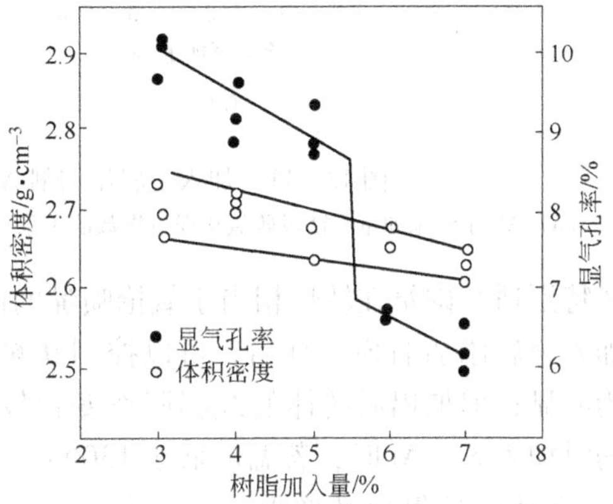

图13 -9 树脂加入量与砖体显气孔率及体积密度的关系

加入金属添加剂是抑制镁炭砖氧化的手段。添加物的种类及加入量不同，对镁炭砖的影响也不相同，可以根据镁炭砖砌筑部位的需要加入不同的金属添加剂。图13 -10所示为添加金属元素Ca对镁炭砖性能的影响，图13 -11所示为加入金属添加剂Al、Si对镁炭砖性能的影响。

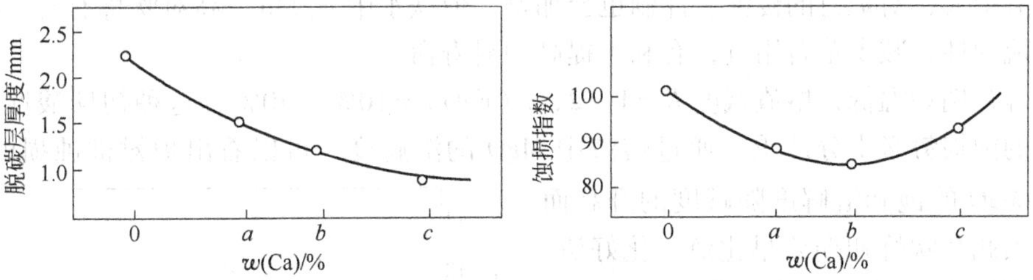

(a) (b)

图13 -10 添加金属元素Ca对镁炭砖性能的影响

(a) 脱碳层厚度与钙含量的关系（1400℃，3h）；(b) 蚀损指数与钙含量的关系

从图13 -10可以看出，随钙含量的增加，砖体的抗氧化性、耐侵蚀性等都有所提高；当钙含量超过一定范围时，耐侵蚀性有所下降。

抗渣实验表明，加钙的镁炭砖工作表面黏附着一层薄而均匀致密的覆盖渣层，在这个覆盖渣层下面的原砖表面发生反应$MgO + Ca = CaO + Mg_{(g)}$，从而增强了覆盖渣层的性能，减少了镁蒸气的外逸。同时，在渣层与原砖之间形成1 ~1.5mm厚的致密的二次方镁石结晶层，因而大幅度地提高了砖体在低温、高温区域的抗氧化性能和在氧化气氛中的耐侵蚀性。添加钙的镁炭砖残余膨胀率低，因此也增强了镁炭砖的体积稳定性。所以，这种

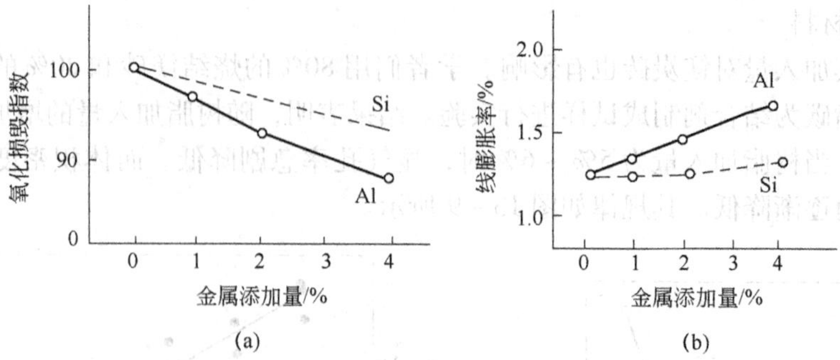

图 13-11　加入金属添加剂 Al、Si 对镁炭砖性能的影响

（a）Al 与 Si 添加量与镁炭砖氧化损毁指数的关系；（b）Al 与 Si 添加量与镁炭砖线膨胀率的关系

镁炭砖特别适合砌筑在转炉相当于氧枪喷嘴的部位和钢水精炼钢包的渣线部位。

加入金属添加剂 Si、Al 后，可以控制镁炭砖中石墨的氧化，特别是添加金属铝的效果尤为明显；但加铝后砖体的线膨胀率变化较大，砌筑时要留有足够的膨胀缝。研究认为，同时加入 Si、Al 时，若温度低于 1300℃，随 $w(Si)/w(Al)$ 值的降低（即 $w(Al)$ 的增加），砖体的抗氧化性增强；若温度高于 1300～1500℃，随 $w(Si)/w(Al)$ 值的升高（即 $w(Si)$ 的增加），砖体的抗氧化性也增强。所以在 1500℃时，其 $w(Si)/w(Al)=1$，添加效果最佳。

添加金属镁有利于形成二次方镁石结晶的致密层，同样有利于提高镁炭砖的耐侵蚀性。

B　吹炼操作

铁水成分、工艺制度等对炉衬寿命均有影响。如铁水 $w[Si]$ 高，渣中 $w(SiO_2)$ 相应也高，渣量大，对炉衬的侵蚀、冲刷也会加剧。但铁水中 $w[Mn]$ 高对吹炼有益，能够改善炉渣流动性，减少萤石用量，有利于提高炉衬寿命。

吹炼初期炉温低，熔渣碱度 $R=1\sim2$，$w(FeO)=10\%\sim40\%$，这种初期酸性氧化渣对炉衬的蚀损势必十分严重。通过熔渣中 MgO 的溶解度，可以看出炉衬被蚀损的情况。熔渣中 MgO 的饱和溶解度随碱度的升高而降低，因此在吹炼初期要早化渣、化好渣，尽快提高熔渣碱度，以减轻酸性渣对炉衬的蚀损。随温度升高，MgO 的饱和溶解度增加，温度每升高约 50℃，MgO 的饱和溶解度即增加 1.0%～1.3%。当 $R\approx3$、温度由 1600℃升高到 1700℃时，MgO 的饱和溶解度由 6.0% 增加到约 8.5%。所以，要控制出钢温度不过高，否则也会加剧炉衬的损坏。图 13-12 所示为熔渣碱度和（FeO）含量与 MgO 饱和溶解度的关系，由图可知，在高碱度炉渣中，FeO 对 MgO 饱和溶解度的影响不明显。现将吹炼工艺因素对

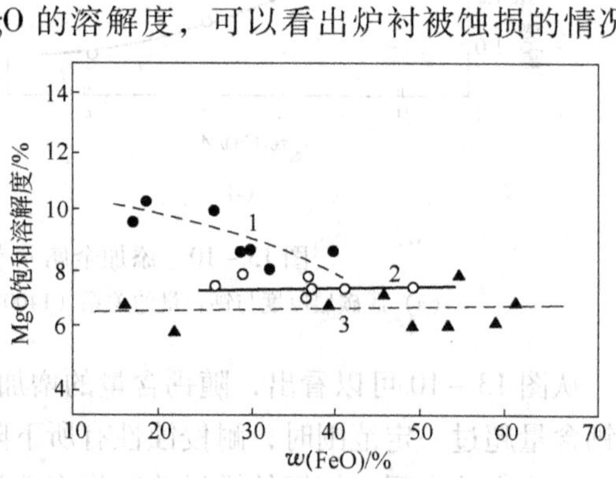

图 13-12　熔渣碱度和（FeO）含量与 MgO 饱和溶解度的关系（1650℃）

1—$R=1.2\sim1.5$，$w(MnO)=22\%\sim29\%$；

2—$R=2.5\sim3.0$，$w(MnO)=20\%\sim26\%$；

3—$R=2.5\sim3.4$，$w(MnO)=3\%\sim7\%$

炉龄的影响及提高炉龄的措施列于表13－4中。

表13－4　吹炼工艺因素对炉龄的影响及提高炉龄的措施

项目	对炉龄的影响	目标	工艺措施
铁水条件	铁水Si含量高，则渣量大，初期渣侵蚀炉衬；S、P含量高，造成多次倒炉后吹，易使熔渣氧化性强，终点温度高，终渣对炉衬侵蚀加剧	稳定吹炼操作，提高终点命中率	铁水100%采用预处理工艺，应使铁水中 $w[\mathrm{S}] \leq 0.04\%$，$w[\mathrm{Si}] \leq 0.04\%$
冶炼操作	前期化渣不良，炉渣碱度偏低；中期返干喷溅严重；后期氧化性强，炉衬受到强烈辐射、冲刷与化学侵蚀，炉衬蚀损严重	避免中期返干，控制终渣TFe含量不过高	采用计算机静态控制技术和标准化吹炼，提高铁水装入温度，使用活性石灰，前期快速成渣；采用复吹工艺控制喷溅和终渣TFe含量
终点控制	高温出钢，当出钢温度不低于1620℃后，每提高10℃，基础炉龄降低约15炉；渣中 $w(\mathrm{TFe})$ 每提高5%，炉衬侵蚀速度增加0.2～0.3mm/炉；每增加一次倒炉，平均降低炉龄30%；平均每增加一次后吹，炉衬侵蚀速度提高0.8倍	尽量减少倒炉次数，控制终点温度波动小于±10℃，降低出钢温度	采用计算机动态控制技术，避免多次倒炉或采用不倒炉直接出钢技术；采用炉外精炼，加强钢包的周转和烘烤，降低出钢温度
护炉工艺	采用各种护炉工艺可提高炉龄3倍以上，监测掌握炉衬侵蚀情况	进一步提高炉龄	采用激光监测炉衬蚀损情况，可综合砌筑炉衬，配合溅渣护炉技术和喷补技术
其他	减少停炉次数和时间，避免炉衬激冷，可防止炉衬局部严重损坏，维护合理的炉型	提高转炉生产作业率	加强炼钢－精炼－连铸三位一体生产调度与管理

我国与国外相比，转炉炼钢工艺水平有一定差距，如表13－5所示。

表13－5　我国与国外转炉炼钢工艺水平比较

项目		美国LTV公司情况	我国情况	我国的主要差距
工艺及装备水平	转炉吨位/t	250	30～300	吨位小，多数公称吨位为30t以下的转炉生产负荷过大
	吹炼制度	二吹一	三吹二（或三吹三）	
	铁水处理能力	100%铁水预脱硫	铁水预脱硫量很少	绝大多数转炉不具备铁水脱硫条件
	钢水升温和精炼能力	有	较少	多数转炉车间不具备钢水升温和精炼能力
	连铸比/%	100	80	许多转炉厂采用100%连铸工艺
	直接出钢能力	100%采用副枪动态控制	少数采用	绝大多数转炉需2次或3次倒炉才能出钢
铁水条件	$w[\mathrm{Si}]/\%$	0.4	0.4～1.2	Si含量较高，转炉渣量一般超过100kg/t
	$w[\mathrm{S}]/\%$	<0.015	0.04～0.08	S含量较高且波动较大

续表 13－5

项　目		美国 LTV 公司情况	我国情况	我国的主要差距
铁水条件	w[P]/%	普通铁水≤0.12	中磷铁水 0.18～0.40	对于中磷铁水，P 含量在 0.20%～0.45%之间波动
	提 V 半钢	无	有	提 V 后 w[Si] 为痕迹，w[C]≈3.50%
冶炼控制	炉渣碱度	3.5	3.5～4.0	
	渣量/kg·t^{-1}	60～80	80～150	
	渣中 w(TFe)/%	18～30	10～25	
	渣中 w(MgO)/%	11～12	4～8	
终点控制	终点温度/℃	1620～1660	1640～1740	配小方坯，出钢温度为 1710～1740℃；配板坯，1650～1680℃；配模铸，1640～1680℃
	倒炉次数/次		2～3	
	后吹次数/次		1～2	
	终点 w[C]≤0.05%	占70%以上	占70%以上	

13.4.2.3　提高炉衬寿命的措施

通过对炉衬寿命影响因素的分析来看，提高炉龄应从改进炉衬材质、系统优化炼钢工艺、加强对炉衬的维护等方面着手。

A　改进炉衬材质

氧气转炉炉衬从砌筑焦油白云石砖到高镁白云石砖、轻烧油浸砖，发展到今天已经普遍使用镁炭砖。镁炭砖具有耐火度高、抗渣性强、导热性好等优点，所以炉衬寿命得到大幅度的提高。

此外，采用综合砌炉使炉衬的蚀损均衡，炉龄也有一定的提高。

B　优化炼钢工艺

提高炉衬使用寿命，除了改进炉衬材质外，在工艺操作上也采取了相应的措施。从根本上来讲，应该系统优化炼钢工艺，采用铁水预处理→转炉冶炼→炉外精炼→连续铸钢的现代化炼钢模式生产钢坯。这样，进入转炉的是精料，炉外钢水精炼又可以承担传统转炉炼钢的部分任务；实现少渣操作工艺后，转炉只是进行脱碳升温，不仅缩短了冶炼周期，更重要的是减轻了酸性高氧化性炉渣对炉衬的侵蚀。例如 1991 年，日本五大钢铁公司的铁水预处理比达 85%～90%；到 1996 年，转炉已经有 90% 的钢水进行炉外精炼，所以日本的转炉炉龄在世界范围内提高幅度较大。转炉实现过程自动控制，提高终点控制命中率的精度，也可以减轻对炉衬的蚀损。转炉应用复吹技术和活性石灰，不仅可加快成渣速度，缩短冶炼时间，还可降低渣中 TFe 含量，从而减轻了对炉衬的蚀损。

C　黏渣补炉工艺

氧气转炉在吹炼过程中，两个大面和耳轴部位损坏十分严重，堆补两个大面的补炉料消耗非常大，耳轴部位难以修补。黏渣补炉工艺既提高了炉衬寿命，又降低了耐火材料消耗。

a　黏渣补炉工艺操作

（1）终点渣的控制。造好黏终渣的关键是吹炼后期的操作，要掌握好如下要点：

1）终点温度控制在中上限，而出钢温度则通过加入石灰石或石灰调在下限。终点碳含量按上限控制，并避免后吹。

2）降低枪位使之距液面850mm左右，延长降枪时间不小于2min，使渣中$w(FeO)$控制在10%～12%范围内。

3）增加渣中（MgO）含量，提高终渣熔点，出完钢后根据炉渣情况加入适量菱镁石，把终渣$w(MgO)$控制在12%～14%之间。炉渣黏度随炉渣碱度的升高而增加，炉渣碱度一般控制在3.4～3.5。

4）铁水中锰含量大于0.5%对造黏终渣有利，出钢时随温度的下降，炉渣迅速变黏。每吨钢萤石加入量不应大于5kg，并在停吹前4min加完。

按上述要求造出的黏终渣，典型的化学成分为：$\Sigma w(FeO)=10\%$，$w(MgO)=13\%$，$R=3.6$。

（2）补炉工艺。

1）补大面。黏渣补炉的前一炉冶炼按照黏终渣要点进行，在倒炉取样时倒出上层稀泡沫渣。出钢后先堵出钢口，使黏终渣留在大面上，其厚度不超过150mm；同时要避免炉渣集中在炉底或出钢口附近，以防下炉出钢时钢液出不尽。冷却时间应大于2h，这样才能兑铁水继续吹炼下一炉钢。吹炼后期用黏渣补炉时，要用补炉后的第一炉来造黏终渣。此渣中（MgO）的含量较高，熔点也较高，留渣厚度可达200mm，冷却时间需大于2h。

2）补后接缝。一般在补炉后的第一炉造黏终渣，并根据补炉位置向后摇炉，将黏终渣留在需要补的接缝部位，冷却时间要大于2.5h。在出钢后往炉内加入一定数量的菱镁石，向后摇炉，将后接缝用黏终渣补上。

（3）注意问题。黏渣补炉工艺操作应注意以下问题：

1）需要补炉的炉次应按其要点造好黏终渣，严禁用低碳钢种的终渣补炉。

2）留渣厚度要适宜并铺严，加入菱镁石的块度应小于30mm且不能过多，以免化不透而造成炉底堆积。冷却时间应在2～2.5h之间。

3）留渣补炉多次、大面有凹处时，应用少量补炉料填平。大面过厚或出钢口周围上涨时，应向炉后倒渣并出尽钢水。留渣补炉后第一炉应加入轻型废钢。

b　后期加入白云石的黏渣补炉操作

大量的生产实践表明，开吹时一次加入白云石工艺，过程渣中（MgO）过饱和，渣中有未熔石灰块，终渣做不黏，不易挂炉；而后期加入白云石则取得了较好的效果。

（1）白云石的加入及效果。

1）根据铁水硅含量和装入量，按炉渣碱度$R=3.0$计算石灰总加入量$W_{石灰}$，取白云石总加入量$W_{白云石}=1/3W_{石灰}$。将$5/6W_{白云石}$在开吹时与头批渣料一起加入，余下的$1/6W_{白云石}$在终点前4～5min加入炉内。

2）后期加入部分白云石，过程渣碱度提高得快，终渣碱度也高，吹炼过程具有较高的石灰熔化率。对过程渣的实测结果表明，后期加入部分白云石比开吹时一次加入白云石的炉渣黏度低0.065Pa·s，过程渣流动性良好，终渣具有较高的黏度。在碱度高及

（MgO）基本饱和的后期渣中，通过补加少量白云石可迅速形成（MgO）过饱和黏渣，在氧气流股的冲击下喷溅起来的黏稠渣滴均匀地铺满整个炉身，并在倒炉时黏附于前后两个大面，形成有效的涂渣层。其厚度除炉帽两侧两个U形带外，均已达到100～250mm。其萤石单耗比开吹时一次加入白云石的降低50%。

（2）白云石的加入方式。

吹炼后期补加白云石是要保证吹炼前期和中期渣中（MgO）基本饱和而又不过饱和，仅在吹炼后期通过补加适量的白云石造成终渣（MgO）过饱和。欲使炉衬侵蚀量最小，白云石总加入量应稍多于$2.82w[Si]W$（其中W为铁水量），这么多的白云石如果在吹炼前期一次加入，势必造成前期渣和中期渣中（MgO）过饱和，炉渣的流动性差、氧化性低，妨碍石灰熔化，中期渣返干；反之，减少白云石总加入量（小于$2.82w[Si]W$），又会出现炉渣对炉衬的侵蚀，这就是一次加入白云石造渣的弊病。白云石的合理加入方式是：开吹时随头批渣料一次加入白云石$2.5w[Si]W$，使前期和中期渣中（MgO）基本饱和而又不过饱和，化透过程渣；终点前4～5min补加白云石$0.5w[Si]W$，迅速形成（MgO）过饱和的黏渣，以利于炉渣挂衬。终渣有极易做黏和可以做黏的良好条件。其极易做黏是由于终渣碱度高，渣中（MgO）早已基本饱和，此时补加少量白云石可使炉渣做黏。其可以做黏是由于终渣处于高温、高碱度阶段，炉渣已经化透，脱硫能力强，做黏后不会影响脱硫效果，后期补加白云石对炉内形成涂渣层具有明显效果。后期加入的白云石中的一部分在渣中直接转变为絮状方镁石，形成局部的高黏性，利于炉内涂渣层的形成。该涂渣层既是下炉冶炼过程中的炉衬保护层，又利于留渣法促进冶炼中快速成渣，减少萤石消耗量。

c　黏渣补炉机理

炉渣熔损炉衬，但同时又起到耐火材料作用（即补炉）。采用黏渣补炉，提高了渣中高熔点矿物的含量，通过摇炉使黏渣挂在衬砖表面上。黏渣与炉衬的黏结主要是由于黏渣与炉衬界面存在温度差，通过保温相互扩散，同类矿物重结晶（如$2CaO\cdot SiO_2$、MgO、$3CaO\cdot SiO_2$等），使黏渣与炉衬成为一个整体。黏渣补炉的炉温不能低于850℃，否则由于$2CaO\cdot SiO_2$晶型转变，黏渣剥落，起不到补炉作用。

在钢质量允许的条件下尽量造黏渣补炉，使废渣在炉内得到充分利用，节省了人力物力，经济效果也明显。靠近炉衬表面黏渣的熔点高，相当于耐火材料，可抵抗炉渣的侵蚀，保护炉衬。

D　炉衬的喷补

黏渣补炉技术不可能在炉衬表面的所有部位都均匀地涂挂一层熔渣，尤其是炉体两侧耳轴部位无法挂渣，从而影响了炉衬整体使用寿命。所以，在黏渣护炉的同时还需配合炉衬喷补。

炉衬喷补是通过专门设备将散状耐火材料喷射到红热炉衬表面，进而烧结成一体，使损坏严重的部位形成新的烧结层，炉衬得到部分修复，可以延长其使用寿命。根据喷补料含水与否以及含水量的多少，喷补方法分为湿法、干法、半干法及火法等。

喷补料是由耐火材料、化学结合剂、增塑剂等组成的。对喷补料的要求如下：

（1）有足够的耐火度，能够承受炉内高温的作用；

（2）喷补时喷补料能附着于待喷补的炉衬上，材料的反跳和流落损失要少；

（3）喷补料附着层能与待喷补的红热炉衬表面很好地烧结、熔融在一起，并具有较高的机械强度；

（4）喷补料附着层能够承受高温熔渣、钢水、炉气及金属氧化物蒸气的侵蚀；

（5）喷补料的线膨胀率或线收缩率要小，最好接近于零，否则会因膨胀或收缩产生应力致使喷补层剥落；

（6）喷补料在喷射管内流动通畅。

各国使用的喷补料不完全相同。我国使用冶金镁砂，常用的结合剂为固体水玻璃，即硅酸钠（$Na_2O \cdot nSiO_2$）、铬酸盐、磷酸盐（三聚磷酸钠）等。湿法和半干法喷补料的成分如表13－6所示。

表13－6　喷补料的成分

喷补方法	喷补料成分/%			各种粒级所占比例/%		水分/%
	MgO	CaO	SiO_2	>1.0mm	<1.0mm	
湿　法	91	1	3	10	90	15～17
半干法	90	5	2.5	25	75	10～17

下面分别介绍各种喷补方法：

（1）湿法喷补料。湿法喷补料的耐火材料为镁砂，结合剂三聚磷酸钠的含量为5%，其他添加剂成分为：膨润土5%，萤石粉1%，羧甲基纤维素0.3%，沥青粉0.2%，水分为20%～30%。湿法喷补料的附着率可达90%，喷补位置随意，操作简便；但是喷补层较薄（每次只有20～30mm），粒度构成较细，水分较多，耐用性差，准备泥浆工作也较复杂。

（2）干法喷补料。干法喷补料的耐火料中镁砂粉占70%，镁砂占30%，结合剂三聚磷酸钠的含量为5%～7%，其他添加剂成分为：膨润土1%～3%，消石灰5%～10%，铬矿粉5%。干法喷补料的耐用性好，粒度较大，喷补层较致密，准备工作简单；但附着率低，喷补技术也难掌握。随着结合剂的改进，多聚磷酸钠的采用，特别是速硬剂消石灰的应用，使附着率明显改善。这种速硬的喷补料几乎不需烧结时间，补炉之后即可装料。

（3）半干法喷补料。半干法喷补料中粒度小于4mm的镁砂占30%，小于0.1mm的镁砂粉占70%，结合剂三聚磷酸钠的含量为5%，速硬剂消石灰的含量为5%，其中水分为18%～20%。半干法喷补料在炉衬温度为900～1200℃时进行喷补。

（4）火法喷补料。火法喷补采用煤气－氧气喷枪，以镁砂粉和烧结白云石粉为基础原料，外加助熔剂三聚磷酸钠、氧化铁皮粉（粒度小于0.15mm）、转炉渣料（粒度小于0.08mm）和石英粉（粒度小于0.8mm）。将喷补料送入喷枪的火焰中，喷补料部分或大部分熔化。处于热塑状态或熔化状态的喷补料喷补到炉衬表面上，很易与炉衬烧结在一起。

在20世纪70年代初曾采用白云石、高氧化镁石灰或菱镁矿造渣，使熔渣中MgO含量达到过饱和，并遵循“初期渣早化，过程渣化透，终点渣做黏，出钢挂上”的造渣原则。由于熔渣中有一定的MgO含量，可以减轻初期渣对炉衬的侵蚀；出钢过程由于温度降低，方镁石晶体析出，终渣变稠，出钢后通过摇炉可使黏稠熔渣附挂在炉衬表面，形成熔渣保护层，从而延长了炉衬使用寿命，炉龄有所提高。例如，1978年日本君津钢厂转炉炉龄曾突破1万炉次，创造了当时世界最高纪录。

13.4.3　溅渣护炉技术

溅渣护炉的基本原理是：利用MgO含量达到饱和或过饱和的炼钢终点渣，通过高压氮气的吹溅，在炉衬表面形成一层高熔点的溅渣层，并与炉衬很好地烧结附着。这个溅渣层耐蚀性较好，从而保护了炉衬砖，减缓其损坏程度，炉衬寿命得到提高。进入20世纪90年代，继白云石造渣之后，美国开发了溅渣护炉技术。其工艺过程主要是在吹炼终点钢水出净后，留部分MgO含量达到饱和或过饱和的终点熔渣，通过喷枪在熔池理论液面以上0.8～2.0m处吹入高压氮气，熔渣飞溅黏附在炉衬表面，同样可形成熔渣保护层，通过喷枪上下移动可以调整溅渣的部位，溅渣时间一般为3～4min。图13－13为转炉溅渣示意图。有的厂家溅渣过程已实现计算机自动控制。这种溅渣护炉技术配以喷补技术，使炉龄得到极大的提高。例如，美国LTV钢公司印第安纳港厂两座252t顶底复合吹炼转炉，自1991年采用了溅渣护炉技术及相关辅助设施维护炉衬，提高了转炉炉龄和利用系数，并降低了钢的成本，效果十分明显；1994年，其创造了15658炉次的纪录，连续运行1年零5个月；到1996年，炉龄达到19126炉次。

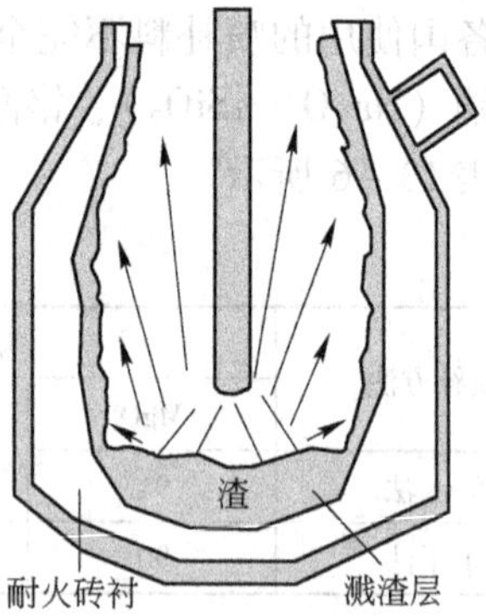

图13－13　转炉溅渣示意图

我国于1994年开始立项开发溅渣护炉技术，并于1996年11月确定为国家重点科技开发项目。通过研究和实践，国内各钢厂现已广泛应用溅渣护炉技术，并取得了明显成果。溅渣护炉用终点熔渣的成分、留渣量、溅渣层与炉衬砖烧结、溅渣层的蚀损以及氮气压力与供氮强度等，都是溅渣护炉技术的重要内容。

13.4.3.1　熔渣的性质

A　合适的熔渣成分

溅渣用熔渣成分的关键是碱度、TFe和MgO含量，终点渣碱度一般在3以上。

TFe含量的多少决定了渣中低熔点相的数量，对熔渣的熔化温度有明显影响。当渣中低熔点相的数量达30%时，熔渣的黏度急剧下降；随温度的升高，低熔点相的数量也会增加，只是熔渣黏度变化较为缓慢而已。若熔渣TFe含量较低，低熔点相的数量少，高熔点固相的数量多，熔渣黏度随温度的变化十分缓慢。这种熔渣溅到炉衬表面上，可以提高溅渣层的耐高温性能，对保护炉衬有利。

终点渣TFe含量的高低取决于终点碳含量以及是否后吹。若终点碳含量低，渣中TFe含量相应就高，尤其是当出钢温度高于1700℃时，会影响溅渣效果。

熔渣成分不同，MgO的饱和溶解度也不同。可以通过有关相图查出其溶解度的大小，也可以通过计算得出。实验研究表明，随着熔渣碱度的提高，MgO的饱和溶解度有所降低，当碱度$R \leqslant 1.5$时，MgO的饱和溶解度高达40%；随着渣中TFe含量的增加，MgO的饱和溶解度也有所变化。

通过首钢三炼钢厂80t转炉的实践研究认为，终点温度为1700℃时，炉渣MgO的饱和溶解度在8%左右，随碱度的升高，MgO饱和溶解度有所下降；但在高碱度下，渣中TFe含量对MgO饱和溶解度的影响不明显。

B　熔渣的黏度

熔渣的黏度是其重要性质之一。黏度是熔渣内部各运动层间产生内摩擦力的体现，摩擦力大，熔渣的黏度就大。溅渣护炉对终点熔渣的黏度有特殊要求，要达到“溅得起，黏得住，耐侵蚀”。因此，黏度不能过高，以利于熔渣在高压氮气的冲击下，渣滴能够飞溅起来并黏附到炉衬表面；黏度也不能过低，否则溅射到炉衬表面的熔渣容易滴淌，不能很好地与炉衬黏附形成溅渣层。正常冶炼的熔渣黏度值最好在0.02～0.1Pa·s范围内，相当于轻机油的流动性，比熔池金属的黏度高10倍左右。溅渣护炉用终点渣的黏度要高于正常冶炼的黏度，并希望随温度变化其黏度的变化更敏感些，以使溅射到炉衬表面的熔渣能够随温度降低而迅速变黏，溅渣层可牢固地附着在炉衬表面上。

熔渣的黏度与矿物组成和温度有关。熔渣组成一定时，提高过热度可使黏度降低。一般来讲，在同一温度下，熔化温度低的熔渣其黏度也低。熔渣中固体悬浮颗粒的尺寸和数量是影响熔渣黏度的重要因素。CaO和MgO具有较高的熔点，当其含量达到过饱和时会以固体微粒的形态析出，使熔渣内摩擦力增大，导致熔渣变黏，其黏稠的程度视微粒的数量而定。

在TFe含量不同的熔渣中，MgO含量对溅渣层熔渣初始流动温度的影响如图13－14所示。

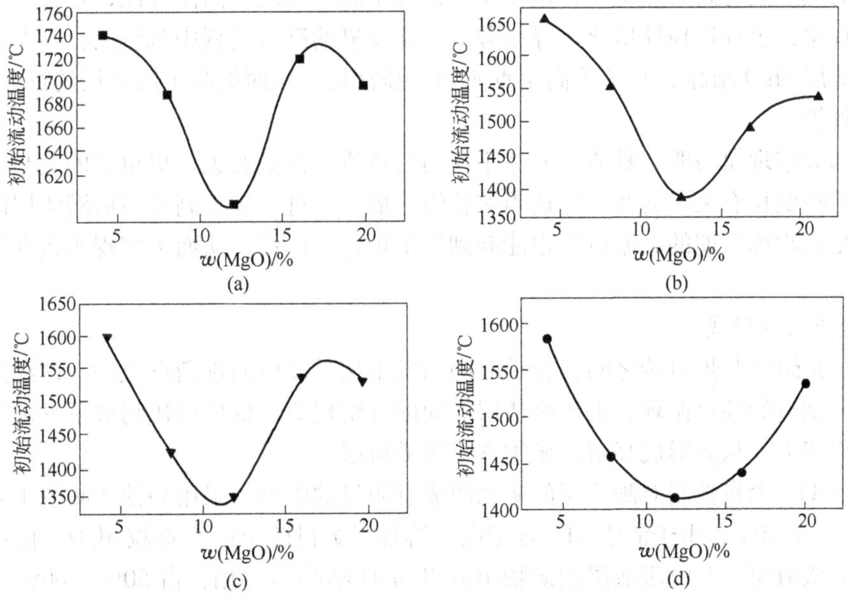

图13－14　MgO含量对溅渣层熔渣初始流动温度的影响

(a) w(TFe)=9%；(b) w(TFe)=15%；(c) w(TFe)=18%；(d) w(TFe)=22%

由图可知，当w(MgO)在4%～12%范围内变动时，随着MgO含量的增加，熔渣初始流动温度下降；当MgO含量继续升高并大于12%以后，随MgO含量的提高，初始流动温度又开始上升。TFe含量越低，对MgO含量的影响越大。

实践表明，对不同熔渣，TFe 含量都存在一个熔渣流动性剧烈变化区，在这个区域内，MgO 含量的微小变化都会引起熔渣初始流动温度发生很大的变化。

当熔渣碱度值在 2.0 ~ 5.0 范围时，MgO 含量对熔渣流动性的影响不大。当渣中 w(TFe) 从 9% 提高到 30% 时，熔渣初始流动温度从 1642℃ 降低到 1350℃，变化幅度很大；当 w(TFe) = 14% ~15% 时，是初始流动温度变化的转折点；当渣中 w(TFe) < 15% 时，随 TFe 含量的降低，初始流动温度明显提高；当渣中 w(TFe) > 20% 时，随 TFe 含量的降低，初始流动温度的变化并不明显，如图13 - 15 所示。

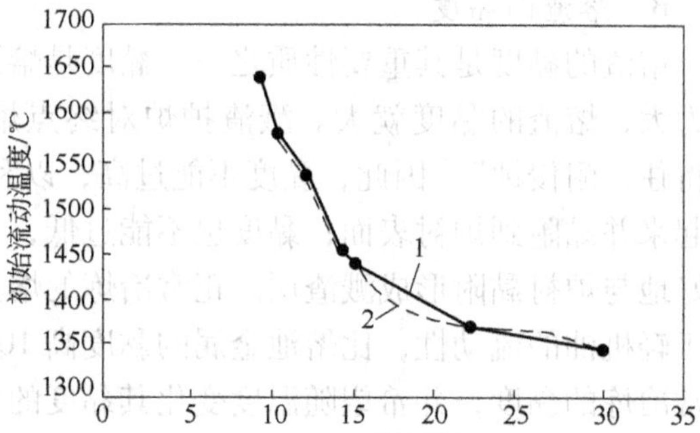

图 13 - 15　w(TFe)与熔渣初始流动温度的关系

1—实测值；2—回归值

13.4.3.2　溅渣护炉的机理

A　溅渣层的分熔现象

实践与研究结果表明，附着于炉衬表面的溅渣层其矿物组成不均匀，当温度升高时，溅渣层中的低熔点相首先熔化，与高熔点相分离，并缓慢地从溅渣层流淌下来；而残留于炉衬表面的溅渣层为高熔点矿物，这样反而提高了溅渣层的耐高温性能，这种现象就是炉渣的分熔现象，也称选择性熔化或异相分流。在反复的溅渣过程中溅渣层存在着选择性熔化，使溅渣层 MgO 结晶和 C_2S 等高熔点矿物逐渐富集，从而提高了溅渣层的抗高温性能，炉衬得到保护。

炉渣的分熔现象表明，溅渣层寿命不仅与终点渣的性质有关，更重要的是与溅渣层分熔过程的矿物变化有关。为此，应适当调整熔渣成分，进一步提高分熔后溅渣层的熔化温度，即便是在吹炼后期的高温阶段也能起到保护炉衬的作用，从而为实现永久性炉衬提供条件。

B　溅渣层的组成

溅渣层是熔渣与炉衬砖之间在较长时间内发生化学反应而逐渐形成的，即经过多次溅渣 - 熔化 - 溅渣的往复循环，由于溅渣层表面的分熔现象，低熔点矿物被下一炉次高温熔渣所熔化而流失，从而形成高熔点矿物富集的溅渣层。

终点渣 TFe 含量控制对溅渣层的矿物组成有明显的影响。采用高铁渣溅渣工艺时，终点渣 w(TFe) > 15%，由于渣中 TFe 含量高，溶解了炉衬砖上的大颗粒 MgO，使之脱离炉衬砖体进入溅渣层。此时溅渣层的矿物组成以 MgO 结晶为主相，占 50% ~60%；其次是镁铁矿物 MF($MgO \cdot Fe_2O_3$)，为胶合相，约占 25%；还有少量的 C_2S、C_3S($3CaO \cdot SiO_2$) 和 C_2F($2CaO \cdot Fe_2O_3$)等矿物均匀地分布于基体中或填充于大颗粒 MgO 和 MF 晶团之间，因而溅渣层 MgO 结晶含量远远大于终点熔渣成分。随着终渣 TFe 含量的增加，溅渣层中 MgO 相的数量将会减少，而 MF 相数量将会增加，导致溅渣层熔化温度降低，不利于炉衬的维护。因此，要求终点渣的 w(TFe)以控制在 18% ~22% 之间为宜。若采用低铁渣溅渣工艺，终点渣 w(TFe) < 12%，溅渣层的主要矿物组成以 C_2S 和 C_3S 为主相，占 65% ~

75%；其次是少量的小颗粒 MgO 结晶，C_2F、$C_3F(3CaO \cdot Fe_2O_3)$为结合相，生长于 C_2S 和 C_3S 之间；仅有微量的 MF 存在。与终点渣相比，溅渣层的碱度有所提高，而低熔点矿物成分有所降低。

C　溅渣层与炉衬砖黏结机理

生产实践与研究表明，溅渣层与镁炭砖炉衬的黏结机理如表 13－7 所示。

表 13－7　溅渣层与镁炭砖炉衬的黏结机理

图　例	名　称	黏结机理
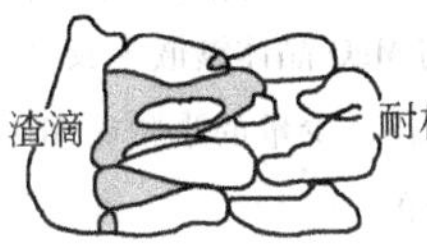 (a)	烧结层	由于溅渣过程的扬析作用，低熔点液态 C_2F 炉渣首先被喷溅在粗糙的镁炭砖表面，沿着 C 烧损后形成的孔隙向耐火材料基体内扩散，与周围高温 MgO 晶粒发生烧结反应，形成烧结层
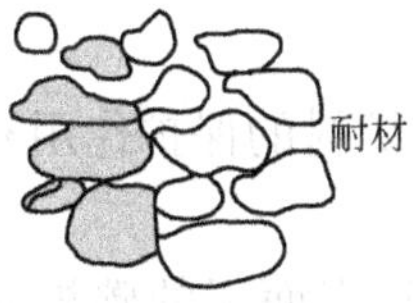 (b)	机械镶嵌化学结合层	气体携带的颗粒状高熔点 C_2S 和 MgO 结晶渣粒冲击在粗糙的耐火材料表面，并被镶嵌在渣－砖表面上，进而与 C_2F 渣滴反应，烧结在炉衬表面上
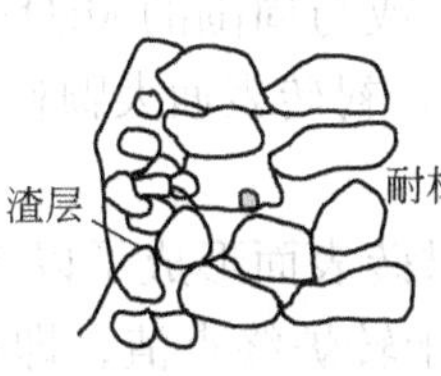 (c)	冷凝溅渣层	以低熔点 C_2F 和 MgO 砖烧结层为纽带，以机械镶嵌的高熔点 C_2S 和 MgO 渣粒为骨架，形成一定强度的渣－砖结合表面；在此表面上继续溅渣，沉积冷却形成以 RO 相为结合相，以 C_2S、C_3S 和 MgO 相颗粒为骨架的溅渣层

熔渣是多种成分的组合体。溅渣初始，流动性良好的高铁、低熔点熔渣首先被喷射到炉衬表面，熔渣 TFe 和 C_2F 沿着炉衬表面的显微气孔与裂纹的缝隙向镁炭砖表面脱碳层内部渗透与扩散，并与周围 MgO 结晶颗粒反应而烧结熔固在一起，形成了以 MgO 结晶为主相、MF 为胶合相的烧结层。如表 13－7 中（a）所示；部分 C_2S 和 C_3S 也沿着衬砖表面的气孔与裂纹流入衬砖内，当温度降低时冷凝，与 MgO 颗粒镶嵌在一起。

继续溅渣操作，高熔点颗粒状矿物 C_2S、C_3S 和 MgO 结晶被高速气流喷射到炉衬的粗糙表面上，并镶嵌于间隙内，形成了以镶嵌为主的机械结合层；同时，富铁熔渣包裹在炉衬砖表面凸起的 MgO 结晶颗粒表面，或填充在已脱离砖体的 MgO 结晶颗粒周围，形成以烧结为主的化学结合层，如表 13－7 中（b）所示。

继续进一步溅渣，大颗粒的 C_2S、C_3S 和 MgO 飞溅到结合层表面并与其 C_3F 和 RO 相结合，冷凝后形成溅渣层，如表 13－7 中（c）所示。

高铁溅渣工艺与低铁溅渣工艺的溅渣层结构对比如表 13－8 所示。

表 13－8　高铁溅渣工艺与低铁溅渣工艺的溅渣层结构对比

<table>
<tr><th colspan="2">工艺
特点</th><th>高 FeO_x 炉渣</th><th>低 FeO_x 炉渣</th></tr>
<tr><td colspan="2">相同点</td><td colspan="2">物相结构相似，基本分为 5 层，即原始砖层、金属沉淀层、烧结层、结合层、新溅渣层；以砖表面脱碳层为基础形成烧结层，均以大颗粒 MgO 为主相；结合层以高熔点化合物为主，其成分、物相结构与终渣明显不同，熔点也明显提高；新溅渣层的成分、物相结构与终渣相近</td></tr>
<tr><td rowspan="3">不同点</td><td>形貌特征</td><td>烧结层发达，烧结层与结合层的界面模糊</td><td>烧结层不发达，烧结层与结合层的界面清晰，结合层很致密</td></tr>
<tr><td>岩相特征</td><td>烧结层以大颗粒 MgO 为主相，以 MF、C_2F 为胶合相；结合层以 MgO 结晶为主相，C_2S、C_3S 含量少</td><td>烧结层以大颗粒 MgO 为主相，以沿气孔渗入的 C_2S、C_3S 冷凝后与 MgO 晶体镶嵌为胶合相；结合层主要为 C_2S 和 C_3S，少量的小颗粒 MgO 结晶和 C_2F、RO 相均匀分布</td></tr>
<tr><td>形成机理</td><td>以 MgO 与 FeO_x 化学烧结为主，形成烧结层和结合层</td><td>以 MgO 结晶与 C_2S、C_3S 机械镶嵌为主形成烧结层，以 C_2S 和 C_3S 冷凝沉积为主形成结合层</td></tr>
</table>

D　溅渣层保护炉衬机理

根据溅渣层物相结构分析了溅渣层的形成，推断出溅渣层对炉衬的保护作用有以下几方面：

（1）对镁炭砖表面脱碳层起到固化作用。吹炼过程中镁炭砖表面层的碳被氧化，使 MgO 颗粒失去结合能力，在熔渣和钢液的冲刷下，大颗粒 MgO 松动、脱落、流失，炉衬被蚀损。溅渣后，熔渣渗入并充填于衬砖表面脱碳层的孔隙内，或与周围的 MgO 颗粒反应，或以镶嵌固溶的方式形成致密的烧结层。由于烧结层的作用，衬砖表面大颗粒的镁砂不再松动、脱落、流失，从而防止了炉衬砖的进一步蚀损。

（2）减轻了熔渣对衬砖表面的直接冲刷蚀损。溅渣后在炉衬砖表面形成了以 MgO 结晶或 C_2S 和 C_3S 为主体的致密烧结层，这些矿物的熔点明显高于转炉终点渣，即使在吹炼后期的高温条件下也不易软熔、不易剥落，因而有效地抵抗了高温熔渣的冲刷，大大减轻了对镁炭砖炉衬表面的侵蚀。

（3）抑制了镁炭砖表面的氧化，防止炉衬砖体再受到严重的蚀损。溅渣后在炉衬砖表面形成的烧结层和结合层，其质地均比炉衬砖脱碳层致密，而且熔点高，这就有效地抑制了高温氧化渣、氧化性炉气向砖体内的渗透与扩散，防止镁炭砖体内部的碳被进一步氧化，从而起到保护炉衬的作用。

（4）新溅渣层有效地保护了炉衬－溅渣层的结合界面。新溅渣层在每炉的吹炼过程中都会不同程度地被熔损，但在下一炉溅渣时又会重新修补起来，如此往复循环地运行，所形成的溅渣层对炉衬起到了保护作用。

13.4.3.3　溅渣层的蚀损机理

研究认为，溅渣层渣面处的 TFe 是以 Fe_2O_3 形式存在的，并形成 C_2F 矿物；在溅渣层与镁炭砖结合处，Fe 以 FeO 形式固溶于 MgO 中，同时存在的矿物还有 C_2S，C_2F 已基本消失。由此推断，喷溅到衬砖表面的熔渣与镁炭砖发生如下反应：

$$(FeO) + C \xlongequal{} Fe + CO_{(g)}$$
$$(FeO) + CO_{(g)} \xlongequal{} Fe + CO_{2(g)}$$
$$2CaO \cdot Fe_2O_3 + CO_{(g)} \xlongequal{} 2CaO + 2FeO + CO_{2(g)}$$
$$CO_{2(g)} + C \xlongequal{} 2CO_{(g)}$$

由于CO从溅渣层向衬砖表面扩散，C_2F中的Fe_2O_3逐渐被还原成FeO，而FeO又能固溶于MgO之中，大大提高了衬砖表面结合渣层的熔化温度；倘若吹炼终点温度不过高，溅渣层不会被熔损，所以吹炼后期仍然能起到保护炉衬的作用。

在开吹3～5min的冶炼初期，熔池温度较低（1450～1500℃），碱度值低（$R \leqslant 2$），当$w(MgO) = 6\% \sim 7\%$，即MgO接近或达到饱和值时，熔渣主要矿物组成几乎全部为硅酸盐，即镁硅石C_3MS_2($3CaO \cdot MgO \cdot 2SiO_2$)和橄榄石CMS($CaO \cdot [Mg, Fe, Mn]O \cdot SiO_2$)等，有时还有少量的浮氏体。溅渣层的碱度高（$R \approx 3.5$），主要矿物为硅酸盐$C_3S$，其熔化温度较高。因此，初期熔渣对溅渣层不会有明显的化学侵蚀。

吹炼终点的熔渣碱度值一般在3.0～4.0之间，渣中$w(TFe) = 13\% \sim 25\%$，MgO含量波动较大，多数控制在10%左右，已超过饱和溶解度，其主要矿物组成是粗大的板条状C_3S和少量点球状或针状C_2S，结合相为C_2F和RO等，占总量的15%～40%，MgO结晶包裹于C_2S晶体中或游离于C_2F结合相中。终点是整个吹炼过程中炉温最高的阶段，虽然熔渣碱度较高，但TFe含量也高，所以吹炼后期溅渣层被蚀损的主要原因是高温熔化和高铁渣的化学侵蚀。因此，只有控制好终点熔渣成分和出钢温度才能充分发挥溅渣层保护炉衬的作用，这也是提高炉龄的关键所在。

一般转炉渣主要是由$MgO - CaO - SiO_2 - FeO$四元系组成的。渣中有以RO相和CF等为主的低熔点矿物出现，它们在形成化合物时都不消耗或很少消耗MgO，使渣中的MgO以方镁石结晶形态存在，熔渣的低熔点矿物以液相分布在方镁石晶体的周围并形成液相渣膜。在生产条件下，由于钢水和熔渣的冲刷作用，液相渣膜的滑移促使溅渣层的高温强度急剧下降，失去对炉衬的保护作用。所以，应控制终点渣碱度在3.5左右，$w(MgO)$达到或稍高于饱和溶解度值，降低TFe含量，这样可以使CaO和SiO_2富集于方镁石晶体之间，并生成CS和C_3S高温固相，从而减少了晶界间低熔点相的数量，提高了溅渣层的结合强度和抗侵蚀能力；但过高的$w(MgO)$也没必要。应严格控制出钢温度不要过高。

13.4.3.4 溅渣护炉工艺

A 熔渣成分的调整

转炉采用溅渣护炉技术后，吹炼过程更要注意调整熔渣成分，要做到“初期渣早化，过程渣化透，终点渣做黏”，使出钢后熔渣能“溅得起，黏得住，耐侵蚀”。为此，应控制合理的MgO含量，使终点渣满足溅渣护炉的要求。

终点渣的成分决定了熔渣的耐火度和黏度。影响终点渣耐火度的主要因素是MgO、TFe含量和碱度$w(CaO)/w(SiO_2)$，其中TFe含量波动较大，一般在10%～30%范围内。为了使溅渣层有足够的耐火度，主要应调整熔渣的MgO含量。

炉渣的岩相研究表明，转炉终点渣的组成为高熔点矿物C_3S和C_2S，两者数量之和可达70%～75%；C_2S的熔化温度为2130℃，而C_3S为2070℃。低熔点矿物CF($CaO \cdot Fe_2O_3$)的熔化温度为1216℃，C_2F($2CaO \cdot Fe_2O_3$)稍高些，为1440℃，RO相的熔化温度也较低。当低熔点相数量达40%时，炉渣开始流动。为了提高溅渣层耐火度，必须调整炉渣成分，提高MgO含量，减少低熔点相数量。表13－9所示为终点渣MgO含量的推荐值。

表13－9 终点渣MgO含量的推荐值 （%）

终渣 w(TFe)	8～11	15～22	23～30
终渣 w(MgO)	7～8	9～10	11～13

MgO－FeO固溶体的熔化温度可以达到1800℃；同时MgO与Fe_2O_3形成的化合物又能与MgO形成固溶体，其固溶体在渣中Fe_2O_3含量达70%时，熔点仍在1800℃以上，两者均为高熔点耐火材料。倘若提高渣中MgO含量就会形成连续的固溶体，从MgO－FeO相图可知，当w(FeO)＝50%时，其熔点仍然很高。根据理论分析与国外溅渣护炉实践来看，在正常情况下，转炉终点MgO含量应控制在表13－9所示的范围内，以使溅渣层有足够的耐火度。

溅渣护炉对终点渣TFe含量并无特殊要求，只要把溅渣前熔渣中的MgO含量调整到合适的范围内，无论TFe含量高低都可以取得溅渣护炉的效果。例如，美国LTV钢公司、内陆钢公司以及我国宝钢公司等，转炉炼钢的终点渣TFe含量均在18%～27%范围内，溅渣护炉的效果都不错。如果终点渣TFe含量较低，渣中C_2F量少，RO相的熔化温度就高。在保证足够耐火度的情况下，渣中MgO含量可以降低些。终点渣TFe含量低的转炉溅渣护炉成本低，也容易获得高炉龄。

调整熔渣成分有两种方式：一种是在转炉开吹时将调渣剂随同造渣材料一起加入炉内，控制终点渣成分，尤其是控制MgO含量达到目标要求，出钢后不必再加调渣剂；倘若终点熔渣成分达不到溅渣护炉的要求，则采用另一种方式，即出钢后加入调渣剂，调整MgO含量达到溅渣护炉要求的范围。

调渣剂是指MgO质材料，常用的调渣剂有轻烧白云石、生白云石、轻烧菱镁球、冶金镁砂、菱镁矿渣和高氧化镁石灰等。选择调渣剂时首先考虑折算后的MgO含量，用MgO的质量分数来衡量。各种造渣剂实际提供的MgO含量如下：

$$\text{MgO的质量分数} = w(\text{MgO})/(1 - w(\text{CaO}) + R \cdot w(\text{SiO}_2))$$

式中 w(MgO)，w(CaO)，$w(SiO_2)$——分别为调渣剂中MgO、CaO、SiO_2的含量，%；

R——炉渣碱度。

不同的调渣剂，MgO含量也不一样。常用调渣剂的成分列于表13－10中，可知MgO

表13－10 常用调渣剂的成分 （%）

种 类	成 分				
	CaO	SiO_2	MgO	灼 减	MgO的质量分数
生白云石	30.3	1.95	21.7	44.48	28.4
轻烧白云石	51.0	5.5	37.9	5.6	55.5
菱镁矿渣粒	0.8	1.2	45.9	50.7	44.4
轻烧菱镁球	1.5	5.8	67.4	22.5	56.7
冶金镁砂	8	5	83	0.8	75.8
含MgO石灰	8.1	3.2	15	0.8	49.7

含量从高到低的次序是冶金镁砂、轻烧菱镁球、轻烧白云石、含 MgO 石灰、菱镁矿渣粒、生白云石。如果从成本考虑，调渣剂应选择价格便宜的。从以上这些材料的对比来看，生白云石的成本最低，轻烧白云石和菱镁矿渣粒的价格比较适中，含 MgO 石灰、冶金镁砂、轻烧菱镁球的价格偏高。

此外，还应充分注意加入调渣剂后对吹炼过程热平衡的影响。表 13－11 列出了不同调渣剂的焓及其对炼钢热平衡的影响。

表 13－11　不同调渣剂的焓（$\Delta H = H_{1773K} - H_{298K}^{\ominus}$）及其对炼钢热平衡的影响

调渣剂种类 / 项　目	生白云石	轻烧白云石	菱镁矿	菱镁球	镁砂	氮气	废钢
焓/MJ·kg^{-1}	3.407	1.762	3.026	2.06	1.91	2.236	1.38
与废钢的热量置换比	2.47	1.28	2.19	1.49	1.38	1.62	1.0
与废钢的热当量置换比	11.38	3.36	4.77	2.21	1.66		

调渣剂与废钢的热当量置换比 I 为：

$$I = \frac{\Delta H_i}{w(\mathrm{MgO})_i \cdot \Delta H_s}$$

式中　ΔH_i —— i 种调渣剂的焓，MJ/kg；

ΔH_s—— 废钢的焓，MJ/kg；

$w(\mathrm{MgO})_i$ —— i 种调渣剂中 MgO 的质量分数，%。

各钢厂可根据自己的情况选择一种调渣剂，也可以配合使用多种调渣剂。

B　合适的留渣量

合适的留渣量就是指在确保炉衬内表面形成足够厚度溅渣层的前提下，还能在溅渣后对装料侧和出钢侧进行摇炉挂渣。形成溅渣层的渣量可根据炉衬内表面积、溅渣层厚度和炉渣密度计算得出。溅渣护炉所需的实际渣量可按理论渣量的 1.1～1.3 倍进行估算。炉渣密度可取 3.5t/m^3。公称吨位在 200t 以上的大型转炉，溅渣层厚度可取 25～30mm；公称吨位在 100t 以下的小型转炉，溅渣层厚度可取 15～20mm。留渣量的计算公式如下：

$$W = KABC$$

式中　W——留渣量，t；

K ——溅渣层厚度，m；

A ——炉衬内表面积，m^2；

B ——炉渣密度，t/m^3；

C ——系数，一般取 1.1～1.3。

不同公称吨位转炉的溅渣层重量如表 13－12 所示。

表 13－12　不同吨位转炉的溅渣层重量

溅渣层重量/t / 转炉吨位/t	溅渣层厚度/mm				
	10	15	20	25	30
40	1.8	2.7	3.6		
80		4.41	5.98		
140		8.08	10.78	13.48	
250			13.11	16.39	19.7
300			17.12	21.4	25.7

C　溅渣工艺

a　直接溅渣工艺

直接溅渣工艺适用于大型转炉，要求铁水等原材料条件比较稳定，吹炼平稳，终点控制准确，出钢温度较低。其操作程序是：

（1）吹炼开始时，在加入第一批造渣材料的同时加入大部分所需的调渣剂，控制初期渣 $w(MgO) \approx 8\%$，可以降低炉渣熔点并促进初期渣早化。

（2）在炉渣返干期之后，根据化渣情况再分批加入剩余的调渣剂，以确保终点渣 MgO 含量达到目标值。

（3）出钢时，通过炉口观察炉内熔渣情况，确定是否需要补加少量的调渣剂。在终点碳含量、温度控制准确的情况下，一般不需再补加调渣剂。

（4）根据炉衬实际蚀损情况进行溅渣操作。

如美国 LTV 钢公司和内陆钢公司主要生产低碳钢，渣中 $w(TFe)$ 在 18% ~30% 范围内波动，终点渣中 MgO 含量为 12% ~15%，出钢温度较低，为 1620 ~1640℃，出钢后熔渣较黏，可以直接吹氮溅渣。

我国宝钢公司的生产条件和冶炼钢种与 LTV 钢公司相近，由于采用了复合吹炼工艺和大流量供氧技术，熔池搅拌强烈，终点渣 TFe 含量在 18% 左右，为适应溅渣需要，MgO 含量由 6.8% 提高到 10.3%，出钢温度为 1640 ~1650℃，终点一般不需调渣，可直接溅渣。

太钢二炼钢厂生产中、低碳钢，采用模铸或连铸工艺，出钢温度较低，模铸钢终点温度控制在 1640 ~1680℃，连铸钢为 1660 ~1700℃；采用高拉碳法操作，所以终点渣 $w(TFe)$ 在 10% ~20% 范围内波动，$w(MgO)$ 含量控制在 8% 左右，出钢后也是直接溅渣。

b　出钢后调渣工艺

出钢后调渣工艺适用于中小型转炉。由于中小型转炉的出钢温度偏高，熔渣的过热度也高；再加上原材料条件不够稳定，往往终点后吹、多次倒炉，致使终点渣 TFe 含量较高，熔渣较稀，MgO 含量也达不到溅渣的要求，因此其不适于直接溅渣。中小型转炉只得在出钢后加入调渣剂，改善熔渣的性质和状态，以达到溅渣的要求。用于出钢后的调渣剂，应具有良好的熔化性和高温反应活性、较高的 MgO 含量以及较大的焓，熔化后能明显、迅速地提高渣中 MgO 含量和降低熔渣温度，其吹炼过程与直接溅渣操作工艺相同。出钢后的调渣操作程序如下：

（1）终点渣 $w(MgO)$ 控制在 8% ~10% 之间。

（2）出钢时，根据出钢温度和观察到的炉渣状况决定调渣剂的加入数量，并进行出钢后的调渣操作。

（3）调渣后进行溅渣操作。

出钢后调渣的目的是使熔渣 MgO 含量达到饱和值，提高其熔化温度；同时由于加入的调渣冷料吸热，从而降低了熔渣的过热度，提高了熔渣的黏度，以达到溅渣的要求。

若单纯调整终点渣 MgO 含量，只需加调渣剂调整 MgO 含量达到过饱和值，同时吸热降温稠化熔渣，以达到溅渣要求。如果同时调整终点渣 MgO 和 TFe 的含量，除需加入适量的含氧化镁调渣剂外，还要加入一定数量的含碳材料，以降低渣中 TFe 含量，也利于 MgO 含量达到饱和，例如，首钢三炼钢厂就曾进行加煤粉降低渣中 TFe 含量的试验。

D　溅渣工艺参数

溅渣工艺要求在较短的时间内将熔渣均匀地溅射涂敷在整个炉衬表面，并在易于蚀损而又不易修补的耳轴、渣线等部位形成厚而致密的溅渣层，使其得以修补，因此，必须确定合理的溅渣工艺参数。确定溅渣工艺参数的内容主要包括合理地确定喷吹氮气的工作压力与流量、确定最佳喷吹枪位以及设计溅渣喷枪的结构与尺寸参数。

炉内溅渣效果的好坏，可通过溅黏在炉衬表面的总渣量和在炉内不同高度上的溅渣量是否均匀来衡量。水力学模型试验与生产实践都表明，溅渣喷吹的枪位对溅渣总量有明显的影响，在同一氮压条件下有一个最佳喷吹枪位，当实际喷吹枪位高于或低于最佳枪位时，溅渣总量都会降低；熔渣黏度对溅渣总量也有影响，随熔渣黏度的增加，溅渣量明显减少。研究与实践还表明，在炉内不同高度上溅渣量的分布是很不均匀的，转炉耳轴以下部位的溅渣量较多，而耳轴以上部位随高度的增加溅渣量明显减少。

溅渣的时间要求在3min左右，应在炉衬的各部位形成一定厚度的溅渣层，最好采用溅渣专用喷枪。溅渣用喷枪的出口马赫数应稍高一些，这样可以提高氮气射流的出口速度，使其具有更高的能量，在氮气低消耗的情况下达到溅渣要求。不同马赫数时氮气出口速度与动量列于表13－13中。我国多数炼钢厂溅渣与吹炼使用同一支喷枪操作。

表13－13　不同马赫数时氮气出口速度与动量

马赫数 *Ma*	滞止压力 /MPa	氮气出口速度 /$m \cdot s^{-1}$	氮气出口动量 /$kg \cdot m \cdot s^{-1}$
1.8	0.583	485.6	606.4
2.0	0.793	515.7	644.7
2.2	1.084	542.5	678.1
2.4	1.488	564.3	705.4

通常，在确定溅渣工艺参数时，往往先根据实际转炉炉型参数及其水力学模型试验结果初步确定溅渣工艺参数，再通过溅渣过程中炉内的实际情况不断地总结、比较、修正，确定溅渣的最佳枪位、氮压与氮气流量，针对溅渣中出现的问题修改溅渣的参数，逐步达到溅渣的最佳结果。

13.5　知识拓展

13.5.1　常用耐火材料的识别和选用

13.5.1.1　转炉常用耐火材料的识别

A　按外形尺寸识别

（1）标准砖。国家标准规定尺寸的典型标准砖如图13－16所示，常用尺寸为230mm×115mm×100mm，其他尺寸还有230mm×115mm×80（60）mm等。

（2）非标准砖。国家标准规定尺寸以外的耐火砖统称为非标准砖，如图13－17所示。

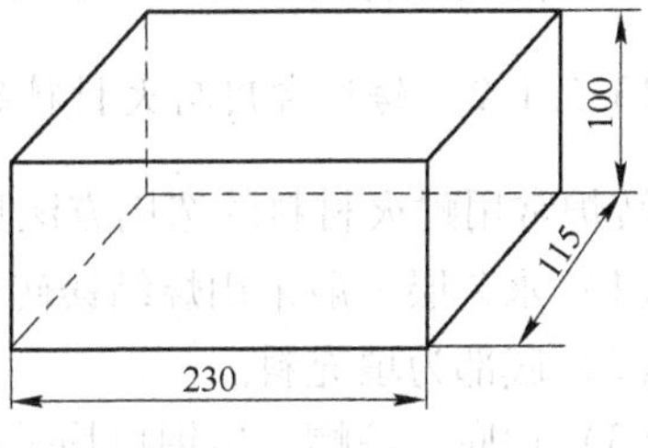

图13－16　标准砖示意图

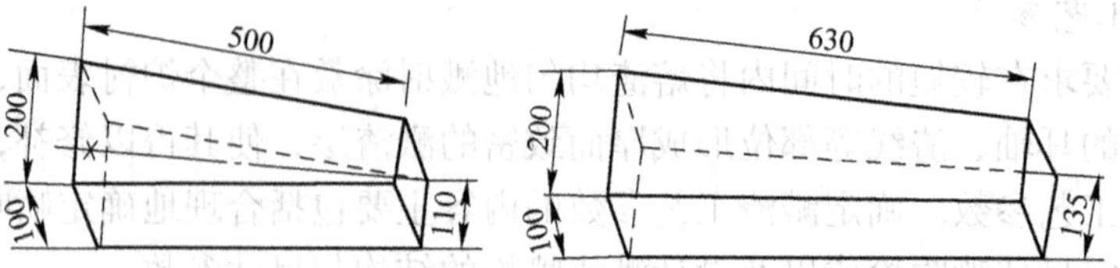

图 13 - 17 非标准砖示意图

1）条形砖。其尺寸为 300mm × 100mm × 100（80，60）mm。

2）楔形砖。楔形砖是指厚薄相同，但两头尺寸各异的耐火砖。其尺寸为 200（110）mm × 500mm × 100mm、200（135）mm × 630mm × 100mm。

3）异型砖。异型砖主要指棱长、形状不规则的耐火砖。

B 按颜色、成分和用途识别

（1）镁砂。镁砂为黄色细粒（细粉），主要成分为 MgO（大于 85%）。它是砌筑碱性炉衬的重要材料，也可用作补炉料、制镁砂砖等。镁砂的耐火度在 2000℃ 以上，有较好的抵抗炉渣侵蚀的能力；但其热稳定性差，导热量大。

（2）白云石。白云石为灰白色颗粒，主要成分为 CaO（52% ~ 58%）、MgO（不小于 35%）。它也是砌筑碱性炉衬的重要材料之一，也可作为制砖材料（如焦油白云石砖）和补炉料。白云石的耐火度高于 2000℃，有较好的抗渣性，其热稳定性比镁砂好；但易潮解粉化。

（3）耐火泥。耐火泥的作用是在砌筑炉衬时填充砖缝，使砖体具有良好的紧密性，防止渗漏。根据其主要成分的不同，耐火泥可分为黏土质、高铝质、硅质、镁质等。耐火泥在使用时应与耐火砖相匹配，两者应具有相同的化学成分和物理性质，以保证砌体的强度且两者不相互侵蚀。

（4）硅质砖。硅质砖为酸性砖，其外表呈淡橘黄色，耐火度较低（1710℃），抗热震性很差，抵抗碱性渣侵蚀的能力很差，所以碱性转炉不使用此砖。

（5）镁炭砖。镁炭砖中 $w(MgO) = 70\% \sim 75\%$，$w(C) = 10\% \sim 18\%$，为第二代炉衬砖。其外观呈黑色，表面比较光滑，质地较硬，不易受潮风化，耐火度较高，广泛应用于转炉。

（6）焦油白云石砖。焦油白云石砖的外观呈黑色（与镁炭砖相比较浅），表面隐约有雪花白点（其剖面则有清晰白点），表面较粗糙，适用于小型转炉。

（7）高铝砖。高铝砖的外观呈淡黄色，表面光洁，抗热震性好，用于电炉炉顶。

（8）焦油沥青镁砂砖。焦油沥青镁砂砖的外观呈黑色，发亮，用于电炉。

13.5.1.2 转炉常用耐火材料的选用方法

转炉常用耐火材料的选用方法见图 13 - 18。

（1）永久层一般采用烧结镁砖砌筑。

（2）底部为填充料。

（3）炉底、炉帽、出钢口均采用焦油结合镁炭砖。

（4）炉身部位采用高强度酚醛树脂结合镁炭砖（为降低成本，炉身接近炉帽的几层

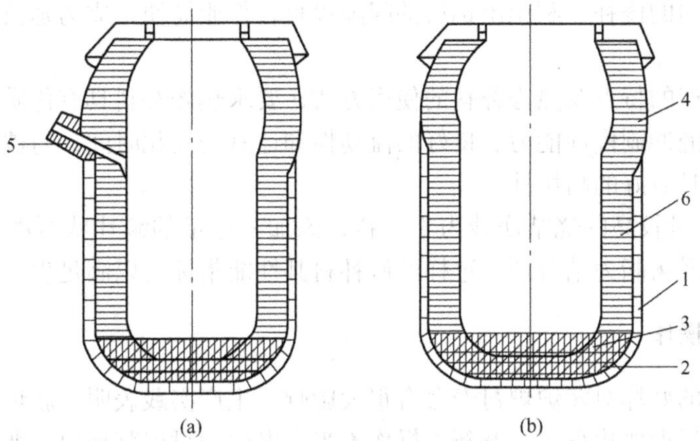

图13-18　转炉砌筑示意图

1—炉身永久层；2—炉底永久层；3—炉底工作层；4—炉帽；5—出钢口；6—炉身工作层

可以采用焦油结合镁炭砖）。

13.5.1.3　转炉常用补炉材料的识别

转炉补炉用耐火材料有耐火泥、补炉砂、补炉砖、喷补料、镁砂、熟白云石等。

（1）耐火泥。耐火泥是由粉状耐火材料用水或液体结合剂调成的浆体。耐火泥应具备的特性是：有良好的涂抹性，泥浆易于在砖面铺展而不黏滞；砌筑时具有一定的保水性，使砌筑时达到砖缝饱满；具有与砖体相同或相近的化学成分组成和热膨胀性、抗渣性；具有一定的黏结强度与黏结时间，以保证砌体的完整性。

（2）补炉砂。补炉砂一般由镁质白云石颗粒加焦油、沥青组成，为黑色散状料，有热砂和冷砂两种。

1）热砂。热砂为不定型制砖料，一般由镁质白云石颗粒加焦油、沥青搅拌而成，为黑色散状料，有熔化沥青的光泽，并有一定的温度。使用热砂的优点是补炉砂易与炉衬本体烧结牢固。

2）冷砂。冷砂一般由废弃补炉砖经耐材厂轧碎而成，呈灰黑色，无光泽，常温，为不规则的散状料。使用冷砂的优点是补炉砂易于铺展。

（3）补炉砖。补炉砖一般为扁平的立方体，贴于炉衬受损表面。由于其扁平接触面大，易补牢。补炉砖的材料一般为焦油白云石质，表面呈黑灰色，其中有小白点，断裂面可见明显白点。如果放置时间长，表面白点更清晰，同时会有粉化现象。

（4）喷补料。喷补料是转炉喷补用的耐火材料，其主要材料是镁砂。

（5）镁砂。镁砂为细小颗粒状或粉状，呈浅黄色。

（6）熟白云石。熟白云石是经焙烧的白云石，为中细颗粒状，呈灰白色，拌有结合剂后用作填补炉衬前后大面。

13.5.1.4　转炉热修补料的选择与使用

转炉炼钢是当今世界上主要的炼钢方法，随着火焰喷补、干法喷补、溅渣护炉等高温修补技术的应用，转炉的寿命大幅度提高。其中，烧结修补料广泛用于装料侧、底部及出钢侧壁等水平方向的修补，利用出钢后的间隙投料，作业简便，成为延长转炉炉龄的重要材料之一。

根据转炉生产的特点及热修补料的使用方式，要求热修补料具有优质的高温性能、良好的抗钢水和熔渣冲刷侵蚀能力、良好的流动性和适宜的硬化时间，与被修补砖衬有良好的黏结强度，并具有好的耐用性。

选用 MgO 含量较高的烧结镁砂为主原料，添加一定量的鳞片状石墨，以改性的焦油沥青和热塑性酚醛树脂为结合剂，这样的修补料其性能指标可以满足生产要求。

13.5.2 开新炉操作

开新炉操作的好坏对转炉炉衬寿命有很大影响。生产实践表明，新炉炉衬的侵蚀速度一般比炉子中、后期要快得多。开新炉操作不当会发生炉衬塌落现象，严重影响炉衬寿命及各项技术经济指标。因此对开新炉的要求是，在保证烘烤、烧结好炉衬的基础上，要同时炼出合格的钢水。

13.5.2.1 开炉前的准备工作

为了顺利地炼好每一炉钢，在开炉前要做好一切准备工作。开炉前应有专人负责对转炉工段设备做全面检查，内容包括：

（1）认真检查炉衬的修砌质量，当采用下修法时，要特别注意检查炉底与炉身接缝处是否严密，否则开炉后容易发生漏钢事故。

（2）检查转炉倾动机构是否能正常倾动、喷枪升降机构是否能正常升降、喷枪提升事故手柄是否处于备用状态、散状材料的各料仓及上料皮带机是否正常、开炉用料是否备好、电子秤及活动溜槽是否收放灵活。

（3）检查炉下车供电导轨是否正常、开动灵活，炉前、炉后挡火板及吹氩装置等设备的运转是否正常。

（4）检查烟气净化回收系统的风机、可调文氏管、汽化冷却设备等是否能够正常运行。

（5）检查并保证供水系统、喷枪、水冷炉口、烟罩、炉前和炉后挡火板、烟气净化系统等所用冷却水的压力和流量符合要求，所有管路应畅通无阻塞。

（6）检查并保证炉前所用测试仪表的读数显示正确可靠。

（7）检查喷枪与炉子、喷枪与供水和氧压等各项联锁装置（若喷枪下到炉内时炉子转不动，炉子不正（±30°）时喷枪下不来，或当高压水压低于某一数值、高压水温高于某一数值、氧气压力表压力小于某一数值时，喷枪应自动提升），保证其灵活可靠。

（8）炉前所用的各种工具及材料必须准备齐全。除样勺、钎子、铁锤、样模、铁锹等常用工具，硅铁、锰铁、铝等合金料，堵出钢口所用红泥、泥盘等用具和材料外，还必须把烧出钢口用的氧气胶皮管及氧管准备好，以便在打不开出钢口时可以及时吹氧烧熔，保证及时出钢。

检查试车工作必须做到认真细致，任何粗心大意都会给开炉操作带来困难，甚至发生意外事故。在试车运转确认正常后，准备工作一切就绪，使设备处于运转或备用状态。

13.5.2.2　炉衬的烧结

开新炉的主要目的是迅速烧结炉衬，并使之加热到炼钢的温度，以利于吹炼的顺利进行。为了保证获得良好的烧结炉衬，开新炉操作必须符合炉衬砖升温过程中的强度变化规律。研究资料表明，焦油结合砖加热到300℃左右时，大量挥发物开始逸出，砖体软化；在400～500℃时，炉衬砖强度迅速下降；当温度上升到500℃左右时，挥发物逸尽，砖体内石墨碳素骨架初步形成，砖体强度又迅速上升；而后当温度达到1200℃时，由于砖体内低熔点物质的存在，衬砖强度又逐渐下降，降低的程度取决于砖内低熔点杂质含量的多少。石墨碳素骨架对炉衬的性能有很大影响，温度越高，石墨化越多，炉衬砖越牢固。焦油分解所形成的碳化物有很好的黏结力，特别是在高温下形成的石墨有更高的黏结力，把砖中的白云石颗粒黏结成一个整体，达到烧结的目的。保持炉衬的强度及其在烧结过程中的变化，主要是通过在高温下使焦油转化为石墨。形成的石墨对炉衬的性能有很大影响，在提高炉龄方面起着重要作用。从这一情况出发，开新炉操作必须保证均匀升温，使炉衬砖的结合剂快速形成石墨碳素骨架，并使之形成一个具有一定强度的整体。

13.5.2.3　炉衬的烘烤

炉衬的烘烤就是将处于常温的转炉内衬砖加热烘烤至炼钢要求的高温。目前转炉的内衬全部采用镁炭砖砌筑，使用焦炭烘炉法。

焦炭烘炉的步骤如下：

（1）根据转炉吨位的不同，首先装入适量的焦炭、木柴，用油棉丝引火，立即吹氧使其燃烧，避免断氧。

（2）炉衬烘烤过程中，定时分批补充焦炭，适时调整氧枪位置和氧气流量，使其与焦炭燃烧所需的氧气量相适应，以使焦炭完全燃烧。

（3）烘炉过程要符合炉衬的升温速度，保证足够的炉衬烘烤时间，使炉衬具有一定厚度的高温层，以达到炼钢要求的高温。

（4）烘炉结束后，倒炉观察炉衬烘烤情况，并进行测温。

（5）烘炉前，可解除氧枪提升－氧气工作压力联锁报警，烘炉结束应及时恢复。

（6）复吹转炉在烘炉过程中，炉底应一直供气，只是比正常吹炼的供气量要少一些。

首钢210t转炉的烘炉实例如下：

（1）首先加入焦炭3000kg，再加入木柴800kg。

（2）用油棉丝火把点火，一经引火立即吹氧，不能断氧。开氧5min后，将罩裙降至距炉口400mm处。

（3）在2h 30min内，氧气流量（标态）控制在10000m^3/h，氧枪高度为10～11m（距地面）。

（4）吹氧40min后，开始分批补充加入焦炭，每隔15min加入焦炭500kg。

（5）2h 30min以后，氧气流量（标态）调整到12000m^3/h，氧枪高度为10m，每隔15min补加焦炭600kg。焦炭加入后，氧枪控制在9.5～11m范围内，调节枪位2次或3次。

（6）炉衬烘烤总时间不得少于5h 30min。

（7）烘炉结束后停氧，关上炉前挡火板，倒炉观察炉衬及出钢口等部位的烘烤质量及残焦情况，并进行测温，若符合技术要求即可装入铁水炼钢。

（8）因故停炉时间超过2天或炉龄小于10炉并停炉时间1天，均需按开新炉方式用焦炭烘炉，烘炉时间为3h。不准用冷炉炼钢。

烘炉曲线如图13－19所示。

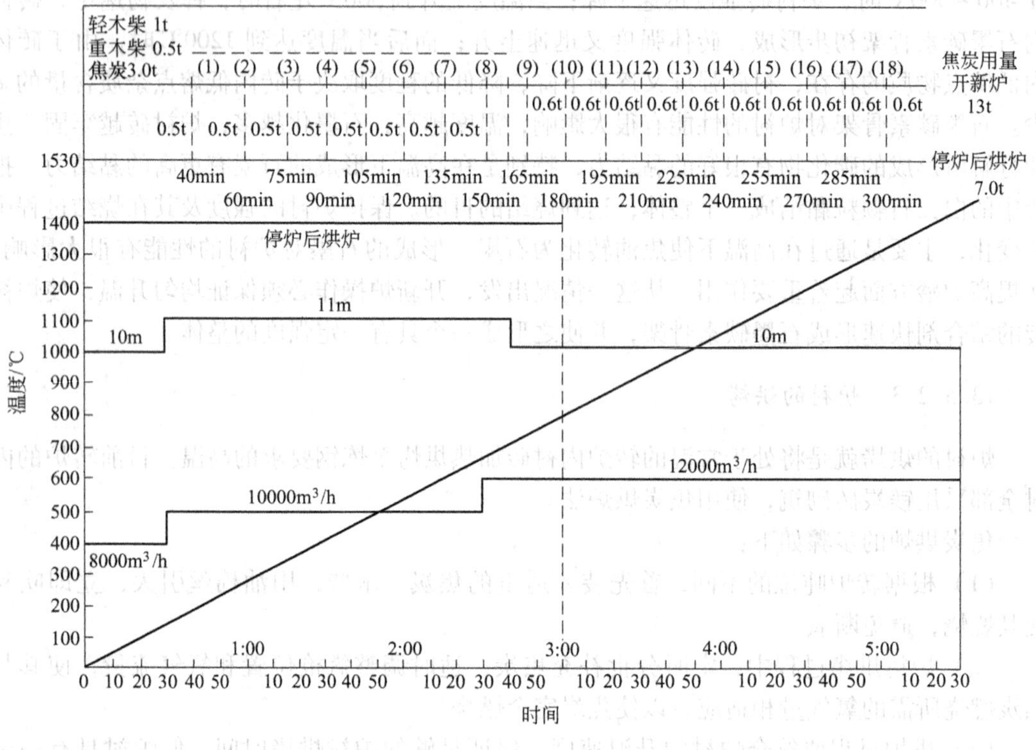

图13－19　烘炉曲线

13.5.2.4　第1炉钢的吹炼操作

第1炉钢的吹炼操作也称开新炉操作。虽然炉衬经过了几个小时的烘烤，但只是内衬表面具有一些热量，而炉衬的内部温度仍然较低，所以第1炉钢的吹炼操作如下：

（1）第1炉钢不需加废钢，全部装入铁水。

（2）根据铁水成分配加造渣材料。由于炉衬温度较低，可以配加适量的Fe－Si或焦炭以补充热源。

（3）根据铁水温度、所配加材料的数量及热平衡计算，确定出钢温度。

（4）出钢前检查出钢口。由于是新炉衬，再加上出钢口小，到吹炼终点拉碳后要快速组织出钢，否则钢水温降太大。

（5）开新炉的前5炉应连续炼钢，没有精炼设备不要冶炼优质钢种。

例如，首钢210t转炉规定如下：

（1）开新炉的第1炉只装210t铁水，当铁水中$w[Si] < 0.40\%$时，可配加Fe－Si调整$w[Si]$至0.50%。

（2）氧气流量（标态）控制在37000m^3/h，开始吹炼氧枪高度为2.3～2.5m，吹炼过程枪位为1.9～2.3m，终点降枪至1.7m。

（3）开新炉的前3炉只能冶炼20MnSi，出钢温度应控制在1740～1750℃，钢水吹氩处理后浇注成小方坯。

（4）开新炉第1炉不回收煤气，但按正常吹炼进行降罩操作。

（5）此外还规定，开新炉后100炉以内不得计划封炉。

13.5.3　停炉操作

（1）冶炼结束后提枪、提罩，将炉体向后倾至炉口，对准平台操作水箱。如果氧枪有冷钢黏结，应切割清除。将氧枪提升到清渣点，关闭供氧、供水手动总阀门。

（2）通知除尘值班室、热力站值班室进行停炉操作。

（3）通知供氧值班室调整好氧和氮的供应。

（4）通知污水泵房按操作规程停止或减小氧枪及水箱用水。

（5）通知散状料系统做好停炉后的工作。

（6）通知炉下钢包、渣包车做好炉下清理工作。

（7）通知砌炉人员准备进行拆、砌炉衬操作。

（8）通知车间跟班检修值班室做好以下操作：停炉后将炉前、炉侧进水阀门关闭，4h后关闭炉后、炉口水箱的进水阀门，并检查各阀门的关闭度；关活动烟罩水封进水阀门，清理水封内积尘；关闭各气缸的压缩空气进气阀门；关闭润滑油泵，使转炉停止倾动；切断总电源，取下“开动”牌。

13.6　思考与练习

（1）如何保护炉衬？

（2）如何综合砌炉？

（3）叙述补炉的目的和操作步骤。

（4）叙述补炉的注意事项。

（5）对补炉料有何要求？

（6）溅渣护炉的意义是什么？

（7）叙述溅渣护炉的操作要点。

（8）什么是经济炉龄？

学习情境6

复吹转炉炼钢生产

单元14　复吹转炉炼钢生产

14.1　学习目标

（1）掌握复吹转炉冶炼的基本原理；

（2）掌握复吹转炉吹炼 SWRH82B 的操作控制技能（以 100t 复吹转炉的冶炼为例）；

（3）在顶吹转炉冶炼操作的基础上，对比分析顶吹与底吹的区别；

（4）能准确地按顺序陈述复吹转炉炼钢生产工艺的各个环节。

14.2　工作任务

转炉炼钢工（班长）根据车间生产值班调度下达的生产订单，结合钢种冶炼标准卡所要求的 SWRH82B 钢种成分、出钢温度和车间提供的铁水成分、铁水温度，编制原料配比方案和工艺操作方案。

转炉炼钢工（班长）组织本班组员工按照操作标准，安全地完成复吹冶炼、取样测温、出钢合金化、溅渣护炉、出渣等完整的冶炼操作。

工作内容具体如下：

（1）确定复吹转炉的装入量及铁水配比，并装入；

（2）控制复吹转炉顶吹气体和底吹气体的供气强度；

（3）控制好氧枪枪位以及底吹气体的供气强度和时间；

（4）完成脱碳、脱磷、脱硫任务；

（5）进行冶炼终点判断和拉碳操作。

14.3　实践操作

14.3.1　冶炼前的准备工作

（1）物料准备。作业前根据生产计划以及工作要求准备所用物料，包括增碳剂、挡渣棒、挡渣球、挡渣塞等物品，应保证准确到位。

（2）工具准备。作业前根据生产计划以及工作要求准备所用工具，包括钢钎、铁锹、氧管、测温枪、测温偶头、取样器等物品，应保证到位。

14.3.2　炉衬的检查及修补

（1）冶炼操作过程中要随时观察和检查炉壳外表面情况，注意炉壳是否发红、发白，是否冒火花甚至漏渣、漏钢，这些都是炉衬已损坏的先兆。所以，出钢后应认真检查炉膛，具体内容如下：

1）检查炉衬表面是否有颜色较深甚至发黑的部位；

2）检查炉衬是否有凹坑和硬洞以及凹坑和硬洞的深度；

3）检查炉衬有哪些部位已经见到保护砖；

4）检查熔池前后肚皮部位炉衬的凹陷深度；

5）检查炉身和炉底接缝处是否发黑和凹陷；

6）检查炉口水箱内侧的炉衬砖是否已损坏；

7）检查左右耳轴处炉衬损坏的情况；

8）检查出钢口内外侧是否圆整；

9）检查出钢口长度是否符合规格要求；

10）除了检查以上容易损坏的主要部位外，还要检查全部炉衬内表面，以防遗漏。

（2）如果发现炉衬已损坏，可根据不同的部位采用不同的修补措施。

1）对于装料侧、出钢侧的两个大面，可采取以下措施：

①补炉机喷补。出完钢、倒完渣之后，立即用补炉机喷补装料侧和出钢侧渣线，喷补量为 0.7t 左右，烧结 20min。

②槽翻补炉。将 1.0 ~ 1.5t 焦油镁砂装入废钢斗，出完钢、倒完渣之后立即倒入炉内适当部位，然后立即将炉子倾至适当角度，使补炉料在顷刻间铺开，再通过氧气管通用氧烧结 1.0 ~ 1.5h，直至不冒烟为止。

③溅渣护炉。200 ~ 500 炉内每 3 ~ 5 炉溅渣一次，500 炉后应炉炉溅渣。

④渣补。出完钢之后，将渣留在炉内，通过反复倾炉使稠渣挂在炉衬上。此方法应贯穿炉役始终。

2）对于耳轴侧、炉帽、渣线、出钢口及局部侵蚀严重的部位，可采取以下措施：采用 0 ~ 3mm 镁质喷补料加水 20% ~ 25% 在喷补机的枪内混合，运载气体为压缩空气，工作压力为 0.2 ~ 0.3MPa，喷补料量为 0.6 ~ 1.0t，喷补厚度一般为 30 ~ 50mm，烧结 10min。

（3）喷补操作步骤。

1）对喷补机进行空载试车，做好喷补的所有准备工作。

2）根据炉衬温度调整水的比例、喷补距离、压力等参数，使喷补料的覆着率达到 90% 以上。

3）当喷补过程中发生堵枪、堵带或出料异常等情况时，要立即停机处理。

4）喷补完毕后应将喷补机及附属设备清洗干净，以备再用。

14.3.3　装料操作

14.3.3.1　兑铁水操作

（1）确认炉内无液态渣。

（2）确认是本炉次铁水，将铁水包吊至转炉正前方，吊车放下副钩，炉前指挥人员将两个铁水包底环分别挂好。

（3）确认炉前无闲杂人员，挡火门开到位。

（4）确认渣罐车不在炉下。

（5）将炉体前倾至呈60°，指挥行车到兑入位置。

（6）根据指挥人员手势，配合天车工降铁水罐兑入，缓缓摇炉。

（7）兑铁完毕，确认铁水罐离开炉口后方可进行摇炉操作。

14.3.3.2　加废钢操作

（1）确认挡火门已开到位。

（2）确认是本炉次废钢，炉前进料工将废钢斗尾部的钢丝绳从吊车主钩上松下，换勾在吊车副钩上待用。

（3）确认废钢无潮湿、无积水。

（4）倾动炉体至呈45°。

（5）指挥行车、废钢槽到达装入位置，装入废钢。

（6）确认废钢槽已离开转炉炉口后方可进行摇炉操作。

14.3.3.3　兑铁水、加废钢注意事项

（1）指挥人员必须注意站立的位置以确保安全，决不能站在正对炉口的前方。

（2）站位附近要有安全退路且无杂物，以确保在铁水溅出或进炉大喷时可以撤到安全地区。

（3）站位应能让摇炉工、吊车工都清楚地看到指挥人员的手势。

（4）指挥人员指挥进炉时要眼观物料进炉口的情况和炉口喷出的火焰情况，如有异常情况发生，要及时采取有效措施，防止出现意外事故。

（5）兑铁水时铁水流要稳定，先小注流，然后逐渐加大，以防未完全对准炉口而使铁水溅出。

14.3.4　冶炼操作

14.3.4.1　造渣操作

（1）正常条件下采用单渣法操作，要求初期渣早化、过程渣化好、终渣化透做黏。

（2）当铁水 $w[P] \geqslant 1.5\%$ 时可采用双渣法，前渣倒渣时间在吹氧4min 10s时。

（3）造渣料加入方法的选择需根据铁水硅含量来调整，具体见表14－1。

表14－1　造渣料加入方法

$w[Si]/\%$	加料方式
≤0.40	采用一批料方式，开吹5～6min内多批次、小批量加完
0.40～0.60	采用两批料方式，头批料加入总料量的70%～80%，余料第二批加入
>0.60	采用两批料方式，头批料加入总料量的70%，余料第二批加入

14.3.4.2　供氧操作

（1）正常枪位操作。正常吹炼模式下采用恒压变枪操作，枪位采用低－高－低模式，在 1.4～1.8m 之间进行控制，并根据化渣情况及温度情况合理调整枪位；但不得长时间吊吹和深吹，防止炉渣返干期发生金属喷溅。冶炼对枪位控制有特殊要求的钢种时，可按该钢种的操作要点进行控制。

（2）当有下列报警信号时，氧枪自动提升：

1）氧气压力小于 0.6MPa；

2）高压水出水温度高于 50℃；

3）氮封压力小于 0.1MPa；

4）进出水流量差大于 $20m^3/h$。

14.3.4.3　温度控制操作

为得到良好的炼钢过程升温情况，在操作中应控制好以下几点：

（1）通过观察火焰特征和钢样进行判温，了解熔池过程中温度的变化情况。

（2）确定冷却剂加入种类、加入数量和加入时间（一般应该分批加入）以控制温度，从而确保终点温度准确。

（3）利用副枪可以较准确地测定过程温度，根据对目标温度的偏离情况补加冷却剂或采取提温措施。

（4）可以利用变换枪位来调节过程温度。

（5）入炉铁水成分和温度要控制在合理范围内且稳定。铁水的物理热和化学热占转炉炼钢热收入的 96% 左右，是影响转炉炼钢热平衡的最重要因素。

（6）废钢比例以及轻、重废钢配比要适当。废钢熔化吸热占转炉炼钢热支出的 10%～12%。轻废钢比例过大，容易造成吹炼前期熔池温度过低，成渣困难；重废钢对熔池升温的影响则与轻废钢相反，重废钢尺寸过大还容易发生副枪取样时不能完全熔化，影响终点温度命中率。

（7）吹炼过程中不同炉次的枪位变化曲线应尽量一致，以减少炉气二次燃烧率的波动。吹炼终点前的降枪高度、吹氧参数应稳定，以保证动态模型的命中率。

（8）控制良好的成渣过程，减少喷溅，保持物料平衡与热平衡的稳定性。

（9）吹炼过程中渣料和矿石的加入批量不应过大，以免引起熔池温度波动过大。不同材料在 1550℃时的焓（MJ/kg）为：石灰 1.47，轻烧白云石 1.76，轻烧菱镁石 2.06，生白云石 3.41，菱镁矿 3.03，石灰石 3.47，铁矿石 4.23。

（10）采用正确的静态模型和动态模型，当终点命中率低或生产条件变化时，应做及时调整。

（11）做好生产调度工作，减少间隔时间，以减少热损失。保持副枪系统运转正常，达到较高的测成率。

14.3.4.4　终点控制操作

（1）根据火焰特征判碳、判温，确认基本达到或者接近达到终点要求时可以准备出钢。

（2）取出具有代表性的钢样，刮去覆盖于表面的炉渣，从钢水颜色、火花分叉及弹跳力等方面来判断碳含量及温度的高低。

（3）通过观察钢样判断磷、硫含量，或者取样送化验室分析磷、硫、碳、锰及其他元素的含量。

（4）结合渣样、炉膛情况、喷枪冷却水进出温差以及热电偶测温等来综合判温。

（5）通过观察钢样和渣样估计钢水的氧化性。

（6）确定补吹时间或者出钢。

14.3.4.5　复吹转炉冶炼操作注意事项

复吹转炉冶炼操作与顶吹转炉冶炼操作基本一致，在冶炼过程中，可根据实际状况做适当调整。复吹转炉冶炼的主要问题是透气砖堵塞，复吹效果变差，特别是采用溅渣护炉技术以后，操作不当时此问题更加明显。因此，复吹转炉所注意的问题应放在合理使用溅渣护炉技术上。在操作过程中要注意以下几点：

（1）石灰加入量可降低5%～10%，控制终渣碱度不小于3.0。

（2）控制复吹转炉氧枪枪位比顶吹转炉高50～100mm。为了防止炉底上涨，在渣比较稀时应采用低枪位操作，用稀渣冲刷炉底。渣变稠后应采用适当的枪位，使渣覆盖炉壁。渣稍干后降枪操作，利用气流动力把渣吹开。同时，在溅完渣后立即倒炉倒渣，以防止炉底黏渣过厚。

（3）注意底吹流量、压力的控制。控制枪位可保持炉底有一定的渣层厚度，但仍不能完全保证透气砖的透气性能。要保证透气砖的透气性能还必须通过调节底吹流量和压力，使底吹气体能透过透气砖上的渣层并形成透气孔。因此，溅渣时在保证大的底吹流量的同时，底吹压力的控制也应比溅渣气体出口压力大。

（4）注意溅渣料加入的控制。当转炉终渣比较稀时，为了确保溅渣效果，要适当加入一些溅渣料，如果加入时间不当，极易造成炉底上涨和透气砖堵塞。适当的调料方法应既保证溅渣效果又保证复吹效果。

14.3.5　出钢操作

（1）将炉倾地点选择开关放置于“炉后”位置，摇炉工进入炉后操作房。

（2）按动钢包车进退按钮，试动钢包车。若无故障，则等待炉前出钢命令；若有故障，应立即通知炉长及炉下操作工暂停出钢并处理钢包车故障，力争准时出钢。

（3）接到炉长出钢的命令后，向后摇炉至开出钢口位置，配合操作工打开出钢口。

（4）摇炉工面对钢包和炉子的侧面，一只手操纵摇炉开关，另一只手操纵钢包车开关。

（5）开动钢包车，将其定位在估计钢流的落点处，摇动炉子开始出钢。开始时炉子要快速下降，使出钢口很快冲过前期下渣区（钢水表面渣层），尽量减少前期下渣量。

（6）见钢后可停顿一下，以后再根据钢流情况逐步压低炉口，使钢水正常流出。炉口的位置应该尽可能低，以提高液层的高度。但出钢炉口低位有限制，必须保证大炉口不下渣，钢流不冲坏钢包和溅在包外。

（7）在压低炉口的同时不断地移动钢包车，保证钢水流入钢包中。

（8）出钢1/3左右时，加入铁合金进行脱氧合金化操作。

（9）钢流见渣即出钢完毕，快速摇起炉子，尽量减少后期下渣进入钢包的量。一般出钢完毕见渣时炉长会发出命令，所以出钢后期一边要自己密切观察钢流变化，一边要注意听炉长命令。

（10）出钢完毕，摇起炉子至堵出钢口位置，进行堵出钢口操作。

（11）摇炉工返回炉前操作室，将炉倾地点选择开关放置于“炉前”位置。

（12）摇正炉子，然后可能进行溅渣护炉操作。

14.3.6 溅渣护炉操作

（1）溅渣基本要求。

1）钢水必须出尽（未出尽不得溅渣）。

2）氮气压力和设备应正常，500炉以后必须炉炉溅渣（除特殊钢种不溅渣外）。

（2）溅渣规定。

1）氮气总管压力要求不小于1.6MPa。

2）工作压力控制在0.8～0.85MPa范围内，流量（标态）为19500～20200m^3/h。溅渣时若小于0.7MPa，必须停止溅渣。

（3）终点炉渣调整。

1）碱度。根据铁水成分加入足量石灰，确保$2.2 \leqslant R \leqslant 3.5$。

2）镁质料加入。保证终渣MgO含量，确保$8.0\% \leqslant w(\mathrm{MgO}) \leqslant 12\%$。

3）特殊钢种或高温低碳钢种出完钢后，先加入200～400kg轻烧白云石降温，然后调入一定数量的轻烧镁球，前后摇匀再溅渣。

4）倒炉时尽量少倒渣，保证留有一定数量的终渣（将炉子摇到一定角度，能测温、取样即可）。

5）终点提枪前或出钢前严禁调铁皮、矿石。

6）出完钢是否调料应由炉长视渣况而定，炉底不好时，渣子要稍黏，调料种类为轻烧白云石或轻烧镁球。

（4）枪位。

1）转炉零位为-100mm以上（含-100mm）时，最低枪位不得低于0.5m，操作枪位按-100mm时溅渣枪位曲线控制。

2）转炉零位在-100mm以下时，枪位应为0～2.0m，按-100mm以下时溅渣枪位曲线控制。

（5）溅渣时间。溅渣时间为2～3min（溅渣过程中应视炉口渣况逐渐降低枪位，并视渣况、炉况灵活掌握，渣量大、渣稀、温度高、炉况不好时，时间按上限操作，反之按下限操作）。

（6）溅渣完毕后的护炉操作。

1）在节奏允许的情况下，溅渣完毕后将转炉停在零位，处理氧枪黏渣后再倒渣（如炉底过高可同时进行，保证炉底不上涨）。

2）停在零位后应视节奏及前面情况，由炉长决定是否将炉渣留在大面护炉，在兑铁前倒掉。

14.3.7 换出钢口操作

（1）换出钢口条件。当出钢口长度短于500mm或出钢时间小于3min时，均应换出钢口。

（2）操作步骤。

1）打开挡火门，倒尽炉内炉渣，使炉体停在“+155°”附近位置。

2）从外口定位向内扩孔，扩孔直径不小于300mm。

3）烧开出钢口，并清理出钢口外口残余钢渣。

4）将镁炭管砖插入出钢口，管砖连接处用镁碳质胶泥挤严。

5）将转炉摇至出钢侧90°，用喷补料喷补出钢口内侧，必须将管砖外侧空隙灌满挤严，直至与炉衬表面平齐为止，然后烧结5~10min。

6）当出钢口出现渗钢、外口掉砖或破损严重时，应更换出钢口。

7）当出钢口直径变大时，应采用从出钢口倒渣挂渣的方法使其恢复正常。

14.3.8 停炉操作

（1）计划停炉检修前3~5炉，若烟罩内壁黏渣，应在终点出钢前将转炉向后倾动30°，将氧枪下至烟罩内，手动开氧，时间根据烟罩黏渣情况而定，一般为3~5min，直至烟罩干净为止。

（2）根据炉渣情况决定是否倒掉部分渣。

（3）将转炉摇回零位，氧枪控制转为“手动”。

（4）下枪洗炉，氧压为0.6MPa，枪位为2~3m，每隔3~5min倒炉检查一次，并决定是否倒掉部分渣，倒渣时应加适量石灰以防过氧化渣进入渣罐大翻。

（5）如果炉帽状况差，应先用半干法喷补一次，防止炉帽钢板烧损。

（6）达到前后大面无补炉料、炉底接缝清晰，才算洗炉成功。

（7）加入适量石灰和Fe-Si-Al，缓慢倒渣。

（8）放空所有散状料和合金料称量斗。

（9）关闭底吹供气阀门。

（10）清理钢包车、渣罐车残余钢渣。

（11）清理渣道、渣墙、炉口、炉壁等处残余钢渣。

（12）停炉前必须保证氧枪无黏钢，提出氮封口。当黏钢提不出时，应提前割换氧枪。

14.4 知识学习

14.4.1 复吹转炉炼钢的发展概况

14.4.1.1 国外复吹转炉炼钢的发展概况

早在20世纪40年代后半期，欧洲就开始研究从炉底吹入辅助气体，以改善氧气顶吹转炉炼钢法的冶金特性。自1973年奥地利人伊杜瓦德等研发转炉顶底复合吹氧炼钢后，世界各国普遍开始了对转炉复吹的研究工作，出现了各种类型的复合吹炼法，其中大多数已于 1980 年投入工业性生产。由于复吹法在冶金上、操作上以及经济上具有比顶吹法和底吹法更好的一系列优点，加之改造现有转炉容易，仅仅几年时间其就在全世界范围内广泛地普及起来，一些国家（如日本）早已淘汰了单纯顶吹法。

氧气转炉顶底复合吹炼是 20 世纪 70 年代中后期国外开始研究的炼钢新工艺，它的出现可以说是在综合了顶吹氧气转炉与底吹氧气转炉炼钢方法的冶金特点之后所导致的必然结果。所谓顶底复吹转炉炼钢法，就是在顶吹的同时从底部吹入少量气体，以增强金属熔池和炉渣的搅拌，并控制熔池内气相中 CO 的分压，因而克服了顶吹氧流搅拌能力不足（特别在碳低时）的弱点，使炉内反应接近平衡，铁损失减少，同时又保留了顶吹法容易控制造渣过程的优点，具有比顶吹和底吹更好的技术经济指标（见表 14－2），成为近年来氧气转炉炼钢的发展方向。

表 14－2 某顶吹与顶底复合吹炼转炉指标的比较

项 目	顶 吹	顶底复合吹炼（LBE 法）
铁水/$kg \cdot t^{-1}$	786	698
废钢/$kg \cdot t^{-1}$	49	15
铁矿石/$kg \cdot t^{-1}$	271	390
铁的收得率/%	94.1	94.4
CO 二次燃烧率/%	10	27

14.4.1.2 我国复吹转炉炼钢的发展概况

我国首钢及鞍钢钢铁研究所分别于 1980 年和 1981 年开始进行复吹的试验研究，并于 1983 年分别在首钢 30t 转炉和鞍钢 150t 转炉上推广使用。到目前为止，全国大部分转炉钢厂都不同程度地采用了复合吹炼技术，设备在不断完善，工艺在不断改进，复合吹炼钢种已有 200 多个，技术经济效果也在不断提高。

底部供气元件是复合吹炼技术的关键之一。我国最初采用的是管式结构喷嘴，而后改为环缝式。从结构上来看，环缝最简单，而且环缝比套管的流量调节范围大，控制稳定，不会倒灌钢水。再后来开始采用微孔透气砖。目前我国已开发各种形式的透气砖和喷嘴，为复合吹炼工艺合理有效地发展与进步创造了有利的条件。

我国氧气转炉采用复合吹炼后，复合吹炼技术不断地完善和提高，如后搅拌工艺、炉内二次燃烧技术、特种生铁冶炼技术、底吹氧和石灰粉技术以及喷吹煤粉技术等正在完善和提高。由于复吹工艺的发展与铁水预处理技术、炉外钢水精炼技术相结合，在我国一些钢厂已形成现代化炼钢新工艺流程，从而扩大了钢的品种，提高了转炉钢的质量，使一些高洁净度、超低碳钢种得以开发。

14.4.2 复吹转炉的种类及冶金特点

顶底复合吹炼转炉按底部供气的种类主要分为两大类：

（1）顶吹氧气，底吹惰性、中性或弱氧化性气体的转炉。此转炉炼钢法除底部全程恒流量供气和顶吹枪位适当提高外，冶炼工艺制度基本与顶吹法相同。底部供气强度一般等于或小于0.14$m^3/(t \cdot min)$，属于弱搅拌型。而且吹炼过程中钢、渣成分的变化趋势也与顶吹法基本相同。但由于底部供气的作用强化了熔池搅拌，对冶炼过程和终点都有一定影响。

（2）顶、底均吹氧气的转炉。此转炉炼钢时，20%～40%的氧由底部吹入熔池，其余的氧由顶枪吹入。此法的供气强度可达0.2$m^3/(t \cdot min)$以上。由于顶、底部同时吹入氧气，在炉内形成两个火点区，即下部区和上部区。下部火点区可使吹入的气体在反应区高温作用下体积剧烈膨胀，并形成过热金属的对流，从而增加了熔池搅拌力，促进了熔池脱碳。上部火点区主要是促进炉渣形成和进行脱碳反应。

由于增加底部供气，加强了熔池的搅拌力，使熔池内成分和温度的不均匀性得到改善，并改善了炉渣－金属间的平衡条件，取得了如下良好的冶金效果：

（1）吹炼达到平衡，喷溅量少，金属收得率提高；

（2）锰的收得率提高；

（3）熔池搅拌条件好，化渣快；

（4）脱碳、脱磷和脱硫反应非常接近平衡，有较高的磷和硫的分配系数；

（5）冶炼时间缩短；

（6）出钢温度降低。

14.4.3　复吹转炉的底吹气体

14.4.3.1　底吹气体的种类

转炉顶底复合吹炼工艺底部供气的目的是搅拌熔池，强化冶炼，也可以供给作为热补偿的燃气。所以在选择气源时，应考虑其冶金行为、操作性能、制取难易程度以及价格等因素，同时还要求其对钢质量无害、安全，冶金行为良好并有一定的冷却效应，对炉底的耐火材料无强烈影响。目前作为底部气源的有氮气、氩气、氧气和二氧化碳气体等，也有采用空气的。

A　氮气（N_2）

氮气是惰性气体，是制氧的副产品，也是惰性气体中唯一价格最低廉又最容易制取的气体。氮气作为底部供气气源时，无需采用冷却介质对供气元件进行保护，所以底吹氮气供气元件结构简单，对炉底耐火材料的蚀损影响也较小，它是目前被广泛采用的气源之一。但如果使用不当，会使钢中增氮，影响钢的质量。倘若采用全程吹氮，即使供氮强度很小，钢中也会增氮0.0030%～0.0040%。生产实践表明，若在吹炼的前期和中期供给氮气，钢中极少有增氮的危险。因此，只要在吹炼后期的适当时刻切换氮气，供给其他气体，钢中就不会增氮，钢的质量也会得到改善。

B　氩气（Ar）

氩气是最为理想的气体，不仅能达到搅拌效果，而且对钢质无害。但氩气来源有限，1000m^3/h（标态）的制氧机仅能产生24m^3/h（标态）的氩气，而且制取氩气的设备费用昂贵，所以氩气耗量对钢的成本影响很大。面对氩气需用量的日益增加，在复合吹炼工艺中，除特殊要求采用全程供给氩气外，其一般只用于冶炼后期搅拌熔池。

C　二氧化碳气体（CO_2）

在室温下 CO_2 是无色无味的气体，在相应条件下，它可以气、液、固三种状态存在。一般情况下，CO_2 的化学性质不活泼，不助燃也不燃烧；但在一定条件或催化剂的作用下，其表现出良好的化学活性，能参加很多化学反应。日本的鹿岛、堺厂、福山等钢厂最先将 CO_2 气体作为复吹工艺的底部气源。CO_2 气体作为底部气源时，其冷却效应包括两部分：一部分是物理效应，即气体从室温升到 1600℃ 可吸收热量；另一部分是化学效应，即吹入的热气体与熔池中的碳发生吸热反应，同时产生两倍于原气体体积的 CO，搅拌效果和冷却效应都很好。

D　氧气（O_2）

氧气作为复吹工艺的底部供气气源时，其用量一般不应超过总供氧量的 10%。以氧气为底吹气源需要同时输送天然气、丙烷或油等冷却介质，冷却介质分解吸热可对供气元件及其四周的耐火材料进行遮盖保护，反应（吸热）如下：

$$C_3H_8 = 3C + 4H_2$$

吹入的氧气也与熔池中的碳反应，产生两倍于氧气体积的一氧化碳气体，对熔池搅拌有利并强化了冶炼，但随着熔池碳含量的减少搅拌力也减弱，其反应如下：

$$O_2 + 2[C] = 2CO$$

强搅拌复吹用氧气作为底吹气源，有利于熔池脱氮，钢中氮含量明显降低；但即使应用了冷却介质，供气元件的烧损仍较严重，而且冷却介质分解出的氢气使钢水增氢多，因此，只有 K－BOP 法用氧气作为载流喷吹石灰粉，其用量达到供氧量的 40%。此外，一般只通少许氧气用于烧开供气元件端部的沉积物，以保证供气元件畅通。

E　一氧化碳（CO）

CO 是无色无味的气体，比空气轻，密度为 1.24g/L。CO 有剧毒，吸入人体可使血液失去供氧能力，尤其是使中枢神经严重缺氧，导致窒息中毒甚至死亡。当空气中 CO 含量超过 0.006% 时就有毒性，当达到 0.15% 时就会使人有生命危险。CO 在空气和纯氧中都能燃烧，当其含量在 12%～74% 范围内时还可能发生爆炸。若使用 CO 为底吹气源，应有防毒、防爆措施，并应装有 CO 监测报警装置，以保证安全。

CO 的物理冷却效应良好，热容、导热系数均优于氩气和 CO_2。使用 CO 的供气元件，其端部可形成蘑菇状结瘤。使用 CO 为底部气源可以顺利地将钢中碳含量降到 0.02%～0.03%，其冶金效果与氩气相当；其也可以与 CO_2 气体混合使用，但比例以 10% 以下为宜。

14.4.3.2　底吹气体的供气压力

（1）低压复吹。低压复吹底部供气压力为 1.4MPa，供气元件为透气砖，透气元件多，操作也比较麻烦。

（2）中压复吹。中压复吹底部供气压力为 3.0MPa，采用了 MHP 元件（含有许多不锈钢管的耐火砖），吹入气体量大，透气元件数目可以减少，供气系统简化，便于操作和控制。

（3）高压复吹。高压复吹底部供气压力为 4.0MPa，熔池搅拌强度增加，为冶炼低碳钢和超低碳钢创造了有利条件，金属和合金收得率高。

14.4.4　复吹转炉的底部供气元件

14.4.4.1　底部供气元件的种类

A　喷嘴型供气元件

早期使用的是单管式喷嘴型供气元件，因其易造成钢水黏结喷嘴和灌钢等，所以出现了由底吹氧气转炉引申来的双层套管喷嘴。但其外层不是引入冷却介质，而是吹入速度较高的气流，以防止内管的黏结堵塞。实践表明，采用双层套管喷嘴可有效地防止内管黏结。图 14 - 1 所示为双层套管构造，图 14 - 2 所示为双层套管喷嘴。

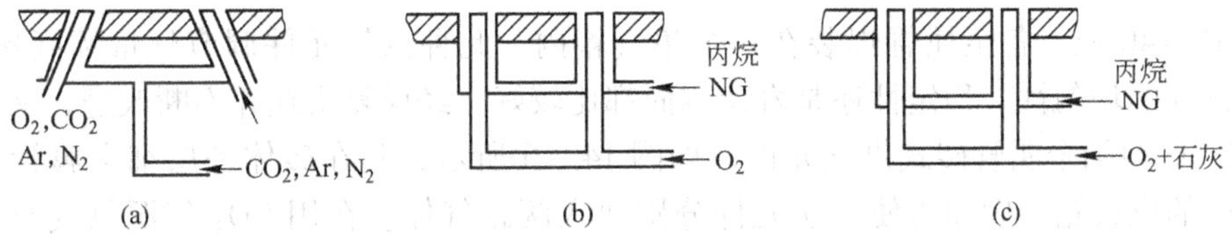

图 14 - 1　双层套管构造

(a) STB；(b) LD - OB，LD - HC；(c) K - BOP，KMS

B　砖型供气元件

最早的砖型供气元件是由法国和卢森堡联合研制成功的弥散型透气砖，即砖内由许多呈弥散分布的微孔（约 0.15mm）组成。由于其存在气孔率高、砖的致密性差、气体绕行阻力大、寿命低等缺点，而后又出现了砖缝组合型供气元件。砖缝组合型供气元件是由多块耐火砖以不同形式拼凑成各种砖缝并外包不锈钢板而组成的（见图 14 - 3），气体经下部气室通过砖缝进入炉内。由于砖较致密，其寿命比弥散型透气砖长；但存在着钢壳开裂漏气、砖与钢壳间缝隙不匀等缺陷，造成供气不均匀和不稳定。

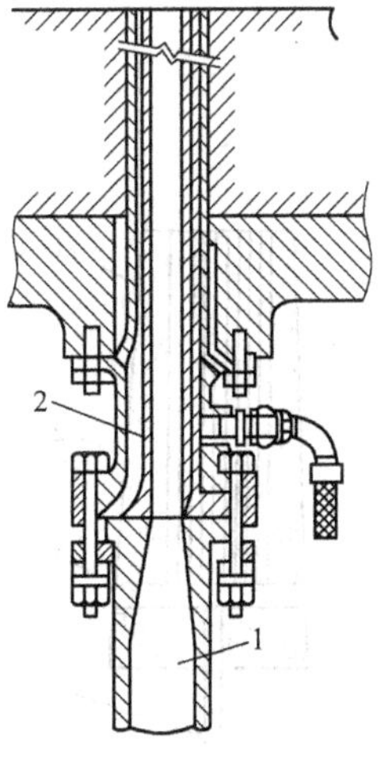

图 14 - 2　双层套管喷嘴

1—内管；2—环缝

与此同时，又出现了直孔型透气砖（见图 14 - 4），砖内分布着很多贯通的直孔道。它是在制砖时埋入许多细的易熔金属丝，在焙烧过程中被熔出而形成的。这种砖的致密度比弥散型好，同时气流阻力小。

砖型供气元件可调气量大，具有允许气流间断的优点，故对吹炼操作有较大的适应性，在生产中得到广泛应用。

C　细金属管多孔塞型供气元件

最早的多孔塞型（Mutiple Hole Plug，简称 MHP）供气元件是由日本钢管公司研制成功的。它是由埋设在母体耐火材料中的许多不锈钢管组成的（见图 14 - 5），所埋设的金属管内径一般为 ϕ0.1 ~ 3.0mm（多为 ϕ1.5mm 左右），每块供气元件中埋设的细金属管数量

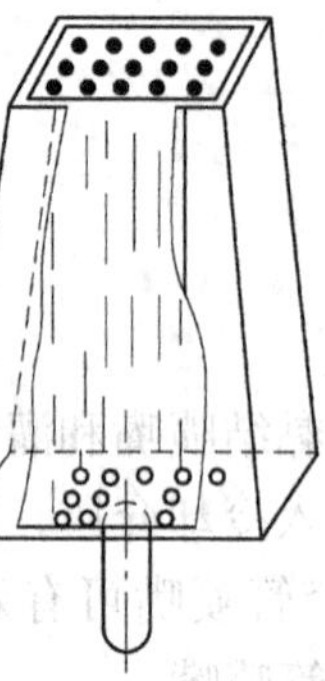

图 14－3　砖缝组合型供气元件

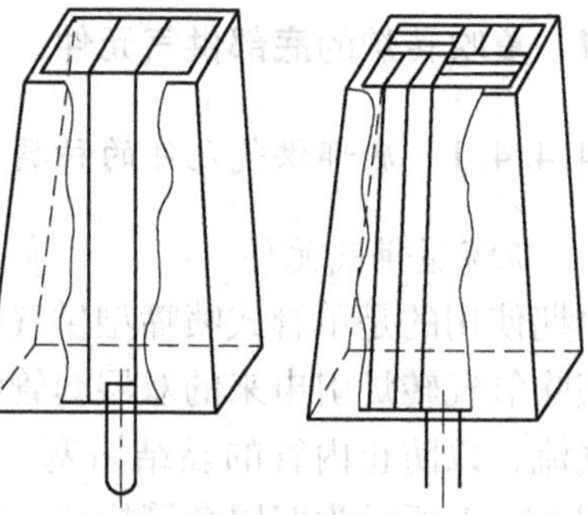

图 14－4　直孔型透气砖

通常为 10～40 根，各金属管焊装在一个集气箱内。此种供气元件调节气量幅度比较大，不论在供气的均匀性、稳定性还是寿命方面都比较好。经反复实践并不断改进，又研制出了 MHP－D 型细金属管砖式供气元件，如图 14－6 所示，其在砖体外层细金属管处增设一个专门的供气箱，因而可使一块元件分别通入两路气体。在用 CO_2 气源供气时，可在外侧通以少量氩气，以减轻多孔砖与炉底接缝处由 CO_2 气体造成的腐蚀。

细金属管多孔砖的出现，可以说是喷嘴和砖两种基本元件综合发展的结果。它既有管式元件的特点，又有砖式元件的特点。新的类环缝管式细金属管型供气元件（见图14－7）的出现，使环缝管型供气元件有了新的发展，同时也简化了细金属管砖的制作工艺。因此，细金属管型供气元件将是最有发展前途的一种类型。

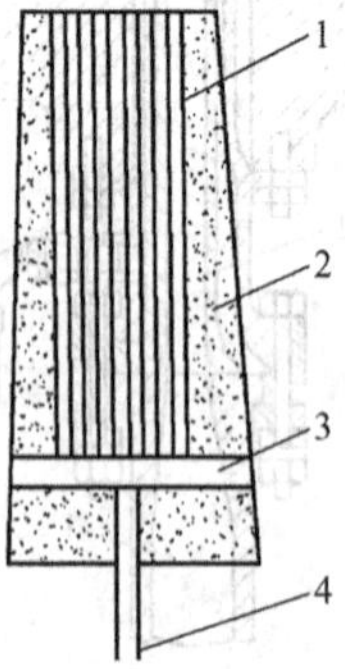

图 14－5　MHP 型供气元件

1—细金属管；2—母体耐火材料；3—集气箱；4—进气箱

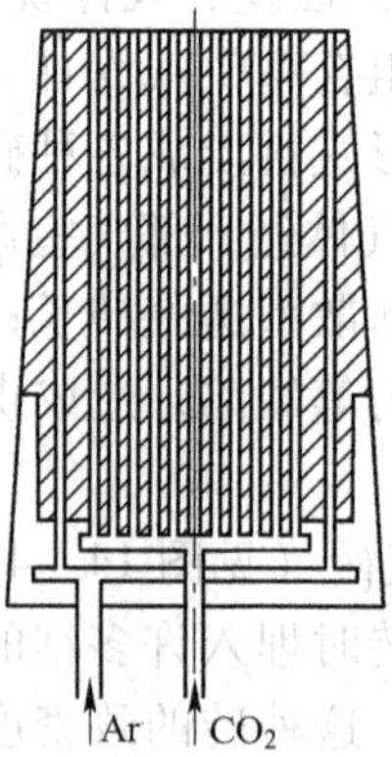

图 14－6　MHP－D 型细金属管砖式供气元件

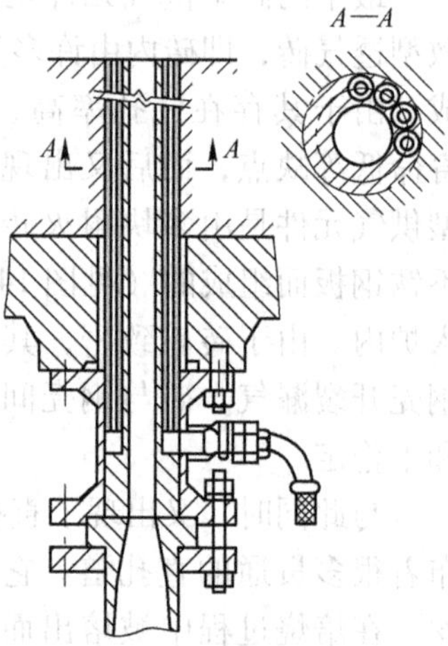

图 14－7　新的类环缝管式细金属管型供气元件

14.4.4.2　底部供气元件的布置

底部供气元件的布置应根据转炉装入量、炉型、氧枪结构、冶炼钢种及溅渣要求采用不同的方案，主要应获得如下效果：

（1）保证吹炼过程平稳，获得良好的冶金效果；

（2）底吹气体辅助溅渣以获得较好的溅渣效果，同时保持底部供气元件有较高的寿命。

底部供气元件的布置对吹炼工艺的影响很大，气泡从炉底喷嘴喷出上浮，抽引钢液随之向上流动，从而使熔池得到搅拌。喷嘴的位置不同，其与顶吹氧气射流引起的综合搅拌效果也有差异。因此，底部供气喷嘴布置的位置和数量不同，得到的冶金效果也不同。从搅拌效果来看，底部气体从搅拌较弱的部位对称地吹入熔池效果较好。在达到最佳冶金效果的条件下，使用喷嘴的数目最少是最经济合理的。若从冶金效果来看，考虑到非吹炼期（如在倒炉、测温、取样、等成分化验结果时），供气喷嘴最好露出炉液面，为此，供气元件一般都排列于耳轴连接线上或在此线附近。

有的研究试验认为，若使底部供入的气体集中分布在炉底的几个部位，钢液在熔池内能加速循环运动，可强化搅拌，其效果比用大量分散的微弱循环搅拌要好得多。试验证明，当总的气体流量分布在几个相互挨得很近的喷嘴内时，对熔池搅拌的效果最好，在图 14－8 中，以（c）和（f）所示的布置形式为最佳。试验还发现，使用 8 支 ϕ8mm 小管供气，将其布置在炉底的同一个圆周线上，可获得很好的工艺效果。宝钢的水力学模型实验表明，在顶吹火点区内或边缘布置底部供气喷嘴较好。对 300t 转炉而言，若采用集管式元件，以不超过两个为宜，间距应接近或大于 0.15D；实际上，将两个喷嘴布置在炉底耳轴方向的中心线上，位于火点区内，间距为 1m，相当于 0.143D（$D>7$m），实践证明这样布置的冶金效果良好。图 14－9 是鞍钢用喷嘴水力学模型试验图，在模拟 6t 转炉上试验后认为，使用两个喷嘴效果较好，其中图 14－8（b）布置更好些。

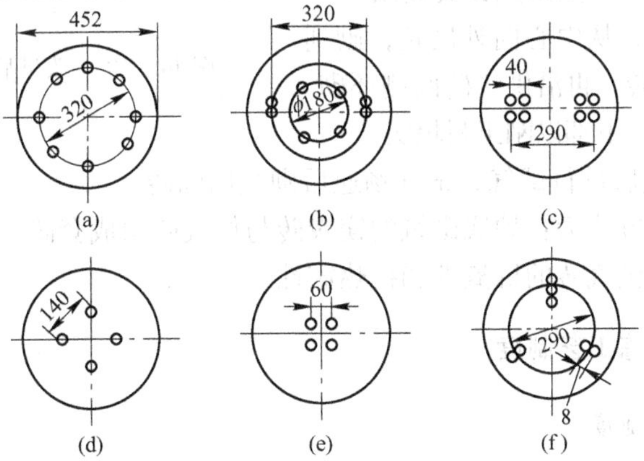

图 14－8　底部供气元件布置模拟试验图

（a）形式之一；（b）形式之二；（c）形式之三；（d）形式之四；（e）形式之五；（f）形式之六

14.4.4.3　底部供气元件的安装和砌筑

底部供气元件在安装和砌筑过程中很容易遭受异物侵入，会导致底部供气元件在使用之前或使用之后发生部分堵塞，从而影响其使用寿命。因此，必须规范底部供气元件的安装和砌筑。如武钢二炼钢厂要求：

（1）供气管道在使用前必须经酸洗并干燥，防止锈蚀，并要进行试气吹扫。

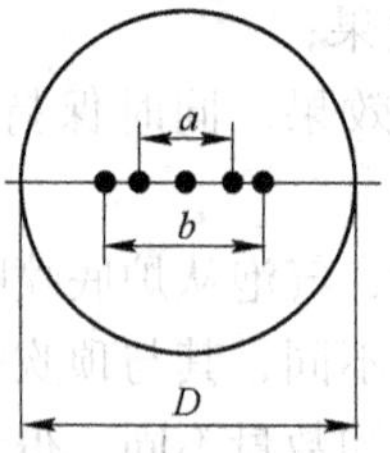

位置	距离	均匀混合时间指数
a	0.4D	0.55
b	0.6D	0.50

图 14－9　鞍钢用喷嘴水力学模型试验图

（2）底部供气元件在安装之前必须保持干净、干燥。入厂时，其端部、气室、尾管均应包扎或覆盖。

（3）砌前、砌后均要试气，试气正常后方可使用。砌后供气元件端部也应覆盖，其气室、尾管用布塞紧或盖上专用盖幔。

（4）砌筑时应保证供气元件位置正确、填料严实，不准形成空洞。

（5）管道焊接时应采用专门的连接件，同时要保证焊接质量，做到无虚焊、脱焊、漏焊，防止漏气或异物进入。

图 14－10 所示为改进后的炉底砌筑工艺，其砌筑程序如下：

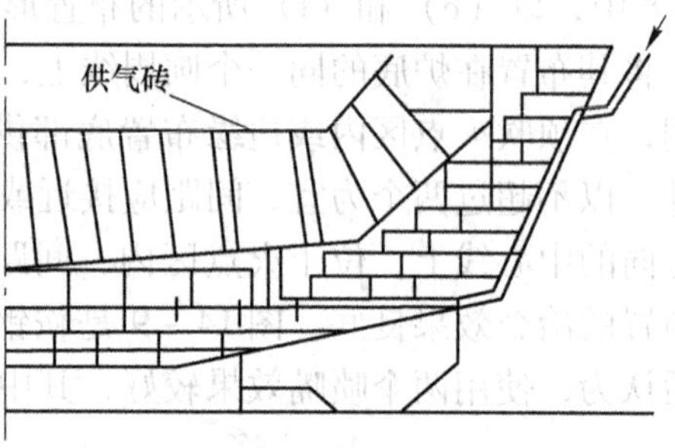

图 14－10　改进后的炉底砌筑工艺

（1）按供气元件布置，将供气管道在炉底钢结构中铺设并固定好，然后封口。

（2）以镁砖、捣打料铺设炉底永久层并与永久层找平，底部永久层采用镁砖砌筑。

（3）侧砌镁炭砖，从中心向外砌筑，砌到第 7 环，先安装供气砖，再沿供气砖两侧环砌。在安装供气砖的同时，下部以刚玉料填实。

（4）供气砖安装后进行试气，试气畅通后砌筑周围砖。

供气元件的连接方式为：炉底砌筑的镁炭砖与供气砖构成套砖，将供气砖镶嵌在炉底砖内，这大大提高了供气砖的抗渣性和抗热震性。

14.4.5　复吹转炉冶炼工艺制度

14.4.5.1　装入制度

（1）分阶段定量装入，根据不同钢种及生产条件灵活调整，严禁转炉超装。

（2）从原则上来讲，在任何情况下均应先兑铁水，后兑废钢（以防重废钢砸伤底吹供气元件）。

（3）当铁水温度低、停炉时间不少于 4h 或炉役末期炉底不好时，可不加废钢或酌减。大补炉后第一炉，不加废钢。

14.4.5.2　供气制度

A　顶吹供氧制度

（1）氧气纯度不低于 99.5%。

（2）正常工作氧压为0.8～1.2MPa，当氧压低于0.6MPa时不得吹炼。

（3）氧气流量（标态）为21000～25000m^3/h，可根据实际情况适当调整。

（4）顶吹氧枪枪位可根据吹炼情况适当提高50～100mm，以防炉渣返干。

B 底吹供气制度

底吹供气制度根据钢水终点碳含量控制要求，按表14－3所示选择好供气模式，采用自动控制方式，由计算机自动完成底吹供气操作。

表14－3 安钢复吹转炉底吹供气模式（标态）

模 式		对应钢种 $w[C]/\%$	装料	吹氧	测温取样	点吹	测温取样	出钢	溅渣	倒渣	等待
A	<0.10	280 m^3/h	280 m^3/h	620 m^3/h	280 m^3/h	620 m^3/h	280 m^3/h	280 m^3/h	560 m^3/h	280 m^3/h	200 m^3/h
供气强度 $/m^3\cdot(t\cdot min)^{-1}$		0.04	0.04	0.09	0.04	0.09	0.04	0.04	0.08	0.04	0.03
B	0.10～0.25	280 m^3/h	280 m^3/h	420 m^3/h	280 m^3/h	420 m^3/h	280 m^3/h	280 m^3/h	560 m^3/h	280 m^3/h	200 m^3/h
供气强度 $/m^3\cdot(t\cdot min)^{-1}$		0.03	0.04	0.06	0.04	0.06	0.04	0.04	0.08	0.04	0.03
C	>0.25	280 m^3/h	280 m^3/h	280 m^3/h	280 m^3/h	280 m^3/h	280 m^3/h	280 m^3/h	560 m^3/h	280 m^3/h	200 m^3/h
供气强度 $/m^3\cdot(t\cdot min)^{-1}$		0.03	0.04	0.04	0.04	0.04	0.04	0.04	0.08	0.04	0.03
时间/min		4	10	3	3	1	3	4 1 5	4	3	
合计/min		36									

注：▨ 表示 N_2，▥ 表示 Ar。

复吹转炉在开新炉时，要求连续三炉冶炼中碳钢（防止拉低碳），采用C模式吹炼，在保证安全的前提下快速生成蘑菇头。

新炉开好以后，在装废钢、铁水前，根据钢水终点碳含量控制要求，按表14－3所示选择好供气模式并加以设定，选择方法如下：

（1）当 $w[C]<0.10\%$ 时，选择 A 模式；

（2）当 $w[C]=0.10\%\sim0.25\%$ 时，选择 B 模式；

（3）当 $w[C]>0.25\%$ 时，选择 C 模式。

回炉钢则根据具体情况，可以全程手动控制底部吹氩。

C 氧枪枪位的控制

a 枪位控制要求

采用低－高－低枪位操作模式，在 1.4～1.8m 之间进行枪位控制，根据化渣情况及温度情况合理调整枪位。严禁长时间吊吹和深吹，以防炉渣返干期发生金属喷溅。在冶炼对枪位控制有特殊要求的钢种时，可按该钢种的操作要点进行控制。

b 开吹枪位的控制

开吹枪位的控制原则是：早化渣，多去磷。

（1）铁水 Si、P 高时，渣量大，易喷溅，枪位应略低 100mm；铁水 Si、P 低时，为促进石灰熔化，保证适量的（FeO），枪位应略高 100mm。

（2）铁水温度低时，开吹枪位应低于正常枪位 100mm，吹炼 1.5min 后恢复正常枪位。

（3）开新炉的前五炉由于炉膛容积小，复吹搅拌好，铁水液面高，易喷溅，开吹枪位应低于正常枪位约 100mm。

（4）氧压为 0.6～0.7 MPa 时，冶炼枪位应比正常氧压时的枪位低 50mm。

（5）石灰用量大或生烧严重时，为促进石灰熔化，枪位应适当提高 100～200mm。

c 中期枪位的控制

中期枪位的控制原则是：化好渣，快速脱碳，均匀升温，不返干，不喷溅，不黏枪。

（1）C－O 反应激烈时，应适当提高枪位 100～200mm，保证 C－O 反应均衡进行，防止炉渣出现恶性喷溅及严重返干。

（2）炉内温度低时炉渣成坨，渣料可少加，适当配加调渣剂化渣，促进渣料熔化。

d 后期枪位的控制

后期枪位的控制原则是：调整好炉渣的氧化性与流动性，继续去除硫、磷，准确控制终点。

（1）确保 850s 第一次倒炉时，熔池温度控制在 1590～1610℃范围内。

（2）过程渣没化好时，应提枪化渣，在拉碳前 2～3min 将枪位适当提高，使终渣保持必要的氧化能力。倒炉时，可尽量倒出 S、P 含量高的熔渣。

（3）冶炼高、中碳钢时，应适当提高枪位。

（4）拉碳时，应适当压低枪位，以利于加强熔池搅拌，均匀成分和温度，降低渣中 FeO 含量，减少铁损，保护炉衬。拉碳枪位停留时间应不少于 30s。

14.4.5.3 造渣制度

（1）正常情况下采用单渣操作，高碳钢采用高拉补吹法操作。

（2）常规钢种的终渣碱度控制范围是 $R=2.2\sim3.5$，其他按操作要点执行。

（3）铁水 $w[Si]\geqslant1.2\%$ 或 $w[P]\geqslant0.12\%$ 时，双渣时间选择在开吹后 300～400s 之间。为了烧好炉衬，新炉前十炉或补炉后第一炉不得采用双渣法操作。

（4）造渣料加入方法。采用分批加入的操作工艺，一般第一批造渣料在开吹的同时加入，加入量为总量的1/2～2/3；第二批造渣料在前期渣化好后分批加入，应贯彻勤加、少加的原则，视化渣情况在4～6min内加完。应保证终渣MgO含量达到8%～10%。造渣料的配比及加入量必须与铁水条件、渣料质量、化渣情况、装入制度、熔池温度等密切配合，具体如下：

1）根据温度、化渣情况分批加入球团矿，每批加入量不小于300kg。

2）根据炉内化渣情况多批少量地加入调渣剂，每批加入量不小于200kg，每炉用量控制在400kg以下。

3）终点调温可用石灰和轻烧白云石，当调温加料量大于500kg时，必须下枪点吹。

14.4.5.4　温度制度

（1）终点温度的确定。终点温度可按下式计算：

终点温度＝液相线温度＋标准温度＋校正温度

（2）标准温度的确定。标准温度的确定方法如图14－11所示。

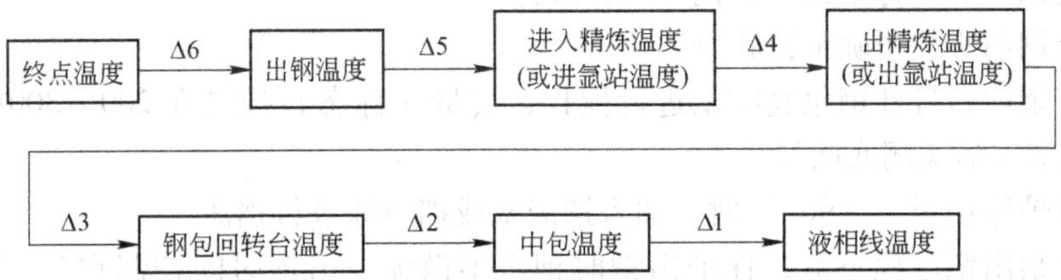

图14－11　标准温度的确定方法

Δ1—中间包内的过热度，15～35℃；Δ2—钢包与中间包之间的温降，40℃；Δ3—二次精炼到大包回转台之间的运输温降，0.5～0.6℃/min；Δ4—二次精炼处理过程的温度变化，2.5℃/min；Δ5—转炉与二次精炼之间的运输温降，0.6～0.5℃/min；Δ6—出钢温降（包括铁合金和渣料的影响），30～60℃

1）注意底吹的降温作用；

2）由于底吹作用，熔池温度均匀，出钢温度可按中、下限控制。

（3）过程温度的控制。

1）采用定废钢、调矿石（铁皮）的冷却温度；

2）根据熔池温度合理确定渣料的加入时间及数量，控制好枪位和过程温度。

14.4.5.5　终点控制

（1）冶炼中、高碳钢采用高拉补吹操作，保证终点$w[C]-t$协调出钢。根据炉口火焰的长度、亮度、刚性、透明度、火花及其变化，结合供氧时间和氧耗量判断并决定拉碳时间。

（2）补吹时，应根据终点碳含量及冶炼钢种所需的降碳量来确定补吹时间，并根据终点温度和所炼钢种要求的出钢温度来确定是否加入调温剂（硅铁或矿石）以及调温剂的加入量。

（3）补吹后应再次倒炉、测温、取样，决定是否出钢。

（4）终点前3min必须把所需造渣料加完。

终点控制应注意如下事项：

（1）严格控制后吹率，减少后吹次数。

（2）由于复吹转炉脱碳速度较快，收火不明显，应注意比常规转炉提前 30 ~ 60s 拉碳。

（3）由于底吹作用使熔池成分、温度比纯顶吹均匀，出钢碳含量应按中、上限控制，温度应按中、下限控制。

（4）注意准确判断复吹终点残余[Mn]和[O]的含量，以准确调整合金及脱氧剂的加入量。

（5）测温、取样、出钢操作要在低底吹流量下进行。

14.4.5.6 出钢及脱氧合金化

A 出钢

（1）出钢前用圆锥形挡渣帽堵住出钢口，防止倾动初期转炉流出炉渣。

（2）出钢前必须将罩裙、出钢口的黏渣打掉。

（3）出钢前必须明确钢包状况。

（4）出钢前，打开钢包底吹氩进行搅拌，流量（标态）控制在 200 ~ 300L/min 范围内，加完挡渣塞后关闭底吹氩。

（5）将炉体摇至“ -96°”时，加入挡渣塞或挡渣球进行挡渣。

（6）严禁出钢过程下渣，保证出钢时钢水不散流，出钢时间控制在 3 ~ 7min 之间。出钢时间小于 3min 或散流严重时，必须修补或更换出钢口。

B 防止回磷的措施

防止回磷的措施有以下两个：

（1）使用挡渣塞。

（2）向钢包内投入顶渣料。

1）适用范围。此法适用于成品 $w[P] \leq 0.020\%$ 的钢种或出钢时间不大于 3.5min 的情况（对钢水中 $w[H]$有要求的钢种，严禁加石灰）。

2）加入方式。出钢 1/3 时，按照合金料→炭粉→顶渣的顺序，由炉后溜槽向钢包内均匀撒放石灰 200 ~ 300kg，以稠化其后流入钢包的转炉渣，用石灰截断渣 - 钢的接触面积，抑制回磷反应。

C 脱氧合金化

（1）加入 Fe - Si 或 Fe - Mn 合金进行脱氧，并调整钢水中 Si、Mn 的含量。

（2）也可加入复合脱氧剂 Si - Al - Ba - Ca 进行脱氧。

（3）当高碳 Fe - Mn 加入量大且合金增碳量大于钢水所需碳量时，应以部分中碳Fe - Mn 取代高碳 Fe - Mn，原则是合金增碳值不得超过规定。

合金应在出钢 1/3 ~ 2/3 期间加完。合金加入原则如下：

（1）按先弱后强顺序加入，以稳定脱氧能力强的元素的收得率。

（2）脱氧元素先加入，合金元素后加入。

（3）易氧化的贵重合金在精炼炉内加入。

（4）难熔及不易氧化的 Cu - Ni 板应在吹炼前加入炉内。

（5）若终点低碳出钢，炉后从中位料仓加入炭粉。为防止钢水溢出，应先加入适量的脱氧剂，并在出钢过程中注意钢渣面上涨情况，然后补加脱氧剂压翻。严禁使用生铁块等未指定的增碳物进行增碳。

D　脱氧合金化注意事项

脱氧合金化应注意以下事项：

（1）根据钢水终点的残锰含量，适当减少锰铁合金的加入量。

（2）根据钢水终点的氧含量，适当调整铁合金的收得率。

（3）严禁炉内剩钢，以防溅渣黏枪及熔损底吹供气元件，应做到出净、装准。

14.5　知识拓展

14.5.1　底吹喷嘴的保护

为了实现底部供气元件的一次性寿命与炉龄同步，必须减少底部供气元件的熔蚀，进而使后期供气元件达到零侵蚀。传统的“金属蘑菇头”以金属铁为主，熔点低，不抗氧化，在炼钢末期高温、高氧化的气氛下，金属蘑菇头很容易被熔蚀，不能显著提高底部供气元件的寿命。因此，必须在底部供气元件的表面形成一种新型的蘑菇头，以实现以下目标：

（1）可显著减轻钢流、气流对底部供气元件的冲刷和熔蚀；

（2）严格避免形成冲击凹坑；

（3）新型蘑菇头应具有较高的熔点和抗氧化性能，不易在吹炼末期被熔蚀；

（4）新型蘑菇头应具有良好的透气性能，可满足炼钢过程底部供气量灵活调整的需要，从而对熔池具有良好的搅拌作用；

（5）新型蘑菇头应具备良好的防堵塞功能，不易发生堵塞。

针对金属蘑菇头的特点，结合溅渣工艺，武钢二炼钢厂研究开发出利用“炉渣－金属蘑菇头”保护底部供气元件的工艺技术。这种炉渣－金属蘑菇头在整个炉役运行期间都能保证底部供气元件始终处于良好的通气状态，可以根据冶炼工艺要求在线调节底部供气强度。

14.5.1.1　炉渣－金属蘑菇头的快速形成

在炉役前期，由于底部供气元件不锈钢中的铬及耐火材料中的碳被氧化，底部供气元件被侵蚀的速度加快，很快形成凹坑。武钢二炼钢厂通过黏渣涂敷使炉底挂渣，再结合溅渣工艺，能快速形成炉渣－金属蘑菇头。

吹炼操作时要化好过程渣，终点应避免过氧化，使终渣化透并具有一定的黏度。终渣成分要求碱度为3.0～3.5，MgO含量控制在7%～9%之间，TFe含量控制在20%以内。在倒炉、测温、取样及出钢过程中，这种炉渣能较好地挂在炉壁上，再结合采用溅渣技术，可促进炉渣－金属蘑菇头的快速形成。这是因为溅渣时炉内无过热金属，炉温低，有利于气流冷却形成炉渣－金属蘑菇头；溅渣过程中，顶吹N_2射流迅速冷却液态炉渣，降低了炉渣的过热度；溅渣过程中，大幅度提高底吹供气强度有利于形成放射性气泡带发达的炉渣－金属蘑菇头。这种炉渣－金属蘑菇头具有较高的熔点，能抵抗侵蚀。

14.5.1.2　炉渣－金属蘑菇头的生长控制

炉役中、后期采用溅渣工艺往往会造成炉底上涨（炉渣－金属蘑菇头过高），堵塞底吹供气元件，影响复吹的冶金效果。为解决这一问题，采用炉渣－金属蘑菇头生长控制工艺技术，保证炉渣－金属蘑菇头的透气性。其技术关键在于：

（1）控制炉渣－金属蘑菇头的生成结构，要具有发达的放射性气泡带；

（2）控制炉渣－金属蘑菇头的供气面积，要求不小于500cm²；

（3）控制炉渣－金属蘑菇头的生长高度，要求炉底升高不小于250mm。

炉渣－金属蘑菇头透气性好坏的评价标准主要通过炉内冶金反应，特别是钢－渣平衡值来确定。一旦发现炉渣－金属蘑菇头透气性不好，影响冶金效果，即采用以下三种工艺控制炉渣－金属蘑菇头的生长：

（1）调整冶炼钢种。当蘑菇头过分发达时，应尽可能安排超低碳钢种冶炼，达到洗炉底的目的。

（2）调整溅渣频率。通过适当减少溅渣次数来避免炉底上涨。

（3）采用顶吹氧洗炉工艺。当炉底上涨过分严重时可采用该项技术，但要严格控制，避免炉底烧损。

（4）特殊情况下，当发生气源断气，造成底吹供气元件堵塞时，可采用复通技术。

14.5.1.3　炉渣－金属蘑菇头的供气强度控制

炉渣－金属蘑菇头的供气强度控制措施如下：

（1）控制炉渣－金属蘑菇头的生长结构，保证透气性；

（2）控制炉渣－金属蘑菇头的高度，避免气体流动阻力增大；

（3）控制炉渣－金属蘑菇头具备足够的通气面积。

在上述条件下，可通过改变供气压力来调节底吹气体流量。

14.5.2　底部供气元件的防堵和复通

复吹转炉采用溅渣护炉技术后，普遍出现炉底上涨并堵塞底吹元件的问题，不仅影响了转炉冶金效果，还给品种钢冶炼带来不利影响。武钢二炼钢厂在1998年采用溅渣技术后，历经一年多的时间，为保证转炉复吹效果，成功开发出底吹供气砖防堵及复通技术，解决了转炉采用溅渣技术堵塞底吹元件这一世界性难题。

造成底吹元件堵塞的原因有：

（1）由于炉底上涨严重，造成供气元件细管上部被熔渣堵塞，导致复吹效果下降；

（2）由于供气压力出现脉动，使钢液被吸入细管；

（3）管道内异物或管道内壁锈蚀产生的异物堵塞细管。

针对不同的堵塞原因，应采取不同方式的措施。为了防止因炉底上涨而导致复吹效果下降，应按相应的配套技术控制好炉型，将转炉零位控制在合适范围内。为了防止供气压力出现脉动，要在各供气环节保持供气压力与气量的稳定，气量的调节应遵循供气强度与炉役状况相适应的原则，调节气量时应防止出现瞬时较大的起伏，同时也要保证气量自动调节设备及仪表的精度。为了防止管道内异物或管道内壁锈蚀产生的异物堵塞细管，应在砌筑过程中采取试气、防尘等措施，管道需定时更换，管道间焊接必须保证严密，要求采取特殊的连接件焊接方式。

当底部供气元件出现堵塞迹象时，可以针对不同情况采取如下复通措施：

（1）如炉底炉渣 - 金属蘑菇头生长高度过高，即其上的覆盖渣层过高，应采用顶吹氧气吹洗炉底。有的钢厂采用出钢后留渣的方法进行渣洗炉底，或在倒完渣后再兑少量铁水洗炉底，还有的钢厂采用加硅铁吹氧洗炉底的方法。

（2）适当提高底吹强度。

（3）底吹氧化性气体，如压缩空气、氧气、CO_2 等气体。武钢第二炼钢厂采用底吹压缩空气的方法，当发现某块底部供气元件出现堵塞迹象时，即将此块底部供气元件的供气切换成压缩空气，倒炉过程中注意观察炉底情况，一旦发现底部供气元件附近有亮点即可停止。而日本某钢厂采用的方法是底吹 O_2，如图 14 - 12 所示。

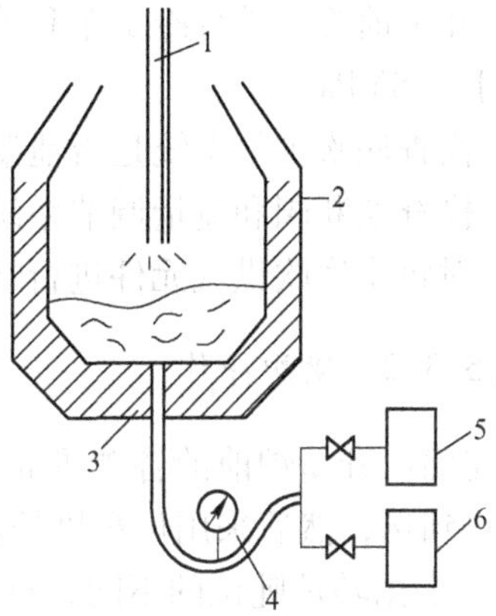

图 14 - 12　日本某钢厂底吹 O_2 复通示意图

1—氧枪；2—炉体；3—底部供气元件；
4—压力检测装置；5—底吹惰性气体管路；
6—底吹氧气管路

具体操作情况是：检测供给底部供气元件气体的压力，当压力上升到预先设定的压力范围的上限值时，认为底部供气元件出现堵塞迹象，此时把供给底部供气元件的气体切换成 O_2；当压力下降到预先设定的压力范围的下限值时，认为底部供气元件已疏通，此时再把 O_2 切换成惰性气体。通过氧化性气体和惰性气体的交替变换，可以控制底部供气元件的堵塞和熔损。

14.5.3　开新炉

14.5.3.1　开新炉前的准备工作

复吹转炉开新炉前，必须有专人负责对所有的设备及各项准备工作进行全面检查，保证开新炉后运行正常、安全可靠，具体工作如下：

（1）检查耐火砖的砌筑质量。应严格按照转炉砌筑操作规程进行检查，如砌筑中要求平、紧、实，平缝小于 2mm，竖缝小于 1mm。

（2）保证各种运转系统在试运行时工作正常。例如，炉子倾动机构的设备完好有效；供氧系统的输氧管道畅通无阻，氧枪升降机构升降正常；供料系统的铁水供应线路畅通、铁水包到位、吊车到位，废钢供应线路畅通、料斗到位可用、吊车到位；散状料皮带运输机、料仓、漏斗、称量等机构完好；烟气净化回收系统、供水系统等设备完好有效。

（3）确保各种仪表、开关、阀门灵敏可靠，确认转炉倾动角、开氧、关氧、开氮、关氮等有关信号的可靠性。

（4）各种联锁装置必须灵敏可靠。

（5）挡渣板必须到位，保证钢包车能正常运行。

（6）确认炉前及炉后所有的工具、器具和应用材料齐备、可用。

（7）使用新钢包时，钢包必须烘烤到要求的温度。在转炉兑铁前，要坐好出钢包，并将钢包车开到炉底正下方（以防漏钢）。

（8）对供氧系统进行试车检查。确认氧枪水流量和压力正常，氧压、氧流正常后开始试氧，向后摇炉至炉口出烟罩，按0.2MPa、0.4MPa、0.6MPa、0.8MPa分档进行试氧。

（9）对底吹系统进行试车检查。

1）开炉前要求进行冷试车和检查工作气源压力，要求N_2压力不低于1.7MPa，Ar压力不低于1.8MPa。

2）检查底吹供气系统是否泄漏，如有泄漏应采取措施进行处理。

3）检查切断阀和流量调节系统，在手动和自动状态下分别实现N_2与Ar的切换，并利用N_2对每个底吹供气元件进行在线$p-Q$特性测定。

14.5.3.2　烘炉操作

首先确认开新炉前的各项准备工作就绪，设备符合开新炉要求，人员到岗、工具到位、物料到场，然后采用焦炭烘炉法，具体如下：

（1）根据转炉吨位的不同，首先装入适量的焦炭、木柴，用油棉丝引火，立即吹氧使其燃烧，避免断氧。

（2）炉衬烘烤过程中，定时分批补充焦炭，适时调整氧枪位置和氧气流量，使其与焦炭燃烧所需的氧气量相适应，以使焦炭完全燃烧。

（3）烘炉过程要符合炉衬的升温速度，保证足够的炉衬烘烤时间，使炉衬具有一定厚度的高温层，以达到炼钢要求的高温。

（4）烘炉结束后，倒炉观察炉衬烘烤情况，并进行测温。

（5）烘炉前，可解除氧枪提升-氧气工作压力联锁报警，烘炉结束应及时恢复。

（6）复吹转炉在烘炉过程中，炉底应一直供气，只是比正常吹炼的供气量要少一些。

14.5.3.3　安钢100t转炉的烘炉实例

首先准备好所需的物资材料，包括木材1m^3，纸板20kg，柴油40L，火把10支，焦炭8t。

A　烘炉前作业

（1）确认除尘和烟气净化系统通水正常、无漏水后，揭开炉口防水布。

（2）设备确认。按开新炉前设备确认表进行各设备的确认并签字。

（3）烘炉准备。从高位料仓先加入焦炭，再从氮封口投入木材、纸板，将热电偶从出钢口插入炉内。

（4）确认风机及除尘和烟气净化系统进入正常工作状态。

（5）炉底底吹气体选压缩空气，以试验透气砖的透气性。

（6）氧气阀选“手动”，阀位处于关位，流量调节为零。

B　烘炉作业

（1）烘炉前由高位料仓加入焦炭1.0t×3批，为了保证焦炭加入均匀，使氧枪下至零位，加完后将氧枪提出氮封口。

（2）点火前从出钢口插入两支热电偶，一支插入炉内100mm，一支插入出钢口50mm。

（3）从氮封口加入1m^3木材、20kg纸板和40L柴油，并投入火把。

（4）下枪，手动开氧气，流量（标态）控制在5000m^3/h，枪位为1.5～2.0m，将炉膛温度与升温曲线对比，调整供氧流量，并加入焦炭。

（5）严格按照升温曲线（如图14－13所示）进行升温操作。

（6）开吹氧流量（标态）为4000m^3/h，逐渐增加到8000m^3/h左右，按对比温差增减氧气流量，150min时结束。

C　烘炉后的炉况检查

（1）烘炉结束，提起氧枪至最高点。

（2）抽出测温热电偶。

（3）从氮封口观察炉况，焦炭全部燃烧完。

（4）准备兑铁。

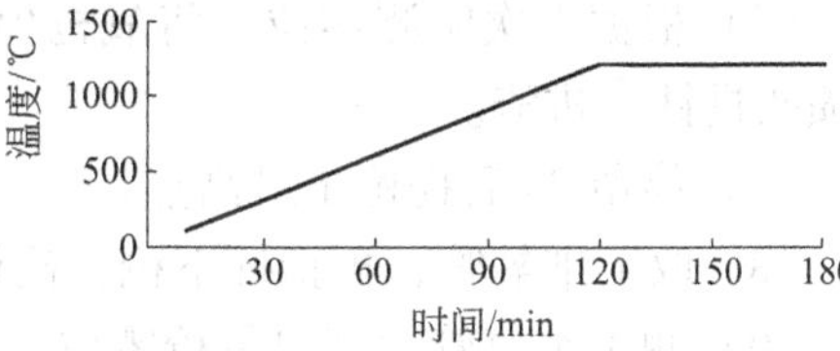

图14－13　升温曲线

D　开新炉冶炼操作

（1）冶炼钢种为普碳钢（Q195、Q215、Q235）。

（2）工艺路线为转炉→吹氩→LF→连铸。

（3）装入量为全铁水100t。

（4）终点碳含量控制为$w[C]=0.05\%\sim0.12\%$，出钢温度为1700～1740℃。

（5）熔剂加入量。碱度按$R=3.5$控制，开吹时加入石灰4000kg、萤石400kg，吹炼4～6min；加入第二批石灰2000kg、萤石300kg，过程可用轻烧白云石调温。石灰总加入量为8000～9000kg，萤石为800kg左右，萤石批量不小于200kg/批。

（6）为保证炉衬烧结质量，开新炉后应确保全铁连续吹五炉以上不停炉。

（7）复吹按正常氮、氩切换操作。

（8）出钢挡渣、底吹氩、出钢合金化等，均按相应标准规定执行。

（9）供氧操作。零位按＋100mm控制，根据化渣和升温速度合理调整枪位。

14.5.3.4　开新炉操作注意事项

（1）开新炉的前几炉只能冶炼沸腾钢或普碳钢，主要是为了防止炉衬耐火砖结合剂分解产生的氢溶于钢水中而降低钢的质量。

（2）开新炉后应连续冶炼7～10炉才能烧结好炉衬，而且在开新炉的10炉以内不能冶炼高质量的品种钢。

（3）开新炉时炉前不得站人，并需放置明显标牌。第1炉严禁取样，以防塌炉伤人。

（4）准备烘炉前必须预先开通底吹气，然后才能向炉内装入烘炉材料，采用手动操作，底吹气量可按兑铁流量设定（底吹氮气不会影响烘炉温度）。

（5）烘炉期间观察底吹供气元件$p-Q$关系与冷态有无差异，若有明显异常应及时处理。

（6）确认底吹操作方式和工作模式的选择正确。

（7）确认底枪流量和压力在预定范围内且无堵塞现象。

14.5.3.5　氧枪测零位操作

（1）接班前三炉、换枪后以及氧枪系统检修后必须测零位，开新炉及第5炉后也应测零位。

（2）测零位前关闭调节阀，并将快切阀电源开关选择在零位。适当调低底吹流量，以防所测零位不准。

（3）测零位时必须有两人同时上15.25m平台操作，由炉长负责指挥。

（4）将氧枪提升至最高点，把测零位所用细氧管（长1500mm）有木塞的一端插入喷孔内。

（5）确认氧枪对中氮封口后再指挥下枪。

（6）根据上次所测零位，将氧枪停在1000mm处，若接触不到铁水再酌情下枪，严防喷头进铁、进渣。

（7）停留2s后提枪至最高点。

（8）取下细氧管，再指挥下枪，确认氧枪进入氮封口后方能离开，打开氧气调节阀。

（9）测量细氧管，算出氧枪零位，指导枪位控制。

（10）氧枪零位的计算。氧枪零位 = 测零位细氧管实际测量值 - 测零位氧枪标尺预留值（-/+表示液面上升/下降，零位正，则枪位相应向下调整；反之则上调）。例如，氧枪标尺停留在300mm处，细氧管测量值为400mm，则氧枪零位为+100mm；若细氧管测量值为100mm，则氧枪零位为-200mm。

14.6　思考与练习

（1）比较复吹转炉与顶吹转炉的冶金特点。

（2）复吹转炉供气操作有哪些要求？

（3）复吹转炉溅渣护炉操作有哪些注意事项？

（4）复吹冶炼工艺与顶吹冶炼工艺有何异同？

附　　录

附录1　Q235的冶炼技术规程（南京钢铁公司）

（1）工艺流程。Q235的冶炼工艺流程为：铁水倒罐→铁水预处理（根据铁水条件选择进行）→转炉（→CAS）→LF→连铸。

（2）铁水预处理。铁水脱硫后目标硫含量为$w[S] \leqslant 0.015\%$。

（3）转炉冶炼。

1）入炉铁水要求。入炉铁水要求$w[P] \leqslant 0.150\%$，$w[S] \leqslant 0.030\%$，$t \geqslant 1250℃$。

2）出钢量制度。出钢量为(156 ± 2)t，装入量为(172 ± 2)t。为了确保转炉出钢量，转炉炉长应根据出钢量的变化适当调整装入量。

3）终点成分控制制度。终点成分控制为$w[C] = 0.04\% \sim 0.10\%$，$w[P] \leqslant 0.013\%$，$w[S] \leqslant 0.025\%$。

4）终点温度控制制度。终点温度控制在1620～1660℃，到LF温度控制在1540～1580℃。

5）出钢必须采用清洁钢包，包壁温度应不低于900℃。在线钢包等待出钢前，必须进行在线烘烤。

6）出钢采用挡渣塞和挡渣锥挡渣出钢，出钢时间不少于4min。

7）出钢脱氧制度。采用铝和硅铝钙复合脱氧，硅铝钙加入量为150kg/炉。

8）出钢过程造渣制度。加入复合精炼渣650kg和活性石灰200kg。

9）出钢合金化一般要求。出钢合金化按下列顺序加入：钢包渣料→脱氧剂（硅铝钙、铝块）→超低碳合金、多功能合金或锰碳球→硅铁或锰铁，高纯石墨炭材随合金加入。在钢水出至10s时开始加入钢包渣料，至1.5～3min时，开始加入合金、脱氧剂及增碳剂。严禁在出钢结束后加入钢包造渣料，除有特殊规定或用其他合金不能满足转炉出钢合金化要求外，超低碳合金和低碳锰铁只能用于低碳钢（$w[C] \leqslant 0.09\%$）或$w[P] \leqslant 0.015\%$的钢种。

10）转炉出钢合金化目标成分。南京钢铁公司Q235成分见附表1。

附表1　南京钢铁公司Q235成分　　（%）

成　分	C	Mn	Si	P	S
内　控	0.11～0.16	0.35～0.55	0.05～0.20	≤0.017	≤0.020
目　标	0.15	0.45	0.15	≤0.015	≤0.015

附录2　SWRH82B的冶炼技术规程（安阳钢铁公司）

（1）工艺流程 。SWRH82B 的冶炼工艺流程为：铁水倒罐→铁水预处理（根据铁水条件选择进行）→混铁炉→转炉→LF→连铸。

（2）铁水预处理。铁水脱硫后目标硫含量为 $w[S]\leqslant 0.015\%$ 。

（3）转炉冶炼。

1）入炉铁水要求。入炉铁水要求 $w[Si]=0.40\%\sim0.50\%$，$w[Mn]=0.20\%\sim30\%$，$w[P]\leqslant 0.090\%$，$t=1250\sim1280℃$。要求混铁炉每班取样 3 次并化验铁水成分。

2）出钢量制度。出钢量为 105 ~ 118t。铁水装入量控制在 113 ~ 116t，废钢装入量控制在 5 ~ 7t，根据炉龄分阶段定量装入。100t 复吹转炉出钢量制度如附表 2 所示。

附表 2　100t 复吹转炉出钢量制度　(t)

阶　段	铁水装入量	废钢装入量	总装入量
炉役前期	105	5	110
炉役中期	115	5	120
炉役后期	116	7	123

3）终点成分控制制度。终点成分控制为 $w[C]=0.79\%\sim0.82\%$，$w[Si]=0.15\%\sim0.35\%$，$w[Mn]=0.70\%\sim0.90\%$，$w[P]\leqslant 0.018\%$，$w[S]\leqslant 0.010\%$。

4）终点温度控制制度。终点温度 $t\geqslant 1570℃$ 。

5）出钢必须采用清洁钢包，包壁温度应不低于 900℃。在线钢包等待出钢前，必须进行在线烘烤。

6）出钢采用挡渣塞和挡渣锥挡渣出钢，出钢时间不少于 4min。

7）出钢脱氧制度。采用硅铝钡钙复合脱氧，加入量不大于 150kg/炉。复吹转炉出钢脱氧技术标准见附表3。

附表 3　复吹转炉出钢脱氧技术标准

钢　种	硅铝钡钙加入量/$kg\cdot t^{-1}$
普碳钢（Q195 ~ Q295）、SS330 ~ 490	1.0 ~ 2.0
低合金钢（Q345 系列）、桥梁用钢	0.7 ~ 1.5
船板钢、船角钢	0.7 ~ 1.5
锅炉容器钢	0.7 ~ 1.5
优质碳素结构钢	0.7 ~ 1.5
HRB335、HRB400	0.7 ~ 1.5

8）出钢过程造渣制度。加入复合精炼渣 650kg 和活性石灰 200kg。

9）出钢合金化一般要求。出钢合金化按下列顺序加入：钢包渣料→脱氧剂（硅铝钡钙）→超低碳合金、多功能合金或锰碳球→硅铁或锰铁。在钢水出至 10s 时开始加入钢包渣料，至 1.5 ~ 3min 时开始加入合金、脱氧剂及增碳剂。严禁在出钢结束后加入钢包造渣料，除有特殊规定或用其他合金不能满足转炉出钢合金化要求外，超低碳合金和低碳锰铁只能用于低碳钢（$w[C]\leqslant0.09\%$）或 $w[P]\leqslant0.015\%$ 的钢种。

10）转炉出钢合金化目标成分。安阳钢铁公司 SWRH82B 成分见附表 4。

附表 4　安阳钢铁公司 SWRH82B 成分　（%）

成　分	C	Mn	Si	P	S
内　控	0.79 ~ 0.82	0.15 ~ 0.35	0.70 ~ 0.90	≤0.018	≤0.010
目　标	0.82	0.30	0.80	≤0.015	≤0.010

参考文献

[1] 朱苗勇. 现代冶金学（钢铁冶金卷）[M]. 北京：冶金工业出版社，2005.
[2] 王雅贞. 氧气顶吹转炉炼钢工艺与设备 [M]. 2 版. 北京：冶金工业出版社，2001.
[3] 冯捷. 转炉炼钢实训 [M]. 北京：冶金工业出版社，2004.
[4] 李传薪. 钢铁厂设计原理（下册）[M]. 北京：冶金工业出版社，1995.
[5] 雷亚. 炼钢学 [M]. 北京：冶金工业出版社，2010.
[6] 冯捷. 转炉炼钢生产 [M]. 北京：冶金工业出版社，2006.

冶金工业出版社部分图书推荐

书　　名	作　者		定价(元)
物理化学（第4版）（国规教材）	王淑兰	主编	45.00
传输原理（第2版）（本科教材）	朱光俊	主编	55.00
冶金工程概论（本科教材）	杜长坤	主编	35.00
钢铁冶金原燃料及辅助材料（本科教材）	储满生	主编	59.00
现代冶金工艺学——钢铁冶金卷（第2版）（国规教材）	朱苗勇	主编	75.00
炼铁学（本科教材）	梁中渝	主编	45.00
炼钢学（本科教材）	雷　亚	等编	42.00
炼铁厂设计原理（本科教材）	万　新	主编	38.00
炼钢厂设计原理（本科教材）	王令福	主编	29.00
轧钢厂设计原理（本科教材）	阳　辉	主编	46.00
炉外精炼教程（本科教材）	高泽平	主编	40.00
连续铸钢（第2版）（本科教材）	贺道中	主编	38.00
冶金工程实验教程（本科教材）	张明远	主编	28.00
冶金设备（第2版）（本科教材）	朱　云	主编	68.00
冶金设备课程设计（本科教材）	朱　云	主编	19.00
冶金设备及自动化（本科教材）	王立萍	等编	29.00
冶金工程实验教程（本科教材）	张明远	主编	28.00
冶金企业环境保护（本科教材）	马红周	主编	23.00
冶金专业英语（第2版）（高职高专教材）	侯向东	主编	36.00
金属材料及热处理（高职高专教材）	王悦祥	等编	35.00
冶金原理（第2版）（高职高专教材）	卢宇飞	主编	45.00
冶金生产概论（第2版）（高职高专教材）	王明海	主编	49.00
炼铁工艺及设备（高职高专教材）	郑金星	等编	49.00
炼钢工艺及设备（高职高专教材）	郑金星	等编	49.00
高炉冶炼操作与控制（高职高专教材）	侯向东	主编	49.00
连续铸钢操作与控制（高职高专教材）	冯　捷	等编	39.00
铁合金生产工艺与设备（第2版）（高职高专教材）	刘　卫	主编	45.00
矿热炉控制与操作（第2版）（高职高专教材）	石　富	主编	39.00
稀土冶金技术（第2版）（高职高专教材）	石　富	主编	39.00
炼钢基础知识（职业技能培训教材）	冯　捷	主编	39.00
转炉炼钢生产（职业技能培训教材）	冯　捷	主编	58.00
炼钢厂生产安全知识（职业技能培训教材）	邵明天	等编著	29.00
转炉炼钢实训（职业技术学院教材）	冯　捷	主编	35.00